T0255420

Springer-Lehrbuch

Wolfgang Köhler · Gabriel Schachtel · Peter Voleske

Biostatistik

Eine Einführung für Biologen und Agrarwissenschaftler

Fünfte, aktualisierte und erweiterte Auflage

 Springer Spektrum

Wolfgang Köhler
Universität Gießen
Deutschland

Peter Voleske
Grünenthal GmbH
Deutschland

Gabriel Schachtel
Universität Gießen
Deutschland

ISBN 978-3-642-29270-5 ISBN 978-3-642-29271-2 (eBook)
DOI 10.1007/978-3-642-29271-2

Bibliografische Information der Deutschen Nationalbibliothek
Die Deutsche Nationalbibliothek verzeichnet diese Publikation in der Deutschen Nationalbibliografie;
detaillierte bibliografische Daten sind im Internet über http://dnb.d-nb.de abrufbar.

Springer Spektrum

Einbandabbildung: links: Polygon einer Häufigkeitsverteilung mit eingezeichneten Quartilen Q1, Z, Q3
(= Abb 4.3), rechts: Fruchtfolgeversuch (Foto: Prof. Dr. Antje Herrmann, Kiel)

Gedruckt auf säurefreiem und chlorfrei gebleichtem Papier

Springer Spektrum ist eine Marke von Springer DE
Springer DE ist Teil der Fachverlagsgruppe Springer Science+Business Media
www.springer-spektrum.com

Vorwort zur 5. Auflage

In der 5. Auflage der Biostatistik wurden Fehler korrigiert, einzelne Abschnitte ergänzt und überarbeitet sowie zusätzlich Schemata zur Versuchsplanung und Auswertung im Anhang angefügt. Wir hoffen, dass diese Schemata sich als hilfreich bei der Auswahl der im Buch vorgestellten Testverfahren sowie einzelner statistischer Maßzahlen und Methoden zur Charakterisierung von Zusammenhängen erweisen. Ergänzend wurden anhand des zeitlichen Ablaufs eines Experimentes einzelne Punkte angeführt, die bei der Versuchsplanung berücksichtigt werden sollten. Hinweise zur Verwendung statistischer Programmpakete schließen diesen Abschnitt ab. Das Glossar englischer Fachausdrücke wurde überarbeitet und ergänzt.

Wir danken allen, insbesondere unseren Studenten, die durch ihre Kommentare, Kritik, Anmerkungen und Verbesserungsvorschläge die Überarbeitung und Erweiterung des Buches unterstützt haben.

Für Hinweise und Ratschläge unserer Leserinnen und Leser sind wir auch zukünftig dankbar.

Gießen und Aachen, Juli 2012

Wolfgang Köhler
Gabriel Schachtel
Peter Voleske

Vorwort zur 1. Auflage

Dieses Buch richtet sich an die Anwender statistischer Methoden aus der Biologie und den Agrarwissenschaften. Es versucht die behandelten statistischen Verfahren mit möglichst wenig Formalismus, durch anschauliche Beispiele und mit Hilfe graphischer Darstellungen ausführlich zu erläutern. Die Auswahl des behandelten Stoffes erfolgte unter dem Gesichtspunkt, daß im Verlauf eines Semesters ein Einblick sowohl in die beschreibende als auch in die schließende Statistik und in die Versuchsplanung möglich ist. Auf eine Aufarbeitung der Grundlagen der Wahrscheinlichkeitsrechnung wurde verzichtet. Zur Wiederholung empfehlen wir z. B. das entsprechende Kapitel aus dem Buch von Batschelet (s. Literaturhinweise).

Ziel dieses Lehrbuches ist es nicht, aus einem Anwender einen Statistiker zu machen, sondern es gilt, den Dialog zwischen beiden zu ermöglichen. Dieser Dialog in Form von statistischer Beratung wird als wesentlich angesehen und sollte nicht erst nach Durchführung der Datenerhebung, sondern möglichst schon im Stadium der Versuchsplanung beginnen.

Die Anwendung rechenaufwendiger und komplizierter statistischer Verfahren ist durch den Einsatz von Computern und durch die damit verbundene zunehmende Verbreitung statistischer Programmpakete wesentlich erleichtert worden. Einerseits ermöglicht dies eine verbesserte und umfangreichere Auswertung der in einem Datensatz enthaltenen Informationen, andererseits verführt dieser unkomplizierte Zugang zu unkritischer Anwendung der verschiedensten statistischen Methoden, ohne die zugrunde liegenden Voraussetzungen der Verfahren zu berücksichtigen. Ein Hauptanliegen dieses Buches ist es daher, die hinter den beschriebenen Verfahren stehenden Fragestellungen und Modelle zu vermitteln, um so dem Anwender eine bessere Grundlage und Motivation bei der Auswahl geeigneter Statistik-Prozeduren zur Verrechnung seiner Daten zu geben. Dadurch wird er auch in die Lage versetzt, die Tragfähigkeit seiner Ergebnisse besser zu beurteilen.

Obwohl wir nach Beschreibung der Grundgedanken zu jedem Verfahren den Rechengang in „Kästchen" anführen, wollen wir keine „Rezeptsammlung" vorlegen. Das Durchrechnen von Beispielen anhand dieser Kästchen soll nach der allgemeinen Beschreibung eine konkrete Vorstellung vom rechnerischen Ablauf der Verfahren vermitteln. Wir empfehlen dem Leser die angeführten Beispiele jeweils eigenständig mit dem Taschenrechner durchzurechnen. Neben der Einübung der Verfahren können die Rechenanleitungen zur schnellen Auswertung kleiner Versuche hilfreich sein. Grundsätzlich wurden „Fragestellung" und „Voraussetzung" in den Kästchen aufgeführt, um hervorzuheben, daß stets geklärt sein muß, ob die Daten den Anforderungen des gewählten Verfahrens genügen.

Bei der Behandlung multipler Vergleiche haben wir auf die Unterscheidung zwischen geplanten (a priori) und ungeplanten (a posteriori) Testmethoden Wert gelegt. Bei den A-priori-Verfahren wurde die äußerst begrenzte Anwendungsmöglichkeit dieser Tests im Rahmen der Hypothesenprüfung (konfirmatorische Statistik) hervorgehoben. Es muß aber an dieser Stelle betont werden, daß damit ihre Bedeutung beim Aufdecken möglicher Signifikanzen im Rahmen einer Hypothesenfindung (explorative Datenanalyse) nicht geschmälert werden soll. In keiner Weise war unser Anliegen, die Biometrie in eine „inferenzstatistische Zwangsjacke" zu stecken. Nur sollte der beliebten Unsitte entgegengetreten werden, explorativ erhaltenen Aussagen konfirmatorische Autorität durch Angabe einer Sicherheitswahrscheinlichkeit zu verleihen.

Ein ausführliches Sachverzeichnis soll dem Leser ermöglichen, das Buch später auch zum Nachschlagen spezieller Abschnitte zu verwenden. Die Aufnahme eines Verzeichnisses englischer Fachausdrücke schien uns angesichts der meist englischsprachigen statistischen Programmpakete sinnvoll.

Unser Dank gilt allen, die durch Fragen und Kritik die heutige Form des Buches beeinflußten, insbesondere Frau Chr. Weinandt für die Geduld beim Tippen des Manuskripts, Herrn A. Wagner für die sorgfältige Anfertigung der über 60 graphischen Darstellungen und Frau R. Plätke für vielfältige Vorschläge zur inhaltlichen Gestaltung.

Gießen und Aachen, im Juni 1992   Wolfgang Köhler
                                                        Gabriel Schachtel
                                                          Peter Voleske

Inhaltsverzeichnis

Einleitung

Das vorliegende Buch will eine Einführung in die Denk- und Arbeitsweise der *Bio-statistik* sein. Dieser Zweig der Statistik befasst sich mit der Anwendung statistischer Verfahren auf die belebte Natur und wird auch oft als Biometrie bezeichnet. Ein wesentliches Ziel der Biostatistik ist es, Methoden bereitzustellen, um in Biologie, Agrarwissenschaft und Medizin eine Hilfestellung bei der *Erhebung, Beschreibung* und *Interpretation* von Daten zu geben.

Die Biostatistik lässt sich, ebenso wie die Statistik insgesamt, in zwei große Bereiche unterteilen:

* die deskriptive oder *beschreibende* Statistik,
* die analytische oder *schließende* Statistik.

Die beschreibende Statistik hat das Ziel, die gewonnenen Daten so darzustellen, dass das Wesentliche deutlich hervortritt – was „wesentlich" ist, hängt von der Problemstellung ab, unterliegt aber auch häufig der subjektiven Entscheidung des Fachwissenschaftlers. Um Übersichtlichkeit zu erreichen, muss das oft sehr umfangreiche Material geeignet zusammengefasst werden. Die beschreibende Statistik bedient sich zu diesem Zweck hauptsächlich dreier Formen: Tabellen, graphischer Darstellungen und charakteristischer Maßzahlen.

Die analytische Statistik schließt dann an Hand des vorliegenden Datenmaterials auf allgemeine Gesetzmäßigkeiten. Dabei sind zunächst nur Daten über konkrete Einzelerscheinungen gegeben, und man bemüht sich, aus der „zufälligen Unregelmäßigkeit" der Einzelerscheinungen auf „statistische Regelmäßigkeiten" (Gesetzmäßigkeiten) der Massenerscheinungen zu folgern. Die analytische Statistik basiert auf der Wahrscheinlichkeitstheorie.

Beispiel Untersucht wurde die Absterberate unter Einwirkung von $300\,\mu g$ DDT auf 100 Männchen der Taufliege *Drosophila melanogaster*. Tabelle 1 gibt die Anzahl gestorbener Fliegen nach Beginn der DDT-Behandlung an.

Wir können aus den Daten selbstverständlich keine Vorhersage über den Sterbezeitpunkt einer bestimmten individuellen Fliege machen. Wir können auch nicht behaupten, dass bei Versuchswiederholung erneut zwei Fliegen nach 6 Stunden überlebt haben werden. Es kann aber mit Hilfe der schließenden Statistik überprüft wer-

W. Köhler, G. Schachtel, P. Voleske, *Biostatistik*, Springer-Lehrbuch, DOI 10.1007/978-3-642-29271-2_1, © Springer-Verlag Berlin Heidelberg 2012

Tab. 1 Kumulative Sterbehäufigkeit von *D. melanogaster* nach DDT-Behandlung

Stunden nach Behandlungsbeginn	1	2	3	4	5	6	7	8	9
Gesamtzahl gestorbener Fliegen	1	12	58	84	95	98	98	99	100

Abb. 1 Graphische Darstellung zu Tab. 1

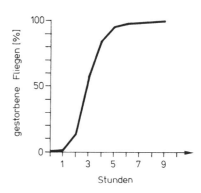

den, ob nach 3 Stunden über die Hälfte der Fliegen der untersuchten Population sterben, wenn sie dieser DDT-Behandlung ausgesetzt werden.

Neben den beiden Aufgaben der Biostatistik, vorgelegtes Datenmaterial zu ordnen und Schlüsse daraus zu ermöglichen, ist die dritte ebenso wichtige Aufgabe der Biostatistik, den Fachwissenschaftler vom statistischen Standpunkt aus bei einer möglichst sinnvollen Datenerhebung anzuleiten. Diese statistische Beratung *vor* Ausführung eines Versuches (bzw. einer Untersuchung) hat das Bestreben, die Ermittlung der Daten so anzulegen, dass die spätere Beschreibung und Auswertung möglichst effektiv wird und einen optimalen Beitrag zur Beantwortung der interessierenden Fragestellung liefert. Diesen Bereich der Biostatistik bezeichnet man als Versuchsplanung.

Vielleicht wird die Zielsetzung der Statistik durch die folgenden typischen Fragen am besten verdeutlicht:

• Welche Daten soll man zur Beantwortung einer gegebenen Aufgabenstellung ermitteln?
• Wieviel Daten soll man ermitteln?
• Auf welche Art soll man das Untersuchungsmaterial auswählen?
• Wie soll man seine Untersuchungsdaten ermitteln?
• Wie sollen die gewonnenen Daten geordnet werden?
• Wie sollen die Daten beschrieben und übersichtlich dargestellt werden?
• Wie wertet man die Daten aus?
• Welche Schlüsse lassen sich ziehen?
• Wie zuverlässig sind die getroffenen Aussagen?
• Welche weiterführenden Fragestellungen haben die Ergebnisse aufgeworfen?

Man kann diesen Fragenkatalog in drei Schritte zusammenfassen:

1. *Aufgabenstellung.* Nach präziser Formulierung der Fragestellung muss eine geeignete Wahl von Merkmalen getroffen, eine Mess- bzw. Beobachtungsmethode festgelegt und ein Versuchsplan aufgestellt werden.

2. *Datengewinnung.* Gewinnung des Untersuchungsmaterials (Ziehen der Stichprobe) und Ausführung der Messungen bzw. Beobachtungen an diesem Material.

3. *Datenverarbeitung.* Das gewonnene Datenmaterial muss graphisch und rechnerisch aufbereitet werden, dann sind Schlüsse von der Stichprobe auf die Grundgesamtheit zu ziehen; diese werden anschließend geprüft und interpretiert.

Die Biostatistik liefert insbesondere Beiträge zur Lösung des ersten und dritten Punktes.

Bemerkung 1 Die Biometrie bzw. die Biostatistik ist ein Zweig der Statistik, der sich mit der Anwendung mathematisch-statistischer Methoden auf die belebte Natur befasst. Die beiden Bezeichnungen für dieses Fachgebiet galten lange Zeit als weitgehend austauschbar. So wurde das entsprechende Lehrangebot in den Agrarwissenschaften Biometrie genannt, während in der Biologie und in der Medizin dafür die Bezeichnung Biostatistik oder auch Biomathematik üblich war. In der letzten Zeit aber hat der Begriff Biometrie in der Öffentlichkeit eine wesentliche Einschränkung erfahren und wird oft als Synonym für den Identitätsnachweis von Personen unter Verwendung ihrer individuellen körperlichen Merkmale verstanden. Der Begriff Biometrie steht in diesem Fall für die Technik der automatischen Erkennung von Personen anhand ihrer persönlichen Charakteristika. Um Missverständnisse zu vermeiden, benutzen wir in dieser Auflage nur die Bezeichnung Biostatistik für unser Fachgebiet.

Bemerkung 2 Die Einteilung in beschreibende und schließende Statistik wurde gewählt, um die unterschiedliche Zielsetzung der in den beiden Bereichen verwendeten Methoden herauszustellen. Durch die Verbreitung des Computers können heute deskriptive Methoden intensiver zur Datenanalyse herangezogen werden. Dabei steht nicht nur die Datenreduktion und -charakterisierung, sondern darüber hinaus auch das Entdecken möglicher noch unbekannter Strukturen in den gegebenen komplexen Datenmengen im Vordergrund (*data-snooping*). Das Vorliegen solcher Strukturen muss dann anschließend aufgrund eines entsprechenden Versuchsplans mit Hilfe der Methoden der schließenden Statistik bestätigt werden. Aufgrund dieses neuen Konzeptes werden für die beiden Bereiche die Bezeichnungen explorative Datenanalyse bzw. konfirmatorische Datenanalyse verwendet.

Bemerkung 3 Leider wird in Praktika selten auf die Probleme bei der Aufgabenstellung eingegangen. Dem Studenten sind Fragestellung, zu messendes Merkmal und Stichprobe vorgegeben. Er beginnt dann mit dem Messen, *ohne* über die Gründe der Auswahl von Merkmal und Stichprobe Näheres zu erfahren. Bei der Datenaufbereitung bleibt er deshalb meist beim Beschreiben seiner Untersuchungsergebnisse stehen, ohne sie zu analysieren. Später aber in der Diplomarbeit erwartet man von ihm die selbständige Durchführung aller drei Schritte einer Untersuchung, nur die Fragestellung wird ihm vorgegeben.

Das folgende erste Kapitel soll daher deutlich machen, welche Bedeutung schon der sinnvollen Wahl der Merkmale zukommt.

Kapitel I: Merkmalsauswahl

§1 Wahl geeigneter Merkmale

1.1 Objektivität, Reliabilität, Validität

Liegt dem Fachwissenschaftler eine Fragestellung vor, so muss er sich entscheiden, welche Merkmale er zur Beantwortung seiner Frage sinnvollerweise untersucht. Dazu sollte er zunächst die folgenden drei *Kriterien bei der Auswahl seiner Merkmale beachten*:

Objektivität Die Ausprägung des zu ermittelnden Merkmals ist unabhängig von der Person des Auswerters eindeutig festzustellen.

Beispiel Die Bewertung von Deutsch-Aufsätzen ist oft stark vom beurteilenden Lehrer abhängig und somit wenig objektiv.

Reliabilität Das Merkmal gestattet reproduzierbare Mess- (bzw. Beobachtungs-) Ergebnisse, bei Wiederholung liegen also gleiche Resultate vor. Statt Reliabilität wird auch von „Zuverlässigkeit" gesprochen.

Beispiel Beim Test einer neuen Methode zur Messung der Enzymaktivität wurde das untersuchte Homogenat in mehrere gleiche Proben aufgeteilt und jeweils gemessen. Die erhaltenen Ergebnisse unterschieden sich teilweise um eine Größenordnung (Faktor 10). Die Methode musste als unzuverlässig verworfen werden.

Validität Das Merkmal in seinen Ausprägungen spiegelt die für die Fragestellung wesentlichen Eigenschaften wider. Statt Validität wird auch von „Gültigkeit" oder „Aussagekraft" gesprochen.

Beispiel Bei der Zulassung zum Medizin-Studium spielt die Durchschnittsnote im Abitur eine wichtige Rolle. Hat dieses Merkmal tatsächlich eine zentrale Bedeutung für die Beurteilung, ob die Fähigkeit zum Arztberuf vorliegt?

1.2 Die verschiedenen Skalen-Niveaus

Wenn man die eben beschriebenen Kriterien bei der Merkmalsauswahl berücksichtigt hat, dann stehen in den meisten Fällen immer noch eine Vielzahl geeigneter Merkmale zur Verfügung. Es ist ratsam, sich nun über das jeweilige Skalenniveau der geeigneten Merkmale Gedanken zu machen. Man unterscheidet nach der Art der Merkmalsausprägungen verschiedene Skalen-Niveaus:

Nominalskala Qualitative Gleichwertigkeit wird in einer Nominalskala festgehalten. Das Merkmal ist in mindestens zwei diskrete Kategorien (Klassen, Merkmalsausprägungen) unterteilt. Man beobachtet die Anzahl des Auftretens jeder Kategorie, es wird also gezählt, wie häufig die Merkmalsausprägungen jeweils vorkommen. Die Kategorien sind diskret, weil Zwischenstufen nicht zugelassen werden. D. h. eine Ausprägung fällt entweder in die eine oder andere Kategorie, liegt aber nicht „zwischen" zwei Kategorien.

Beispiel Das Merkmal Geschlecht mit den Ausprägungen weiblich und männlich ist nominalskaliert. Das Merkmal Farbe mit den Ausprägungen rot, grün, blau und braun ist ebenfalls nominalskaliert.

Ordinalskala Die Rangfolge wird in einer Ordinalskala festgehalten. Die Merkmalsausprägungen treten in vergleichbaren, diskreten Kategorien auf und lassen sich nach Größe, Stärke oder Intensität anordnen. Zum Zählen kommt zusätzlich ein ordnendes Vergleichen hinzu, somit wird mehr Information als bei einer Nominalskala verarbeitet.

Beispiel Das Merkmal Leistung mit den Ausprägungen sehr gut, gut, befriedigend, ausreichend und mangelhaft ist ordinalskaliert. Die EG-Qualitätsnorm für Äpfel mit den Ausprägungen Extra, I, II, III (Handelsklassen) ist ebenfalls eine Ordinalskala.

Mangel der Ordinalskala: Man weiß zwar, dass die eine Merkmalsausprägung ein größer, stärker oder schneller als eine andere Ausprägung bedeutet, über das „wie viel größer, stärker oder schneller" ist aber nichts ausgesagt.

Beispiel Aus der olympischen Medaillenvergabe weiß man zwar, dass Gold besser als Silber und Silber besser als Bronze ist. Dabei kann aber durchaus (z. B. 100-m-Lauf) der Unterschied Gold (10.1 s) zu Silber (10.2 s) klein sein (0.1 s), während zwischen Silber und Bronze (10.7 s) ein großer Abstand klafft (0.5 s). Diese Information geht verloren, nur Rangplätze zählen.

Intervallskala Die Abstände zwischen den Merkmalsausprägungen können durch eine Intervallskala festgehalten werden. Gleiche Differenzen (Intervalle) auf der Skala entsprechen gleichen Differenzen beim untersuchten Merkmal. Im Vergleich zur Ordinalskala erlaubt also die Intervallskala zusätzlich zur Anordnung der Merkmalsausprägungen auch den Vergleich der Abstände zwischen den Ausprägungen. Die Skala ist nicht mehr diskret sondern kontinuierlich.

Beispiel Das Merkmal Temperatur mit Ausprägungen in Grad Celsius (°C) ist intervallskaliert. Eine Temperatur-Schwankung von −3 °C bis +6 °C im Januar und von +20 °C bis +29 °C im Juli ist gleich groß, da die Differenz zwischen maximaler und minimaler Temperatur in beiden Monaten 9 °C beträgt. Die Schwankungen im Januar und im Juli haben sich jeweils in Temperatur-Intervallen gleicher Länge (9 °C) bewegt.

Verhältnisskala Nicht nur die Differenz, sondern auch der Quotient aus zwei Messwerten darf bei Verhältnisskalen verwendet werden. Während die Intervallskala nur den Vergleich von Differenzen (Abständen) gemessener Werte erlaubt, ist bei der Verhältnisskala auch der Vergleich der Quotienten (Verhältnisse) gemessener Werte sinnvoll. Die sinnvolle Berechnung von Quotienten ist möglich, weil Verhältnisskalen einen eindeutig festgelegten und nicht willkürlich gesetzten Nullpunkt haben.

Beispiel Das Merkmal Länge mit Ausprägungen in Zentimetern (cm) genügt einer Verhältnisskala. Der Nullpunkt ist nicht willkürlich definierbar. Daher sagt auch der Quotient etwas über das Längenverhältnis zweier Messwerte aus: 32 cm ist zweimal so lang wie 16 cm, der Quotient ist 2.

Die Temperatur in °C gemessen erfüllt dagegen nicht die Anforderungen einer Verhältnisskala, 32 °C ist (physikalisch gesehen) nicht doppelt so warm wie 16 °C, wie eine Umrechnung in Grad Fahrenheit oder in Kelvin zeigt. Bei der Festlegung der *Celsius-Skala* wird der Gefrierpunkt von H_2O *willkürlich* zum Nullpunkt der Skala erklärt. Dagegen ist bei *Kelvin* der niedrigste theoretisch erreichbare Temperaturzustand zum Nullpunkt bestimmt worden, es wurde hier also *kein willkürlicher, sondern der allen Substanzen (nicht nur H_2O) gemeinsame absolute Nullpunkt* gewählt. Somit ist die Kelvin-Skala eine Verhältnis-Skala und es ist physikalisch sinnvoll, eine Temperatur von 300 K als doppelt so warm wie 150 K zu bezeichnen.

Die vier Skalenniveaus wurden hier in aufsteigender Folge eingeführt, jedes höhere Skalenniveau erfüllt jeweils auch die Anforderungen der niedrigeren Skalen. D. h. jedes Merkmal kann zumindest auf Nominalskalenniveau „gemessen" werden, während nicht jedes Merkmal auch ein höheres Skalenniveau zulässt.

Beispiel Das Merkmal Länge kann, muss aber nicht auf dem höchsten Verhältnisskalen-Niveau gemessen werden. Für viele Fragestellungen genügt eine Nominalskala. So interessiert sich die Post bei Standardbriefen nur für die Frage: Ist die Höhe des Briefes über 0.5 cm (Porto-Zuschlag) oder darunter (normales Porto)? Wir haben also eine Längen-„Messung" durch eine Nominalskala mit zwei Kategorien vorzunehmen. Das Merkmal Geschlecht lässt sich dagegen nur nominalskalieren und auf keinem höheren Skalenniveau messen.

Bemerkung Gelegentlich wird neben diesen vier Skalen noch von einer weiteren, der *Absolutskala*, gesprochen. Bei ihr sind Nullpunkt und Einheit natürlicherweise festgelegt, und sie stellt somit das höchste metrische Niveau dar. So kann die Inten-

Tab. 1.1 Notwendiges Skalenniveau einiger statistischer Verfahren

Mess-Niveau	zugehörige Daten	Maßzahlen und Tests
Nominal-Skala	Häufigkeiten	C, D, H, p, χ^2-Test
Ordinal-Skala	Rangplätze	R, Z, V, U-Test
Intervall-Skala	Messwerte	$r, \bar{x}, s, t$-Test
Verhältnis-Skala	Messwerte, Anzahlen	G, cv

sität einer Strahlungsquelle in Lux (Verhältnisskala) oder durch die Anzahl der von ihr pro Zeiteinheit emittierten Quanten (Absolutskala) gemessen werden.

Im Experiment wird in der Regel eine Bezugsgröße festgelegt und dann die Anzahl des interessierenden Ereignisses bezogen auf diese Größe erfasst, beispielsweise die Anzahl Nematodenzysten pro Bodenprobe (vgl. §13.3) bzw. die Anzahl Larven pro Blattfläche (vgl. §18.1) oder die Anzahl induzierter Chromosomenbrüche pro Mitose (vgl. §24.2). In all diesen Fällen stellt die Anzahl der Ereignisse pro *Bezugsgröße* (Zähleinheit, vgl. §26.2) die erfasste Merkmalsausprägung dar. Sie darf nicht mit der Häufigkeit des Auftretens eines Merkmals verwechselt werden.

Wir haben die Unterscheidung in verschiedene Skalenniveaus vorgenommen, weil sie bei der Merkmalsauswahl berücksichtigt werden sollte. Denn das Skalenniveau der Merkmale entscheidet, welche Verfahren für die spätere Datenauswertung zulässig sind. Viele statistische Verrechnungsmethoden sind nur ab einem bestimmten Skalenniveau möglich und sinnvoll.

Beispiel Aus nominalskalierten Daten darf kein arithmetisches Mittel berechnet werden. Was sollte der Mittelwert aus 4 Hunden und 3 Katzen sein?

Im Vorgriff auf spätere Kapitel wollen wir schon hier tabellarisch einen Eindruck von der engen Beziehung zwischen Skalenniveau und statistischer Auswertung vermitteln (Tab. 1.1).

Die statistischen Möglichkeiten bei der Auswertung sind vom Skalenniveau abhängig, weil auf höherem Niveau mehr Information festgehalten und ausgewertet werden kann, als bei niedrigeren Skalierungen. Meist ist aber dieser Anstieg an Information verbunden mit größerem Aufwand in der Untersuchungsmethodik. Dieser Sachverhalt sollte bei der Wahl der geeigneten Merkmale berücksichtigt werden.

Beispiel Wir planen ein Experiment zur Untersuchung der Wirksamkeit eines Insektizids (Repellent) auf verschiedene Arten von Blattläusen. Es stellt sich die Frage, welche Merkmale geeignet sind, um etwas über die Wirksamkeit des Insektizids zu erfahren. Aus einer Anzahl denkbarer Merkmale haben wir mit Hilfe der Kriterien Objektivität, Reliabilität und Validität einige sofort als ungeeignet verworfen. Nach dieser Vorauswahl seien beispielsweise nur noch drei Merkmale verblieben, die wir im Versuch messen (bzw. beobachten) könnten:

1. Wir beobachten, ob die Läuse auf der Pflanze bleiben oder abfallen und notieren die Anzahl abgefallener und nicht-abgefallener. Dadurch erhalten wir eine Nominalskala.

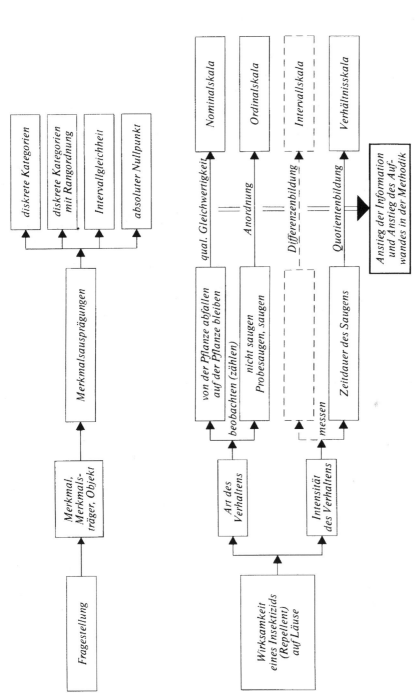

Schema 1.1 Fragestellung, geeignete Merkmale und Skalenniveau

2. Wir beobachten, ob die Läuse auf der Pflanze saugen, nur probesaugen oder nicht saugen. Hierbei handelt es sich um eine Ordinalskala.
3. Wir messen die Zeitdauer des Saugens, womit wir eine Verhältnisskala haben.

Bei der Entscheidung für einen der drei Wege sollte bedacht werden, dass mit dem Anstieg an Information auch der Aufwand des Versuches steigt. Das Schema 1.1 stellt die eben beschriebenen Zusammenhänge nochmals übersichtlich dar. (In unserem Beispiel fehlt ein intervallskaliertes Merkmal, da sehr häufig die intervallskalierten Merkmale auch Verhältnisskalen-Niveau haben.)

Kapitel II: Beschreibende Statistik

In der beschreibenden Statistik werden Verfahren zur übersichtlichen Darstellung von Untersuchungsergebnissen bereitgestellt. Stammen diese Daten aus der Untersuchung eines einzigen Merkmals, so erhält man Verteilungen von nur *einer* Variablen und bezeichnet diese als *monovariable Verteilungen*. Entsprechend spricht man bei zwei untersuchten Merkmalen von bivariablen Verteilungen, mit denen wir uns allerdings erst in §5 beschäftigen werden.

Wie schon erwähnt, sind es im Wesentlichen drei Formen, welche die deskriptive Statistik zur übersichtlichen Beschreibung von Daten anbietet:

- Tabellen
- Graphische Darstellungen
- Charakteristische Maßzahlen.

In den ersten drei Paragraphen dieses Kapitels werden diese drei Darstellungsweisen im Einzelnen erläutert, wobei wir uns zunächst auf monovariable Verteilungen beschränken. Die letzten Paragraphen des Kapitels gehen auf die Beschreibung bivariabler Verteilungen ein.

§2 Tabellen zur Darstellung monovariabler Verteilungen

Die ungeordnete Form von Messwerten (bzw. Beobachtungen) einer Untersuchung, die der Reihe ihres Auftretens nach zusammengestellt ist, nennt man *Urliste* oder Protokoll.

Um eine Übersicht über die Messwerte der Urliste zu erhalten, kann man die Messwerte der Größe nach ordnen. Dadurch entsteht die *primäre Tafel*, die auch „geordnete Liste" heißt.

Jetzt kann man schon einen neuen Wert, die *Variationsbreite V*, ablesen, die aus der Differenz zwischen dem größten (x_{max}) und dem kleinsten (x_{min}) Messwert gebildet wird: $V = x_{max} - x_{min}$.

W. Köhler, G. Schachtel, P. Voleske, *Biostatistik*, Springer-Lehrbuch,
DOI 10.1007/978-3-642-29271-2_2, © Springer-Verlag Berlin Heidelberg 2012

Bemerkung Man achte hier wie im Weiteren darauf, dass das Angeführte nicht für alle Skalierungen anwendbar ist. Haben wir z. B. das Merkmal Obst mit den Ausprägungen Apfel, Birne, Traube und Zitrone, so liegt eine Nominalskala vor. Wir können die vier Merkmalsausprägungen also nicht nach „größer", „stärker" oder „schneller" anordnen, daher haben wir kein x_{max} und x_{min}, um eine Variationsbreite zu berechnen.

Als Nächstes kommt man zur *Häufigkeitstabelle*, indem man gleiche Messwerte zusammenfasst und ihnen die Anzahl ihres Auftretens zuordnet. Dies ist die übliche Darstellung von Untersuchungsergebnissen. Allerdings ist sie noch recht unübersichtlich, wenn sehr viele verschiedene Werte vorliegen. In diesem Fall ist es ratsam, eine *Klassifizierung* vorzunehmen, d. h. benachbarte Werte zu einer Klasse zusammenzufassen. Die Menge sämtlicher Messwerte, die innerhalb festgelegter Grenzen, der Klassengrenzen, liegen, nennt man *Klasse*. Als Repräsentanten einer Klasse wählt man meist die *Klassenmitte*, die aus dem arithmetischen Mittel der beiden Klassengrenzen gebildet wird. Die *Klassenbreite* kann man entweder aus der Differenz zweier aufeinander folgender Klassenmitten oder der Differenz der Klassengrenzen einer Klasse berechnen. Im Allgemeinen sollte für alle Klassen einer Klassifizierung die gleiche Breite gewählt werden.

Bei der Wahl der „richtigen" Klassenbreite ist man bestrebt, mit einem Minimum an Klassen ein Maximum an spezifischer Information zu erhalten. Je größer die Klassenbreite, desto geringer ist die Anzahl der Klassen, was leicht zur Verwischung von Verteilungseigenschaften führen kann. Im Extremfall, bei sehr großer Klassenbreite, fallen *alle* Werte in *eine* Klasse, man erhält eine Gleichverteilung, die kaum mehr Information enthält. Eine zu kleine Klassenbreite dagegen erhöht die Gefahr, unspezifische, zufällige Einflüsse hervorzuheben. Neben der Klassenbreite spielt auch die Wahl der Anfangs- und Endpunkte der Klasseneinteilung eine gewisse Rolle.

Faustregel von Sturges zur geeigneten Wahl einer *Klassenbreite*:

Liegen keine Vorinformationen vor, so ist zur Bestimmung der **Klassenbreite** b folgende Formel hilfreich:

$$b = \frac{V}{1 + 3.32 \cdot \lg n} \approx \frac{V}{5 \cdot \lg n}, \qquad (2.1)$$

wobei n der Stichprobenumfang (Anzahl der Messwerte),
       V die Variationsbreite (Spannweite),
      $\lg n$ Zehnerlogarithmus von n.

Beispiel Zur Analyse der innerartlichen Variabilität wurden die Flügellängen eines Insekts gemessen, in mm.

Unsere *Urliste* (Tab. 2.1) enthält 25 Werte, das sind $n = 25$ Zahlen als Ergebnis von ebenso vielen Beobachtungen (Längenmessungen) eines Merkmals (Flügel-

Tab. 2.1 Flügellängen in der Reihenfolge ihres Auftretens (*Urliste*)

Flügellängen in mm, Stichprobenumfang $n = 25$

3.8	3.6	4.3	3.5	4.1	4.4	4.5	3.6	3.8
3.3	4.3	3.9	4.3	4.4	4.1	3.6	4.2	3.9
3.8	4.4	3.8	4.7	3.8	3.6	4.3		

Tab. 2.2 Flügellängen der Größe nach angeordnet (*Primäre Liste*)

Flügellängen in mm, Stichprobenumfang $n = 25$

$x_{min} = 3.3$	3.5	3.6	3.6	3.6	3.6	3.8	3.8	3.8
3.8	3.8	3.9	3.9	4.1	4.1	4.2	4.3	4.3	4.3
4.3	4.4	4.4	4.4	4.5	$4.7 = x_{max}$			

länge) von 25 zufällig ausgesuchten Exemplaren einer Insektenart. Die 25 Insekten bilden eine *Stichprobe vom Umfang n* $= 25$, aus der man später Schlüsse auf die zugehörige Grundgesamtheit aller Insekten der betreffenden Population ziehen will.

Aus der *primären Liste* (Tab. 2.2) entnehmen wir sofort, dass die Variationsbreite $V = 4.7 - 3.3 = 1.4$ ist.

Oft geht man nicht über eine primäre Liste, sondern erstellt sofort eine Strichliste (Tab. 2.3). In unserem Fall haben wir direkt aus der Urliste $x_{min} = 3.3$ und $x_{max} = 4.7$ herausgesucht und alle – bei der gegebenen Messgenauigkeit möglichen – Werte dazwischen der Größe nach aufgelistet und mit $x_1 = 3.3$, $x_2 = 3.4, \ldots, x_{15} = 4.7$ bezeichnet. Dabei spricht man dann kurz von den Werten x_i mit dem Lauf-Index i von 1 bis 15. Durch eine *Strichliste* haben wir die Häufigkeiten f_i der jeweiligen x_i ermittelt.

Bemerkung Genau genommen liegt bei unserer Häufigkeitstabelle schon eine Klassenbildung zugrunde, die durch die begrenzte Messgenauigkeit aufgezwungen ist. Wenn z. B. dreimal die gleiche Flügellänge $x_{12} = 4.4$ mm gemessen wurde, so heißt das nur, dass wegen unserer Messgenauigkeit alle Werte zwischen 4.35 mm und 4.45 mm in die Klasse x_{12} fallen. Unsere drei „gleichen" Flügellängen könnten also durchaus von den verschiedenen Werten 4.37, 4.39 und 4.43 herrühren.

Erst im nächsten Paragraphen gehen wir auf graphische Darstellungen ein, wollen aber schon an dieser Stelle für unsere Tabelle ein Schaubild anfertigen. Aus unserer Häufigkeitstabelle erhalten wir Abb. 2.1, die man „Polygonzug" nennt.

Der Polygonzug erscheint uns wegen der vielen Zacken noch recht unübersichtlich und wir können hoffen, durch die Bildung von Klassen das Spezifische der Verteilung deutlicher zu machen. Nach Formel 2.1 wäre eine Klassenbreite zwischen 0.2 und 0.3 zu empfehlen, wir wollen $b = 0.3$ wählen und erhalten 5 Klassen und die zugehörige Tab. 2.4.

Klasse Nr. 4 hat z. B. die Klassengrenzen 4.2 und 4.5, wobei 4.2 noch zur Klasse dazugehört (4.2 $\leq x$, „4.2 ist kleiner oder *gleich* x"), während 4.5 nicht mehr zur

Tab. 2.3 Häufigkeitsverteilung zu Tab. 2.1 (*Häufigkeitstabelle*)

Flügellängen in [mm]		
Messwert x_i	*Strichliste*	*Häufigkeiten* f_i
$x_1 = 3.3$	|	1 oder $f_1 = 1$
$x_2 = 3.4$		0 $f_2 = 0$
$x_3 = 3.5$	|	1 $f_3 = 1$
$x_4 = 3.6$	||||	4 $f_4 = 4$
$x_5 = 3.7$		0 $f_5 = 0$
$x_6 = 3.8$	||||	5 $f_6 = 5$
$x_7 = 3.9$	||	2 $f_7 = 2$
$x_8 = 4.0$		0 $f_8 = 0$
$x_9 = 4.1$	||	2 $f_9 = 2$
$x_{10} = 4.2$	|	1 $f_{10} = 1$
$x_{11} = 4.3$	||||	4 $f_{11} = 4$
$x_{12} = 4.4$	|||	3 $f_{12} = 3$
$x_{13} = 4.5$	|	1 $f_{13} = 1$
$x_{14} = 4.6$		0 $f_{14} = 0$
$x_{15} = 4.7$	|	1 $f_{15} = 1$
Stichprobenumfang n	25 oder $\sum f_i = 25$	

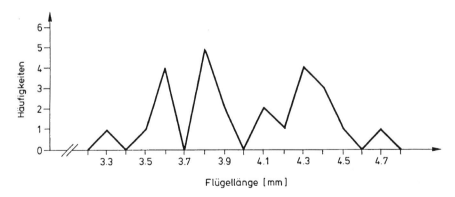

Abb. 2.1 Polygon zur graphischen Darstellung der Häufigkeitsverteilung aus Tab. 2.3

Tab. 2.4 Klassifizierte Häufigkeiten und Summenhäufigkeiten zu Tab. 2.1 mit Klassenbreite $b = 0.3$ (*Klassifizierte Häufigkeitstabelle*)

Flügellängen in mm

i	Klasse	Klassenmitte x_i	Häufigkeit f_i	Summenhäufigkeit F_i	$F_i\%$
1	$3.3 \le x < 3.6$	3.45	$f_1 = 2$	$F_1 = 2$	8
2	$3.6 \le x < 3.9$	3.75	$f_2 = 9$	$F_2 = 11$	44
3	$3.9 \le x < 4.2$	4.05	$f_3 = 4$	$F_3 = 15$	60
4	$4.2 \le x < 4.5$	4.35	$f_4 = 8$	$F_4 = 23$	92
5	$4.5 \le x < 4.8$	4.65	$f_5 = 2$	$F_5 = 25$	100

Klasse gehört ($x < 4.5$, „x ist *echt* kleiner als 4.5"). Die Klassenmitte ist $x_4 = 4.35$, denn $\frac{4.2+4.5}{2} = \frac{8.7}{2} = 4.35$.

Bemerkung Da man im Allgemeinen mit den Klassenmitten weiterrechnet, sollte man darauf achten, bei den Klassen*mitten* möglichst *wenige Stellen hinter dem Komma* zu erhalten. In obigem Beispiel hätte man also besser die Klassengrenzen um 0.05 verschoben, die 1. Klasse wäre dann $3.25 \le x < 3.55$ und die Klassenmitte wäre $x_1 = 3.4$.

Auch zu Tab. 2.4 wollen wir die zugehörige graphische Darstellung betrachten (Abb. 2.2). Erst aus der Darstellung der *klassifizierten* Häufigkeitstabelle erkennt man das spezifische Resultat dieses Versuchs, nämlich eine *zweigipflige Verteilung*.

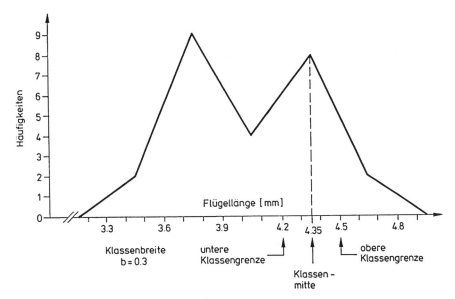

Abb. 2.2 Graphische Darstellung der klassifizierten Häufigkeitsverteilung aus Tab. 2.4. Die Zweigipfligkeit beruht auf einem Geschlechtsdimorphismus, Weibchen sind größer als Männchen

§3 Graphische Darstellung monovariabler Verteilungen

Im letzten Paragraphen hatten wir schon mit Hilfe von Polygonzügen unsere Tabellen in einem Koordinatensystem abgebildet, um einen ersten visuellen Eindruck von
den vorliegenden Verteilungen zu bekommen. Eine solche graphische Darstellung
ist das geometrische Bild einer Menge von Daten. Sie kann eine Häufigkeitsverteilung anschaulicher machen. Ziel einer graphischen Darstellung ist es, dem Betrachter *das Wesentliche der Verteilung sofort klar zu machen.* Schaubilder haben aber
keine Beweiskraft, sie dürfen also nicht als Beweis für eine aufgestellte Behauptung
„missbraucht" werden.

Bei monovariablen Verteilungen dient die Abszissenachse (X-Achse) im Allgemeinen zur Darstellung der Merkmalsausprägung, während die Ordinate (Y-Achse)
die Häufigkeiten repräsentiert. Der Maßstab für die Einheiten auf Abszisse und Ordinate darf und wird meistens verschieden sein, dabei sollte die maximale Höhe der
Darstellung ungefähr der Breite entsprechen:

$$Faustregel: \quad f_{\max} \approx V.$$

3.1 Verschiedene Arten graphischer Darstellung

Wir wollen nun einige sehr verbreitete Methoden der graphischen Darstellung erläutern.

3.1.1 Das Stabdiagramm

Die Merkmalsausprägungen werden mit gleichen Abständen auf der Abszisse eingetragen, bei Nominal-Skala in beliebiger Reihenfolge, bei Ordinalskalierung entsprechend der Anordnung. Senkrecht zur Abszisse werden über den Merkmalsausprägungen Rechtecke („Stäbe") gleicher Breite eingezeichnet, deren Höhen die
Häufigkeiten wiedergeben; die Ordinateneinteilung muss diesen Häufigkeiten entsprechen.

Man kann das Koordinatenkreuz auch weglassen und das Diagramm um 90°
drehen, man erhält dann aus Abb. 3.1 die Darstellung in Abb. 3.2.

Für Stabdiagramme findet man auch die Bezeichnungen *Blockdiagramm, Strei-
fendiagramm, Balkendiagramm.*

3.1.2 Das Komponenten-Stabdiagramm

Bei gewissen Fragestellungen interessiert nur das Verhältnis zwischen den Häufigkeiten, nicht ihre absolute Größe. Dazu berechnet man aus den Häufigkeiten f_i,
auch *absolute Häufigkeiten* genannt, die *relativen Häufigkeiten* h_i. Man erhält die

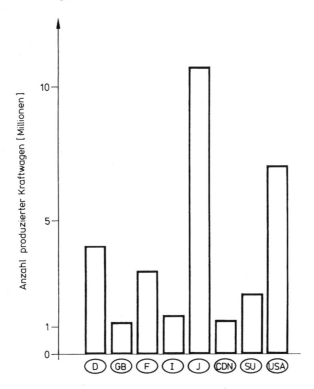

Abb. 3.1 Stabdiagramm zur Darstellung der Kraftwagen-Produktion (1982) der acht größten Autoländer

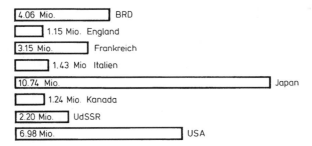

Abb. 3.2 Balkendiagramm zur Darstellung der Kraftwagen-Produktion (1982) der acht größten Autoländer

i-te Häufigkeit h_i, indem man die absolute Häufigkeit f_i durch die Summe aller absoluten Häufigkeiten $n = \sum f_i$ dividiert. Die relativen Häufigkeiten in Prozent $h_i\%$ erhält man durch Multiplikation von h_i mit 100.

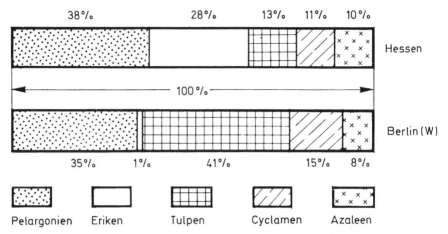

Abb. 3.3 Komponentenstabdiagramm zum Vergleich der relativen Häufigkeiten (in %) beim kommerziellen Anbau einiger Zierpflanzen in Hessen und Berlin (West) für das Jahr 1981

Umrechnung absoluter in relative Häufigkeiten:

Berechnung der *relativen Häufigkeiten* h_i:

$$h_i = \frac{f_i}{n} \quad \text{oder} \quad h_i\% = \frac{f_i}{n} \cdot 100\%, \tag{3.1}$$

wobei f_i die i-te absolute Häufigkeit,

$n = \sum f_i$ der Stichprobenumfang.

Zur graphischen Darstellung der relativen Häufigkeiten ist das Komponenten-Stabdiagramm geeignet, besonders wenn mehrere Stichproben verglichen werden sollen, wie die Abb. 3.3 zeigt.

Beim Diagramm der Abb. 3.3 ist die jeweilige Gesamtmenge in beiden Ländern nicht berücksichtigt, nur der relative Anteil jeder Sorte innerhalb eines Landes interessiert. Soll auch die Gesamtmenge in die Darstellung eingehen, so ist ein Kreisdiagramm vorzuziehen.

3.1.3 Das Kreisdiagramm

Sollen mehrere Grundgesamtheiten oder Stichproben verglichen werden, so wird jede durch jeweils einen Kreis dargestellt.

Die Fläche jedes Kreises wird dabei entsprechend der *Größe der zugehörigen Grundgesamtheit* gewählt. Innerhalb eines Kreises geben die *Winkel* die *relativen Anteile* der Merkmalsausprägungen in der jeweiligen Grundgesamtheit wieder.

Die Daten von Abb. 3.3 lassen sich demnach auch in einem Kreisdiagramm darstellen, wenn die Größe der beiden Grundgesamtheiten bekannt ist. Soll also

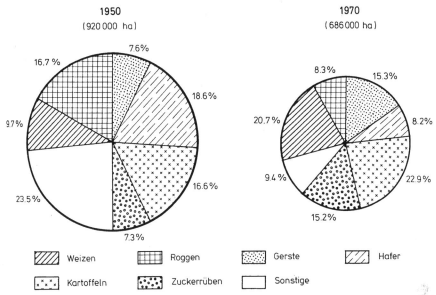

Abb. 3.4 Ackerbauareal (einschl. Brachland) in den Niederlanden mit Anteil der einzelnen Kulturpflanzen in den Jahren 1950 und 1970

durch die Graphik neben den prozentualen Anteilen der verschiedenen Zierpflanzen auch noch verdeutlicht werden, dass in Westberlin nur 3.8 Mio., in Hessen aber 11.1 Mio. Stück produziert wurden, so wird man zur Darstellung ein Kreisdiagramm wählen.

Im folgenden Beispiel dient das Kreisdiagramm nicht zum Vergleich von relativen Häufigkeiten, sondern von Anbauflächen, und die Grundgesamtheiten sind nicht zwei Bundesländer, sondern die Jahre 1950 und 1970 (Abb. 3.4).

Um Kreisdiagramme zu zeichnen, müssen die Längen der Kreisradien und die Winkel der Kreissektoren berechnet werden:

Soll Kreis B eine x-fache Fläche von Kreis A haben, weil die Gesamtheiten A und B dieses Verhältnis aufweisen, dann gehen wir wie folgt vor: Wir wählen den Radius r_A von Kreis A beliebig, die Fläche von Kreis A ist $\pi \cdot r_A^2$. Gesucht ist Radius r_B so, dass Kreis B von x-facher Fläche ist, also $\pi \cdot r_B^2 = x \cdot (\pi \cdot r_A^2) = \pi \cdot (\sqrt{x} \cdot r_A)^2$, d. h. $r_B = \sqrt{x} \cdot r_A$. Sind nun die relativen Häufigkeiten h_i gegeben, so ist der Winkel des i-ten Sektors $\alpha_i = h_i \cdot 360°$ (bzw. $h_i \% \cdot 3.6°$, falls $h_i \%$ vorliegt).

Beispiel Die Anbaufläche 1950 war 920 000 ha und 1970 nur 686 000 ha. 1950 war also die Anbaufläche $x = 1.34$-mal so groß wie 1970. Für 1970 wählen wir $r_A = 3.0$ cm. Für 1950 ist dann der Radius $r_B = \sqrt{x} \cdot r_A = 1.16 \cdot 3.0$ cm $= 3.48$ cm. Die relativen Häufigkeiten sind in Prozent angegeben, für Roggen z. B. 16.7 %, d. h. der gesuchte Winkel ist $\alpha = 16.7 \cdot 3.6° = 60.12°$.

Bemerkung Oft wird der Vorschlag gemacht, statt der Kreisfläche, die Radien im Verhältnis der Gesamtheiten zu wählen. Dies ist nicht empfehlenswert, weil das Auge gewöhnlich die Größe der *Flächen* vergleicht.

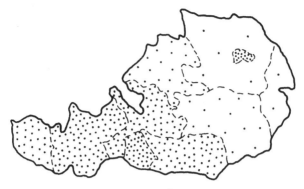

Abb. 3.5 Kartogramm zur Darstellung der Anzahl Übernachtungen von Auslandsfremden in Österreich 1971 (200 000 Übernachtungen = 1 Punkt, Gesamtanzahl 67 405.832 Übernachtungen)

3.1.4 Das Kartogramm

Das Kartogramm dient der Darstellung von Daten, die für verschiedene Regionen gesammelt wurden, etwa der Bestand eines Landes an Wäldern, Äckern, Wüsten, ...

Hierzu ein Beispiel aus Österreich (nach Riedwyl), das neben der geographischen Information zusätzlich die Anzahl der Übernachtungen in den einzelnen Landesteilen von Österreich bildlich darstellt (Abb. 3.5).

Es gibt auch die Möglichkeit der Kombination von Kartogrammen und Stabdiagramm, Kreisdiagramm etc.

3.1.5 Das Histogramm

Im Histogramm rücken die Stäbe des Stabdiagramms *direkt aneinander*, d. h. wo eine Merkmalsausprägung endet, beginnt sofort die nächste. Bei Nominalskalen ist eine solche Darstellung meist nicht sinnvoll, denn für Abb. 3.1 gilt z. B.: „Wo Japan endet, beginnt nicht sofort Kanada.“ Aber bei vielen ordinalskalierten Daten grenzen die Merkmalsausprägungen direkt aneinander; z. B. gilt: „Wo die Note ‚gut‘ aufhört, beginnt die Note ‚befriedigend‘.“ Bei klassifizierten Daten sollen gleichen Klassenbreiten auch gleich lange Abschnitte auf der Merkmalsachse (X-Achse) entsprechen.

Beim Histogramm gibt die Fläche unter der „Treppenfunktion“ die Gesamtzahl der Beobachtungen wieder. Um diesen Sachverhalt zu verdeutlichen, haben wir in Abb. 3.6 die gestrichelten Linien eingetragen, wodurch unter der Treppenfunktion genau 25 Quadrate entstehen, die dem Stichprobenumfang $n = 25$ entsprechen.

Bemerkung Die Abszisse darf man ohne Weiteres erst bei Einheit 3.2 beginnen lassen, sie sollte aber entsprechend deutlich gekennzeichnet sein. Die Ordinate sollte aber bei monovariablen Verteilungen immer bei Null beginnen, weil der Betrachter „automatisch“ die *Gesamt*höhen zueinander in Relation setzt und daraus Schlüsse

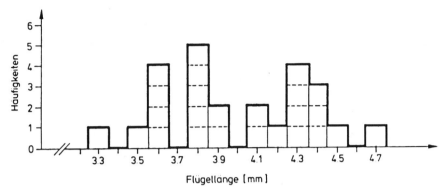

Abb. 3.6 Histogramm zu den Häufigkeiten aus Tab. 2.3

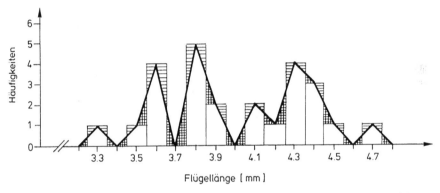

Abb. 3.7 Zusammenhang zwischen Polygon und Histogramm, die Fläche unter beiden Linienzügen ist gleich. Die zugrunde liegenden Daten stammen aus Tab. 2.3. Vgl. auch Abb. 2.1

über die Bedeutung der verschiedenen Klassen zieht. Neben der Beschriftung der Achsen sollte jede Abbildung mit einer kurzen Erläuterung versehen werden, aus der das Wesentliche der Graphik schon verständlich wird, ohne dass man sich die notwendigen Erklärungen aus dem laufenden Text zusammensuchen muss.

3.1.6 Der Polygonzug

Aus dem Histogramm kann man durch Verbinden der Mittelpunkte der oberen Rechteckseiten den Polygonzug erhalten (Abb. 3.7). Durch geeignete Fortsetzung des Linienzuges bis zur Abszissenachse bleibt die Fläche unter dem Polygon erhalten und entspricht somit ebenfalls dem Stichprobenumfang.

Polygone werden beim Vergleich mehrerer Verteilungen bevorzugt, weil man leicht und übersichtlich mehrere Linienzüge in einem Koordinatensystem einzeichnen kann, vgl. Abb. 3.10.

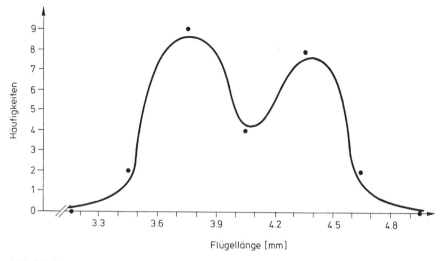

Abb. 3.8 Stetiger Ausgleich zum Polygon in Abb. 2.2. Die Daten stammen aus der klassifizierten Häufigkeitsverteilung von Tab. 2.4

Tab. 3.1 Geeignete Diagramme zu verschiedenen Skalen

	Mess-Niveau	bevorzugte Darstellungen
1.	nominal	Stabdiagramm, Kreisdiagramm, Kartogramm
2.	ordinal	Histogramm, (Polygon) und Diagramme von 1.
3.	metrisch	Stetiger Ausgleich und Diagramme von 2.

3.1.7 Der stetige Ausgleich

Aus einem Polygon kann man durch „Glättung" des Linienzuges eine Kurve ohne Ecken bilden (Abb. 3.8).

Man sollte nach der „Glättung" zusätzlich zur Kurve auch die ursprünglichen Häufigkeiten als Punkte miteinzeichnen.

Wenn bei diesen graphischen Darstellungen vom stetigen[1] Ausgleich die Rede ist, meint man, dass mit einer „kontinuierlichen", „stetigen" Änderung auf der X-Achse eine ebenfalls „kontinuierliche", gleichmäßige Änderung der zugehörigen Häufigkeiten erfolgt. Aus diesem Grund sollte bei ordinalskalierten Daten *nicht* stetig ausgeglichen werden.

3.1.8 Zur Anwendung der eingeführten Darstellungsweisen

Bei verschiedenen Skalenniveaus bevorzugt man jeweils bestimmte Schaubilder. Sie werden in Tab. 3.1 entsprechend aufgeführt.

---

[1] Stetigkeit ist hier nicht im mathematischen Sinn gemeint.

3.2 Die Schaubilder einiger Verteilungstypen

Für häufig auftretende Kurvenläufe führen wir eine erste grobe Einteilung ein:

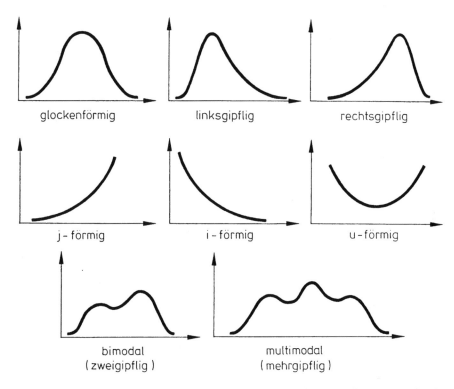

| glockenförmig | linksgipflig | rechtsgipflig |

| j - förmig | i - förmig | u - förmig |

bimodal
(zweigipflig)

multimodal
(mehrgipflig)

Innerhalb gewisser Verteilungstypen kann man auch deren Wölbung grob einteilen. So für die symmetrisch eingipfligen Kurven, die man mit der Normalverteilung vergleicht und dann von positivem oder negativem *Exzess* spricht.

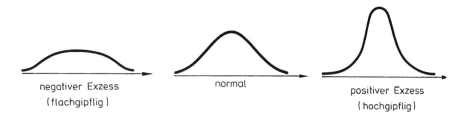

negativer Exzess
(flachgipflig)

normal

positiver Exzess
(hochgipflig)

3.3 Das Summenhäufigkeits-Polygon

Oft interessiert man sich dafür, wie häufig Mess- bzw. Beobachtungswerte auftraten, die kleiner als ein festgelegter Wert waren.

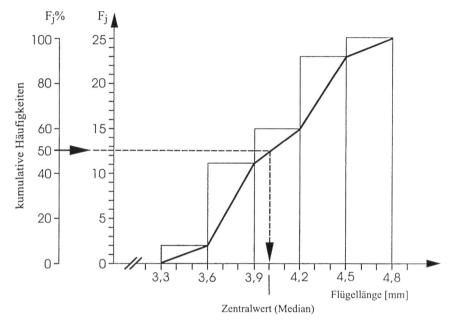

Abb. 3.9 Summenpolygon zu den Daten aus Tab. 2.4. Die *dünn eingezeichnete* Treppenfunktion stellt das entsprechende Summenhistogramm dar

Beispiel Man fragt: Wie viel Prozent der Studierenden eines Jahrgangs legten bis zum 5. Semester ihre Zwischenprüfung ab?

Umgekehrt kann auch von Interesse sein, unterhalb welchen Wertes gerade ein bestimmter Anteil der Stichprobe sich befindet.

Beispiel Man fragt: Bis zu welchem Semester haben 90 % der Studenten eines Jahrgangs ihre Zwischenprüfung abgelegt?

Beispiel Die Ermittlung der Letaldosis LD_{50} eines Insektizids basiert ebenfalls auf einer solchen Fragestellung. Man interessiert sich für die Dosis, bei der 50 % der Tiere sterben.

Alle angesprochenen Probleme beantwortet man mit Hilfe von Summenkurven, die aus den Summenhäufigkeiten F_j gebildet werden: Zunächst fügt man in der Häufigkeitstabelle eine weitere Spalte „Summenhäufigkeiten" an, indem man in dieser Spalte auf der Höhe der j-ten Zeile jeweils den Wert F_j einträgt, wobei $F_j = f_1 + f_2 + \ldots + f_j$ oder kurz:

$$F_j = \sum_{i=1}^{j} f_i , \quad \text{mit } j = 1, \ldots, m \quad (m \text{ Anzahl Klassen}).$$

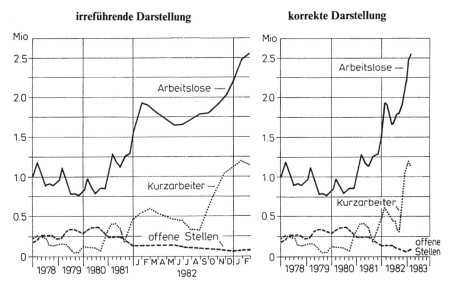

Abb. 3.10 Beide Schaubilder geben die gleichen Daten wieder. *Links*: die Originalgraphik einer Tageszeitung. Ab Januar 1982 ist hier die Merkmalsachse gedehnt, wodurch der Anstieg der Arbeitslosen- und Kurzarbeiterzahlen flacher erscheint. *Rechts*: die korrigierte Darstellung mit durchgehend gleichem Maßstab der Merkmalsachse über alle Jahre von 1978 bis 1983. Nur im rechten Schaubild ist der drastische Anstieg im Jahre 1982 gegenüber den Vorjahren maßstabsgetreu wiedergegeben

Beispiel In der dritten Zeile der Tab. 2.4 „Klassifizierte Häufigkeitsverteilung" steht $F_3 = 15$, denn es gilt: $F_3 = f_1 + f_2 + f_3 = 2 + 9 + 4 = 15$.

Für die Summenhäufigkeiten F_j (auch *kumulative* Häufigkeiten genannt) kann man nun ein Histogramm oder ein Polygon zeichnen (Abb 3.9). Auf der Abszisse werden die Merkmalsausprägungen eingetragen, auf der Ordinate die Summenhäufigkeiten F_j. Wird die Polygon-Darstellung gewählt, so muss man beachten, dass *beim Summenpolygon die kumulativen Häufigkeiten F_j nicht über den Klassenmitten, sondern über den Klassenenden* eingetragen werden.

3.4 ... als die Bilder lügen lernten

Wir wollen den Paragraphen über graphische Darstellungen nicht verlassen, ohne nochmals zu betonen: *Schaubilder dienen der visuellen Veranschaulichung von Sachverhalten, sie besitzen aber keine Beweiskraft.* Es sei darauf hingewiesen, dass Schaubilder äußerst aufmerksam und kritisch betrachtet werden müssen, da nicht selten durch Manipulationen ein falscher Eindruck erweckt wird.

Beispiel Anfang März 1983, wenige Tage vor einer Bundestagswahl, erschien im Wirtschaftsteil vieler deutscher Tageszeitungen eine Graphik zur Entwicklung auf dem Arbeitsmarkt (Abb. 3.10).

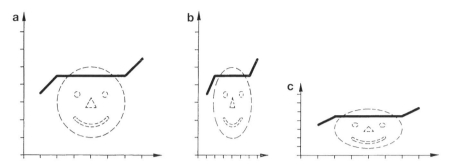

Abb. 3.11 Während **a** einen „runden" Eindruck hinterlässt, macht **b** ein etwas „langes" Gesicht und **c** wirkt eher „plattgedrückt". Am „Hutrand" zeigt sich auch, wie sich solche Maßstabsmanipulationen auf Kurvenverläufe auswirken

In diesem Zeitungsbeispiel wurde offensichtlich gegen eine „Grundregel" graphischer Darstellungen verstoßen, indem innerhalb eines Bildes der Maßstab verändert wurde, wodurch die beiden Teile der Graphik nicht mehr mit dem Auge sinnvoll vergleichbar sind.

Aber auch ohne „Regelverstoß" lässt sich beim Betrachter durch geschickte Wahl von Abszisse und Ordinate einiges an unbewußten Effekten erzielen.

Beispiel Die drei Graphiken der Abb. 3.11 zeigen dieselbe Figur, wobei nur das Verhältnis der Längen von X- und Y-Achse von Graphik zu Graphik variiert wurde.

§4 Charakteristische Maßzahlen monovariabler Verteilungen

Die beschreibende Statistik verwendet neben den Tabellen und Schaubildern auch Maßzahlen zur Darstellung von Häufigkeitsverteilungen, wobei man bestrebt ist, mit möglichst wenig Zahlen das Typische einer Verteilung zu charakterisieren. Um eine Menge von Beobachtungen knapp zu charakterisieren, sucht man nach Zahlenwerten, die alle Daten repräsentieren. Diese *statistischen Kennwerte* (auch Kennziffern, Maßzahlen, Indizes, Parameter oder Statistiken genannt) lassen sich in zwei Gruppen einteilen, nämlich einerseits die Lageparameter (Mittelwerte) und andererseits die Streuungsparameter. Dies sei am Beispiel erläutert:

Vergleicht man die drei Verteilungen in Abb. 4.1, dann erkennt man sofort:

- *Die Verteilungen A und B stimmen zwar in ihrer Lage überein*, d. h. beide haben den gleichen Mittelwert $\bar{x} = 4$. *Ihre Streuung ist aber verschieden.* Die Werte von *Verteilung A* streuen wesentlich enger um den Mittelwert als die Werte von *Verteilung B*.
- *Die Verteilungen B und C stimmen zwar in ihrer Streuung überein. Ihre Lage ist aber verschieden. Verteilung C ist im Vergleich zu B* deutlich nach rechts verschoben, was sich zahlenmäßig im größeren Mittelwert ausdrückt.

Abb. 4.1 Verteilungen A
und B haben den gleichen
Mittelwert, aber verschiedene
Streuung. Die Verteilungen
B und C haben gleiche
Streuung, aber verschiedene
Mittelwerte

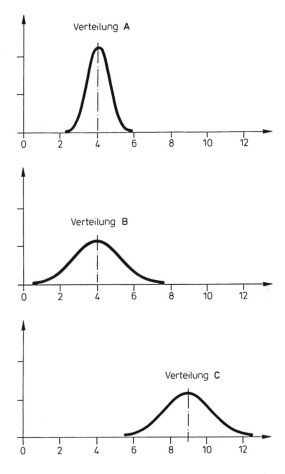

Zur Kennzeichnung von Lage und Streuung stellt die Statistik verschiedene *charakteristische Maßzahlen* zur Verfügung:

Lageparameter arithmetisches Mittel $\bar{x}$, Dichtemittel D, Zentralwert Z, gewogenes arithmetisches Mittel $\bar{\bar{x}}$, Geometrisches Mittel G und Harmonisches Mittel HM, Quartile, Q_1 und Q_3, Quantile Q_p.

Streuungsmaße Varianz s^2 und Standardabweichung s, mittlerer Fehler $s_{\bar{x}}$, Variationskoeffizient cv, Variationsbreite V und Interquartilabstand I_{50}.

Welche dieser Maßzahlen man zur Beschreibung der Daten heranzieht, ist von der Fragestellung, dem Verteilungstyp und dem Skalenniveau abhängig. Statistische Maßzahlen vermitteln nur ein grobes Bild von der Verteilung; daher sollten zusätzlich die gemessenen Daten graphisch dargestellt werden, insbesondere wenn der Verteilungstyp nicht bekannt ist.

4.1 Die Lageparameter

Die Lageparameter, die man auch Mittelwerte[2] nennt, dienen zur Beschreibung der Lokation (Lage) der angegebenen Datenmenge. Man sagt auch, diese Parameter geben die *zentrale Tendenz* der Verteilung wieder. Im Folgenden werden die wichtigsten Lageparameter eingeführt.

4.1.1 Das arithmetische Mittel

Der Wert $\bar{x} = \frac{1}{n} \cdot \sum x_i$, d. h. die Summe aller Messwerte x_i, geteilt durch die Anzahl n aller Messwerte, heißt arithmetisches Mittel. Treten gleiche Messwerte jeweils mehrfach auf z. B. bei klassifizierten Daten, so bezeichnet man ihre Häufigkeit mit f_i und berechnet $\bar{x}$ wie folgt:

Berechnung des *arithmetischen Mittels* $\bar{x}$:

$$\bar{x} = \frac{f_1 \cdot x_1 + f_2 \cdot x_2 + \ldots + f_m \cdot x_m}{f_1 + f_2 + \ldots + f_m} = \frac{\sum f_i x_i}{\sum f_i}$$

$$= \frac{1}{n} \cdot \sum_{i=1}^{m} f_i x_i, \tag{4.1}$$

wobei m die Anzahl verschiedener Klassen,

x_i der i-te der verschiedenen Messwerte (Klassenmitten),

f_i die absolute Häufigkeit des Messwertes x_i,

$n = \sum_{i=1}^{m} f_i$ die Anzahl aller Messwerte (Stichprobenumfang),

i der Laufindex von 1 bis m läuft.

Beispiel Für die Daten von Tab. 2.4 der klassifizierten Häufigkeiten von Flügellängen ist $m = 5$ die Anzahl der Klassen und $n = 25$ der Stichprobenumfang. Als x_i gehen die Klassenmitten in die Rechnung ein.

$$\bar{x} = \frac{2 \cdot 3.45 + 9 \cdot 3.75 + 4 \cdot 4.05 + 8 \cdot 4.35 + 2 \cdot 4.65}{2 + 9 + 4 + 8 + 2} = \frac{100.95}{25} = 4.04.$$

In unserem Beispiel, wo neben den klassifizierten Daten aus Tab. 2.4 auch die ursprünglichen Originaldaten des Versuches vorliegen, sollte man besser das arithmetische Mittel aus den Originaldaten (vgl. Tab. 2.3) berechnen. Man erhält dann in der Regel einen etwas anderen Wert für die unklassifizierten Daten, hier ist $\bar{x} = 4.00$.

---

[2] Genau genommen gibt es Lageparameter, die keine Mittelwerte sind, so z. B. die Quartile Q_1 und Q_3 oder allgemein die Quantile Q_p (vgl. §4.1.3).

Bemerkung 1 Sind alle Messwerte untereinander verschieden, tritt also jedes x_i nur einfach auf, so sind alle Häufigkeiten $f_i = 1$. Die Formel reduziert sich dann zu

$$\bar{x} = \frac{1}{n} \cdot \sum x_i ,$$

wobei n der Stichprobenumfang ist.

Bemerkung 2 Eine wichtige Eigenschaft des Mittelwertes $\bar{x}$ ist, dass die Summe der Abweichungen aller Einzelwerte vom arithmetischen Mittel null ist:

$$\sum_{i=1}^{m} f_i \cdot (x_i - \bar{x}) = 0, \text{ summiert über } m \text{ Klassen.}$$

4.1.2 Der Modalwert

Der Modalwert D ist derjenige Wert, der in einer Beobachtungsreihe am häufigsten auftritt. Kommt jeder Wert nur einmal vor, so gibt es keinen Modalwert.

Findet sich nach Klassenbildung eine Klasse, deren Klassenhäufigkeit am größten ist, so bedeutet dies, dass in dieser Klasse die Messwerte am dichtesten liegen, daher wird der Modalwert häufig auch *Dichtemittel* genannt.

Berechnung des *Modalwertes* D bei klassifizierten Daten:

- Suche die am *häufigsten besetzte* Klasse, diese sei die k-te Klasse.
- Ermittle den Wert der unteren Klassengrenze der k-ten Klasse, dieser sei x_{uk}.
- Jetzt berechnet sich der Modalwert D durch

$$D = x_{uk} + \frac{f_k - f_{k-1}}{2f_k - f_{k-1} - f_{k+1}} \cdot b , \qquad (4.2)$$

wobei f_k die Häufigkeit der k-ten Klasse,

f_{k-1} die Häufigkeit der $(k-1)$-ten Klasse,

f_{k+1} die Häufigkeit der $(k+1)$-ten Klasse,

b die Klassenbreite.

Beispiel Für die Daten von Tab. 2.4 der klassifizierten Häufigkeiten von Flügellängen gilt:

- Am häufigsten besetzte Klasse $k = 2$
- Untere Klassengrenze dieser Klasse $x_{uk} = 3.6$
- Somit berechnet sich

$$D = 3.6 + \frac{9 - 2}{18 - 2 - 4} \cdot 0.3 = 3.78.$$

Wobei $f_k = f_2 = 9$, $f_{k-1} = f_1 = 2$, $f_{k+1} = f_3 = 4$ und $b = 0.3$ ist. Am Polygon in Abb. 2.2 wird deutlich, dass es für mehrgipflige Verteilungen nicht sinnvoll ist, nur einen Modalwert zu berechnen, man würde bei Tab. 2.4 also für beide lokalen Maxima die Modalwerte

$$D_1 = 3.78 \text{ und } D_2 = 4.2 + \frac{8-4}{16-4-2} \cdot 0.3 = 4.32$$

angeben müssen.

Der Modalwert ist bei Fragestellungen informativ, bei denen „Ausnahmewerte" nicht berücksichtigt werden sollen: einen Bevölkerungswissenschaftler interessiert weniger, ab welchem frühesten Alter Ehen geschlossen werden, sondern wie alt die meisten Personen sind, wenn sie heiraten.

4.1.3 Der Median

Der Median Z (oder Zentralwert) halbiert die nach der Größe geordnete Folge der Einzelwerte, so dass gleich viele Messwerte unterhalb von Z und oberhalb von Z liegen.

Bei der Ermittlung des Medians einer Folge von Zahlen (unklassifizierte Daten) muss zwischen gerader und ungerader Anzahl von Werten unterschieden werden.

Beispiel 1 (ungerade Anzahl) Gegeben seien folgende $n = 9$ Werte:

$$x_1 = 4.9, \quad x_2 = 5.3, \quad x_3 = 3.6, \quad x_4 = 11.2, \quad x_5 = 2.4,$$
$$x_6 = 10.9, \quad x_7 = 6.5, \quad x_8 = 3.8, \quad x_9 = 4.2$$

Man ordnet die Werte zunächst der Größe nach an:

$$2.4, \ 3.8, \ 3.8, \ 4.2, \ \mathbf{4.9}, \ 5.3, \ 6.5, \ 10.9, \ 11.2$$

Dann ist der mittlere Wert der Median Z, hier also $Z = 4.9$.

Beispiel 2 (gerade Anzahl) Wieder liegen dieselben Werte wie in Beispiel 1 vor, nur $x_9 = 4.2$ *sei weggelassen*, dann haben wir eine gerade Anzahl von $n = 8$ Werten gegeben. Man ordnet diese acht Werte zunächst der Größe nach an 2.4, 3.8, 3.8, **4.9, 5.3**, 6.5, 10.9, 11.2. Das arithmetische Mittel aus den beiden mittleren Werten 4.9 und 5.3 ergibt den Median Z, hier also $Z = 0.5 \cdot (4.9 + 5.3) = 5.1$.

Zur Ermittlung des *Medians bei klassifizierten Daten* gehen wir von den kumulativen Häufigkeiten aus und interpolieren.

Berechnung des *Medians* Z bei klassifizierten Daten:

* Berechne $\frac{n}{2} = n \cdot 0.5$ und suche die kleinste *Summenhäufigkeit*, die größer oder gleich $n \cdot 0.5$ ist, diese sei F_k.
* Ermittle die untere Klassengrenze der zu F_k gehörenden k-ten Klasse, diese untere Grenze sei x_{uk}.
* Jetzt berechnet sich der Zentralwert Z durch

$$Z = x_{uk} + \frac{n \cdot 0.5 - F_{k-1}}{f_k} \cdot b, \qquad (4.3)$$

wobei $n = \sum f_i$ der Stichprobenumfang,

$\quad\quad\;\; F_{k-1}$ die kumulative Häufigkeit (Summenhäufigkeit) der $(k-1)$-ten Klasse,

$\quad\quad\;\; f_k$ die Häufigkeit der k-ten Klasse,

$\quad\quad\;\; b$ die Klassenbreite.

Beispiel Für die Daten von Tab. 2.4 der klassifizierten Häufigkeiten von Flügellängen gilt:

* Es ist $n = 25$, also $n \cdot 0.5 = 12.5$ und $F_k = F_3 = 15 \geq 12.5$, also $k = 3$
* Untere Klassengrenze der k-ten Klasse: $x_{uk} = 3.9$
* Somit berechnet sich $Z = 3.9 + \frac{12.5-11}{4} \cdot 0.3 = 4.01$.

Wobei $f_k = f_3 = 4$ und $F_{k-1} = F_2 = 11$ und $b = 0.3$ ist.

Zeichnerisch kann der Zentralwert leicht aus dem Summenpolygon ermittelt werden, indem man den Wert $n \cdot 0.5$ (bzw. 50 %) auf der Y-Achse sucht, von dort waagrecht zur Kurve geht und vom Schnittpunkt mit der Kurve senkrecht nach unten auf die X-Achse, vgl. dazu Abb. 3.9.

Bemerkung Der Median Z als Mittelwert ist so definiert, dass unterhalb und oberhalb Z jeweils 50 % der Messwerte liegen (vgl. Abb. 3.9). Ein ähnlicher Gedankengang liegt der Definition der Quartil-Punkte Q_1 und Q_3 zugrunde: Als *unteres Quartil Q_1* bezeichnet man den Punkt, wo genau 25 % *der Messwerte* unterhalb und 75 % oberhalb liegen. Als *oberes Quartil Q_3* bezeichnet man den Punkt, wo genau 75 % *der Messwerte* unterhalb und 25 % oberhalb liegen. Allgemein heißen solche charakteristischen Maßzahlen *Quantile Q_p* oder *Perzentile $Q_{p\%}$*. Das Quantil Q_p (p dezimal) bezeichnet dann den Punkt, wo genau $p \cdot 100$ % der Messwerte unterhalb und $(1-p)100$ % oberhalb liegen. Die rechnerische Ermittlung der Quartile bzw. der Quantile erfolgt entsprechend der Bestimmung des Zentralwertes Z, der ja nichts anderes ist als das mittlere Quartil Q_2 bzw. das Quantil $Q_{0.5}$. Man ersetzt

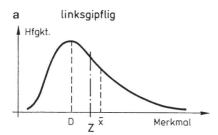 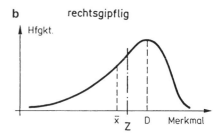

Abb. 4.2 Links- und rechtsgipflige Verteilung mit eingezeichneten Lageparametern. Bei diesem Verteilungstyp ist der Zentralwert Z die geeignete Maßzahl zur Charakterisierung der Lage

dabei nur den Ausdruck $n \cdot 0.5$ durch $n \cdot p$ ($0 < p < 1$, dezimal). Für $p \%$ werden häufig 1 %, 5 % oder 10 % bzw. 90 %, 95 % oder 99 % gewählt und entsprechende *Interquantilabstände* angegeben (vgl. §4.2.4).

4.1.4 Zur Lage von $\bar{x}$, Z und D zueinander

Drei verschiedene Lokationsmaße haben wir bisher eingeführt. Die Lage dieser drei Maßzahlen zueinander soll nun graphisch an zwei häufig auftretenden Verteilungstypen dargestellt werden. Wir gehen dabei zunächst von der in §3.2 abgebildeten Glockenkurve aus, diese ist *symmetrisch* und erfüllt daher die Gleichung $\bar{x} = Z = D$. Verändert man nun solch eine Glockenkurve auf einer Seite des Maximums so, dass sie flacher abfällt und in „schiefer Bahn" abwärts ausläuft, so erhält man:

- Entweder eine *linksgipflige* (rechtsschiefe) Verteilung mit $\bar{x} > Z > D$, vgl. Abb. 4.2a
- Oder eine *rechtsgipflige* (linksschiefe) Verteilung mit $\bar{x} < Z < D$, vgl. Abb. 4.2b und 4.3.

Aus der Lage von arithmetischem Mittel $\bar{x}$, Median Z und Modalwert D zueinander kann man hier auf die *Schiefe* der Verteilung schließen.

4.1.5 Das gewogene arithmetische Mittel

Hat man mehrere Stichproben aus einer Grundgesamtheit entnommen, so kann man für jede Stichprobe einen Stichprobenmittelwert berechnen und für alle Stichproben einen gemeinsamen Gesamtmittelwert $\bar{\bar{x}}$. Dabei gehen die Stichprobenmittelwerte entsprechend dem Stichprobenumfang jeweils mit verschiedenem Gewicht in $\bar{\bar{x}}$ ein, man nennt den Gesamtmittelwert $\bar{\bar{x}}$ daher auch gewogenes arithmetisches Mittel:

Berechnung des *gewogenen arithmetischen Mittels* $\bar{\bar{x}}$:

$$\bar{\bar{x}} = \frac{\sum n_i \bar{x}_i}{\sum n_i} = \frac{1}{N} \cdot \sum_{i-1}^{k} n_i \bar{x}_i$$

$$= \frac{1}{N} \cdot \sum_{i=1}^{k} \sum_{j=1}^{n_i} x_{ij} , \qquad (4.4)$$

wobei k die Anzahl der Stichprobenmittelwerte,

        n_i der Umfang der i-ten Stichprobe,

        $N = \sum n_i$ die Anzahl aller Messwerte aus allen Stichproben,

        $\bar{x}_i$ das arithmetische Mittel der i-ten Stichprobe,

        i der Laufindex von 1 bis k läuft.

Beispiel Für drei Sorten wurde der Ertrag ermittelt. Für Sorte A liegen $n_1 = 3$, für Sorte B $n_2 = 4$ und für Sorte C $n_3 = 3$ Werte vor. Für jede Sorte i wurde das arithmetische Mittel $\bar{x}_i$ berechnet (vgl. §4.1.1).

Sorte	$i = 1$	$i = 2$	$i = 3$
Stichprobenumfang n_i	3	4	3
Sortenmittelwert $\bar{x}_i$	2.5	1.7	1.8

$k = 3, N = 3 + 4 + 3 = 10$

Das gewogene arithmetische Mittel ist somit

$$\bar{\bar{x}} = \frac{3 \cdot 2.5 + 4 \cdot 1.7 + 3 \cdot 1.8}{10} = 1.97$$

und nicht $\bar{\bar{x}} = \frac{1}{3}(2.5 + 1.7 + 1.8) = 2.0$.

Bemerkung 1 Liegen nicht nur die Mittelwerte $\bar{x}_i$ der Stichproben vor, sondern die Einzelwerte x_{ij} der Stichproben, so werden Rundungsfehler vermieden, wenn man $\bar{\bar{x}}$ berechnet, indem alle Einzelwerte aller Stichproben aufsummiert und durch N dividiert werden:

$$\bar{\bar{x}} = \frac{1}{N} \cdot \sum_i \sum_j x_{ij}$$

Bemerkung 2 Haben alle k Stichproben gleichen Umfang (alle n_i sind gleich), so kann $\bar{\bar{x}}$ ermittelt werden, indem alle $\bar{x}_i$ aufsummiert und durch k geteilt werden.

4.1.6 Weitere Mittelwerte

Wir geben hier nur noch die Formeln an für das *geometrische Mittel G*

$$G = \sqrt[n]{x_1 \cdot x_2 \cdot \ldots \cdot x_n}$$

und das *harmonische Mittel H M*

$$\frac{1}{HM} = \frac{1}{n} \cdot \left(\frac{1}{x_1} + \frac{1}{x_2} + \ldots + \frac{1}{x_n} \right),$$

wobei alle $x_i > 0$.

4.2 Die Streuungsmaße

Wie schon zu Beginn dieses Paragraphen erwähnt, können zwei Verteilungen gleiche Mittelwerte und völlig verschiedene Streuungen aufweisen. Wir wollen jetzt
einige Maße für die Streuung einführen.

4.2.1 Varianz und Standardabweichung

Die Varianz s_x^2 ist die Summe der Abweichungsquadrate (SQ) aller Messwerte einer
Verteilung von ihrem Mittelwert $\bar{x}$, dividiert durch $n - 1$. Dabei ist n die Anzahl der
Messungen. Wieso hier durch $n - 1$ (Freiheitsgrade) statt durch n zu teilen ist, wird
weiter unten erläutert, vgl. §8.4. Mit den schon eingeführten Bezeichnungen x_i, f_i
und $\bar{x}$ erhalten wir als Rechenvorschrift:

Berechnung der *Varianz* s_x^2:

$$s_x^2 = \frac{SQ}{FG} = \frac{1}{n-1} \cdot \sum_{i=1}^{m} f_i \cdot (x_i - \bar{x})^2$$

$$= \frac{1}{n-1} \cdot \left[\sum_{i=1}^{m} f_i x_i^2 - \frac{\left(\sum_{i=1}^{m} f_i x_i \right)^2}{n} \right], \tag{4.5}$$

wobei		
	m	die Anzahl *verschiedener* Messwerte,
	x_i	der i-te der verschiedenen Messwerte,
	f_i	die Häufigkeit des Messwertes x_i,
	$n = \sum f_i$	der Stichprobenumfang,
	$FG = n - 1$	der Freiheitsgrad,
	i	der Laufindex von 1 bis m läuft.

Die *Standardabweichung* s_x ist die (positive) Quadratwurzel aus der Varianz:

$$s_x = \sqrt{\frac{1}{n-1} \cdot \left[\sum f_i x_i^2 - \frac{(\sum f_i x_i)^2}{n} \right]}.$$

Bemerkung Wo keine Missverständnisse zu befürchten sind, werden wir statt s_x^2 (bzw. s_x) einfach s^2 (bzw. s) schreiben.

Beispiel Für die Daten von Tab. 2.4 ist $m = 5, n = 25$ und $\bar{x} = 4.04$, vgl. Beispiel in §4.1. Wir berechnen

$$\sum_{i=1}^{5} f_i x_i^2 = 2 \cdot (3.45)^2 + 9 \cdot (3.75)^2 + 4 \cdot (4.05)^2 + 8 \cdot (4.35)^2 + 2 \cdot (4.65)^2$$

$$= 410.60,$$

$$\frac{1}{25} \cdot \left(\sum f_i x_i \right)^2 = \frac{(100.95)^2}{25} = 407.64 \quad \text{und}$$

$$s^2 = \frac{1}{25-1}(410.60 - 407.64) = 0.12.$$

Die Varianz ist $s^2 = 0.12$ und die Standardabweichung $s = 0.35$.

Die Standardabweichung gibt uns ähnlich wie die Variationsbreite ein Maß für die Streuung der Werte. Im Gegensatz zu V gehen aber bei s nicht nur x_{max} und x_{min}, sondern *alle* Messwerte in die Rechnung ein. Je kleiner s bzw. s^2 ist, desto enger streuen die Messwerte um das arithmetische Mittel. Anders ausgedrückt, s^2 ist die durchschnittliche quadratische Abweichung der Einzelwerte vom Mittelwert.

4.2.2 Der mittlere Fehler des Mittelwertes

Interessiert uns das arithmetische Mittel μ einer umfangreichen Grundgesamtheit, so messen wir nicht alle Werte der Grundgesamtheit, um daraus μ zu berechnen, wir begnügen uns meist mit einer Stichprobe und berechnen aus den Messwerten der Stichprobe das arithmetische Mittel $\bar{x}$. Nennen wir μ den „wahren Mittelwert" der Grundgesamtheit, so ist das Stichprobenmittel $\bar{x}$ eine mehr oder weniger genaue Schätzung für μ. Wir können davon ausgehen, dass $\bar{x}$ umso genauer den Wert μ schätzen wird, je mehr Messwerte der Berechnung von $\bar{x}$ zugrunde liegen, d. h. je größer der Stichprobenumfang n ist. Die folgende Formel dient der Schätzung des mittleren Fehlers von $\bar{x}$, sie gibt also an, wie groß etwa die Streuung von $\bar{x}$ um den wahren Mittelwert der Grundgesamtheit ist, genaueres siehe §4.3.

Berechnung des *mittleren Fehlers* (Standardfehlers) $s_{\bar{x}}$:

$$s_{\bar{x}} = \frac{s}{\sqrt{n}}, \tag{4.6}$$

wobei s die Standardabweichung,
       n der Stichprobenumfang.

Beispiel Für die Daten aus Tab. 4.1 ist $s = 0.17$ und $n = 269$, also $s_{\bar{x}} = 0.01$.

4.2.3 Der Variationskoeffizient

Will man die Streuungen mehrerer Stichproben mit verschiedenen Mittelwerten vergleichen, so muss man dabei die unterschiedlich großen Mittelwerte berücksichtigen. Dies leistet der Variationskoeffizient, der in Prozenten das Verhältnis der Standardabweichung zum Mittelwert ausdrückt:

Berechnung des *Variationskoeffizienten* cv:

$$cv = \frac{s}{|\bar{x}|} \quad \text{oder} \quad cv\% = \frac{s}{|\bar{x}|} \cdot 100\% \tag{4.7}$$

wobei s die Standardabweichung,
       $|\bar{x}|$ der Absolutbetrag des arithmetischen Mittels.

Beispiel (nach E. Weber) Die Körperlänge von $n_1 = 77$ Mädchen im Alter von 6 Jahren und von $n_2 = 51$ Mädchen im Alter von 17–18 Jahren wurde gemessen:

Messung der Körperlänge	n	$\bar{x}$	s	$cv\%$
6-jährige Mädchen	77	112.6	4.64	4.12 %
17–18-jährige Mädchen	51	162.6	5.12	3.15 %

Betrachtet man nur die Standardabweichungen $s_1 = 4.64$ und $s_2 = 5.12$, so *erscheint die Variabilität bei den 6-jährigen kleiner* als bei den 17–18-jährigen, das liegt aber nur an der durchschnittlich geringeren Körpergröße der 6-jährigen, die auch eine kleinere durchschnittliche Abweichung zur Folge hat. Der Vergleich der Variationskoeffizienten $cv_1 = 4.12$ und $cv_2 = 3.15$ zeigt, dass in Wirklichkeit die Streuung bei den 6-jährigen relativ größer ist.

4.2.4 Variationsbreite und Interquartilabstand

Die Variationsbreite hatten wir schon eingeführt, sie wird aus der Differenz des größten und kleinsten Wertes gebildet:

Berechnung der *Variationsbreite V*:

$$V = x_{max} - x_{min},$$ (4.8)

wobei x_{max} der größte Messwert,

x_{min} der kleinste Messwert.

Für die Variationsbreite findet man auch die Bezeichnung *Spannweite*. Während die Variationsbreite die Länge des Bereiches angibt, in dem sich 100 % aller Messwerte befinden, kann man als Streuungsmaß auch die Länge des (mittleren) Bereiches wählen, der genau 50 % der Messwerte enthält. Kennen wir die Quartile Q_1 und Q_3 (vgl. §4.1.3), so können wir die Differenz zwischen Q_3 und Q_1 bilden. Man nennt diese den *Interquartilabstand* I_{50} und das zugehörige Intervall $[Q_1; Q_3]$ heißt Interquartilbereich.

Berechnung des *Interquartilabstands* I_{50}:

$$I_{50} = Q_3 - Q_1,$$ (4.9)

wobei Q_3 das obere Quartil,

Q_1 das untere Quartil.

Der Wert I_{50} ist ebenso wie die Variationsbreite V ein Streuungsmaß, wobei I_{50} nicht so stark wie V von Extremwerten am Rand der Verteilung abhängt.

Beispiel Abbildung 4.3 zeigt eine Häufigkeitsverteilung mit $x_{max} = 5.0$ *und* $x_{min} = 0.25$, also $V = 4.75$. Das untere Quartil $Q_1 = 2.5$ und das obere Quartil $Q_3 = 4.0$. Daher ist der Interquartilabstand $I_{50} = 4.0 - 2.5 = 1.5$. Die Quartile $Q_1, Z = Q_2$ und Q_3 teilen die Fläche unter dem Polygon in vier gleiche Teile. Die Variationsbreite V gibt die Länge des Intervalls an, in welchem 100 % der Werte liegen; der Interquartilabstand I_{50} gibt die Länge des Intervalls $[Q_1; Q_3]$ an, in welchem 50 % der Werte liegen.

4.2.5 Box-Whisker-Plot

Will man auf einen Blick ausgewählte Lage- und Streuungsmaße mehrerer Verteilungen miteinander vergleichen, so bietet sich ein Box-Whisker-Plot (BWP) an. Dabei wird jede Stichprobe durch ein Rechteck (Box) dargestellt, dessen Lage und Länge den Interquartilbereich repräsentiert. An beiden Enden der Box werden so

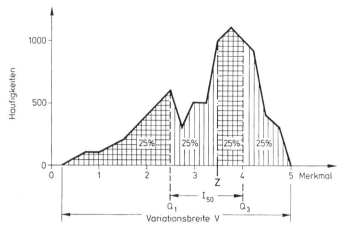

Abb. 4.3 Polygon einer Häufigkeitsverteilung mit eingezeichneten Quartilen Q_1, Z, Q_3

Abb. 4.4 Erträge dreier Sorten A, B, C im Box-Whisker-Plot: Sorte A ist linksgipflig, Sorte B ist rechtsgipflig und Sorte C symmetrisch. Alle drei Sortenunterscheiden sich in Lage und Streuung

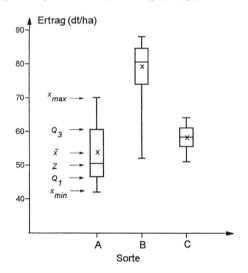

genannte Whiskers (Schnurrhaare) angehängt, die den Abständen von x_{min} bis Q_1 bzw. Q_3 bis x_{max} entsprechen, d. h. die Gesamtlänge der Box mit den beiden Whiskers stellt die Variationsbreite dar (vgl. Abb. 4.4). Es existieren viele Modifikationen des BWP, man kann z. B. zur Charakterisierung von Ausreißern eine Art Vertrauensbereich markieren, indem man als Whisker-Längen das 1.5-fache der Abstände $(Z - Q_1)$ und $(Q_3 - Z)$ nimmt und alle Messwerte, die außerhalb von Box und Whiskers liegen, gesondert einzeichnet.

4.2.6 Diversitätsindizes als Streuungsmaß

In §4.1.2 haben wir den Modalwert als Lageparameter für nominalskalierte Merkmale eingeführt (Dichtemittel). Es fehlt uns aber eine Maßzahl, mit deren Hilfe man die Streuung einer kategorialen Häufigkeitsverteilung charakterisieren kann. Als geeignete Parameter bieten sich so genannte Diversitätsindizes als Streuungsmaße an. Der am häufigsten benutzte *Diversitätsindex* ist der Shannon-Index H. Er nimmt Werte zwischen null und $\ln k$ ein ($0 \le H \le \ln k$, k – Anzahl Kategorien). Die maximal mögliche Diversität $\ln k$ einer Verteilung ist daher von der Anzahl k der Kategorien abhängig. Um die *Diversität* von Verteilungen, denen unterschiedliche Anzahlen k von Kategorien zugrunde liegen, vergleichen zu können, normiert man daher die Diversität H mit ihrem maximalen Wert $\ln k$ ($E = H/\ln k$) und erhält die relative Diversität E, auch *Eveness* genannt. Sie wird für den Vergleich der Streuungen von Verteilungen mit einer unterschiedlichen Anzahl von Kategorien herangezogen.

Berechnung des *Diversitätsindex* H und der *Eveness* E nach Shannon

$$H = -\sum_{i=1}^{k} p_i \ln p_i = \frac{1}{n}\left(n \ln n - \sum_{i=1}^{k} f_i \ln f_i \right)$$

$$E = \frac{H}{\ln k} \qquad 0 \le H \le \ln k, \quad 0 \le E \le 1.0 \tag{4.10}$$

wobei $n = \sum f_i$ der Stichprobenumfang,

f_i die Häufigkeit der i-ten Kategorie,

$p_i = \frac{f_i}{n}$ die relative Häufigkeit der Kategorie i,

k die Anzahl beobachteter Kategorien.

Bemerkung Die Diversitätsindizes H und E werden in der Ökologie häufig zur Charakterisierung der Artenvielfalt in einem Untersuchungsgebiet herangezogen. H charakterisiert dabei die aufgetretene Artdiversität. Zum Vergleich der Artenvielfalt an unterschiedlichen Fundorten wird die Eveness E herangezogen. Mit dem Index E wird die Homogenität im Auftreten der Arten charakterisiert, während $(1 - E)$ die Dominanz einzelner Arten kennzeichnet.

Beispiel 1 In einer Untersuchung über den Anbau von $k = 5$ verschiedenen Zierpflanzen in Hessen bzw. in Berlin erhielt man (vgl. Abb. 3.3):

Pflanzen	Hessen p_i	$p_i \ln p_i$	Berlin p_i	$p_i \ln p_i$
Pelargonien	0.38	−0.368	0.35	−0.367
Eriken	0.28	−0.356	0.01	−0.046
Tulpen	0.13	−0.265	0.41	−0.366
Cyclamen	0.11	−0.243	0.15	−0.285
Azaleen	0.10	−0.230	0.08	−0.202
Summe	1.00	−1.462	1.00	−1.266

Benutzen wir die Streuungsmaße nach Shannon für nominal skalierte Daten, so folgt aus der Tabelle für die Diversitäten im Zierpflanzenanbau in Hessen und in Berlin

$$H_H = 1.46 \quad \text{bzw.} \quad H_B = 1.27.$$

Für die relativen Diversitäten ergibt sich dann mit $k = 5$:

$$E_H = \frac{1.46}{\ln 5} = 0.91 \quad \text{und} \quad E_B = \frac{1.27}{\ln 5} = 0.78.$$

Der kommerzielle Anbau von Zierpflanzen zeigt in Hessen eine höhere Streuung als in Berlin.

Beispiel 2 In zwei Gebieten in Hessen und Sachsen wurden Musteliden gefangen. Man erhielt folgendes Ergebnis:

Art	Hessen f_i	$\ln f_i$	$f_i \ln f_i$	Sachsen f_i	$\ln f_i$	$f_i \ln f_i$
Marder	20	3.00	59.91	34	3.53	119.90
Wiesel	20	3.00	59.91	3	1.10	3.30
Iltis				3	1.10	3.30
Mauswiesel				3	1.10	3.30
Summe	40		119.83	43		129.78

Daraus folgt für die jeweiligen Fangorte in Hessen und Sachsen

$$H_H = \frac{1}{40}(40 \ln 40 - 119.83) = 0.69 \quad \text{und} \quad E_H = \frac{H_H}{\ln 2} = 1.00, \quad \text{bzw.}$$

$$H_S = \frac{1}{43}(43 \ln 43 - 129.78) = 0.74 \quad \text{und} \quad E_S = \frac{H_S}{\ln 4} = 0.53.$$

Die Diversität in Sachsen ist höher als in Hessen ($H_S > H_H$). Die Fangergebnisse in Hessen sind offensichtlich völlig homogen ($E_H = 1.0$, keine Streuung in den Fangzahlen f_i), während im sächsischen Gebiet der Marder dominiert ($E_S = 0.53$). Während der Artenreichtum in Sachsen größer als in Hessen ist – in Sachsen wurden doppelt so viele wie Mustelidenarten ($k = 4$) gefangen wie in Hessen ($k = 2$) – ist die relative Diversität (Eveness) dagegen in Sachsen deutlich kleiner als in Hessen ($E_S < E_H$).

4.3 Zur Anwendung der eingeführten Maßzahlen

4.3.1 Standardabweichung und Normalverteilung

Oft kann man davon ausgehen, dass die gegebenen Daten annähernd normal verteilt sind. Die Häufigkeitsverteilung ergibt dann bei stetigem Ausgleich (vgl. §3.1.7) eine der Glockenkurve ähnliche Funktion.

Abb. 4.5 Graphische Darstellung einer Normalverteilung mit Mittelwert $\bar{x}$ und Standardabweichung s. Die *schraffierte Fläche* macht ca. 68 % der Gesamtfläche unter der Kurve aus

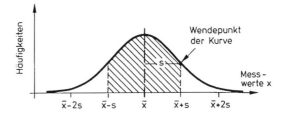

Wir wollen uns nun an der graphischen Darstellung der Normalverteilung einige ihrer Eigenschaften veranschaulichen (Abb. 4.5). Die Kurve ist *symmetrisch*, Dichtemittel D, Zentralwert Z und arithmetisches Mittel $\bar{x}$ fallen mit dem Maximum der Funktion zusammen (vgl. §24.3).

Die *Wendepunkte* der Normalverteilung liegen bei $\bar{x} - s$ und $\bar{x} + s$, wobei s die Standardabweichung bezeichnet.

Wie bei Histogramm und Polygon entspricht auch hier die *Fläche unter der Kurve* dem Stichprobenumfang, also 100 % der Messwerte. Und weiter gilt als Faustregel, dass über dem Intervall

$$[\bar{x} - s; \bar{x} + s] \qquad \text{etwa 68 % der Fläche (schraffiert) liegen,}$$
$$[\bar{x} - 2s; \bar{x} + 2s] \qquad \text{etwa 95 % der Fläche liegen,}$$
$$[\bar{x} - 3s; \bar{x} + 3s] \qquad \text{mehr als 99 % der Fläche liegen.}$$

Besonders oft werden wir die zweite Eigenschaft noch anwenden, dass die Fläche über dem Intervall $[\bar{x} - 2s; \bar{x} + 2s]$ etwa 95 % der Gesamtfläche unter der Kurve ausmacht. Da diese Fläche der Anzahl Beobachtungen entspricht, liegen also 95 % der beobachteten Werte im Bereich zwischen $\bar{x} - 2s$ und $\bar{x} + 2s$.

Beispiel Aus Abb. 2.2 schlossen wir für die Flügellängen auf eine *zweigipflige* Verteilung, die wir mit vorhandenen Geschlechtsunterschieden erklärten. Daraufhin wurden an 269 Männchen derselben Insektenart erneut die Flügellängen ermittelt. Als Ergebnis erhielt man eine Häufigkeitsverteilung (s. Tab. 4.1).

Die Daten ergeben einen glockenförmigen Verteilungstyp, wie man sich z. B. am zugehörigen Polygon klar macht. Daher berechnet man $\bar{x}$ und s und darf die eben erwähnten Eigenschaften einer Normalverteilung zur Interpretation heranziehen. $\sum f_i x_i = 995.6$, $\bar{x} = 3.70$, $\sum f_i x_i^2 = 3692.92$, die Varianz $s^2 = 0.03$. Die Standardabweichung $s = 0.17$ und der mittlere Fehler $s_{\bar{x}} = 0.01$. Für die *Einzelwerte* können wir nun aussagen, dass wir bei 95 von 100 Insekten der untersuchten Art eine Flügellänge zwischen $\bar{x} - 2s = 3.36\,\text{mm}$ und $\bar{x} + 2s = 4.04\,\text{mm}$ erwarten können. Anders ausgedrückt, mit 95 % Wahrscheinlichkeit wird ein zufällig ausgewähltes Individuum eine Flügellänge haben, deren Wert im Intervall [3.36; 4.04] liegt.

Tab. 4.1 Flügellängen von 269 *männlichen* Insekten

Flügellängen in [mm]	3.2	3.3	3.4	3.5	3.6	3.7	3.8	3.9	4.0	4.1	4.2	$m = 11$
Häufigkeiten f_i	1	5	13	30	55	61	53	32	13	4	2	$n = 269$

Tab. 4.2 Hinweise zur geeigneten Wahl der charakteristischen Maßzahlen

	Lage	Streuung
Glockenkurve (Normalverteilung) oder symmetrische Verteilung und mindestens Intervallskala	$\bar{x}$	$s, s_{\bar{x}}$
cv nur bei Verhältnisskala zulässig		cv
Eingipflig, asymmetrisch und mindestens Ordinalskala	Z, D	V
I_{50} nur bei Stichprobenumfang $n \geq 12$	Q_1, Q_3	I_{50}
Mehrgipflig und mindestens Ordinalskala	$D_1, D_2, \ldots$	V, I_{50}
Z günstig bei offenen Randklassen	Z	
Nominalskala	D	H, E
Zeitreihen	HM	
Verhältniszahlen	G	

Mit Hilfe des mittleren Fehlers $s_{\bar{x}}$ können wir auch das Intervall $[\bar{x} - 2s_{\bar{x}}; \bar{x} + 2s_{\bar{x}}] = [3.68; 3.72]$ berechnen; dieses Intervall enthält mit einer Sicherheit von 95 % den wahren Mittelwert μ. Auf diesen Sachverhalt werden wir später im Zusammenhang mit „Vertrauensbereichen" zurückkommen, vgl. §10.

4.3.2 Hilfe bei der Wahl geeigneter Maßzahlen

Die im letzten Abschnitt besprochene Normalverteilung ist ein Spezialfall, für den $\bar{x}$ und s als Parameter hervorragend geeignet sind. Oft hat man aber schiefe (d. h. unsymmetrische) Verteilungen, diese können zusätzlich multimodal sein. Auch wird häufig das Skalenniveau nur ordinal sein. All diese Besonderheiten einer Verteilung müssen dann bei der Entscheidung für adäquate charakteristische Maßzahlen berücksichtigt werden.

Die Übersicht in Tab. 4.2 soll eine kleine Hilfe bei der Wahl geeigneter Parameter geben, um eine Verteilung durch wenige Maßzahlen sinnvoll zu charakterisieren.

Beispiel Während das arithmetische Mittel $\bar{x}$ für „Ausreißer"-Werte am Rand der Verteilung hochempfindlich ist, spielen solche untypischen Werte für die Größe des Medians kaum eine Rolle. In einer fiktiven Gemeinde liege folgende (linksgipflige) Einkommensverteilung vor:

Einkommen in Euro	1000	2000	18 000
Anzahl Familien (Häufigkeit)	100	90	10

Zur Charakterisierung des mittleren Einkommens könnte man den Modalwert $D = 1000$, den Median $Z = 1500$ oder das arithmetische Mittel $\bar{x} = 2300$ heranziehen. Hier repräsentiert Z von den Lageparametern die Einkommensverteilung am besten, während bei $\bar{x}$ die Spitzenverdiener zu stark ins Gewicht fallen, denn 95 % der Familien liegen unterhalb des arithmetischen Mittels.

Alternativ zum Median kann auch das beidseitig *gestutzte arithmetische Mittel* $\bar{x}_{\alpha\%}$ (*trimmed mean*) verwendet werden, um die Empfindlichkeit von $\bar{x}$ gegen Ausreißer zu umgehen. Das gestutzte arithmetische Mittel (*trimmed mean*) erhält man, indem zunächst die $\alpha\%$ kleinsten und die $\alpha\%$ größten Messwerte entfernt werden, um dann für die *verbliebenen* x_i den Mittelwert zu berechnen (Beispiel 2, §23.2).

§5 Graphische Darstellung bivariabler Verteilungen

Bis jetzt haben wir uns ausschließlich mit monovariablen Verteilungen, also Verteilungen mit nur einer Variablen beschäftigt. Oft interessieren aber *mehrere* Merkmale am selben Untersuchungsobjekt (Individuum), also multivariable Verteilungen.[3]

Beispiel In einem Versuch untersuchte man

- Länge *und* Gewicht von Bohnen
- Haar- *und* Augenfarbe von Personen
- Behandlungsdosis *und* Heilungserfolg *und* Alter von Patienten.

Im Folgenden beschränken wir uns auf Untersuchungen von *zwei* Merkmalen, d. h. auf *bivariable Verteilungen*. Zunächst werden wir Methoden zur graphischen Darstellung solcher Verteilungen angeben. Später in den Paragraphen 6 und 7 werden wir den Zusammenhang zwischen zwei Merkmalen zu beschreiben versuchen, dabei soll einerseits etwas über die *Stärke* dieses Zusammenhanges (Korrelation) und andererseits über die *Art* des Zusammenhanges (Regression) ausgesagt werden. Doch vorerst wollen wir zurückkehren zur Ausgangsfrage dieses Paragraphen, wie man bivariable Verteilungen graphisch darstellen sollte.

Erinnern wir uns an die Konstruktion unserer monovariablen Schaubilder in §3.1.5, dort hatten wir die Abszisse X als Merkmalsachse und die Ordinate Y als Häufigkeitsachse benutzt, vgl. Abb. 3.6. Es liegt nahe, bei bivariablen Verteilungen entsprechend vorzugehen, indem eine weitere Merkmalsachse hinzugefügt wird. Es entsteht dann statt eines Histogramms im (X, Y)-System ein „Verteilungs-Gebirge" in einem (X_1, X_2, Y)-Achsensystem. Die Klasseneinteilung entsteht hier nicht durch Intervalle, sondern durch Rechteck-Flächen.

Beispiel Es liegen die in Tab. 5.1 gegebenen 33 Wertepaare vor, wobei X_1 die Länge und X_2 die Breite von Samen in mm ist.

---

[3] Alternativ werden auch die Bezeichnungen monovariat, bivariat und multivariat verwendet.

Tab. 5.1 Wertetabelle der Messung der Länge und Breite von 33 Samen in mm

k	1	2	3	4	5	6	7	8	9	10	11	12	13	14	15	16
X_1	2.5	2.7	2.8	3.0	3.2	3.2	3.6	3.9	3.9	4.1	4.2	4.5	4.5	4.8	4.8	4.9
X_2	2.0	2.3	2.6	2.1	2.4	2.7	2.2	2.6	2.8	3.1	2.3	2.7	3.0	2.5	3.0	3.2

k	17	18	19	20	21	22	23	24	25	26	27	28	29	30	31	32	33
X_1	5.1	5.2	5.3	5.5	5.6	5.7	5.8	6.0	6.1	6.2	6.5	6.6	6.9	7.1	7.2	7.8	7.9
X_2	2.8	3.1	3.2	3.0	2.7	3.1	3.5	2.8	3.3	2.9	3.1	3.2	3.6	3.3	3.6	2.3	3.7

Tab. 5.2 Häufigkeiten f_{ij} der Daten aus Tab. 5.1 nach Klassifizierung

Breite X_2 [mm]	Länge X_1 [mm]					
	$j=1$ $2 \le x_1 < 3$	$j=2$ $3 \le x_1 < 4$	$j=3$ $4 \le x_1 < 5$	$j=4$ $5 \le x_1 < 6$	$j=5$ $6 \le x_1 < 7$	$j=6$ $7 \le x_1 < 8$
$2 \le x_2 < 3$ $i=1$	3	6	3	2	2	1
$3 \le x_2 < 4$ $i=2$	–	–	4	5	4	3

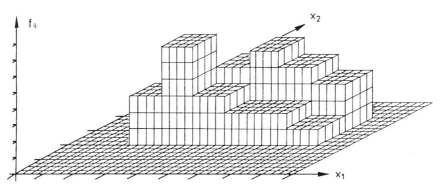

Abb. 5.1 Histogramm der bivariablen Verteilung von Tab. 5.2 in einem Koordinatensystem mit drei Achsen

Wir bilden eine Klasseneinteilung, indem wir sowohl für X_1 als auch für X_2 die Klassenbreite $b_1 = b_2 = 1.0$ wählen, also erhalten wir z. B. die Klasse

$$K_{23} = \{4.0 \le x_1 < 5.0 \text{ und } 3.0 \le x_2 < 4.0\}$$

mit der Klassenhäufigkeit $f_{23} = 4$. Nach der Klassenbildung erhalten wir eine Häufigkeitstabelle (Tab. 5.2) und mit Hilfe der Häufigkeiten f_{ij} lässt sich nun ein einfaches Schaubild zeichnen (Abb. 5.1).

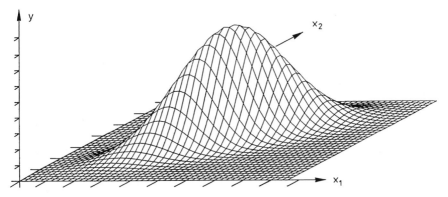

Abb. 5.2 Darstellung einer bivariablen Normalverteilung im (X_1, X_2, Y)-System

Abb. 5.3 Darstellung der bivariablen Verteilung von Tab. 5.2 in einem Koordinatensystem mit nur zwei Achsen

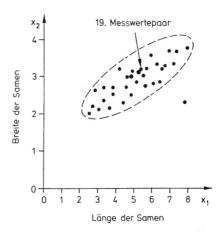

In §3.1.7 hatten wir die Möglichkeit des stetigen Ausgleichs monovariabler Verteilungen eingeführt, solch eine Glättung ist auch bei einem Verteilungsgebirge möglich, wie die folgende in X_1 und X_2 normalverteilte Darstellung zeigt.

Das Zeichnen von aussagekräftigen Schaubildern im (X_1, X_2, Y)-System erfordert ohne Computer einige Erfahrung und gewisse Kenntnisse in darstellender Geometrie. Hat man diese Kenntnisse nicht, so bietet sich eine weit weniger aufwändige Darstellungsweise an, die zudem für die meisten Fälle den gewünschten Sachverhalt ebenso anschaulich wiedergibt. Diese einfachere Methode der Darstellung bivariabler Verteilungen benötigt nur die Merkmalsachsen X_1 und X_2 und verzichtet auf die Häufigkeitsachse Y (Abb. 5.3). Es wird jedem Individuum (bzw. Objekt) im (X_1, X_2)-System ein Punkt zugeordnet, dessen Koordinaten die gemessenen Werte x_1 und x_2 der beiden Merkmale sind (Streudiagramm, Scatterplot).

Beispiel Das 19. Messwertpaar ($k = 19$) hat in Tab. 5.1 die Größen $x_1 = 5.3$ und $x_2 = 3.2$ und wird in unserem Schaubild in den Punkt $(5.3, 3.2)$ abgebildet.

Wie das Beispiel zeigt, erhält man eine Vielzahl von Punkten, aus deren Lage oft schon Zusammenhänge sichtbar werden. Je stärker der Zusammenhang zwischen Länge und Breite der Samen ist, desto schmaler wird in Abb. 5.3 die Ellipse um die Punktwolke ausfallen.

Bemerkung In unserem Beispiel liegt der Punkt (7.8, 2.3) offensichtlich weit ab von den übrigen, er stammte vom 32. Wertepaar in Tab. 5.1. Wenn wir um die Punktwolke eine Ellipse legen, so dürfen wir diesen „Ausreißer" hierbei unberücksichtigt lassen. Als Faustregel gilt, dass man bzgl. der Ellipse höchstens 5 % solcher Punkte vernachlässigen darf (Konfidenzellipse mit $\alpha = 5\%$). Trotzdem sollte der Fachwissenschaftler stets zu klären versuchen, wieso es zu den Ausreißern kam, die vielleicht doch eine Bedeutung haben könnten. *Keinesfalls dürfen diese Ausreißer „verschwinden"*, weder aus der Tabelle noch aus dem Schaubild.

§6 Zur Korrelationsanalyse

Wir wollen nun Maßzahlen für die Stärke eines Zusammenhangs einführen und zwar erst für intervallskalierte Daten, später für Ordinalskalen (§6.4) und schließlich für nominalskalierte Daten (§6.5). Vermutet man aufgrund der Form der Punktwolke der graphischen Darstellung einen bestimmten Zusammenhang zwischen den Variablen, dann will man etwas über die Stärke dieses Zusammenhanges wissen, über die *Korrelation im weitesten Sinn*. Lässt sich durch die Punktwolke eine Kurve legen, so bedeutet *starke* Korrelation, dass die meisten Punkte *sehr nahe an der Kurve* liegen. Schwache Korrelation liegt vor, wenn die Punkte in einem relativ breiten Bereich oberhalb und unterhalb der eingezeichneten Kurve liegen (Abb. 6.1).

6.1 Der Pearsonsche Maßkorrelationskoeffizient

Im Weiteren gehen wir näher auf den Spezialfall der linearen Korrelation ein, d. h. die durch die Punktwolke nahegelegte Ausgleichskurve soll *eine Gerade* sein, also eine lineare Funktion (Abb. 6.1).

Um bei der Beschreibung der Stärke des Zusammenhangs nicht nur auf graphische Darstellungen angewiesen zu sein, wurde von Bravais und Pearson für *lineare Zusammenhänge*[4] der *Maßkorrelationskoeffizient r* eingeführt. Oft wird *r* auch *Produkt-Moment-Korrelationskoeffizient* genannt; wir ziehen die Bezeichnung *Maß*korrelationskoeffizient vor, weil sie daran erinnert, dass *r* nur für *gemessene*

---

[4] Bei nichtlinearem Kurvenverlauf sagt *r* möglicherweise nichts über die Stärke des Zusammenhangs aus, vgl. Abb. 6.2g.

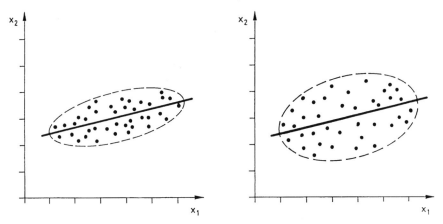

Abb. 6.1 Beide Punktwolken lassen lineare Zusammenhänge vermuten, wobei die schmalere Ellipse *links* auf einen stärkeren Zusammenhang hindeutet. Eingezeichnet ist die Hauptachse der Ellipse

Werte anwendbar ist, d. h. sowohl X_1 als auch X_2 müssen mindestens intervallskaliert sein.

Berechnung des *Maßkorrelationskoeffizienten* r:

$$r = \frac{\sum(x_i - \bar{x})(y_i - \bar{y})}{\sqrt{\sum(x_i - \bar{x})^2 \cdot \sum(y_i - \bar{y})^2}}$$

$$= \frac{\sum x_i y_i - \frac{(\sum x_i) \cdot (\sum y_i)}{n}}{\sqrt{\left(\sum x_i^2 - \frac{(\sum x_i)^2}{n}\right) \cdot \left(\sum y_i^2 - \frac{(\sum y_i)^2}{n}\right)}} \qquad (6.1)$$

wobei x_i der Messwert des Merkmals X_1 am i-ten Individuum,

y_i der Messwert des Merkmals X_2 am i-ten Individuum,

$\bar{x}$ (bzw. $\bar{y}$)   das arithmetische Mittel von X_1 (bzw. X_2),

n die Anzahl aller Wertepaare,

i der Laufindex von 1 bis n läuft.

Beispiel Zu den Werten aus Tab. 5.1 berechnet sich der Korrelationskoeffizient r mit $n = 33$, $\sum xy = 494.68$, $\sum x = 167.1$, $\sum y = 94.7$ und $\sum x^2 = 918.73$, $\sum y^2 = 278.25$. Somit erhalten wir für r mit (6.1):

$$r = \frac{15.15}{\sqrt{471.12}} = 0.70.$$

Bemerkung 1 Wenn keine Missverständnisse entstehen, lassen wir in Zukunft häufig die Indizes weg. So wird aus $\sum_{i=1}^{33} x_i\, y_i$ dann kurz $\sum xy$. Man beachte auch den Unterschied zwischen $\sum x^2$ und $(\sum x)^2$.

Bemerkung 2 Um zu betonen, dass bei der Korrelationsanalyse nicht zwischen abhängigen und unabhängigen Variablen unterschieden wird, haben wir die Merkmale mit X_1 und X_2 bezeichnet, statt mit X und Y. In den Formeln haben wir dann bei Merkmal X_2 die Messwerte mit y_i bezeichnet, um eine unübersichtliche Doppelindizierung zu vermeiden.

Bemerkung 3 Man sollte sich die Bedeutung des Index i beim Messwertpaar (x_i, y_i) genau klar machen: x_i und y_i sind hier die Werte der Merkmale X_1 und X_2, gemessen am *selben* Objekt (bzw. Individuum), nämlich am i-ten Objekt.

Wie man zeigen kann, nimmt der eben eingeführte Korrelationskoeffizient r immer Werte zwischen -1 und $+1$ an. Das *Vorzeichen* von r ergibt sich aus der *Steigung der Geraden*, anders ausgedrückt: Wenn mit der Zunahme von X_1 auch eine Zunahme von X_2 verbunden ist, so ist r positiv, wenn die Zunahme des einen Merkmals mit der Abnahme des anderen einhergeht, so ist r negativ.

Liegen alle Punkte der Punktwolke direkt auf der Geraden (vollkommene Korrelation), so hat r den Betrag 1, d. h. entweder $r = +1$ oder $r = -1$. Je näher die meisten Punkte bei der Geraden liegen, desto näher liegt der Zahlenwert von r bei $+1$ oder -1. Am Beispiel einiger Punktwolken und ihren jeweiligen r-Werten sei die Bedeutung von r in Bezug auf die Lage der Punkte demonstriert (s. Abb. 6.2).

Bemerkung 4 Liegen alle Messwertpunkte exakt auf einer Gerade, so ist $r = 1$, wenn diese Gerade nicht parallel zu einer der Koordinatenachsen verläuft. Verläuft die Gerade parallel zu einer Achse, dann ist der Korrelationskoeffizient nicht definiert. Beachte auch, dass für $n = 2$ Messwerte die Punkte stets exakt auf einer Geraden liegen, also (falls definiert) $r = 1$ ist.

6.2 Das Bestimmtheitsmaß

Neben dem Korrelationskoeffizienten r gibt es für intervallskalierte Daten eine weitere Maßzahl zur Beschreibung der Stärke des Zusammenhangs, das *Bestimmtheitsmaß B*. Die genaue Definition von B werden wir erst im Rahmen der Regression (vgl. §7.1.3) formulieren. Beim Bestimmtheitsmaß wird der Grad des Zusammenhangs durch eine positive Zahl ausgedrückt, wobei folgende Fragestellung zugrunde gelegt ist: welcher Anteil der Veränderungen des einen Merkmals kann aus den Veränderungen des anderen Merkmals erklärt werden? Aus der Fragestellung ist schon einsichtig, dass B einen Wert zwischen 0 und 1 bzw. 0 % und 100 % annehmen muss. Denn im *Extremfall* liegt *kein* Zusammenhang vor, d. h. ein „Anteil von 0 %" kann erklärt werden, oder es liegt *vollständiger* Zusammenhang vor, d. h. ein „Anteil von 100 %" kann erklärt werden.

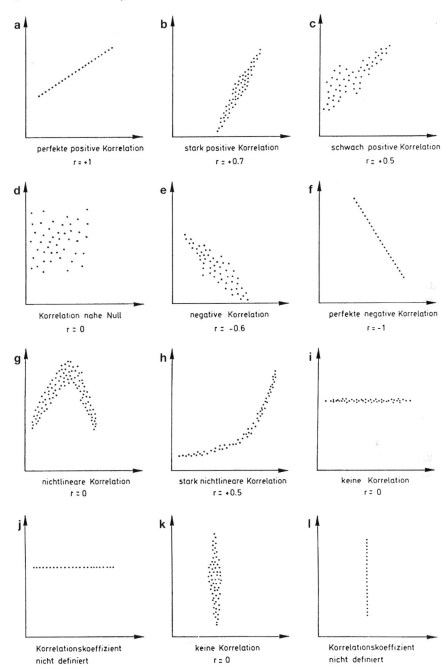

Abb. 6.2 Beispiele für einige Punktwolken mit den dazugehörigen Werten der Korrelationskoeffizienten

Bei Vorliegen eines linearen Zusammenhangs, den wir hier voraussetzen, berechnet sich das Bestimmtheitsmaß B aus dem Korrelationskoeffizienten r wie folgt:

Berechnung des *Bestimmtheitsmaßes* B:

$$B = r^2 = \frac{\left(\sum x_i y_i - \frac{(\sum x_i)\cdot(\sum y_i)}{n}\right)^2}{\left(\sum x_i^2 - \frac{(\sum x_i)^2}{n}\right) \cdot \left(\sum y_i^2 - \frac{(\sum y_i)^2}{n}\right)}, \qquad (6.2)$$

wobei x_i der Messwert des Merkmals X_1 am i-ten Individuum,

$\quad\quad\ y_i$ der Messwert des Merkmals X_2 am i-ten Individuum,

$\quad\quad\ n$ die Anzahl aller Wertepaare,

$\quad\quad\ i$ der Laufindex von 1 bis n läuft,

$\quad\quad\ r$ der Maßkorrelationskoeffizient ist.

Beispiel Zu Tab. 5.1 hatten wir den Maßkorrelationskoeffizienten $r = 0.70$ berechnet, für das Bestimmtheitsmaß $B = r^2$ ergibt sich $B = 0.49$. Die Variation der Länge der untersuchten Samen lässt sich also zu 49 % aus der Variation der Breite erklären. Da unsere Merkmale X_1 und X_2 in der Korrelationsanalyse „gleichberechtigt" sind, gilt auch umgekehrt, dass sich 49 % der Variation der Breite aus der Variation der Länge erklärt.

6.3 Zur Interpretation von Korrelationskoeffizient und Bestimmtheitsmaß

Die beiden hier eingeführten Maßzahlen r und B für lineare Korrelation sagen nur etwas über den Grad des Zusammenhangs aus, sie sagen *nichts über die Ursachen* der Korrelation aus.

Hat man rechnerisch eine Korrelation nachgewiesen, so können diesem Zusammenhang ganz unterschiedliche kausale Abhängigkeiten zugrundeliegen; wir wollen daher einige der möglichen *Korrelationstypen* angeben.

6.3.1 Verschiedene Korrelationstypen

Wechselseitige Abhängigkeit

Beispiel Bei einer Pflanze beeinflussen sich die Mengen der Wasseraufnahme und -abgabe wechselseitig.

$$X_1 \longleftrightarrow X_2$$

Gemeinsamkeitskorrelation

X_1 und X_2 stehen in keiner direkten kausalen Beziehung zueinander, aber über eine dritte Größe Z besteht ein Zusammenhang.

Dieser Korrelationstyp wird normalerweise vorliegen, da in vielen Fällen der untersuchte Zusammenhang über dritte, unbekannte Einflussgrößen vermittelt wird. Diese Faktoren gilt es in weiteren Versuchen zu entdecken oder zu analysieren. Mit der Berechnung von partiellen Korrelationskoeffizienten stellt die Statistik ein zusätzliches Hilfsmittel dafür zur Verfügung. Allerdings können auch bei fehlerhafter Versuchsplanung (z. B. ohne Randomisierung bzw. bei Nichteinhaltung des *Ceterisparibus*-Prinzips, vgl. §22.2) oder auch bei Studien, die über längere Zeiträume verlaufen, hohe Korrelationen als (nicht immer) offensichtliche Artefakte auftreten.

Beispiel 1 Im Hinblick auf die Charakterisierung äußerer Qualitätskriterien bei Raps wurde das Tausendkorngewicht (TKG) erfasst und dabei der Effekt auf die Hauptinhaltsstoffe Öl und Protein analysiert. Dabei ergab sich eine stark positive Korrelation zwischen X_1 (Ölgehalt) und X_2 (TKG), was damit erklärt wird, dass die jeweiligen Abreifebedingungen Z die Öleinlagerung X_1 und die Samenausbildung X_2 gleichermaßen beeinflussen. Für den Proteingehalt war die positive Korrelation dagegen nur sehr schwach ausgeprägt.

Beispiel 2 Sei X_1 die Geburtenrate und X_2 die Zahl vorhandener Storchennester. Ein relativ starker Zusammenhang zwischen X_1 und X_2 ließ sich in der Vergangenheit feststellen, da bei steigender Industrialisierung im Laufe der Zeit Z sowohl die Geburtenrate als auch die Zahl der Storchennester rückläufig waren.

Inhomogenitätskorrelation

Fehler bei der Stichprobenentnahme können dazu führen, dass verschiedenartiges Material in eine Stichprobe kommt und in der Untersuchung als gleichartig angesehen wird. Es kann dann eintreten, dass die beiden untersuchten Merkmale der inhomogenen Stichprobe hohe Korrelation aufweisen, jedoch die homogenen Bestandteile der Stichprobe unkorreliert sind.

Beispiel (nach L. Sachs) Der Hämoglobingehalt des Blutes und die Oberflächengröße der Blutkörperchen zeigen weder bei Neugeborenen noch bei Männern oder Frauen eine Korrelation. Die Werte sind -0.06 bzw. -0.03, bzw. $+0.07$. Würde man das Material zusammenfassen, so erhielte man für das Gesamtmaterial einen Korrelationskoeffizienten von $+0.75$. Graphisch kann man sich diesen Effekt, wie in Abb. 6.3 gezeigt, verdeutlichen.

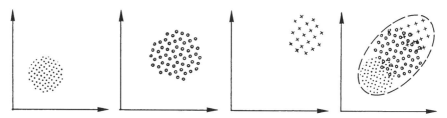

Abb. 6.3 Die drei homogenen Stichproben aus Neugeborenen (×), Männern (○) und Frauen (●) zeigen keine Korrelation. Das inhomogene Gesamtmaterial täuscht eine Ellipse als Punktwolke vor

Abb. 6.4 Alle Wertepaare (x, y), die sich annähernd zu 100 % ergänzen, liegen in der Nähe der Geraden $y = 100 - x$

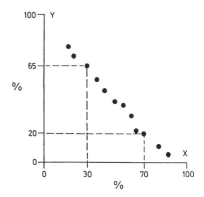

Formale Korrelation

Ergänzen sich zwei Bestandteile annähernd zu 100 % (z. B. Eiweiß und Fett in einem Nahrungsmittel) oder müssen sie sich definitionsgemäß immer genau zu 100 % ergänzen, so besteht eine formale Korrelation zwischen den beiden zusammengehörenden Prozentwerten (Abb. 6.4).

Wir wollen noch einen weiteren und besonders wichtigen Typ des Zusammenhangs betrachten, der im Mittelpunkt der Regressionsanalyse stehen wird, die einseitige Abhängigkeit.

Einseitige Abhängigkeit (funktionaler Zusammenhang)

Hier ist das eine Merkmal Y in seiner Ausprägung vom anderen Merkmal X abhängig, während X von Y unbeeinflusst ist. Es liegt also ein unabhängiges und ein abhängiges Merkmal vor. In Schaubildern trägt man das unabhängige Merkmal auf der Abszisse (X-Achse) und das abhängige Merkmal auf der Ordinate (Y-Achse) ab.

$$X \longrightarrow Y$$

Beispiel Der Ertrag steht in einseitiger Abhängigkeit zur Düngung. Die Düngermenge ist die unabhängige Variable und der Ertrag ist die abhängige Variable.

Welcher der angegebenen kausalen Zusammenhänge im konkreten Fall vorliegt, muss vom Fachwissenschaftler beurteilt werden. Hat die statistische Auswertung einen hohen Wert für r oder B geliefert, so *hat der Forscher kritisch zu fragen, ob und welche Kausal-Zusammenhänge sich dahinter verbergen.* Oft kann auch er diese Frage nicht klären.

Liegt über den Korrelationstyp eine bestimmte Annahme vor, so kann in einigen Fällen die Statistik bei der Prüfung dieser Vermutung weiterhelfen.

6.3.2 Aussagekraft der Größe von r und B

Bei der Interpretation von r und B spielt neben dem Korrelationstyp auch die Frage eine Rolle, was die Größe der Zahlenwerte von r und B aussagt:

Weiter oben wurde ausgeführt, dass die Größe von r ein Maß für die Stärke des Zusammenhangs zweier Merkmale sei. Es wäre falsch, daraus eine starre, allgemeingültige Regel ableiten zu wollen, wonach etwa $r = 0.5$ als schwach positiver und $r = 0.9$ als stark positiver Zusammenhang einzustufen wäre. Vielmehr hängt die Größe von r bzw. B oft von weiteren unbekannten oder unberücksichtigten Einflüssen ab, die von Problem zu Problem verschieden sind. Häufig bestehen Zusammenhänge zwischen *mehr als zwei* Merkmalen, der Korrelationskoeffizient r gibt aber nur Auskunft über die Stärke des Zusammenhangs von zwei Merkmalen. In einem solchen Fall wird r nur richtig geschätzt, falls es gelingt, die anderen Einflussfaktoren im Versuch annähernd konstant zu halten, und nur die zwei gemessenen Merkmale zu variieren.

Beispiel Untersucht man den Zusammenhang zwischen Mathematik-Note und Zahlengedächtnis bei Schulkindern, ohne den Faktor Müdigkeit zu berücksichtigen, so wird r wesentlich kleiner ausfallen, als bei einem Versuch, der diesen Einflussfaktor berücksichtigt, indem darauf geachtet wird, dass alle untersuchten Kinder etwa gleich „frisch" sind.

Da man bei komplexen Fragestellungen gar nicht alle beteiligten Faktoren erfassen kann, wird häufig vorgeschlagen, zur Beurteilung der Größe eines Koeffizienten diesen mit der durchschnittlichen Höhe entsprechender Werte aus anderen Untersuchungen desselben Problems zu vergleichen.

Beispiel Würde eine Untersuchung des Zusammenhangs zwischen den pädagogischen Fähigkeiten eines Lehrers und den Leistungen seiner Schüler ein Bestimmtheitsmaß $B = 0.60$ ergeben, so wäre das überraschend „hoch". 60 % der Leistungen der Schüler wären durch die Fähigkeiten des Lehrers zu erklären.

Ein Zusammenhang von $B = 0.60$ zwischen den Noten in einer Mathematik- und in einer Statistik-Klausur würde dagegen eher als „niedrig" empfunden.

Bemerkung Wie das Beispiel zeigt, ist zur Beschreibung der Stärke des Zusammenhangs das Bestimmtheitsmaß dem Korrelationskoeffizienten vorzuziehen, weil es als Prozentangabe anschaulicher interpretiert werden kann. Einem $B = 0.60$ entspricht ein $r = 0.77$. Oft wird $r = 0.77$ dann *fälschlich* als Prozentangabe interpretiert.

Tab. 6.1 Unentschuldigtes Fehlen in einem Sprachkurs in Tagen und nach Rangplatz-Zuordnung

Vorname	Anna	Dora	Erik	Erna	Ida	Karl	Marc	Max	Paul	Rita	Uwe	$n = 11$
Anzahl Tage	1	0	4	5	8	4	2	0	0	4	0	
Rangplatz	5	2.5	8	10	11	8	6	2.5	2.5	8	2.5	$\Sigma = 66$

Abschließend sei darauf hingewiesen, dass oft die graphische Darstellung schon eine große Hilfe für die Beurteilung eines Zusammenhangs ist; daher sollte *immer zunächst ein Schaubild angefertigt werden*, bevor man sich der Interpretation von r und B zuwendet. Man kann damit viele Gefahren der Missdeutung vermeiden.

6.4 Der Spearmansche Rangkorrelationskoeffizient

Bisher hatten wir ausschließlich bivariable Verteilungen betrachtet, bei denen die Merkmale X_1 und X_2 jeweils mindestens intervallskaliert waren. Zudem hatten wir uns auf die Beschreibung von annähernd linearem Zusammenhang zwischen X_1 und X_2 beschränkt. Beide Einschränkungen lassen sich lockern, wenn wir mit dem Rangkorrelationskoeffizienten von Spearman arbeiten.

Der *Rangkorrelationskoeffizient R verlangt* zum einen mindestens *ordinalskalierte Daten für X_1 und X_2*, zum anderen braucht kein linearer Zusammenhang vorausgesetzt zu werden. *Es genügt Monotonie.*

Unter Monotonie einer Funktion verstehen wir, dass die Funktion im gesamten Kurvenverlauf *entweder* nur ansteigt (monoton wachsend) *oder* nur abfällt (monoton fallend).

Beispiel Der Punktwolke in Abb. 6.2h liegt ein monoton wachsender Kurvenverlauf zugrunde. Dagegen liegt bei Abb. 6.2g *keine* Monotonie vor, da die Kurve zunächst ansteigt und dann abfällt.

Der von Spearman entwickelte Koeffizient R beruht auf der *Vergabe von Rangplätzen*. Wir wollen daher zunächst diese wichtige und in vielen statistischen Verfahren wiederkehrende Zuordnungs-Methode erklären:

Wir haben an n Objekten (Individuen) jeweils die Merkmalsausprägung bzgl. eines ordinalskalierten Merkmals X festgestellt. Da eine Ordinalskala vorliegt, lassen sich die Ausprägungen nun anordnen. Der „kleinsten" in dieser Anordnung aufgetretenen Ausprägung wird der Rang 1 zugewiesen, der „zweitkleinsten" der Rang 2, …, der „größten" der Rang n zugewiesen. Sind die Merkmalsausprägungen mehrerer Objekte gleich (Bindungen), so wird aus den zugehörigen Rangplätzen das arithmetische Mittel gebildet und dieser Mittelwert allen Objekten mit dieser Ausprägung zugeordnet.

Beispiel In Tab. 6.1 wurde das unentschuldigte Fehlen der Teilnehmer eines Sprachkurses festgehalten:

Bei Dora, Max, Paul und Uwe hatten wir die gleiche Merkmalsausprägung „0 Tage" mit den zugehörigen Rangplätzen 1, 2, 3, 4, deren Mittelwert

Tab. 6.2 Qualitätsränge für neun Nachkommen einer Kreuzung von Rebsorten, bewertet durch zwei Kellermeister

Nachkommen i	1	2	3	4	5	6	7	8	9	Summe (Probe)
Gutachter A	1	4	6	2	5	7	3	9	8	45
Gutachter B	3	4	5	1	9	7	2	8	6	45
Differenz d_i	−2	0	1	1	−4	0	1	1	2	0
Diff.-Quadrat d_i^2	4	0	1	1	16	0	1	1	4	$\sum d_i^2 = 28$

$\frac{1}{4} \cdot (1 + 2 + 3 + 4) = 2.5$ ist. Die nächstgrößere Merkmalsausprägung ist „1 Tag" (Anna), der zugehörige Rang ist 5. Dann kommt Rangplatz 6 für Marc mit „2 Tage". Erik, Karl und Rita teilen sich mit „4 Tage" die Rangplätze 7, 8 und 9, deren Mittel 8 als Rangplatz dreimal vergeben ist.

Probe Hat man die Ränge von 1 bis n richtig vergeben, so muss die Summe aller Ränge $0.5 \cdot n \cdot (n + 1)$ ergeben, hier also $0.5 \cdot 11 \cdot 12 = 66$.

Um jetzt den Rangkorrelationskoeffizienten R für ordinalskalierte Merkmalspaare X_1 und X_2 berechnen zu können, müssen wir für X_1 und X_2 *gesondert* Rangplätze vergeben. Sind die Rangplätze für X_1 und X_2 jeweils vergeben, so bildet man für jedes der n Untersuchungsobjekte (Individuen) die Differenz zwischen X_1- und X_2-Rangplatz. Man erhält n Zahlenwerte, nämlich die n Differenzen $d_1, d_2, \ldots, d_n$.

Berechnung des *Rangkorrelationskoeffizienten R*:

$$R = 1 - \frac{6 \cdot \sum d_i^2}{n \cdot (n^2 - 1)} \tag{6.3}$$

wobei d_i die Differenz des i-ten Rangplatzpaares,

  n Anzahl der untersuchten Objekte (Individuen),

  i der Laufindex von 1 bis n läuft.

Für $n < 5$ sollte *kein* Rangkorrelationskoeffizient bestimmt werden, da er kaum Aussagekraft besitzt.

Beispiel Bei der Züchtung neuer Rebsorten erfolgt die Auswahl vermehrungswürdiger Nachkommen einer Kreuzung nach der Weinqualität, die unter anderem mittels einer sensorischen Prüfung durch Kellermeister bestimmt wird. Zwei Kellermeister hatten neun Nachkommen zu bewerten, vgl. Tab. 6.2. Mit Hilfe des Rangkorrelationskoeffizienten R soll der Zusammenhang zwischen den Bewertungen der beiden Kellermeister beschrieben werden.

Wegen $n = 9$ muss die Summe der vergebenen Ränge $0.5 \cdot 9 \cdot 10 = 45$ ergeben. Die Summe der Differenzen d_i muss stets null ergeben. Der Rangkorrelationskoeffizient berechnet sich nach der Formel

$$R = 1 - \frac{6 \cdot 28}{9 \cdot (81 - 1)} = 0.77.$$

Wir können R ähnlich dem entsprechenden Maßkorrelationskoeffizienten r interpretieren. Anhand einer graphischen Darstellung erkennt man, dass die Punktwolke die Monotonie-Bedingung nicht verletzt.

Bemerkung Falls keine Bindungen vorliegen ist die Formel für R aus dem Maßkorrelationskoeffizienten r zu gewinnen, indem statt der ursprünglichen Messwerte x_i und y_i die jeweiligen Ränge in (6.1) eingesetzt werden. Wie beim Maßkorrelationskoeffizienten gilt auch hier $-1 \leq R \leq +1$.

Der Rangkorrelationskoeffizient R kann auch im Fall einseitiger Abhängigkeit zwischen Variablen X und Y zur Charakterisierung der Stärke des Zusammenhangs verwendet werden.

6.5 Der Kontingenzkoeffizient

Bisher haben wir Maße für den Zusammenhang bivariabler Verteilungen besprochen, die entweder intervallskaliert oder ordinalskaliert waren. Für *nominalskalierte Daten* muss man andere Maßzahlen verwenden, man spricht dann statt von „Korrelation" von „Kontingenz" oder auch von „Assoziation". Wir werden hier nur den Pearson'schen Kontingenzkoeffizienten C einführen. Er ist ein Maß für die Stärke des Zusammenhangs von X_1 und X_2. Der Kontingenzkoeffizient C steht in engem Verhältnis zur Größe χ^2 („Chi-Quadrat"), die wir daher schon an dieser Stelle im Vorgriff auf das nächste Kapitel einführen wollen. Wir gehen davon aus, dass an N Individuen zwei qualitative Merkmale X_1 und X_2 untersucht wurden. Dabei sei r die Anzahl verschiedener Merkmalsausprägungen bei X_1 und c die Anzahl Ausprägungen bei Merkmal X_2. In einer Tafel mit $r \times c$ Feldern können wir nun die beobachteten Häufigkeiten der verschiedenen Ausprägungskombinationen eintragen.

Beispiel Zur Beantwortung der Frage, ob zwischen Haar- und Augenfarbe ein Zusammenhang besteht, wurde bei 128 Personen jeweils Haar- und Augenfarbe festgestellt und in einer 4×3-Feldertafel eingetragen (Tab. 6.3).

Um nun χ^2 berechnen zu können, muss man für jedes Feld (i, j) die erwartete Häufigkeit E_{ij} ermitteln: Gäbe es zwischen Haarfarbe und Augenfarbe keinen Zusammenhang, d. h. die Ereignisse „Haarfarbe i" und „Augenfarbe j" wären im Sinne der Wahrscheinlichkeitsrechnung unabhängig, so wäre die Wahrscheinlichkeit für das gemeinsame Auftreten beider Ereignisse gleich dem Produkt der beiden „Randwahrscheinlichkeiten", die wir hier durch die relativen Häufigkeiten ($\frac{Z_i}{N}$ und $\frac{S_j}{N}$) schätzen. Diesen Schätzwert der Wahrscheinlichkeit für das gemeinsame Auftreten beider Ereignisse multiplizieren wir mit dem Stichprobenumfang N, um die erwartete Häufigkeit zu erhalten.

Tab. 6.3 Kontingenztafel zur Beziehung von Haar- und Augenfarbe bei 128 Personen

j		1	2	3	Σ	Randverteilung, relative Zeilenhäufigkeit
i	Augen \ Haare	blau	braun	grün	Z_i	
1	blond	42	1	6	**49**	$\frac{49}{128} = 0.38$
2	braun	12	5	22	**39**	$\frac{39}{128} = 0.31$
3	schwarz	0	26	2	**28**	$\frac{28}{128} = 0.22$
4	rot	8	4	0	**12**	$\frac{12}{128} = 0.09$
$\sum$	S_j	**62**	**36**	**30**	**128**	
Randverteilung, relative Spaltenhäufigkeit.		$\frac{62}{128} = 0.48$	$\frac{36}{128} = 0.28$	$\frac{30}{128} = 0.24$	$r = 4$ (Zeilenanzahl) $c = 3$ (Spaltenanzahl) $N = 128$ (Stichprobenumfang)	

Gäbe es also keinen Zusammenhang zwischen Haar- und Augenfarbe, so wären die erwarteten Häufigkeiten E_{ij} nach folgender Formel zu berechnen:

$$E_{ij} = \frac{Z_i}{N} \cdot \frac{S_j}{N} \cdot N = Z_i \cdot S_j \cdot \frac{1}{N}.$$

Besteht aber ein starker Zusammenhang zwischen den beiden Merkmalen, so wird der beobachtete Wert B_{ij} stark vom erwarteten Wert E_{ij} abweichen. Die Quadratsumme dieser Abweichungen wird umso größer, je stärker der Zusammenhang zwischen den Merkmalen ist.

Wie (6.4) zeigt, gehen diese Abweichungsquadrate maßgeblich in χ^2 ein, weshalb die Größe von χ^2 eng mit der Stärke des Zusammenhangs verbunden ist.

Berechnung von χ^2 *(Chi-Quadrat)*:

$$\chi^2 = \sum \frac{(B_{ij} - E_{ij})^2}{E_{ij}} = \left(\sum \frac{B_{ij}^2}{E_{ij}} \right) - N. \tag{6.4}$$

(summiert über alle i und j)

Tab. 6.4 Mit den Werten aus Tab. 6.3 berechnete E_{ij} und B_{ij}^2/E_{ij}

(i, j)	(1,1)	(2,1)	(3,1)	(4,1)	(1,2)	(2,2)	(3,2)	(4,2)	(1,3)	(2,3)	(3,3)	(4,3)	$\sum$
B_{ij}	42	12	0	8	1	5	26	4	6	22	2	0	128
E_{ij}	23.73	18.89	13.56	5.81	13.78	10.97	7.88	3.38	11.48	9.14	6.56	2.81	127.99
$\frac{B_{ij}^2}{E_{ij}}$	74.34	7.62	0.00	11.02	0.07	2.28	85.79	4.73	3.14	52.95	0.61	0.00	242.55

wobei	B_{ij}	die beobachtete Häufigkeit für die i-te Merkmalsausprägung von X_1 und die j-te Ausprägung von X_2,
	$E_{ij} = Z_i \cdot S_j \cdot \frac{1}{N}$	die erwartete Häufigkeit für die i-te Merkmalsausprägung von X_1 und die j-te Ausprägung von X_2,
	$Z_i = \sum_{j=1}^{c} B_{ij}$	die i-te Zeilensumme der Kontingenztafel,
	$S_j = \sum_{i=1}^{r} B_{ij}$	die j-te Spaltensumme der Kontingenztafel,
	$N = \sum B_{ij}$	der Stichprobenumfang,
	r (bzw. c)	die Anzahl Merkmalsausprägungen von X_1 (bzw. X_2),
	i (bzw. j)	der Laufindex von 1 bis r (bzw. c) läuft.

Beispiel Für die Kontingenztafel von Tab. 6.3 soll χ^2 berechnet werden ($N = 128$):

$$\chi^2 = 242.55 - 128 = 114.55. \quad \text{Zur Probe wurde } \sum E_{ij} = 128 \text{ berechnet.}$$

Mit Hilfe von χ^2 lässt sich nun der Pearsonsche Kontingenzkoeffizient definieren:

Berechnung des *Kontingenzkoeffizienten C*:

$$C = \sqrt{\frac{\chi^2}{\chi^2 + N}} \tag{6.5}$$

wobei χ^2 nach (6.4) berechnet wird,
N der Stichprobenumfang.

Beispiel Die Stärke des Zusammenhangs von Haar- und Augenfarbe für Tab. 6.3 lässt sich mit $C = 0.69$ beschreiben. Wir haben $N = 128$ und $\chi^2 = 114.55$ in (6.5) eingesetzt.

Es wird in (6.5) stets nur die positive Wurzel genommen, daher hat der Kontingenzkoeffizient im Gegensatz zum Maß- oder Rangkorrelationskoeffizienten keine negativen Werte, es gilt immer $C \geq 0$.

Ein großer Nachteil des Kontingenzkoeffizienten ist, dass der maximale Wert, den C annehmen kann, stets *kleiner* als 1 ist und zudem noch von der Zeilen- und Spaltenanzahl der Kontingenztafel abhängt. Für 3×3-Tafeln z. B. ist der maximale Wert $C_{max} = 0.82$, für 4×4-Tafeln ist dagegen $C_{max} = 0.87$.

Wegen dieser Schwankungen des Wertebereiches von C bei verschiedenen $r \times c$-Tafeln sind die zugehörigen C-Werte nicht immer direkt vergleichbar. Ein Wert von $C = 0.82$ beschreibt für 3×3-Tafeln den maximalen Grad von Zusammenhang, für 9×9-Tafeln jedoch beschreibt der gleiche C-Wert einen geringeren Zusammenhang. Man kann für eine $r \times c$-Kontingenztafel den größtmöglichen C-Wert bestimmen, indem man das Minimum m der beiden Zahlen r und c nimmt, also

$$m = \min(r; c). \quad \text{Dann ist } C_{max} = \sqrt{\frac{m-1}{m}}.$$

Beispiel Für eine 9×6-Tafel ist $r = 9$, $c = 6$ und $m = \min(9; 6) = 6$,

$$\text{daher } C_{max} = \sqrt{\frac{5}{6}} = 0.91.$$

Mit einem Korrekturfaktor können wir erreichen, dass einerseits die Kontingenzkoeffizienten untereinander und andererseits die C-Werte auch mit den schon eingeführten Korrelationskoeffizienten r und R besser vergleichbar werden. Der Grundgedanke bei dieser Korrektur ist, dass C jeweils durch den entsprechenden C_{max}-Wert dividiert wird, dadurch gilt für alle korrigierten Kontingenzkoeffizienten C_{korr}, dass ihr Wertebereich das ganze Intervall von 0 bis 1 ausschöpft. Der stärkste mögliche Zusammenhang wird dann, unabhängig von der Zeilen- und Spaltenanzahl, stets durch $C_{korr} = 1$ beschrieben.

Berechnung des *korrigierten Kontingenzkoeffizienten* C_{korr}:

$$C_{korr} = \frac{C}{C_{max}} = \sqrt{\frac{\chi^2 \cdot m}{(\chi^2 + N)(m-1)}} \tag{6.6}$$

wobei χ^2 nach (6.4) berechnet wird,

N der Stichprobenumfang,

$m = \min(r; c)$ die kleinere der Zahlen r und c,

r (bzw. c)   die Anzahl Zeilen (bzw. Spalten) der Kontingenztafel.

Beispiel Zur 4×3-Tafel der Haar- und Augenfarbe (vgl. Tab. 6.3) soll C_{korr} ermittelt werden.

$$\chi^2 = 114.55, \quad N = 128, \quad r = 4, \quad c = 3, \quad m = \min(4; 3) = 3.$$

$C_{korr} = \sqrt{\frac{114.55 \cdot 3}{242.55 \cdot 2}} = 0.84$. Der unkorrigierte Kontingenzkoeffizient war $C = 0.69$.

Bemerkung Eine ebenfalls häufig benutzte Maßzahl zur Charakterisierung von Zusammenhängen nominal skalierter Merkmale in $r \times c$-Kontingenztafeln ist der *Cramérsche Index C I*:

$$CI = \sqrt{\frac{\chi^2}{N(m-1)}} \quad \text{mit } m = \min(r, c)$$

Weitere Assoziationskoeffizienten wurden in Abhängigkeit von der Skalierung der beiden Merkmale und der Dimension der zugehörigen Kontigenztafel (2×2-, $r \times 2$-, $r \times c$-Tafeln) als Zusammenhangsmaße vorgeschlagen.

§7 Zur Regressionsrechnung

Mit den Koeffizienten r, R und C haben wir Maßzahlen eingeführt, die geeignet sind, die Stärke eines Zusammenhanges bei bivariablen Verteilungen zu beschreiben. Bisher hatten wir die Merkmale X_1 und X_2 gleichberechtigt behandelt, jetzt gehen wir von der Korrelationsrechnung zur Regression über und verlassen gleichzeitig das Modell „gleichberechtigter" Merkmale X_1 und X_2.

Bei der Regressionsanalyse unterscheidet man zwischen abhängigen und unabhängigen Merkmalen (Variablen). Symbolisiert wird dieser Unterschied dadurch, dass X für die unabhängige und Y für die abhängige Variable steht, vgl. dazu in §6.3.1 „Einseitige Abhängigkeit". Sind (x_i, y_i) intervallskalierte Messwertpaare der Merkmale X und Y, so ergibt jedes Wertepaar einen Punkt im (X, Y)-Koordinatensystem und wie in Abb. 7.1 erhalten wir eine Punktwolke. Ziel der Regressionsrechnung ist es, die Form der Punktwolke geeignet durch eine Funktion zu beschreiben. Durch einen algebraischen Ausdruck will man aus der unabhängigen Variablen den zugehörigen mittleren Wert der abhängigen Variablen berechnen.

Zu Beginn werden wir den einfachen Fall der linearen Funktionen behandeln, danach soll für einige kompliziertere Funktionen durch Transformationen die Rückführung auf den linearen Fall demonstriert werden.

7.1 Die Ermittlung einer Geradengleichung

Zunächst wird vorausgesetzt, dass die Form der Punktwolke die Annahme eines linearen Verlaufes rechtfertigt, dass also die Punkte bandförmig um eine (gedachte) Gerade streuen.

Tab. 7.1 Erzielte Erträge in Abhängigkeit der eingesetzten Düngermenge auf $n = 8$ Parzellen

Laufindex	i	1	2	3	4	5	6	7	8
Düngermenge	X	3.0	3.0	4.0	4.5	4.5	5.0	5.0	6.0
Ertrag	Y	32.0	38.0	39.0	40.0	44.0	47.0	50.0	49.0

Abb. 7.1 Punktwolke mit „nach Gefühl" eingezeichneter Ausgleichsgeraden zu den Daten von Tab. 7.1

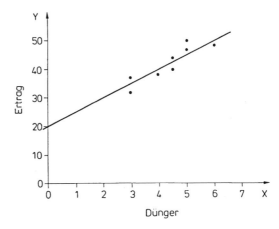

Abb. 7.2 Ausgleichsgerade zu den Daten von Tab. 7.1 mit Achsenabschnitt $a = 20$ und dem Steigungsdreieck, aus dem b berechnet wird

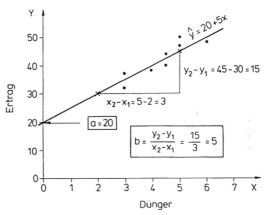

7.1.1 Graphische Bestimmung der Regressionsgeraden

In die Punktwolke lässt sich nach „Gefühl" bzw. „Augenmaß" eine Ausgleichsgerade so einzeichnen, dass die Messwertpunkte gleichmäßig oberhalb und unterhalb der Geraden streuen. Es ist dabei *nicht* notwendig, dass irgendwelche Punkte direkt auf der Ausgleichsgeraden liegen. Wir wollen solche Geraden auch *Regressionsgeraden* nennen.

Beispiel In einem Feldversuch wurden bei verschiedenen Düngermengen X [kg/ha] die Erträge Y [dt/ha] erzielt (Tab. 7.1).

In ein (X, Y)-Koordinatensystem werden die Wertepaare eingetragen und durch die Punktwolke wird eine Gerade gelegt.

Der Verlauf von Geraden in einem Koordinatensystem lässt sich mathematisch durch eine *Geradengleichung* der Form $y = a + bx$ beschreiben. Kennt man die Parameter a und b, so kennt man die genaue Lage der Geraden. Man kann dann zu jedem vorgegebenen X-Wert einen Y-Wert berechnen.

Graphisch lassen sich a und b aus der „nach Gefühl" eingezeichneten Geraden ablesen.

> Bestimmung der *Parameter a und b* einer Geradengleichung $\hat{y} = a + bx$ *(graphisch)*:
>
> (1) Den Wert a liest man direkt am Schnittpunkt der Geraden mit der Y-Achse ab.
> (2) Die Steigung b der Geraden erhält man, wenn man die X- und Y-Koordinaten von zwei beliebigen Punkten *auf* der Geraden abliest und den Differenzenquotienten bildet. Seien die abgelesenen Koordinaten (x_1, y_1) und (x_2, y_2), dann ist
>
> $$b = \frac{y_2 - y_1}{x_2 - x_1},$$
>
> b heißt *Regressionskoeffizient*.

Beispiel Zu den Messwerten von Tab. 7.1 soll eine Ausgleichsgerade $y = a + bx$ bestimmt werden. Man erhält Punktwolke und Regressionsgerade wie in Abb. 7.1. Aus der graphischen Darstellung liest man $a = 20$ direkt ab. *Auf* der Geraden wählt man die zwei Punkte $(x_1 = 2, y_1 = 30)$ und $(x_2 = 5, y_2 = 45)$ und erhält $b = \frac{15}{3} = 5$. Die gesuchte Geradengleichung ist $\hat{y} = 20 + 5x$.

Bemerkung Beim Ablesen des Y-Achsenabschnittes a kommt es zu Fehlern, wenn man in der graphischen Darstellung eine verkürzte X-Achse verwendet hat. Eine verkürzte X-Achse lag z. B. beim Histogramm in Abb. 3.6 vor.

Mit unserer Geradengleichung haben wir den gewünschten algebraischen Ausdruck und können zur unabhängigen X-Variable den zugehörigen Wert der abhängigen Y-Variablen vorhersagen.

Beispiel Aus der Information, die uns die Daten der Tab. 7.1 vermitteln, soll für eine Düngermenge $x = 3.5$ kg/ha die zu erwartende Ertragsmenge prognostiziert werden. Mit Abb. 7.2 hatten wir die Geradengleichung $\hat{y} = 20 + 5 \cdot x$ gefunden und setzen jetzt $x = 3.5$ ein: $\hat{y} = 20 + 5 \cdot 3.5 = 37.5$. Der erwartete Ertrag wird mit 37.5 dt/ha vorhergesagt.

Bemerkung Es muss beachtet werden, dass Vorhersagen nur innerhalb des untersuchten Bereiches zulässig sind! Dehnt man bei Abb. 7.3 die Aussagekraft der Geraden *fälschlicherweise* über den *Untersuchungsbereich* weiter aus, so prognostiziert die Regressionsgerade z. B. für $x = 2$ einen *negativen* Ertrag.

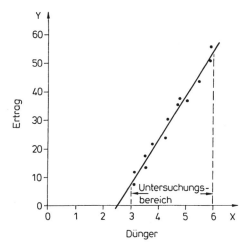

Abb. 7.3 Der Untersuchungsbereich lag hier zwischen
$x = 3$ und $x = 6$

7.1.2 Die Methode der kleinsten Quadrate

Die graphische Bestimmung von a und b hängt sehr stark von der „nach Gefühl"
eingezeichneten Ausgleichsgeraden ab. Durch die folgende *rechnerische Ermittlung*
einer Ausgleichsgeraden kommt man zu einheitlichen Ergebnissen und beseitigt den
subjektiven Faktor.

Zur rechnerischen Ermittlung der Ausgleichsgeraden fordert man, dass die Summe der Quadrate der „Abstände" aller Punkte von der gesuchten Geraden minimal
wird. Mit dieser Forderung ist die Lage der Geraden eindeutig festgelegt, ohne dass
irgendein subjektives Augenmaß beim Einzeichnen von Ausgleichsgeraden mit ins
Spiel kommt.

Wir wollen jetzt die Forderung nach minimalen Abstandsquadraten mathematisch exakt formulieren und dann direkt aus den Daten die Parameter a und b berechnen. Dieses von Gauß entwickelte Rechenverfahren nennt man die *Methode der
kleinsten Quadrate*. Mit dem „Abstand" eines Messpunktes von der gesuchten Geraden soll hier der *Abstand in Y-Richtung* gemeint sein. Üblicherweise versteht man
unter Abstand die Länge des Lotes vom Punkt auf die Gerade. Bei der Regressionsgeraden dagegen wird der Abstand immer in Richtung der abhängigen Variablen
gemessen (siehe Abb. 7.4).

Wenn wir die Y-Koordinaten der Messwerte mit $y_1, y_2, \ldots, y_n$ bezeichnen und
die der zugehörigen *Geradenpunkte mit* $\hat{y}_1, \hat{y}_2, \ldots, \hat{y}_n$ symbolisieren, dann lautet
unsere Forderung nach Minimierung der Abstandsquadratsumme:

$$(\hat{y}_1 - y_1)^2 + (\hat{y}_2 - y_2)^2 + \ldots + (\hat{y}_n - y_n)^2 \overset{!}{=} \min$$

oder

$$\sum (\hat{y}_i - y_i)^2 \overset{!}{=} \min \tag{7.1}$$

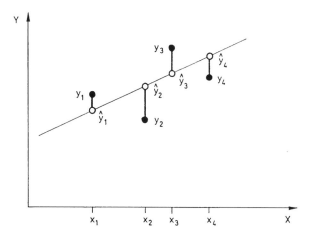

Abb. 7.4 Regressionsgerade mit eingezeichneten experimentellen Messwertpunkten (●) und zugehörigen Punkten auf der Geraden (○). Die Verbindungsstrecken zeigen die in Y-Richtung gemessenen Abstände

Da die Punkte $(x_i, \hat{y}_i)$ auf der Geraden liegen, erfüllen sie die Geradengleichung $\hat{y}_i = a + b \cdot x_i$. Wir ersetzen $\hat{y}_i$ dementsprechend in (7.1) und erhalten als Forderung:

$$\sum (a + b \cdot x_i - y_i)^2 \overset{!}{=} \min.$$

Um aus diesem Ausdruck a und b zu berechnen, muss man nach a und b partiell differenzieren, dieses null setzen und erhält so zwei Gleichungen („Normalgleichungen") mit zwei Unbekannten (a und b). Aus den Gleichungen lassen sich dann die gesuchten Parameter a und b berechnen. Wir geben hier nur das Resultat an:

Berechnung der Parameter a und b einer Geradengleichung $\hat{y} = a + bx$ durch die *Methode der kleinsten Quadrate*:

$$b = \frac{\sum (x_i - \bar{x}) \cdot (y_i - \bar{y})}{\sum (x_i - \bar{x})^2} = \frac{\left(\sum x_i y_i\right) - \left(\frac{(\sum x_i) \cdot (\sum y_i)}{n}\right)}{\left(\sum x_i^2\right) - \left(\frac{(\sum x_i)^2}{n}\right)} \qquad (7.2)$$

$$a = \bar{y} - b \cdot \bar{x} = \frac{1}{n}\left(\sum y_i - b \cdot \sum x_i\right) \qquad (7.3)$$

wobei n die Anzahl der Wertepaare,

   x_i der X-Messwert des i-ten Objekts,

   y_i der Y-Messwert des i-ten Objekts,

   $\bar{x}$ (bzw. $\bar{y}$)   das arithmetische Mittel der X- (bzw. Y-) Messwerte,

   i der Laufindex von 1 bis n läuft.

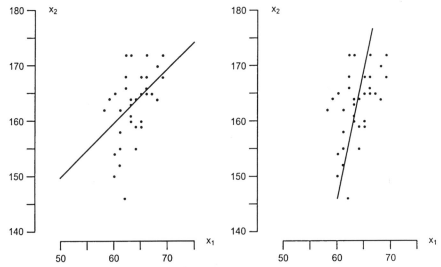

Abb. 7.5 Regression von X_2 auf X_1, $X_2 = f(X_1)$ (*links*), Regression von X_1 auf X_2, $X_1 = g(X_2)$ (*rechts*)

Beispiel Nach der Methode der kleinsten Quadrate soll die Regressionsgerade für Tab. 7.1 berechnet werden. Es ist $n = 8$, $\sum x_i = 35$, $\sum x^2 = 160.5$, $(\sum x)^2 = 1225$, $\sum y = 339$, $\sum xy = 1523$, $(\sum x)(\sum y) = 11\,865$, $b = 5.41$, $a = 18.71$. Die gesuchte Geradengleichung lautet $\hat{y} = 18.71 + 5.41x$. Unsere graphisch ermittelte Gerade war $\hat{y} = 20 + 5x$, vgl. Abb. 7.2.

Bemerkung Häufig wird eine Regressionsgerade bei zwei Merkmalen X_1 und X_2 gezeichnet, zwischen denen *keine einseitige* Beziehung existiert. Diese Gerade beschreibt die Punktwolke nur ungenügend, da X_2 der abhängigen Variablen Y und X_1 der unabhängigen Variablen X willkürlich zugeordnet wird: $X_2 = f(X_1)$. Vertauscht man die Zuordnung von X_1 und X_2, so erhält man eine zweite andere Regressionsgerade: $X_1 = g(X_2)$, vgl. Abb. 7.5.

Der Unterschied zwischen beiden Geraden ergibt sich dadurch, dass bei der Regressionsrechnung die Minimierung der Fehlerabstände in Y-Richtung erfolgt, also in Abb. 7.5 (links) in X_2-Richtung und in Abb. 7.5 (rechts) in X_1-Richtung.

In Abb. 7.6 (links) sind beide Regressionsgeraden in ein Koordinatensystem eingetragen. Die Schere, die beide Geraden bilden, wird um so enger, je größer der Absolutbetrag des Korrelationskoeffizienten r ist, d. h. je weniger die Punkte um die beiden Geraden streuen.

Eine bessere Beschreibung der Punktwolke als durch eine bzw. beide Regressionsgeraden wird durch die Hauptachse der Punktwolken-Ellipse geliefert (Abb. 7.6 (rechts)).

Residuen Die behandelten Methoden zur Bestimmung einer Ausgleichsgeraden gehen alle davon aus, dass tatsächlich ein linearer Verlauf unterstellt werden darf. Oft liefert die Betrachtung der Residuen erst Anhaltspunkte, ob überhaupt Linearität vorliegt. Als *Residuen* bezeichnet man die Differenzen zwischen den Messwerten

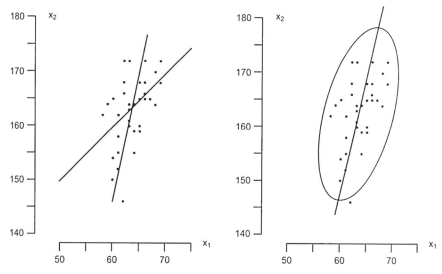

Abb. 7.6 Schere der Regressionsgeraden $X_2 = f(X_1)$ und $X_1 = g(X_2)$ (*links*) sowie Hauptachse der durch die Punktwolke gebildeten Ellipse (*rechts*)

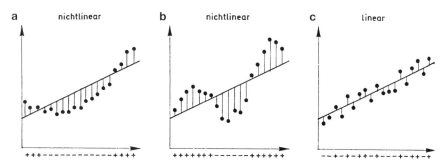

Abb. 7.7 Unter dem Koordinatensystem haben wir die Vorzeichenfolge der Residuen aufgeschrieben. Liegt der Messwertpunkt über der Geraden, so hat das Residuum ein positives Vorzeichen. In **a** und **b** wechseln „+" und „−" *nicht zufällig*, was auf Nichtlinearität hinweist. In **c** wechseln die Vorzeichen offensichtlich zufällig, weswegen keine Zweifel an der Linearität des Zusammenhangs bestehen

y_i und den berechneten Werten $\hat{y}_i$ auf der Regressionsgeraden. In Abb. 7.7 sind die Residuen als Längen der eingezeichneten Strecken dargestellt. Die Folge der Vorzeichenwechsel der Residuen gibt Aufschluss darüber, ob Linearität vorausgesetzt werden darf. Wir wollen dies graphisch kurz veranschaulichen:

7.1.3 Ein Maß für die Güte der Anpassung

Haben wir zu gegebenen Messwertpunkten (x_i, y_i) eine Ausgleichsgerade ermittelt, so stellt sich die Frage, ob die Messwertpunkte durch die Gerade gut angepasst werden. Wir wollen diese Güte der Anpassung durch das Bestimmtheitsmaß B beschreiben und dazu, wie in §6.2 versprochen, eine genaue Definition für B nachliefern. Wir hatten B bisher einfach als Quadrat des Maßkorrelationskoeffizienten berechnet. Interpretiert wurde die Größe von B als Anteil der Veränderungen des einen Merkmals, die aus den Änderungen des anderen erklärt werden können. Setzen wir diese Interpretation für unser Regressionsproblem in Formeln um, so lässt sich das wie folgt machen:

Wir gehen vom Mittelwert $\bar{y}$ und den einzelnen Messwerten y_i aus und betrachten die Differenzen $y_i - \bar{y}$ als Veränderungen des einen Merkmals. Um eine Durchschnittszahl für diese Veränderung zu erhalten, wählen wir die Varianz von Y, also

$$s_y^2 = \frac{1}{n-1} \cdot \left(\sum (y_i - \bar{y})^2 \right).$$

Jetzt suchen wir den durch X erklärbaren Anteil der Y-Änderungen. Die Regressionsgerade sagt uns, dass bei einer X-Änderung von $\bar{x}$ nach x_i eine Y-Änderung von $\bar{y}$ nach $\hat{y}_i = a + b \cdot x_i$ erwartet werden muss. Aus X lassen sich also die $\hat{Y}$-Änderungen $\hat{y}_i - \bar{y}$ „erklären". Auch für diese $\hat{Y}$-Änderungen bilden wir den Durchschnittswert

$$s_{\hat{y}}^2 = \frac{1}{n-1} \cdot \left(\sum (\hat{y}_i - \bar{y})^2 \right).$$

Der Quotient aus erklärter Varianz $s_{\hat{y}}^2$ und Gesamt-Varianz s_y^2 kann dann interpretiert werden als der Anteil der Gesamtveränderung von Y, der sich aus X erklären lässt. Wir definieren daher

$$B = \frac{s_{\hat{y}}^2}{s_y^2}.$$

Für den *linearen Fall* ist das hier allgemein definierte *B stets gleich* r^2. Mit dem *Bestimmtheitsmaß* haben wir nun ein *Maß zur Beschreibung der Güte der Anpassung* von Regressionsfunktionen an die gegebenen Messwertpunkte auch für den nichtlinearen Fall.

7.2 Einige Achsentransformationen

Bei den eben beschriebenen graphischen und numerischen Methoden der Regression haben wir vorausgesetzt, dass unsere Messwerte eine Darstellung durch eine Gerade zulassen. Liegen die Messwertpunkte aber so, dass sie nicht an eine Gerade angepasst werden können, so lässt sich oft durch geeignete Transformationen erreichen, dass aus einer nichtlinearen Kurve eine Gerade wird, und dann können die in §7.1 beschriebenen Methoden doch noch angewandt werden.

Wir verwenden Transformationen, um komplizierte Funktionen in einfache Funktionen zu verwandeln.

Man kann sich das etwa so vorstellen: Auf ein elastisches Tuch wird eine Figur aufgezeichnet. Indem man jetzt das Tuch geschickt spannt, entstehen Verzerrungen der ursprünglichen Figur. Leicht lässt sich so ein Kreis zu einer Ellipse verzerren oder aus einer Geraden kann eine Parabel erzeugt werden. Bringt man das Tuch wieder in den ursprünglichen Zustand zurück, so wird aus der Ellipse wieder ein Kreis, aus der Parabel wieder eine Gerade. Denselben Effekt kann man in einem Koordinatensystem durch geschickte „Verzerrung" der Abszisse oder der Ordinate erreichen. Vgl. hierzu auch die Schaubilder von Abb. 3.11. Solche „Verzerrungen" wollen wir *Transformationen* oder *Achsentransformationen* nennen.

7.2.1 Die einfach-logarithmische Transformation

Ein oft hilfreiches Verfahren ist die einfach-logarithmische Transformation. Sie ermöglicht es, Exponentialfunktionen in lineare Funktionen umzurechnen:
Gegeben sei eine Funktion der Form

$$y = a \cdot b^x. \tag{7.4}$$

Durch Logarithmieren auf beiden Seiten erhalten wir

$$\ln y = (\ln a) + (\ln b) \cdot x \tag{7.5}$$

oder

$$\tilde{y} = \tilde{a} + \tilde{b} \cdot x, \tag{7.6}$$

wobei wir $\tilde{y} = \ln y$, $\tilde{a} = \ln a$ und $\tilde{b} = \ln b$ gesetzt haben. Gleichung (7.6) ist eine Geradengleichung mit $\tilde{a}$ als Achsenabschnitt und $\tilde{b}$ als Steigung. Durch *ln*-Transformation haben wir also eine komplizierte, nämlich eine exponentielle Beziehung auf eine einfachere, nämlich lineare Beziehung reduziert. Um eine Geradengleichung zu erhalten, mussten wir die Variable y in die Variable $\tilde{y} = \ln y$ transformieren. Anders ausgedrückt, wir haben die Y-Achse zur $\tilde{Y}$-Achse verzerrt, graphisch wird dies in Abb. 7.8 verdeutlicht.

Bemerkung Sowohl in (7.5) als auch in Abb. 7.8 hatten wir den natürlichen Logarithmus „ln" zur Transformation verwendet. Man kann stattdessen beliebige andere Logarithmen nehmen, etwa den Zweier-Logarithmus oder den Zehner-Logarithmus. Letzteren wollen wir mit „lg" bezeichnen. Hat man sich für einen bestimmten Logarithmus entschieden, so muss dieser für die ganze Transformation und Rücktransformation beibehalten werden.

Transformationen wie in (7.6), bei denen eine der Achsen logarithmisch transformiert wird, während die andere Achse unverändert bleibt, heißen *einfach-logarithmische Transformationen*.

Durch einfach-logarithmische Transformationen werden z. B. exponentiell wachsende Funktionen so „gestaucht", dass aus ihnen Geraden werden. Diesen Sachverhalt können wir wie folgt nutzen:

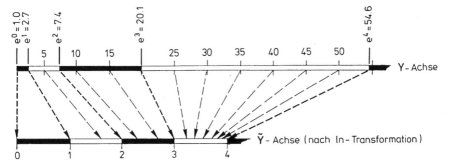

Abb. 7.8 Graphische Darstellung der Achsentransformation $\tilde{y} = \ln y$. Der *obere Balken* zeigt die Y-Achse, der *untere* die logarithmisch verzerrte $\tilde{Y}$-Achse. Für die Werte $y = 5$, $y = 10$, $\ldots, y = 50$ und für $e^0, e^1, \ldots, e^4$ zeigen die *Pfeile*, wohin die Punkte der Y-Achse auf der $\tilde{Y}$-Achse abgebildet werden

Wenn Messwerte vorliegen, deren Punktwolke vermuten lässt, dass die Daten gut durch eine Exponential-Funktion der Form $\hat{y} = a \cdot b^x$ anzupassen sind, dann transformieren wir die y-Werte logarithmisch in $\tilde{y}$-Werte. In einem $(X, \tilde{Y})$-Koordinatensystem ermitteln wir die Parameter $\tilde{a}$ und $\tilde{b}$ der Ausgleichsgeraden $\tilde{y} = \tilde{a} + \tilde{b} \cdot x$ nach den bekannten Verfahren aus §7.1. Wenn wir nun die gewonnene Geradengleichung rücktransformieren, in unserem Fall also entlogarithmieren, erhalten wir aus $\tilde{a}$ und $\tilde{b}$ die gesuchten Parameter a und b der Exponential-Funktion $\hat{y} = a \cdot b^x$.

Bestimmung der Parameter a und b einer *Ausgleichsfunktion* $\hat{y} = a \cdot b^x$ durch *einfach-log-Transformation*:

(0) Trage die gegebenen Messwert-Punkte (x_i, y_i) in ein Koordinatensystem ein und entscheide, ob die Punktwolke möglicherweise gut durch eine Exponentialfunktion $\hat{y} = a \cdot b^x$ anzupassen ist.

(1) Berechne aus den y_i die Werte $\tilde{y}_i = \lg y_i$.

(2) Trage nun die transformierten Punkte $(x_i, \tilde{y}_i)$ in ein anderes Koordinatensystem ein und entscheide, ob die Punktwolke diesmal gut durch eine Gerade $\tilde{y} = \tilde{a} + \tilde{b} \cdot x$ anzupassen ist. Zur Beschreibung der Güte der Anpassung berechne das Bestimmtheitsmaß.

(3) Bestimme die Parameter $\tilde{a}$ und $\tilde{b}$:

- Entweder graphisch im Koordinatensystem von (2)
- Oder nach der Methode der kleinsten Quadrate, wobei die $\tilde{y}_i$ (und *nicht* die y_i) in die Berechnung eingehen.

(4) Berechne die Parameter a und b aus $\tilde{a}$ und $\tilde{b}$ durch Rücktransformation:

$$a = 10^{\tilde{a}} \quad \text{und} \quad b = 10^{\tilde{b}}. \tag{7.7}$$

Tab. 7.2 Die 9 Messwerte des Experiments

i	1	2	3	4	5	6	7	8	9
X	0	0	1	2	2	3	3	4	4
Y	1.5	2.5	4.0	7.0	7.5	18.0	28.0	60.0	70.0

Tab. 7.3 Die $\tilde{Y}$-Werte sind die durch $\tilde{y}_i = \lg y_i$ transformierten Y-Werte von Tab. 7.2

i	1	2	3	4	5	6	7	8	9
X	0	0	1	2	2	3	3	4	4
$\tilde{Y}$	0.18	0.40	0.60	0.85	0.88	1.26	1.45	1.78	1.85

Die gesuchte Ausgleichsfunktion ist somit

$$\hat{y} = 10^{\tilde{a}} \cdot 10^{\tilde{b}x} = a \cdot b^x.$$

Wurde in (1) statt des Zehner-Logarithmus der natürliche Logarithmus ln mit Basis e verwendet, so muss in (7.7) „10" durch „e" ersetzt werden.

Beispiel In einem Experiment wurden zu jedem vorgegebenen x zwei y-Werte bestimmt, wobei für $x = 1$ ein Messwert fehlt.

Zunächst tragen wir die 9 Punkte in ein Koordinatensystem ein, vgl. Abb. 7.9a. Die Vermutung einer exponentiellen Ausgleichsfunktion ist gerechtfertigt, daher berechnen wir die $\tilde{y}_i = \lg y_i$.

In einem weiteren Schaubild (vgl. Abb. 7.9b) sehen wir, dass die Punkte $(x_i, \tilde{y}_i)$ der Tab. 7.3 gut durch eine Gerade angepasst werden. Wir können hier als Güte der Anpassung das Bestimmtheitsmaß angeben, es ist $B = 0.97$. Die graphische Ermittlung von $\tilde{a} = 0.25$ und $\tilde{b} = 0.36$ ist mit Hilfe des eingezeichneten Steigungsdreiecks in Abb. 7.9b erfolgt. Die Methode der kleinsten Quadrate ergibt fast die gleichen Werte, nämlich $\tilde{a} = 0.22$ und $\tilde{b} = 0.38$; man geht dabei nicht von der Abbildung, sondern ausschließlich von Tab. 7.3 aus.

Wir berechnen schließlich die gesuchten Parameter a und b:

$$a = 10^{0.22} = 1.66, \quad b = 10^{0.38} = 2.40,$$

die gesuchte Exponentialfunktion ist demnach $\hat{y} = 1.66 \cdot 2.4^x$.

Bemerkung Zahlenmäßig ist die Differenz von 1 und 2 kleiner als von 10 und 20, im logarithmischen Raster ist aber der Abstand von 1 bis 2 gleich dem Abstand von 10 bis 20. Das ist so, weil die Differenz der Logarithmen in beiden Fällen gleich ist:

$$\lg 2 - \lg 1 = \lg 20 - \lg 10 = \lg 2.$$

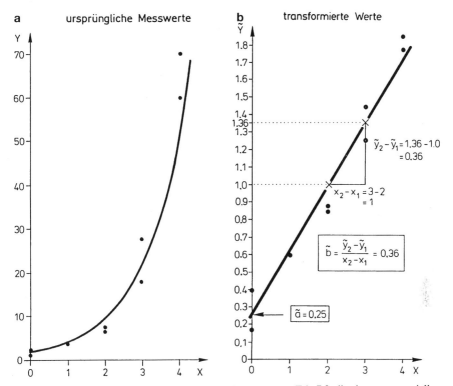

Abb. 7.9 Die graphische Darstellung **a** zeigt die Messwerte von Tab. 7.2, die einen exponentiellen Anstieg haben. In **b** sind die transformierten Werte aus Tab. 7.3 dargestellt, die einen linearen Verlauf vermuten lassen

7.2.2 Weitere Transformationen

(a) Die doppel-log-Transformation

Durch *doppel-log-Transformationen*, bei denen *sowohl* die Y-Achse *als auch* die X-Achse logarithmisch transformiert werden, können wir einen weiteren Typ von (komplizierten) Funktionen auf die einfachere Geradengleichung zurückführen:

Gegeben sei eine Funktion der Form

$$y = a \cdot x^b \qquad (7.8)$$

Durch Logarithmieren auf beiden Seiten erhalten wir

$$\log y = \log a + b \cdot \log x \qquad (7.9)$$

oder

$$\tilde{y} = \tilde{a} + b \cdot \tilde{x}, \qquad (7.10)$$

wobei wir $\tilde{y} = \log y$, $\tilde{a} = \log a$, $\tilde{x} = \log x$ gesetzt haben. Gleichung (7.10) ist eine Geradengleichung mit $\tilde{a}$ als Achsenabschnitt und b als Steigung. Im Gegensatz zur einfach-log-Transformation wurden hier sowohl y zu $\tilde{y}$ als auch x zu $\tilde{x}$ transformiert.

Tab. 7.4 Messwerte eines
DDT-Versuches

i	Dosis [h]	x_i	$f_i\%$	$F_i\%$
1	0–1	0.5	0	0
2	1–2	1.5	1	1
3	2–3	2.5	6	7
4	3–4	3.5	13	20
5	4–5	4.5	35	55
6	5–6	5.5	25	80
7	6–7	6.5	15	95
8	7–8	7.5	4	99
9	8–9	8.5	1	100

Abb. 7.10 Histogramm zu
Tab. 7.4

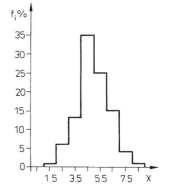

Will man aus experimentell gefundenen Daten eine Ausgleichsfunktion der Form $\hat{y} = a \cdot x^b$ gewinnen, so geht man ähnlich vor, wie bei der schon beschriebenen einfach-log-Transformation.

(b) Der Normalverteilungsplot (Probit-Plot)

Der Normalverteilungsplot kann sowohl bei monovariablen als auch bei bivariablen Daten verwendet werden. Bei monovariablen Häufigkeitsverteilungen erlaubt er einen einfachen graphischen Test, um das Vorliegen einer Normalverteilung zu überprüfen. Man kann darüber hinaus aus der Graphik den Mittelwert $\bar{x}$ und die Standardabweichung s ablesen. Im bivariablen Fall werden Dosis-Wirkungskurven betrachtet, wobei die abhängige Variable Y (in %) die Reaktion der untersuchten Individuen auf die Dosis X der geprüften Substanz angibt. Die dabei auftretenden S-förmigen Kurven (Sigmoide) lassen sich häufig im Normalverteilungsplot in eine Gerade transformieren, vgl. Abb. 7.11. Rechnerisch erreicht man denselben Effekt mit Hilfe der Probitanalyse.

Beispiel Die Wirkung von DDT wurde an Insekten getestet, wobei die Zeitdauer der Gifteinwirkung in Stunden als Dosis gewählt wurde (siehe Tab. 7.4, Abb. 7.10 und 7.11, $F_i\%$ Anteil gestorbener Fliegen in Prozent).

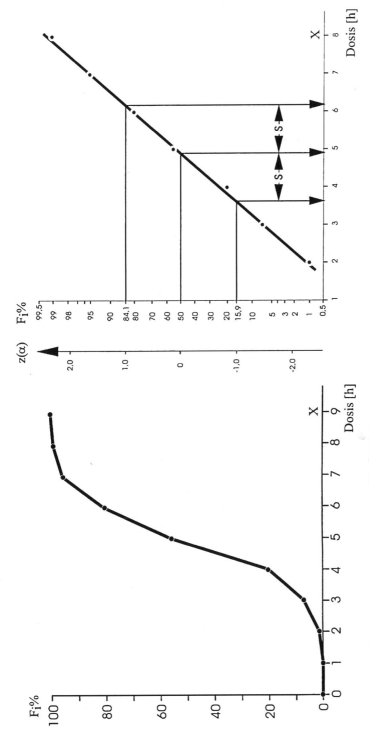

Abb. 7.11 Darstellung der Summenprozentkurve zu Tab. 7.4 (*links*) und des entsprechenden Normalverteilungsplots (*rechts*). In der rechten Abbildung ist die Abszissenachse (X) gleichmäßig, die Ordinatenachsen ($z(\alpha)$ bzw. $F_i\%$) sind nach dem Gauß'schen Integral geteilt. $z(\alpha)$ stellt den zu $\alpha = F_i\%$ gehörenden z-Wert dar (vgl. Tafel I). Die *Pfeile* erläutern die Methode, Mittelwert und Standardabweichung graphisch zu bestimmen

Tab. 7.5 Überblick zu verschiedenen Achsentransformationen

Transformation	Daten	Funktionstyp	
keine	(x_i, y_i)	$y = a + b \cdot x$	Gerade
einfach-logarithmisch	$(x_i, \lg y_i)$	$y = a \cdot b^x$	wird zur Geraden
doppel-logarithmisch	$(\lg x_i, \lg y_i)$	$y = a \cdot x^b$	wird zur Geraden
Normalverteilungsplot	$(x_i, z(y_i))$	sigmoid	wird zur Geraden

7.2.3 Überblick zu den Achsentransformationen

Zusammenfassend soll Tab. 7.5 einen Überblick über die drei verschiedenen Achsentransformationen geben. Man transformiert die experimentell gewonnenen Daten (x_i, y_i) und trägt sie in ein normales Koordinatensystem ein. Wenn dann eine Gerade angepasst werden kann, so kennt man den vermutlichen Funktionstyp der Ausgleichsfunktion.

Bemerkung Wir haben hier nur wenige mögliche Funktionstypen und die zugehörigen Transformationen behandelt. In vielen Fällen ist die Umrechnung auch leicht durchführbar, so kann z. B. eine Hyperbel der Form $y = a + \frac{b}{x}$ durch die X-Achsentransformation $\tilde{x} = \frac{1}{x}$ leicht zur Geraden $y = a + b \cdot \tilde{x}$ „verwandelt" werden.

7.3 Einige Datentransformationen

In §1.2 haben wir auf die enge Beziehung zwischen Skalenniveau und statistischer Auswertung hingewiesen. Erwähnt wurde, dass statistische Maßzahlen und Verfahren, die auf einem niedrigen Zahlenniveau erlaubt sind, auch auf Mess- und Beobachtungswerte eines höheren Skalenniveaus angewandt werden können, nicht aber umgekehrt. Dabei beruht das Skalenniveau in der Regel auf der angewandten Messmethodik. So kann der Krankheitszustand einer Gerstenpflanze als Prozentsatz der befallenen Blattfläche gemessen oder anhand einer subjektiven Merkmalsbeurteilung (*Bonitur*) in die Ränge 1 bis 9 eingeteilt werden. Ebenso ist eine Gruppierung in ‚befallsfrei', ‚Blattkrankheit', ‚Fußkrankheit' oder ‚beides' denkbar. Diese vier Kategorien können noch mit 0, 1, 2 und 3 kodiert werden, wobei allerdings durch die Kodierung keine Rangordnung der Merkmalsausprägungen erzeugt wird. Das geänderte Skalenniveau bedingt dann die Wahl der adäquaten statistischen Auswertungsmethode.

7.3.1 Skalentransformationen

In manchen Fällen kommt es aber vor, dass die Mess- oder Beobachtungswerte nicht die Voraussetzungen der zugehörigen statistischen Methode erfüllen. Beispielsweise ist der Zusammenhang zweier Variablen X und Y auf Verhältnisskalen-Niveau nicht linear, aber monoton wachsend. Der Maßkorrelationskoeffizient r (§6.1) darf hier nicht berechnet werden, aber die Voraussetzung des Rangkorrelationskoeffizienten R (§6.4) ist erfüllt. Man behilft sich dann mit der Transformation der Messwerte entsprechend ihrer Größe in Rangzahlen für X und für Y und berechnet R als adäquate statistische Kennziffer. Geht man noch einen Schritt weiter und bildet Kategorien gleichartiger Messwerte, so erhält man nominalskalierte Variablen, die dann mit Hilfe des Kontingenzkoeffizienten C charakterisiert werden könnten (§6.5). Den Übergang von einem hohen zu einem niedrigeren Skalenniveau nennen wir Skalentransformation. Dabei geht ein Teil der ursprünglichen Information der Daten verloren.

7.3.2 Datentransformationen

Die Idee der Transformation von Messwerten zur Erzielung der von statistischen Verfahren geforderten Voraussetzungen steckt ebenfalls hinter der Anwendung von Datentransformationen. Dies gilt besonders für die Durchführung der parametrischen Varianzanalyse und entsprechender Testverfahren. Beispielsweise fordert die ANOVA (§14) normalverteilte Daten mit homogenen Varianzen, und zusätzlich sollen die Effekte der einzelnen Faktoren additiv sein. Auf diese letzte Forderung gehen wir hier nicht näher ein, sondern betrachten nur die drei wesentlichen Transformationen, die zur Erzielung normalverteilter Daten und homogener Varianzen geeignet sind.

(a) Bei Vorliegen von inhomogenen Varianzen, insbesondere wenn die *Standardabweichungen* mit dem Mittelwert anwachsen, ist die Logarithmus-Transformation geeignet:

$$\tilde{x} = \log x \quad \text{oder} \quad \tilde{x} = \log(x + 1), \quad \text{wobei } x > 0.$$

Dabei ist die Wahl der Logarithmus-Funktion (log, ln, ld) gleichgültig, aber die Addition von 1 bei kleinen Messwerten ist zu empfehlen (speziell für x-Werte gleich null!). Falls die transformierten Werte $\tilde{x}$ normalverteilt sind, bezeichnet man die ursprüngliche Verteilung der x-Werte als *lognormal*. Schiefe Verteilungen werden mit Hilfe der log-Transformation häufig symmetrisch.

(b) Wachsen die Gruppen*varianzen* mit den Mittelwerten an, so ist eine Wurzel-Transformation gut geeignet:

$$\tilde{x} = \sqrt{x} \quad \text{oder} \quad \tilde{x} = \sqrt{x + \frac{3}{8}}, \quad \text{wobei } x \geq 0.$$

Die Proportionalität zwischen Varianzen und Mittelwerten tritt besonders dann auf, wenn den experimentellen Daten eine Poisson-Verteilung zugrunde liegt. Die Addition von $3/8$ wird dabei für kleine Messwerte und für den Fall, dass einige Daten gleich Null sind, empfohlen.

(c) Liegen Prozentzahlen p vor, so variieren die Werte in der Regel zwischen 0 %
und 100 % (bzw. zwischen 0 und 1) und sind in natürlicher Weise eher binomial-
als normalverteilt. Auftretende Abweichungen von der Normalverteilung sind besonders stark für sehr kleine (0 % bis 30 %) und sehr große (70 % bis 100 %) Prozentzahlen. Die folgende Arcus-Sinus-Transformation (Winkeltransformation) erzielt aber aus p-Werten, denen eine Binomialverteilung zugrunde liegt, annähernd
normalverteilte $\tilde{p}$-Werte:

$$\tilde{p} = \arcsin \sqrt{p} \quad (0 \leq p \leq 1, \text{dezimal}).$$

Dabei wird mit $\arcsin x$ die Umkehrfunktion von $\sin x$ bezeichnet. In den biologischen Wissenschaften wird die Winkeltransformation in nahezu allen Fällen vor der
statistischen Analyse von Prozentzahlen durchgeführt.

Bemerkung 1 Liegen alle Versuchsergebnisse zwischen 30 % und 70 %, so ist die
Winkeltransformation wirkungslos. Können dagegen Prozentwerte auftreten, die
größer als 100 % sind, so ist die Arcus-Sinus-Transformation nicht angebracht.

Bemerkung 2 Die Vorgehensweise ist in allen drei Fällen immer dieselbe. Die ursprünglichen Messwerte werden anhand der ausgewählten Funktion transformiert
und diese transformierten Werte werden mit den entsprechenden statistischen Auswertungsmethoden analysiert. Die Ergebnisse, z. B. charakteristische Maßzahlen
oder Vertrauensbereiche, können anschließend mit der entsprechenden Umkehrfunktion *rück*-transformiert werden. Dabei muss beachtet werden, dass leicht verzerrte Schätzwerte auftreten können.

Kapitel III: Einführung in die schließende Statistik

Das zweite Kapitel beschäftigte sich mit den Methoden der beschreibenden Statistik. Im Mittelpunkt der kommenden Kapitel stehen Verfahren der schließenden Statistik. Dabei soll das folgende Kapitel mit dem Konzept der Test-Theorie vertraut machen, eine Auswahl wichtiger Tests vorstellen und in die Methodik der Intervallschätzung einführen.

§8 Grundgedanken zur Test-Theorie

8.1 Zielsetzung statistischer Tests

Aus der beschreibenden Statistik kennen wir statistische Maßzahlen zur Charakterisierung von vorgelegten Verteilungen, so zum Beispiel das arithmetische Mittel $\bar{x}$ und die Standardabweichung s, oder den Korrelationskoeffizienten r für bivariable Verteilungen. Aus der Wahrscheinlichkeitsrechnung kennen wir weitere Größen, um Verteilungen festzulegen, etwa die Parameter p und k einer Binomialverteilung $B(k; p)$. Diese Zahlenwerte dienen dazu, gewisse Verteilungen möglichst knapp darzustellen. Die Verteilungen sollen wiederum gewisse existierende Sachverhalte und Zusammenhänge beschreiben. Die Grundgesamtheiten, deren Verteilungen dargestellt werden sollen, sind oft so umfangreich, dass es sinnvoll ist, die Eigenschaften der Grundgesamtheiten nur an kleineren Stichproben zu untersuchen. Aus den Messwerten bzw. Beobachtungsdaten der Stichproben berechnet man *Schätzwerte*, die die wahren Werte der Grundgesamtheit schätzen. Ein Ziel der Test-Theorie ist es, aufgrund dieser Schätzwerte Aussagen über die wahren Werte zu machen und Entscheidungen zu treffen.

Beispiel Als langjähriger Erfahrungswert gilt, dass etwa 48 % aller Neugeborenen weiblich sind, man nimmt daher als Wahrscheinlichkeit einer Mädchengeburt den Wert $p = 0.48$ an. Eine Erhebung an drei Krankenhäusern ergab bei 680 Geburten einen Stichprobenanteil von 51 % für Mädchengeburten, d. h. 3 % mehr als zu erwarten war.

W. Köhler, G. Schachtel, P. Voleske, *Biostatistik*, Springer-Lehrbuch,
DOI 10.1007/978-3-642-29271-2_3, © Springer-Verlag Berlin Heidelberg 2012

Ist die Erhöhung nun als zufällig anzusehen, etwa wegen einer zu kleinen Stichprobe, oder muss angenommen werden, dass die Erhöhung *nicht zufällig*, sondern aufgrund unbekannter Ursachen signifikant, d. h. bedeutsam ist?

Um zwischen den Maßzahlen der Stichprobenverteilung und den Werten der Grundgesamtheit zu unterscheiden, ist es üblich,

Maßzahlen der Stichprobe (*Schätzwerte*) mit lateinischen Buchstaben wie $\bar{x}, s, r$ und d oder mit einem „Dach" wie $\hat{p}, \hat{\lambda}$ zu bezeichnen und die zugehörigen

Maßzahlen der Grundgesamtheit (*wahre Werte*) mit griechischen Buchstaben wie μ, σ, ρ und δ oder ohne „Dach" wie p, λ zu benennen.

Die Test-Theorie hat nun die Aufgabe, eine Verbindung zwischen Stichproben und Grundgesamtheit, zwischen Experiment und Wirklichkeit herzustellen. In der Test-Theorie wird aufgrund von Stichprobenwerten geprüft, ob gewisse Hypothesen über die zugehörigen Grundgesamtheiten zutreffen oder nicht. Es gilt, sich zu entscheiden, ob eine Hypothese beizubehalten oder zu verwerfen ist.

Beispiel Man hat die Hypothese, dass eine normalverteilte Grundgesamtheit den wahren Mittelwert $\mu = 18$ hat. In einem Experiment ermittelte man an einer Stichprobe den Mittelwert $\bar{x} = 19.5$. Mit Hilfe des Tests kann man entscheiden, ob man die Abweichung des experimentellen Mittelwertes $\bar{x}$ von 18 als „geringfügig", „zufällig" und somit für vernachlässigbar hält, oder ob der Unterschied zwischen $\bar{x}$ und dem Wert 18 so groß ist, dass die Hypothese vom Mittelwert $\mu = 18$ fallengelassen werden sollte.

Wir wollen die im Beispiel beschriebene Entscheidungs-Situation jetzt etwas umformulieren. Statt von einer einzigen Hypothese gehen wir von zwei Hypothesen aus:

Die erste Hypothese, dass der wahre Mittelwert μ *gleich* dem theoretischen Wert $\mu_T = 18$ ist, wollen wir *Nullhypothese* nennen und kurz mit $H_0(\mu = \mu_T)$ bzw. $H_0(\mu = 18)$ bezeichnen. Die zweite Hypothese, dass der wahre Mittelwert μ *nicht gleich* dem Wert $\mu_T = 18$ ist, wollen wir *Alternativhypothese* nennen und mit $H_1(\mu \neq \mu_T)$ bzw. $H_1(\mu \neq 18)$ bezeichnen. Der Test hat dann die Aufgabe, bei der Entscheidung zwischen H_0 und H_1 zu helfen.

8.2 Fehler 1. Art und 2. Art

Die Test-Theorie kann nur *statistische* Aussagen über den „Wahrheitsgehalt" von Hypothesen machen, d. h. die Tests bergen immer die Gefahr von Fehlern. Man unterscheidet dabei zwei Arten von Fehlern, die in den nächsten Abschnitten beschrieben werden.

8.2.1 Der α-Fehler

Bei unserer Test-Entscheidung zwischen H_0 und H_1 kann es durchaus passieren, dass eine „unglückliche" Stichprobenzusammenstellung uns veranlasst, unsere

Tab. 8.1 Die Wahrscheinlichkeiten $P(i)$ sind berechnet nach einer Binomialverteilung $B(k; p)$ mit $k = 10$ und $p = 0.15$

Anzahl schlechtere Äpfel	i	0	1	2	3	4	5	≥ 6
WS für genau i schlechtere Äpfel	$P(i)$	0.197	0.347	0.276	0.130	0.040	0.009	0.001
WS für höchstens i schlechtere Äpfel	$\sum P(i)$	0.197	0.544	0.820	0.950	0.990	0.999	1.000

Nullhypothese zu verwerfen, obwohl sie in Wirklichkeit richtig ist. Einen solchen Irrtum bezeichnet man als Fehler 1. Art oder α-Fehler. Allerdings stellt uns die Test-Theorie Mittel zur Verfügung, um die Wahrscheinlichkeit eines Fehlers 1. Art selbst festzulegen, diese Wahrscheinlichkeit nennt man α-Risiko oder *Irrtumswahrscheinlichkeit α*, oder man spricht vom Signifikanzniveau α.

Beispiel Es soll eine Lieferung Äpfel der Qualität „Extra" darauf geprüft werden, ob sie höchstens 15 % an Äpfeln schlechterer Qualität enthält. Von jeder Palette entnimmt man eine *Stichprobe vom Umfang $k = 10$* und schließt von den 10 Äpfeln auf die Zusammensetzung der *gesamten Palette* (Grundgesamtheit). Unsere beiden Hypothesen sind:

H_0:   Die untersuchte Palette ist „gut", d. h. sie enthält höchstens 15 % schlechtere Äpfel.

H_1:   Die untersuchte Palette ist nicht gut, d. h. sie enthält mehr als 15 % schlechtere Äpfel.

Gehen wir davon aus, dass H_0 richtig ist, so können wir mithilfe der Binomialverteilung $B(k; p) = B(10; 15\%)$ die Wahrscheinlichkeiten $P(i)$ und $\sum P(i)$ berechnen (vgl. Tab. 8.1 und §24.1):

$P(i)$:   Wahrscheinlichkeit, *genau i* schlechtere Äpfel in der Stichprobe vorzufinden.

$\sum P(i)$:   Wahrscheinlichkeit, *höchstens i* schlechtere Äpfel in der Stichprobe vorzufinden.

Die Tab. 8.1 gibt uns darüber Auskunft, dass wir bei Richtigkeit unserer Nullhypothese mit einer Wahrscheinlichkeit von 0.95 höchstens 3 Äpfel schlechterer Qualität in der Stichprobe finden werden. Anders ausgedrückt, bei 1000 „guten" Paletten würde man nur in 50 Stichproben mehr als 3 schlechtere Äpfel finden. Stellen wir die *Vorschrift* auf „*Lehne jede Palette ab, in deren Stichprobe mehr als 3 Äpfel schlechterer Qualität enthalten sind!*", so werden wir nur in 5 % der Entscheidungen eine gute Palette irrtümlich ablehnen.

Wenn wir also bereit sind, in 5 % der Fälle die Nullhypothese abzulehnen, obwohl sie stimmt, würden wir ein α-Risiko von $\alpha = 5\%$ akzeptieren und die Vorschrift befolgen.

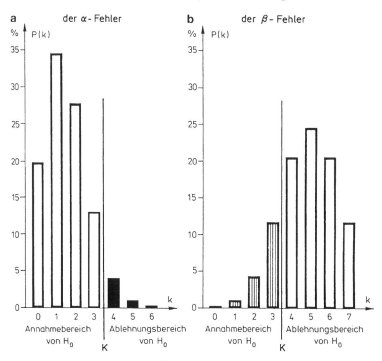

Abb. 8.1 Sobald mehr als 3 schlechtere Äpfel in der Stichprobe sind, so lehnen wir die Palette als nicht gut ab, d. h. 3 ist unser kritischer Wert K. Er trennt Annahme- und Ablehnungsbereich der Nullhypothese H_0. In **a** ist die Wahrscheinlichkeitsverteilung unter Gültigkeit von $p = 0.15$ dargestellt. Alle *schwarzen Stäbe* (*rechts* von K) stellen den α-Fehler dar und haben zusammen eine Gesamthöhe von 0.05. In **b** ist die Verteilung unter Gültigkeit von $p = 0.5$ dargestellt. Alle *schraffierten Stäbe* (*links* von K) stellen den β-Fehler dar und haben zusammen eine Gesamthöhe von 0.172

Wir entscheiden also folgendermaßen:

In unserem Stichprobenumfang von $k = 10$ werden i schlechtere Äpfel vorgefunden.

> Ist $i \leq K$, so wird H_0 angenommen.
> Ist $i > K$, so wird H_0 abgelehnt.

Dabei gilt für unseren Fall $K = 3$; man nennt dieses K den *kritischen Wert*.

Unser Vorgehen wird in Abb. 8.1a dargestellt. Die schwarzen Stäbe stellen die Wahrscheinlichkeit dar, einen Fehler 1. Art zu begehen. Gäbe es außer dem Fehler 1. Art keine weitere Irrtumsmöglichkeit, so könnte man α und damit das Risiko 1. Art beliebig verringern: Je weiter man den kritischen Wert K nach rechts verschieben würde, desto geringer wäre die Gesamthöhe aller schwarzen Stäbe zusammen, desto kleiner wäre somit auch α. Das geht aber nicht, weil noch eine weitere Fehlermöglichkeit berücksichtigt werden muss.

Tab. 8.2 Die Wahrscheinlichkeiten $P(i)$ sind berechnet nach einer Binomialverteilung $B(k; p)$ mit $k = 10$ und $p = 0.5$

i	0	1	2	3	4	5	6	7	≥ 8
$P(i)$	0.001	0.010	0.044	0.117	0.205	0.246	0.205	0.117	0.055
$\sum P(i)$	0.001	0.011	0.055	0.172	0.377	0.623	0.828	0.945	1.000

8.2.2 Der β-Fehler

Neben einer unberechtigten Ablehnung der Nullhypothese (Fehler 1. Art) ist es ebenso möglich, dass man die *Nullhypothese beibehält, obwohl sie in Wirklichkeit falsch* ist; dies nennt man einen *Fehler 2. Art* oder β-Fehler.

Beispiel Wir wollen unsere Vorschrift beim Testen der Apfelqualität beibehalten, also Paletten als „gut" akzeptieren, solange höchstens 3 Äpfel schlechterer Qualität in der Stichprobe sind. Angenommen, alle untersuchten Paletten wären „schlecht", d. h. sie hätten statt unserer vermuteten 15 % in Wahrheit 50 % Äpfel minderer Qualität. Das Akzeptieren solcher „schlechter" Paletten als „gut" wäre ein Fehler 2. Art. Wie sehen die Wahrscheinlichkeiten für diesen Fehler aus, wenn wir unseren kritischen Wert $K = 3$ beibehalten?

Die Tab. 8.2 sagt aus, dass wir von 1000 schlechten Paletten 172 fälschlicherweise als gut akzeptieren würden, denn für $i = 3$ ist $\sum P(i) = 0.172$. Unser β-Fehler wäre also 17.2 %. In Abb. 8.1b stellen die schraffierten Stäbe den β-Fehler graphisch dar, unter der Voraussetzung, dass $p = 0.5$, d. h. 50 % der Äpfel mindere Qualität haben.

Wir konnten in unserem Beispiel die Größe des β-Fehlers nur berechnen, indem wir unterstellten, der wahre Anteil schlechterer Äpfel in der Palette betrage 50 %. Meist kennt man den wahren Wert von p nicht, daher ist dann auch β unbekannt und das bedeutet, dass man im Falle der Beibehaltung von H_0 nicht weiß, wie groß die Wahrscheinlichkeit ist, dass die beibehaltene Nullhypothese falsch ist. Man kann also nur bei *Ablehnung* der Nullhypothese eine Irrtumswahrscheinlichkeit α angeben.

Beispiel Falls unser Test zur *Ablehnung* einer Palette führt, also H_0 verwirft, *so ist mit Irrtumswahrscheinlichkeit $\alpha = 5\%$ nachgewiesen, dass die Palette den Qualitätsanforderungen nicht genügt*. Falls der Test zur Annahme der Palette führt, so ist damit keineswegs die Güte der Palette nachgewiesen, da wir die β-Wahrscheinlichkeit nicht kennen.

Unser Modell zum Testen von Hypothesen behandelt also H_0 und H_1 nicht gleich. Während durch Eingrenzung des Fehlers 1. Art die Wahrscheinlichkeit für eine irrtümliche Ablehnung der Nullhypothese nicht größer als α werden kann, ist der Wahrscheinlichkeit β einer unberechtigten Ablehnung der Alternativhypothese durch die Testkonstruktion keine Grenzen gesetzt, d. h. die Fehlerwahrscheinlichkeit β ist unbekannt.

8.2.3 Größere Stichproben verkleinern β

Auch wenn man die Größe von β nicht kennt, so ist es doch möglich, durch Erhöhung der Anzahl von Messungen bzw. Beobachtungen die Fehlerwahrscheinlichkeit 2. Art zu verringern. Da die Vergrößerung des Stichprobenumfangs mit vermehrtem Aufwand verbunden ist, bewirkt die Verkleinerung von β stets zusätzliche Kosten. Wir wollen uns die Zusammenhänge, die bei Erhöhung des Stichprobenumfangs zur Verringerung von β führen, an einem Beispiel klar machen.

Beispiel Die Wirkung eines Medikaments auf den Blutdruck soll geprüft werden. Dazu hat man den Blutdruck an einer Stichprobe von $n = 160$ Personen vor und nach der Behandlung mit dem Medikament gemessen. Man erhielt insgesamt 320 Blutdruck-Werte, davon $u_1, \ldots, u_{160}$ vor und $b_1, \ldots, b_{160}$ nach der Behandlung. Daraus bildet man die 160 Differenzen $d_i = b_i - u_i$ und den Mittelwert $\bar{d}$.

Das Medikament hat eine Wirkung, wenn $\bar{d}$ *signifikant* (deutlich) von null abweicht; ist dagegen $\bar{d}$ nur zufällig von null verschieden, so hat das Medikament keine Wirkung. Mit Hilfe des *Stichprobenschätzwertes* $\bar{d}$ soll also geklärt werden, ob der *wahre Wert* δ gleich oder ungleich null ist. In Hypothesen ausgedrückt, ist zu testen, ob $H_0(\delta = 0)$ oder $H_1(\delta \neq 0)$ zutrifft.

Wir setzen voraus, die Verteilung der Differenzen d_i der Blutdruckmesswerte habe die Standardabweichung σ. Dann sind die Mittelwerte $\bar{d}$ normalverteilt mit Standardabweichung $\frac{\sigma}{\sqrt{n}}$, vgl. §10. In Abb. 8.2a ist nun die Wahrscheinlichkeitsverteilung für $\bar{d}$ dargestellt. Die linke Glockenkurve zeigt die Verteilung unter der Voraussetzung, dass die Nullhypothese gilt, dass also $\delta = 0$. Die zweite Glockenkurve geht von der Annahme aus, dass der wahre Wert nicht null, sondern 20 ist. Um den β-Fehler (schraffierte Fläche) darstellen zu können, haben wir die allgemeine Aussage $H_1(\delta \neq 0)$ genauer konkretisieren müssen, hier beispielsweise auf $\delta = 20$. Der kritische Wert K wird so gewählt, dass der Fehler 1. Art sich auf $\alpha = 5\%$ beläuft, dass also die schwarze Fläche gerade 5 % der Gesamtfläche unter der zugehörigen linken Glockenkurve ausmacht.

Während also α von uns mit 5 % fest gewählt wurde, ergibt sich die Größe des β-Fehlers aus der Lage der zweiten Glockenkurve, also in Abhängigkeit vom unbekannten wahren Wert δ, auf den wir keinen Einfluss haben. Bis hierher entsprechen die Ausführungen grundsätzlich denen des letzten Beispiels der Apfelqualitätsprüfung. Jetzt wollen wir den Einfluss eines größeren Stichprobenumfangs in die Betrachtung einbeziehen.

Während Abb. 8.2a von 160 Versuchspersonen ausgeht, ist in Abb. 8.2b der Stichprobenumfang von $n_1 = 160$ auf $n_2 = 640$ erhöht, dadurch verkleinert sich für $\bar{d}$ die *Standardabweichung* von

$$\sigma_{\bar{d}1} = \frac{\sigma}{\sqrt{160}} \ (\text{für } n_1 = 160) \quad \text{auf } \sigma_{\bar{d}2} = \frac{\sigma}{\sqrt{640}} = \frac{1}{2} \cdot \frac{\sigma}{\sqrt{160}} \ (\text{für } n_2 = 640).$$

Wieder wird der kritische Wert K so gewählt, dass die schwarze Fläche $\alpha = 5\%$ ausmacht. Doch diesmal ist der β-Fehler (schraffierte Fläche) in Abb. 8.2b erheblich

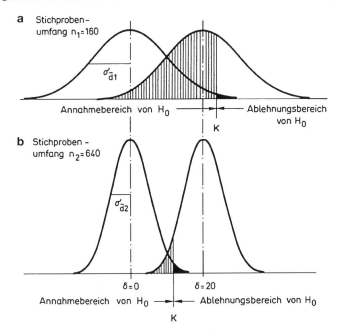

Abb. 8.2 Durch vierfachen Stichprobenumfang ($n_2 = 640$ statt $n_1 = 160$) wird die Standardabweichung halbiert. Bei gleichem α-Fehler (*schwarze Fläche*) wird der β-Fehler (*schraffierte Fläche*) erheblich verringert (*links*: Verteilung unter $H_0(\delta = 0)$, *rechts*: vermutete Verteilung mit $\delta = 20$)

kleiner als in Abb. 8.2a. *Die Erhöhung des Stichprobenumfangs hat den unbekannten Fehler 2. Art erheblich verkleinert.* Wie schon erwähnt, haben wir die Verringerung von β durch Vergrößerung des Versuchsaufwandes erkauft (viermal soviel Versuchspersonen). Die Entscheidung für den geeigneten Stichprobenumfang ist ein wesentlicher Schritt bei der Versuchsplanung.

Bemerkung Wie Abb. 8.2 zeigt, kann man β auch dadurch verringern, dass man α größer wählt, d. h. wenn der kritische Wert K nach links wandert, wird die schraffierte Fläche kleiner und die schwarze Fläche größer. Wie groß α zu wählen ist, hängt von der Fragestellung und der Interessenlage ab.

Wer das α-Risiko klein wählt, testet *konservativ*, d. h. er behält die Nullhypothese häufiger irrtümlich bei (großer β-Fehler). Meistens wird für α ein Wert von 5 %, 1 % oder 0.1 % gewählt.

Für das eben behandelte Medikamenten-Beispiel zeigt Tab. 8.3 die vier möglichen Entscheidungs-Situationen des Tests auf.

Bemerkung Zur Charakterisierung der vier möglichen Testentscheidungen in Tab. 8.3 werden auch häufig folgende Bezeichnungen verwandt:

Tab. 8.3 Mögliche Entscheidungen beim Testen. α kann frei gewählt werden, üblicherweise 5 %, 1 % oder 0.1 %. β ist meist unbekannt, kann über die Größe α oder den Stichprobenumfang n beeinflusst werden (vgl. Abb. 8.2)

<table>
<thead>
<tr><th colspan="2" rowspan="2"></th><th colspan="2">Wahrer Sachverhalt</th></tr>
<tr><th>$\delta = 0$</th><th>$\delta \neq 0$</th></tr>
</thead>
<tbody>
<tr>
<td rowspan="4">Entscheidung des Tests</td>
<td rowspan="2">Annehmen von $H_0(\delta = 0)$</td>
<td>*richtige Entscheidung:* wahrer Sachverhalt stimmt mit Testergebnis überein.</td>
<td>*falsche Entscheidung:* $H_1(\delta \neq 0)$ wäre richtig, Testergebnis führt aber zu $H_0(\delta = 0)$. (Fehler 2. Art)</td>
</tr>
<tr>
<td>Wahrscheinlichkeit: $(1 - \alpha)$</td>
<td>Wahrscheinlichkeit: β</td>
</tr>
<tr>
<td rowspan="2">Annehmen von $H_1(\delta \neq 0)$</td>
<td>*falsche Entscheidung:* $H_0(\delta = 0)$ wäre richtig, Testergebnis führt aber zu $H_1(\delta \neq 0)$. (Fehler 1. Art)</td>
<td>*richtige Entscheidung:* wahrer Sachverhalt stimmt mit Testergebnis überein.</td>
</tr>
<tr>
<td>Wahrscheinlichkeit: α</td>
<td>Wahrscheinlichkeit: $(1 - \beta)$</td>
</tr>
</tbody>
</table>

falsch positiv Die Testentscheidung führt zur Annahme von H_1 (signifikanter Unterschied), aber H_0 (kein Unterschied) wäre richtig. Die Wahrscheinlichkeit dafür beträgt α (Fehler 1. Art).

falsch negativ Die Testentscheidung führt zur Annahme von H_0 (kein Unterschied), aber H_1 (signifikanter Unterschied) wäre richtig. Die Wahrscheinlichkeit dafür beträgt β (Fehler 2. Art).

richtig negativ Die Testentscheidung führt zur Annahme von H_0 (kein Unterschied) und H_0 ist richtig. Die Wahrscheinlichkeit dafür beträgt $1 - \alpha$ (Spezifität eines Tests).

richtig positiv Die Testentscheidung führt zur Annahme von H_1 (signifikanter Unterschied) und H_1 ist richtig. Die Wahrscheinlichkeit dafür beträgt $1 - \beta$. Diese Wahrscheinlichkeit bezeichnet man als Teststärke oder Power bzw. als Sensitivität des Tests.

8.3 Einseitige und zweiseitige Fragestellung

Bezüglich der Fragestellung eines Experimentes muss man eine weitere Unterscheidung machen, die für den kritischen Wert K bedeutsam ist. Es kann bei einer Untersuchung schon *vor dem Versuch* feststehen, dass eine eventuelle Abweichung *nur in eine Richtung* von Interesse ist. Dann prüft der Test nur, ob eine signifikante Abweichung in diese Richtung nachweisbar ist oder nicht, es liegt eine *einseitige Fragestellung* vor.

Beispiel Der sterilisierende Effekt der Bestrahlung durch Röntgenstrahlen wird anhand der Überlebensrate von Viren gemessen. Die Überlebensrate nach der Bestrah-

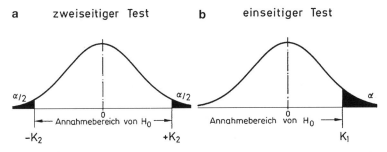

Abb. 8.3 In **a** ist K_2 für einen zweiseitigen Test eingezeichnet, in **b** ist bei gleicher Verteilung K_1 für einseitige Fragestellung eingetragen. Die *schwarzen Flächen* in **a** ergeben zusammen α, auch die *schwarze Fläche* in **b** ergibt α

lung wird mit der Kontrolle verglichen. Es ist nur eine Abnahme von Interesse (einseitige Fragestellung).

Aber Die einseitige Fragestellung ist dabei keine Konsequenz der negativen Wirkung von Röntgenstrahlen, sondern der Versuchsanlage, der Messgröße und der Fragestellung. Vergleicht man dagegen den Ertrag von Pflanzen nach Bestrahlung der Samen mit niederen Dosen mit der Kontrolle, so kann sowohl eine Reduktion als auch eine Erhöhung des Ertrages (Stimulationseffekt) wesentlich sein (zweiseitige Fragestellung).

Kann in keine Richtung eine Veränderung ausgeschlossen werden, so liegt eine *zweiseitige Fragestellung* vor.

Beispiel Eine neue Düngerkombination wird geprüft. Es kann nicht ausgeschlossen werden, dass aufgrund von Überdüngung der Ertrag verringert wird. Die Fragestellung ist zweiseitig.

Um bei gleicher Irrtumswahrscheinlichkeit $\alpha\%$ den richtigen Wert K zu bestimmen, muss man berücksichtigen, ob einseitig oder zweiseitig getestet werden soll. Aus Abb. 8.3 erkennt man die Konsequenz für K.

Bei zweiseitigem Test besteht der Ablehnungsbereich von H_0 aus den Intervallen $(-\infty; -K_2)$ und $(K_2; +\infty)$. Bei einseitiger Fragestellung ist der Ablehnungsbereich von H_0 das Intervall $(K_1; +\infty)$.

Beim Ablesen des kritischen Wertes aus Tabellen muss man beachten, wo K für einseitige und wo für zweiseitige Fragestellung zu finden ist.

Bemerkung Da man bei einseitigem Testen häufiger Signifikanzen nachweisen kann, besteht eine ungerechtfertigte „Vorliebe" für den einseitigen Test. Dieser darf aber allein dann angewandt werden, wenn aus theoretischen Erwägungen vor dem Versuch nur eine einseitige Veränderung interessiert. Nachträgliches Berufen auf „praktische Erfahrungen" oder der Wunsch nach Signifikanzen, sind keine Rechtfertigung für den einseitigen Test.

Wir werden in den folgenden Tests in der Regel nur das Vorgehen im zweiseitigen Fall beschreiben.

8.4 Prüfstatistik und Prüfverteilung

Zur Ermittlung von α, manchmal auch von β, hatten wir für unsere Testgröße jeweils eine Wahrscheinlichkeitsverteilung verwendet. Bei der Apfelqualitätskontrolle war es eine Binomialverteilung, die uns über die Wahrscheinlichkeit des Auffindens von höchstens i schlechteren Äpfeln in der Stichprobe informierte. Bei der Prüfung des Medikaments benutzten wir eine Normalverteilung, um die Wahrscheinlichkeiten für das Auftreten bestimmter Werte von $\bar{d}$ zu bestimmen. Man bezeichnet solche Testgrößen wie i und $\bar{d}$ als *Prüfstatistiken* (Teststatistiken) und die zugehörigen Verteilungen als *Prüfverteilungen*. Aufgrund gewisser Voraussetzungen ist es möglich, statistische Aussagen über diese Prüfverteilungen zu machen (vgl. §25).

Beispiel Bei der Qualitätskontrolle durften wir annehmen, dass bei einmaligem Ziehen das Ereignis „einen Apfel schlechterer Qualität zu erhalten" die Wahrscheinlichkeit $p = \frac{15}{100} = 0.15$ hat, falls der Anteil schlechterer Äpfel 15 % ist. Wird dieses „Experiment" 10-mal *unabhängig wiederholt* ($k = 10$), so weiß man aus der Wahrscheinlichkeitsrechnung, dass die Binomialverteilung $B = (k, p)$ hierzu ein geeignetes Modell liefert (Urnenmodell).

Vorausgesetzt wird dabei, dass die *Apfelentnahme zufällig erfolgte*. Außerdem ist unsere Prüfstatistik noch vom *Stichprobenumfang* abhängig. Als Prüfverteilung erhält man die Binomialverteilung $B(10; 0.15)$.

Wie in diesem Beispiel zu sehen, hängt eine Prüfverteilung wesentlich vom Stichprobenumfang n ab, dabei geht n oft in Form des „*Freiheitsgrades*" in die Rechnung ein.

Wenn eine passende Verteilung gesucht wird, muss der zugehörige Freiheitsgrad berücksichtigt werden. Der Freiheitsgrad ist vom Stichprobenumfang abhängig, ist aber unter gewissen Bedingungen kleiner als n. Verwendet man z. B. zur Berechnung einer Prüfstatistik außer den Messwerten der Stichprobe noch Größen, die aus diesen Messwerten berechnet („geschätzt") wurden, so reduziert sich der Freiheitsgrad. Benutzt man neben $x_1, x_2, \ldots, x_n$, auch das arithmetische Mittel $\bar{x}$, wie etwa zur Berechnung der Varianz s^2, vgl. §4.2.1, dann ist der Freiheitsgrad nicht n, sondern $(n - 1)$. Denn sobald $\bar{x}$ berechnet und damit „vorgegeben" ist, sind nur noch $(n - 1)$ Messwerte „frei" variabel, d. h. einer der Messwerte ist durch das „vorgegebene" $\bar{x}$ und durch $(n - 1)$ der anderen Werte schon eindeutig festgelegt.

Beispiel Sei $n = 7$ und $\bar{x} = 5$, durch die $(n - 1)$ Werte x_1 bis x_6 der nachstehenden Tabelle

i	1	2	3	4	5	6	7
x_i	2	6	6	8	4	5	?

ist $x_7 = 4$ schon eindeutig festgelegt und nicht mehr „frei", denn nur mit dem Wert $x_7 = 4$ erhält man den vorgegebenen Mittelwert $\bar{x} = 5$.

Auf die mathematische Herleitung und Begründung der einzelnen Prüfverteilungen wird hier nicht näher eingegangen (siehe dazu §27).

Die wichtigsten Verteilungen sind tabelliert, d. h. die kritischen Werte sind für unterschiedliche Signifikanzniveaus den Tabellen zu entnehmen (vgl. Tabellen-Anhang).

8.5 Vorgehen bei statistischen Tests

Wir haben nun alle wichtigen Begriffe eingeführt, um das Vorgehen bei statistischen Tests allgemein zu beschreiben:

- Unser *Ziel* ist es, eine gewisse Fragestellung zu beantworten.
- Wir *formulieren* dazu entsprechende *Hypothesen*, die es dann zu überprüfen gilt. Diese Hypothesen machen Aussagen zu bestimmten Grundgesamtheiten. Zur Überprüfung können wir aber nur auf Stichproben aus diesen Grundgesamtheiten zurückgreifen; daher bergen unsere Entscheidungen die Gefahr von Fehlern. Den Fehler 1. Art können wir allerdings kontrollieren.
- Dazu *legen* wir eine maximale Irrtumswahrscheinlichkeit in Form des *Signifikanzniveaus* α *fest*.
- Dann *wählen* wir einen *geeigneten Test*, der zum einen die passende Fragestellung behandelt (d. h. über unsere Hypothesen entscheiden kann) und zum anderen Voraussetzungen hat, die in unserer Testsituation erfüllt sind.
- Jetzt *berechnen* wir aus den Messwerten der Stichproben die im Test *vorgeschriebenen Prüfstatistiken*. Da diese Prüfstatistiken aus *Versuchs*daten errechnet werden, wollen wir sie im Folgenden mit „Vers" indizieren (z. B. t_{Vers} oder χ^2_{Vers}).
- Der weitere Ablauf des Tests besteht darin, die berechneten *Prüfstatistiken mit geeigneten Tabellen-Werten zu vergleichen*, um sich entsprechend der Testvorschrift für die Beibehaltung oder Verwerfung der Nullhypothese zu entscheiden. Die aus Tafeln abgelesenen Tabellen-Werte (z. B. $t_{\text{Tab}}(FG;\alpha)$ oder $\chi^2_{\text{Tab}}(FG;\alpha)$) entsprechen den oben eingeführten kritischen Werten K. Für verschiedene Signifikanzniveaus und Freiheitsgrade sind diese „Tab"-Werte aus den zugehörigen Prüfverteilungen berechnet und in Tafeln eingetragen worden (Abb. 8.4a, Vorgehensweise 1).

Bemerkung Wir werden in diesem Buch für alle Testentscheidungen Tabellenwerte heranziehen und dann jeweils den „Vers"-Wert mit dem „Tab"-Wert vergleichen. Führt man die entsprechenden Tests mit Hilfe von Statistikprogrammen auf einem Rechner durch, so erhält man den so genannten P-Wert (Signifikanz, Überschreitungswahrscheinlichkeit P) ausgedruckt; man entscheidet dann wie folgt: Vergleiche den erhaltenen Wert P mit dem vorher festgelegten Signifikanzniveau α:

$$P \geq \alpha \Rightarrow H_0, \quad \text{die Nullhypothese wird beibehalten.}$$

$$P < \alpha \Rightarrow H_1, \quad \text{die Alternativhypothese wird angenommen.}$$

a Vorgehensweise 1

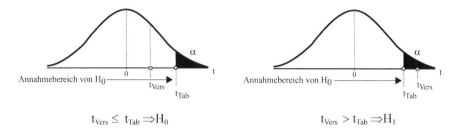

$$t_{\text{Vers}} \leq t_{\text{Tab}} \Rightarrow H_0 \qquad\qquad\qquad t_{\text{Vers}} > t_{\text{Tab}} \Rightarrow H_1$$

b Vorgehensweise 2

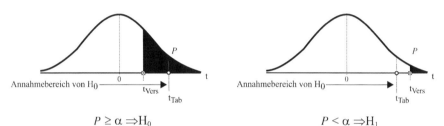

$$P \geq \alpha \Rightarrow H_0 \qquad\qquad\qquad P < \alpha \Rightarrow H_1$$

Abb. 8.4 Die Vorgehensweise 1 zeigt die Annahme der jeweiligen Hypothese mit Hilfe der Prüfstatistik t_{Vers} und dem kritischen Wert $t_{\text{Tab}}(FG;\alpha)$. Die *schwarze Fläche* unter der t-Verteilung entspricht hier dem Signifikanzniveau α (vgl. Abb. 8.3b). Bei der Vorgehensweise 2 werden die entsprechenden Entscheidungen mit Hilfe der Überschreitungswahrscheinlichkeit P (*schwarze Fläche* unter der Kurve) dargestellt (vgl Abb. 8.3)

Unter der Bedingung, dass die Nullhypothese gilt, gibt der P-Wert die Überschreitungswahrscheinlichkeit P der aus den Daten berechneten Prüfstatistik („Vers"-Wert) an. D. h. für den einseitigen t-Test (vgl. Abb. 8.4) gilt, dass $P = P(t \geq t_{\text{Vers}} | H_0)$ ist.

§9 Eine Auswahl wichtiger Tests

Im Folgenden werden eine Reihe grundlegender Tests vorgestellt. Das bisher recht allgemein beschriebene Vorgehen lässt sich dadurch konkret und anschaulich nachvollziehen.

Zunächst werden Verfahren besprochen, die intervallskalierte Daten und normalverteilte Grundgesamtheiten voraussetzen, dann werden wir nur Ordinalskalierung voraussetzen und schließlich Tests für nominalskalierte Daten darstellen.

In §8 hatten wir die Grundgedanken der Test-Theorie erläutert, so dass hier nur noch für gewisse Fragestellungen und Voraussetzungen der Weg zur Berechnung geeigneter Prüfstatistiken angegeben wird. Der allgemein beschriebene Rechenweg wird jeweils auch an einem Beispiel durchgerechnet. Die im Text erwähnten Tabellen zu den verschiedenen Prüfverteilungen findet der Leser im Tabellen-Anhang.

9.1 Tests bei normalverteilten Grundgesamtheiten

Bei normalverteilten Grundgesamtheiten gilt das Hauptinteresse dem Mittelwert μ und der Streuung σ. Die folgenden Tests prüfen dementsprechend Hypothesen über einen dieser beiden Parameter.

9.1.1 Vergleich eines Mittelwertes mit einem theoretischen Wert

Fragestellung: Weicht der experimentell gefundene Mittelwert $\bar{x}$ der Stichprobe signifikant vom „theoretischen" Mittelwert μ_T ab?

Voraussetzungen: Die Grundgesamtheit, aus der die Stichprobe stammt, sei normalverteilt mit dem unbekannten Mittelwert μ. Die gemessenen Daten seien intervallskaliert.

Rechenweg:

(1)   Berechne

$$t_{\text{Vers}} = \frac{|\bar{x} - \mu_T|}{s} \cdot \sqrt{n}.$$

wobei n der Stichprobenumfang,

$\bar{x} = \frac{1}{n} \cdot \sum x$ das arithmetische Mittel der Stichprobe,

$s = \sqrt{\frac{1}{n-1} \cdot [(\sum x^2) - \frac{(\sum x)^2}{n}]}$ die Standardabweichung.

(2)   Lies in der *t-Tabelle* (zweiseitig) den Wert $t_{\text{Tab}}(FG; \alpha)$ ab,

wobei α das gewünschte Signifikanzniveau,

$FG = n - 1$ der Freiheitsgrad.

(3)   Vergleiche t_{Vers} und t_{Tab}:

$$t_{\text{Vers}} \leq t_{\text{Tab}} \Rightarrow H_0(\mu = \mu_T)$$

wird beibehalten, d. h. $\bar{x}$ weicht *nicht* signifikant von μ_T ab.

$$t_{\text{Vers}} > t_{\text{Tab}} \Rightarrow H_1(\mu \neq \mu_T)$$

wird angenommen, d. h. $\bar{x}$ weicht von μ_T signifikant ab.

Beispiel Eine Stichprobe von 20 Messwerten ergab den Stichprobenmittelwert $\bar{x} = 42.0$, aus theoretischen Gründen wird ein Mittelwert $\mu_T = 45.0$ vermutet. Aus den Messwerten wurde $s = 5.0$ berechnet. Für t_{Vers} und t_{Tab} erhält man

$$t_{\text{Vers}} = \frac{|42 - 45|}{5} \cdot \sqrt{20} = 2.68, \quad t_{\text{Tab}}(FG = 19; \alpha = 5\%) = 2.09,$$

also ist $t_{\text{Vers}} = 2.68 > 2.09 = t_{\text{Tab}} \Rightarrow H_1(\mu \neq \mu_T)$. D.h. $\bar{x}$ weicht signifikant von μ_T ab. Die Grundgesamtheit, aus der die Stichprobe entnommen wurde, hat einen *anderen* als den theoretisch vermuteten Mittelwert. Die Irrtumswahrscheinlichkeit ist $\alpha = 0.05 = 5\%$.

Bemerkung In diesem Beispiel wie in den folgenden werden wir meist zweiseitig testen, ohne das jedesmal zu erwähnen.

9.1.2 Vergleich zweier Mittelwerte unabhängiger Stichproben

Fragestellung: Sind die Mittelwerte $\bar{x}$ und $\bar{y}$ zweier Stichproben X und Y signifikant verschieden?

Voraussetzungen: Beide Grundgesamtheiten seien normalverteilt mit gleichen, unbekannten Varianzen. Die Stichproben seien unabhängig, die Messwerte intervallskaliert.

Rechenweg:

(1)   Berechne

$$t_{\text{Vers}} = \frac{|\bar{x} - \bar{y}|}{s_D} \cdot \sqrt{\frac{n_1 \cdot n_2}{n_1 + n_2}}$$

bzw. im balancierten Fall, d. h. für $n_1 = n_2 = n$

$$t_{\text{Vers}} = \frac{|\bar{x} - \bar{y}|}{s_D} \cdot \sqrt{\frac{n}{2}},$$

wobei n_1 der Umfang der Stichprobe X,

n_2 der Umfang der Stichprobe Y,

$\bar{x}$ und $\bar{y}$ die jeweiligen arithmetischen Mittel,

s_D die gemeinsame Standardabweichung von X und Y,

$$s_D = \sqrt{\frac{1}{n_1 + n_2 - 2} \cdot \left[\left(\sum x^2 \right) - \frac{\left(\sum x \right)^2}{n_1} + \left(\sum y^2 \right) - \frac{\left(\sum y \right)^2}{n_2} \right]}.$$

(2)   Lies in der t-*Tabelle* (zweiseitig) den Wert $t_{\text{Tab}}(FG;\alpha)$ ab,

   wobei α das Signifikanzniveau,

   $\quad\quad FG = n_1 + n_2 - 2$ der Freiheitsgrad.

(3)   Vergleiche t_{Vers} und t_{Tab}:

$$t_{\text{Vers}} \leq t_{\text{Tab}} \Rightarrow H_0(\mu_x = \mu_y).$$
$$t_{\text{Vers}} > t_{\text{Tab}} \Rightarrow H_1(\mu_x \neq \mu_y).$$

Beispiel Es seien

$$n_1 = 16, \quad \bar{x} = 14.5, \quad s_x^2 = \frac{1}{n_1 - 1} \cdot \left[\left(\sum x^2\right) - \frac{\left(\sum x\right)^2}{n_1}\right] = 4$$

und

$$n_2 = 14, \quad \bar{y} = 13.0, \quad s_y^2 = \frac{1}{n_2 - 1} \cdot \left[\left(\sum y^2\right) - \frac{\left(\sum y\right)^2}{n_2}\right] = 3.$$

Dann ist $s_D = \sqrt{\frac{(n_1-1)s_x^2+(n_2-1)s_y^2}{n_1+n_2-2}} = \sqrt{\frac{60+39}{16+14-2}} = 1.88$, somit

$$t_{\text{Vers}} = \frac{|14.5 - 13.0|}{1.88} \cdot \sqrt{\frac{16 \cdot 14}{16 + 14}} = 2.180,$$
$$t_{\text{Tab}}(FG = 28; \alpha = 5\%) = 2.048,$$

also $t_{\text{Vers}} > t_{\text{Tab}} \Rightarrow H_1(\mu_x \neq \mu_y)$, d.h. die Mittelwerte der beiden Stichproben sind signifikant verschieden.

9.1.3 Vergleich zweier Mittelwerte verbundener Stichproben

Im letzten Abschnitt hatten wir zwei voneinander unabhängige Stichproben vorliegen, deren Mittelwerte wir vergleichen wollten. In vielen Experimenten hat man aber *verbundene* Stichproben, so z. B. wenn man die Messungen jeweils an beiden Hälften desselben Blattes vornimmt. Solche paarigen Stichproben liegen auch vor, wenn man dieselbe Gruppe von Individuen bzw. Objekten vor und nach einer Behandlung untersucht. Diese Situation hatten wir schon im Medikamenten-Beispiel und wie dort reduziert sich die Frage, ob $\bar{x}$ von $\bar{y}$ signifikant verschieden ist, auf die Frage ob $\bar{d}$ von null signifikant verschieden ist, vgl. §8.2.3.

Fragestellung: Sind die Mittelwerte $\bar{x}$ und $\bar{y}$ zweier verbundener Stichproben X und Y signifikant verschieden?

Voraussetzungen: Die Stichproben seien verbunden, die Messwerte intervallskaliert. Die Differenzen seien normal verteilt mit dem unbekannten Mittelwert δ

Rechenweg:

(1) Berechne

$$t_{\text{Vers}} = \frac{|\bar{d}|}{s_d} \cdot \sqrt{n},$$

wobei n der Stichprobenumfang,

$d_i = x_i - y_i$ die i-te Messwert-Differenz,

$\bar{d} = \frac{1}{n} \cdot \sum d_i$ das arithmetische Mittel der Differenzen d_i,

$s_d = \sqrt{\frac{1}{n-1} \cdot [(\sum d^2) - \frac{(\sum d)^2}{n}]}$ die Standardabweichung der d_i.

(2) Lies in der *t-Tabelle* (zweiseitig) den Wert $t_{\text{Tab}}(FG; \alpha)$ ab,

wobei α das Signifikanzniveau,

$FG = n - 1$ der Freiheitsgrad.

(3) Vergleiche t_{Vers} und t_{Tab}:

$$t_{\text{Vers}} \leq t_{\text{Tab}} \Rightarrow H_0(\delta = 0) \text{ und damit } H_0(\mu_x = \mu_y).$$
$$t_{\text{Vers}} > t_{\text{Tab}} \Rightarrow H_1(\delta \neq 0) \text{ und damit } H_1(\mu_x \neq \mu_y).$$

Es ist nicht verwunderlich, dass der unverbundene t-Test bei verbundenen Stichproben seltener zu Signifikanzen führt als der paarige t-Test: Die Erträge eines Baumes A im Jahr X und eines anderen Baumes B im Jahr Y (unverbunden) werden im Allgemeinen größere Unterschiede aufweisen als die Erträge desselben Baumes A in den Jahren X und Y (verbunden). Man wird also Mittelwertunterschiede im unverbundenen Fall noch als zufällig ansehen, die im verbundenen Fall schon auf systematische Witterungseinflüsse zurückgeführt werden.

Bemerkung Man beachte die Unterschiede der drei t-Tests: Der erste vergleicht einen experimentellen Mittelwert mit einem theoretischen, es gibt also nur eine Stichprobe. Der zweite t-Test vergleicht experimentelle Mittelwerte zweier unabhängiger Stichproben, während der paarige t-Test zwei abhängige, verbundene Stichproben vergleicht, z. B. Männchen und Weibchen aus *einem* Wurf.

Beispiel In einer Anlage 10- bis 15-jähriger Kirschbäume wurde in zwei Jahren, die sich hinsichtlich der Witterung während der Blüte unterschieden, der Ertrag an acht

Tab. 9.1 Erträge von Kirschbäumen in kg in zwei Jahren

Baum	i	1	2	3	4	5	6	7	8
Jahr	X	36.0	31.5	34.0	32.5	35.0	31.5	31.0	35.5
Jahr	Y	34.0	35.5	33.5	36.0	39.0	35.0	33.0	39.5
Differenzen	d_i	2.0	−4.0	0.5	−3.5	−4.0	−3.5	−2.0	−4.0

Bäumen ermittelt (Tab. 9.1). Es sollte dabei geklärt werden, ob die Witterungseinflüsse bei der untersuchten Unterlage zu signifikanten Ertragsunterschieden führten. Da der Ertrag in beiden Jahren jeweils am selben Baum ermittelt wurde, handelt es sich um *verbundene* Stichproben X und Y, deren Mittelwerte $\bar{x} = 33.4$ kg und $\bar{y} = 35.7$ kg auf Signifikanz zu prüfen sind.

Mit dem paarigen (verbundenen) t-Test berechnen wir $\bar{d} = -2.31$, $s_d = 2.33$ und mit $n = 8$ erhalten wir

$$t_{\text{Vers}} = \frac{|\bar{d}|}{s_d} \cdot \sqrt{n} = 2.80 > t_{\text{Tab}}(FG = 7; \alpha = 5\,\%) = 2.365 \Rightarrow H_1.$$

Es bestehen also signifikante Mittelwertunterschiede.

Würden wir die Verbundenheit der Stichproben beim Testen ignorieren, so würden wir keine Signifikanz nachweisen können, denn für den unverbundenen t-Test, vgl. §9.1.2, berechnet man

$$t_{\text{Vers}} = 2.07 < t_{\text{Tab}}(14; 5\,\%) = 2.145 \Rightarrow H_0.$$

9.1.4 Prüfung des Maßkorrelationskoeffizienten

Eine weitere wichtige Anwendung der von Student eingeführten t-Verteilung wollen wir im folgenden Test darstellen, der zur Klärung der Frage dient, ob eine Korrelation nachgewiesen werden kann.

Fragestellung: Ist der aus n Wertepaaren ermittelte Maßkorrelationskoeffizient r signifikant verschieden von null?

Voraussetzungen: Die Stichproben X_1 und X_2 stammen aus normalverteilten Grundgesamtheiten und r sei berechnet nach der Formel in §6.1.

Rechenweg:

(1) Berechne

$$t_{\text{Vers}} = \frac{|r|}{\sqrt{1 - r^2}} \cdot \sqrt{n - 2}$$

      wobei r der Maßkorrelationskoeffizient,

             n die Anzahl der Wertepaare.

(2)   Lies in der *t-Tabelle* den Wert $t_{\text{Tab}}(FG;\alpha)$ ab,

wobei α das Signifikanzniveau,
          $FG = n - 2$ der Freiheitsgrad.

(3)   Vergleiche t_{Vers} und t_{Tab}:

$$t_{\text{Vers}} \leq t_{\text{Tab}} \Rightarrow H_0(\rho = 0).$$
$$t_{\text{Vers}} > t_{\text{Tab}} \Rightarrow H_1(\rho \neq 0).$$

Beispiel   Zu den Längen und Breiten von Samen (Tab. 5.1) hatten wir den Korrelationskoeffizienten $r = 0.7$ berechnet, die Anzahl der Wertepaare war $n = 33$.

$$t_{\text{Vers}} = \frac{0.7}{\sqrt{0.51}} \cdot \sqrt{31} = 5.46, \quad t_{\text{Tab}}(31;5\,\%) = 2.04.$$

$$t_{\text{Vers}} > t_{\text{Tab}} \Rightarrow H_1(\rho \neq 0).$$

D. h. es besteht eine Korrelation zwischen Länge und Breite der Samen, da r signifikant von null verschieden ist.

9.1.5 Vergleich zweier Varianzen

Ein letzter, grundlegender Test bei normalverteilten Grundgesamtheiten, den wir noch vorstellen wollen, beruht auf der nach R.A. Fisher benannten F-Verteilung. Mit Hilfe dieser Prüfverteilung können wir die Varianzen σ_1^2 und σ_2^2 zweier Grundgesamtheiten vergleichen.

Der *F-Test*, bei dem der Quotient der Schätzwerte s_x^2 und s_y^2 als Prüfstatistik dient, heißt auch *Varianzquotiententest*.

Fragestellung: Sind die Varianzen s_x^2 und s_y^2 der beiden Stichproben X und Y signifikant verschieden?

Voraussetzungen: Beide Grundgesamtheiten, aus denen die Stichproben entnommen wurden, seien normalverteilt. Die Stichproben seien unabhängig, die Messwerte intervallskaliert.

Rechenweg:

(1)   Berechne

$$F_{\text{Vers}} = \frac{s_x^2}{s_y^2}$$

(die größere Varianz steht dabei im Zähler, also $s_x^2 > s_y^2$), wobei $s_x^2 = \frac{1}{n_1-1} \cdot [(\sum x^2) - \frac{(\sum x)^2}{n_1}]$ die Varianz der Stichprobe X,

$s_y^2 = \frac{1}{n_2-1} \cdot [(\sum y^2) - \frac{(\sum y)^2}{n_2}]$ die Varianz der Stichprobe Y,

n_1 (bzw. n_2) der Stichprobenumfang von X (bzw. Y).

(2) Lies in der *F-Tabelle (zweiseitig)* den Wert $F_{\text{Tab}} = F_{n_2-1}^{n_1-1}(\alpha)$ ab,

wobei α das Signifikanzniveau,

$n_1 - 1$ der Freiheitsgrad von s_x^2,

$n_2 - 1$ der Freiheitsgrad von s_y^2.

(3) Vergleiche F_{Vers} und F_{Tab}:

$$F_{\text{Vers}} \leq F_{\text{Tab}} \Rightarrow H_0(\sigma_x^2 = \sigma_y^2).$$
$$F_{\text{Vers}} > F_{\text{Tab}} \Rightarrow H_1(\sigma_x^2 \neq \sigma_y^2).$$

Beispiel In §9.1.2 hatten wir den t-Test für zwei Stichproben X und Y durchgerechnet, wobei $n_1 = 16$ und $n_2 = 14$ war; $s_x^2 = 4$ und $s_y^2 = 3$. Beim F-Test erhalten wir $F_{\text{Vers}} = \frac{4}{3} = 1.33$, aus der F-Tabelle (zweiseitig) entnehmen wir $F_{13}^{15}(5\%) = 3.05$. Die Stichproben X und Y haben keine signifikant verschiedenen Varianzen, da $F_{\text{Vers}} < F_{\text{Tab}} \Rightarrow H_0(\sigma_x^2 = \sigma_y^2)$.

9.2 Tests zu ordinalskalierten Daten (Rangtests)

Die im §9.1 behandelten Tests hatten sämtlich vorausgesetzt, dass intervallskalierte Daten aus normalverteilten Grundgesamtheiten vorlagen, solche Tests heißen verteilungsgebunden oder parametrisch.

Wir wollen diese Einschränkung lockern, d. h. nur noch Ordinalskalierung voraussetzen und keine Normalverteilung für die Grundgesamtheiten fordern. Solche Tests gehören zu den „verteilungsfreien" oder *nicht-parametrischen* Verfahren.

9.2.1 Lagevergleich zweier unabhängiger Stichproben

Der folgende U-Test von Mann und Whitney (Wilcoxon-Rangsummen-Test) basiert auf der Vergabe von Rangzahlen, wie wir sie schon in §6.4 kennengelernt hatten.

Fragestellung: Sind die Mediane zweier unabhängiger Stichproben X und Y signifikant verschieden?

Voraussetzungen: Die beiden Grundgesamtheiten sollen stetige Verteilungen von gleicher Form haben, die Stichproben seien unabhängig und die Daten mindestens ordinalskaliert.

Rechenweg:

(1) Bringe die $(n_1 + n_2)$ Stichprobenwerte in eine *gemeinsame* Rangfolge und berechne die Summen R_1 und R_2 der Rangzahlen der Stichproben X und Y,

  wobei n_1 der Umfang von Stichprobe X,

  n_2 der Umfang von Stichprobe Y (wähle $n_1 \leq n_2$).

(2) Berechne U_1 und U_2:

$$U_1 = n_1 \cdot n_2 + \frac{n_1 \cdot (n_1 + 1)}{2} - R_1,$$

$$U_2 = n_1 \cdot n_2 + \frac{n_2 \cdot (n_2 + 1)}{2} - R_2, \quad \text{Probe: } U_1 + U_2 = n_1 \cdot n_2.$$

  Und nimm die *kleinere* der beiden Größen U_1 und U_2 als U_{Vers}.

(3) Lies in der *U-Tabelle* den Wert $U_{\text{Tab}}(n_1, n_2; \alpha)$ ab, wobei α das Signifikanzniveau.

(4) Vergleiche U_{Vers} und U_{Tab}:

$$U_{\text{Vers}} \geq U_{\text{Tab}} \Rightarrow H_0 \quad \text{(Mediane gleich)}.$$

$$U_{\text{Vers}} < U_{\text{Tab}} \Rightarrow H_1 \quad \text{(Mediane verschieden)}.$$

Beachte: Aufgrund der Konstruktion von U_{Vers} und U_{Tab} wird hier die Nullhypothese angenommen, falls U_{Vers} *größer oder gleich* dem Tabellenwert U_{Tab} ist, und die Alternativhypothese im Fall U_{Vers} *kleiner* als U_{Tab}.

Beispiel An jeweils $n = 8$ zufällig ausgesuchten Abiturienten zweier Klassen wurde die Durchschnittsnote Physik aus vier Jahren ermittelt. Dabei war die eine Abiturklasse aus dem Jahre 1955, die andere von 1975.

| 1955 | X | 3.0 | 3.8 | 2.5 | 4.5 | 2.2 | 3.2 | 2.9 | 4.2 |
| 1975 | Y | 2.4 | 4.1 | 2.0 | 2.1 | 3.6 | 1.3 | 2.0 | 1.7 |

Sind signifikante Notenunterschiede zwischen den beiden Jahrgängen vorhanden?

Tab. 9.2 Durchschnittsnoten und Ränge zweier Abitur-Jahrgänge

1955	Rangzahl				6		8	9	10	11		13		15	16	$R_1 = 88$
	Note X				2.2		2.5	2.9	3.0	3.2		3.8		4.2	4.5	
1975	Note Y	1.3	1.7	2.0	2.0	2.1		2.4				3.6		4.1		
	Rangzahl	1	2	3.5	3.5	5		7				12		14		$R_2 = 48$

Wir ergänzen die Notentabelle um die Ränge und erhalten Tab. 9.2. Wir berechnen

$$U_1 = 64 + \frac{72}{2} - 88 = 12, \quad U_2 = 64 + \frac{72}{2} - 48 = 52, \quad \text{somit } U_{\text{Vers}} = 12,$$

$$U_{\text{Tab}}(8, 8; 5\%) = 13, \quad \text{also } U_{\text{Vers}} < U_{\text{Tab}} \Rightarrow H_1.$$

Die Unterschiede sind signifikant (siehe Hinweis im Kästchen in §9.2.1).

Bemerkung 1 Der U-Test hat geringere Voraussetzungen als der entsprechende t-Test in §9.1.2. Die *Wirksamkeit* oder *Effizienz* des U-Tests liegt bei 95 %. Effizienz ist das Verhältnis der Stichprobenumfänge, die in zwei verglichenen Tests zur selben Güte führen, vorausgesetzt, die Anwendung beider Tests ist zulässig. D. h. die Effizienz von 95 % sagt uns: Wo der t-Test bei einem Stichprobenumfang $n = 38$ die Fehlerwahrscheinlichkeiten α *und* β hat, muss man beim U-Test den Stichprobenumfang auf $n = 40$ (38 : 40 entspricht 95 %) erhöhen, um gleiche α- und β-Fehler zu haben.

Bemerkung 2 Liegt statt der U-Tabelle nur eine z-Tabelle vor, so transformiert man wie folgt:

$$z_{\text{Vers}} = \frac{|U_{\text{Vers}} - \frac{n_1 \cdot n_2}{2}|}{\sqrt{\frac{n_1 \cdot n_2 \cdot (n_1 + n_2 + 1)}{12}}}$$

Hierbei sollten die Stichproben nicht zu klein sein, $n_1 \geq 8$ und $n_2 \geq 8$.

Bemerkung 3 Bei der Vergabe der Rangzahlen wird bei gleichen Werten (Bindungen) das arithmetische Mittel der zugehörigen Rangplätze vergeben (vgl. §6.4). Bei zu vielen Bindungen zwischen den Stichproben muss U_{Vers} korrigiert werden.

Bemerkung 4 Es sollte beachtet werden, dass hier, im Gegensatz zu vielen anderen Tests, ein *kleineres* U_{Vers} *zur Alternativhypothese* führt!

Je „verschiedener" nämlich die Mediane, d. h. je weniger sich die Verteilungen überlappen, desto ungleicher sind die Ränge auf die beiden Stichproben verteilt, wodurch U_1 (oder U_2) groß und entsprechend U_2 (oder U_1) und damit U_{Vers} klein wird.

Bemerkung 5 In den Voraussetzungen des U-Tests hatten wir gleiche Verteilungsform verlangt; nachgewiesene Signifikanzen können dann nur von Lageunterschie-
den herrühren, d. h. die Mediane sind verschieden. Lassen wir die Forderung nach
gleicher Verteilungsform fallen, so prüft der U-Test, ob gleiche oder ungleiche Verteilungen vorliegen, d. h. bei Signifikanz können Lage- und/oder Streuungsunter-
schiede bestehen.

9.2.2 Lagevergleich zweier verbundener Stichproben

Der folgende Test heißt *Wilcoxon-Test für Paardifferenzen (Wilcoxon's signed-ranks
test).*

Fragestellung: Sind die Mediane zweier verbundener Stichproben X und Y
signifikant verschieden?

Voraussetzungen: Die beiden Grundgesamtheiten sollen stetige Verteilungen
von gleicher Form haben, die Stichproben seien verbunden und die Daten
mindestens intervallskaliert (siehe Bermerkung).

Rechenweg:

(1) Berechne die Messwertdifferenzen $d_i = x_i - y_i$. Im Weiteren bleiben
     alle Differenzen $d_i = 0$ unberücksichtigt. Seien also noch n Differenzen
     $d_i \neq 0$ zu betrachten. Beginne mit der kleinsten Differenz d_i und

(2) Bringe diese n Messwertdifferenzen d_i entsprechend ihrer Absolutbe-
     träge $|d_i|$ in eine Rangfolge mit Rängen $r(|d_i|)$.

(3) Berechne die Summe W^+ über die Rangzahlen $r(|d_i|)$ aller positiven
     Messwertdifferenzen $d_i > 0$ und entsprechend die Summe W^- der
     $r(|d_i|)$ aller negativen Differenzen $d_i < 0$.
     Probe: $W^+ + W^- = \frac{n \cdot (n+1)}{2}$.
     Und nimm die *kleinere* der beiden Größen W^+ und W^- als W_{Vers}.

(4) Lies in der „W-Tabelle" den Wert $W_{\text{Tab}}(n; \alpha)$ ab, wobei α das Signifi-
     kanzniveau.

(5) Vergleiche W_{Vers} mit W_{Tab}:

$$W_{\text{Vers}} \geq W_{\text{Tab}} \Rightarrow H_0 \quad \text{(Mediane gleich)}.$$
$$W_{\text{Vers}} < W_{\text{Tab}} \Rightarrow H_1 \quad \text{(Mediane verschieden)}.$$

Beachte: Wie im U-Test wird hier die Nullhypothese angenommen, falls
W_{Vers} *größer oder gleich* W_{Tab} ist, und die Alternativhypothese im Fall W_{Vers}
kleiner als W_{Tab}.

Tab. 9.3 Kritische Werte zur Prüfung des Rangkorrelationskoeffizienten für $\alpha = 5\%$, zweiseitig (nach L. Sachs)

Stichprobenumfang	n	6	7	8	9	10	11
Kritischer Wert	R_{Tab}	0.886	0.786	0.738	0.700	0.648	0.618

Beispiel Zwei Lehrer A und B sollten die gleichen zehn Chemie-Klausuren bewerten. Sie hatten jeweils bis zu 100 Punkte pro Arbeit zu vergeben.

Klausur	i	1	2	3	4	5	6	7	8	9	10	
Punktwertung	A	67	43	94	72	30	69	33	79	58	48	
Punktwertung	B	60	41	93	77	22	69	35	65	62	45	
Differenzen	d_i	7	2	1	−5	8	0	−2	14	−4	3	
Absolutbeträge	$|d_i|$	7	2	1	5	8	0	2	14	4	3	
Ränge	$r(|d_i|)$	7	2.5	1	6	8	–	2.5	9	5	4	$n = 9$

$$W^+ = 7 + 2.5 + 1 + 8 + 9 + 4 = 31.5$$
$$W^- = 6 + 2.5 + 5 \qquad\qquad = 13.5$$
$$\text{Probe: } W^+ + W^- = \tfrac{9 \cdot 10}{2} = 45 \qquad = 45.0$$
$$W_{\text{Vers}} = 13.5 > W_{\text{Tab}}(9; 5\%) = 5 \Rightarrow H_0 \text{ (Gleichheit)}.$$

Siehe Hinweis im „Kästchen" in §9.2.2.

Bemerkung Der Wilcoxon-Test für Paardifferenzen wird oft bei ordinalskalierten Daten angewandt. Bei strikter Beachtung der Voraussetzungen ist der Vorzeichentest korrekt.

9.2.3 Prüfung des Rangkorrelationskoeffizienten

Bei ordinalskalierten bivariablen Verteilungen hatten wir den Zusammenhang durch den Spearmanschen Rangkorrelationskoeffizienten R beschrieben, vgl. §6.4. Will man prüfen, ob R signifikant von null verschieden ist, so kann dies über die t-Verteilung mit dem Test von §9.1.4 geschehen, statt r setzt man dort jeweils R ein. Dieses Vorgehen ist allerdings erst ab einem Stichprobenumfang $n \geq 12$ empfehlenswert.

Für Stichprobenumfänge zwischen 6 und 11 gibt Tab. 9.3 die kritischen Werte für R an. Bei einem $\alpha = 5\%$ (zweiseitig) gilt dann:

$$|R_{\text{Vers}}| \leq R_{\text{Tab}} \Rightarrow H_0(\rho = 0).$$
$$|R_{\text{Vers}}| > R_{\text{Tab}} \Rightarrow H_1(\rho \neq 0).$$

Beispiel Für Tab. 6.2 hatten wir $R_{\text{Vers}} = 0.77$ berechnet, wegen $n = 9$ ist also $R_{\text{Tab}} = 0.700$. Es gilt also $R_{\text{Vers}} > R_{\text{Tab}}$, somit verwerfen wir die Nullhypothese und nehmen $H_1 (\rho \neq 0)$ an.

9.3 Tests zu nominalskalierten Daten

Die bisher dargestellten Tests haben stets intervall- oder ordinalskalierte Daten miteinander verglichen. Mit Hilfe der Prüfgröße χ^2, die wir schon früher einführten (vgl. §6.5), können wir auch nominalskalierte Häufigkeitsverteilungen vergleichen.

9.3.1 Vergleich von beobachteten mit erwarteten Häufigkeiten

Wenn uns empirisch ermittelte Häufigkeiten von nominalskalierten Daten *einer* Stichprobe vorliegen, so können wir mit dem χ^2-*Anpassungstest* prüfen, ob diese Häufigkeiten sich so verteilen, wie eine von uns erwartete (vermutete) Verteilung. Wir testen also, ob die theoretisch erwartete Häufigkeitsverteilung $H_e(x)$ sich an die im Versuch beobachtete Verteilung $H_b(x)$ anpasst oder ob signifikante Abweichungen festzustellen sind:

Fragestellung: Weichen die beobachteten Häufigkeiten B_i einer Stichprobe signifikant von erwarteten Häufigkeiten E_i einer vermuteten Verteilung ab?

Voraussetzung: Es genügen schon nominalskalierte Daten.

Rechenweg:

(1) Berechne zu den beobachteten Werten B_i die erwarteten absoluten Häufigkeiten E_i mit Hilfe der erwarteten Verteilung und bilde dann (vgl. §6.5):

$$\chi^2_{\text{Vers}} = \sum_{i=1}^{n} \frac{(B_i - E_i)^2}{E_i} = \left(\sum \frac{B_i^2}{E_i} \right) - N,$$

wobei n die Anzahl der Merkmalsklassen,
         N der Stichprobenumfang.

(2) Lies in der χ^2-*Tabelle* den Wert $\chi^2_{\text{Tab}}(FG;\alpha)$ ab,

wobei α das Signifikanzniveau,
         a die Anzahl aus den Daten geschätzter Parameter,
         $FG = n - 1 - a$ der Freiheitsgrad.

(3) Vergleiche χ^2_{Vers} und χ^2_{Tab}:

$$\chi^2_{\text{Vers}} \leq \chi^2_{\text{Tab}} \Rightarrow H_0$$

(keine Abweichung zwischen Beobachtung und Erwartung).

$$\chi^2_{\text{Vers}} > \chi^2_{\text{Tab}} \Rightarrow H_1$$

(signifikante Abweichung), d. h. $H_b(x)$ kann nicht an $H_e(x)$ angepasst werden.
Die Merkmalsklassen sollten so zusammengefasst werden, dass alle $E_i \geq 1$ sind. Außerdem muss $FG > 0$ sein.

Beispiel 1 Kein Parameter wurde aus den Daten geschätzt ($a = 0$): Nach den Mendelschen Gesetzen erwartet man bei einem Kreuzungsversuch von *Drosophila* zwischen Tieren mit normalen und braunen Augen in der 2. Filialgeneration ein Spaltungsverhältnis von 3 : 1. Weichen die folgenden beobachteten Werte von diesem Verhältnis ab?

i	Phänotyp	beobachtete Häufigkeit B_i	erwartete Häufigkeit E_i	$\frac{B_i^2}{E_i}$
1	braun	273	$1010 \cdot \frac{1}{4} = 252.5$	295.16
2	normal	737	$1010 \cdot \frac{3}{4} = 757.5$	717.05
		$N = 1010$		1012.21

$$\chi^2_{\text{Vers}} = 1012.21 - 1010.00 = 2.21, \quad n = 2, \quad a = 0,$$
$$FG = n - 1 - a = 2 - 1 - 0 = 1; \quad \chi^2_{\text{Tab}}(1; 5\%) = 3.84$$

also $\chi^2_{\text{Vers}} \leq \chi^2_{\text{Tab}} \Rightarrow H_0$ (keine Abweichung vom erwarteten Spaltungsverhältnis).

Beispiel 2 Ein Parameter wird aus den Daten geschätzt ($a = 1$): Man hat ein Arzneimittel in bestimmter Konzentration Blutkulturen beigefügt. Die induzierten Chromosomen-Brüche pro Zelle sollen auf Poisson-Verteilung geprüft werden.

Brüche pro Zelle	k	0	1	2	3	4	5	6	7	8	9	10	$\sum$
beobachtete Anzahl	f_k	14	28	26	18	10	2	1	0	0	0	1	100

$N = 100$ ist die Anzahl untersuchter Zellen. Für die Poisson-Verteilung gilt:

$$P(k) = \frac{\lambda^k}{k!} e^{-\lambda},$$

wobei für λ der Schätzwert $\hat{\lambda} = \bar{x}$ zu nehmen ist.

Man berechnet

$$\bar{x} = \frac{\sum f_k \cdot k}{\sum f_k} = \frac{(0.14 + 1.28 + 2.26 + \ldots + 10.1)}{14 + 28 + 26 + \ldots + 1} = \frac{200}{100} = 2 ,$$

also $\hat{\lambda} = 2$. Dann berechnet man die $P(k)$ nach obiger Formel und ermittelt die erwarteten absoluten Häufigkeiten E_k durch $N \cdot P(k)$:

k	0	1	2	3	4	5	6	7	8	9	10	$\sum$
$f_k = B_k$	14	28	26	18	10	2	1	0	0	0	1	
$E_k = N \cdot P(k)$	13.53	27.07	27.07	18.04	9.02	3.61	1.20	0.34	0.09	0.02	0.00	
$\frac{B_k^2}{E_k}$		14.49	28.96	24.97	17.96	11.09	1.11		2.42			101.0

Um χ^2_{Vers} zu bilden, fasst man $k = 6$ bis $k = 10$ zu einer Klasse zusammen, damit das zugehörige $E \geq 1$ wird:

$$\chi^2_{\text{Vers}} = 101.00 - 100.00 = 1.00 .$$

Der Freiheitsgrad ist $FG = n - 1 - a = 7 - 1 - 1 = 5$, denn die Anzahl der Klassen ist 7 (nach der Zusammenfassung) und die Anzahl geschätzter Parameter ist $a = 1$, weil λ geschätzt wurde. Bei $\alpha = 5\,\%$ ist $\chi^2_{\text{Tab}}(5; 5\,\%) = 11.07$, also ist $\chi^2_{\text{Vers}} < \chi^2_{\text{Tab}}$ und daher behält man H_0 (keine Abweichung von der Poisson-Verteilung) bei.

9.3.2 Vergleich der Häufigkeitsverteilungen mehrerer Stichproben

Liegen uns für *mehrere* Stichproben die jeweiligen Häufigkeitsverteilungen desselben Merkmals vor, so können wir mit dem *Homogenitätstest* prüfen, ob die vorgelegten Stichproben aus Grundgesamtheiten stammen, die bezüglich des untersuchten Merkmals gleiche Verteilungen aufweisen. Diese Frage muss geklärt sein, bevor man die Ergebnisse einer Versuchsserie zu einer Stichprobe zusammenfasst. Man hat z. B. 10 Gruppen von 15-jährigen Schülern auf ein bestimmtes Merkmal hin untersucht und will entscheiden, ob es zulässig ist, die Ergebnisse der 10 Gruppen „in einen Topf" zu werfen.

Homogenität des Materials bedeutet, dass die Stichprobenverteilungen nur zufällig voneinander abweichen. Für die erwarteten Häufigkeiten bedeutet das, dass sie bei Homogenität aus den Randverteilungen berechnet werden können („unabhängige Ereignisse").

Fragestellung: Gibt es signifikante Unterschiede zwischen den Verteilungen in den r Stichproben (Inhomogenität des Materials)?

Voraussetzung: Es genügen schon nominalskalierte Daten.

Rechenweg:

(1) Wir haben r Stichproben mit jeweils c Merkmalsausprägungen, deren beobachtete Häufigkeiten B_{ij} wir in einer Tafel wie folgt eintragen und dann die Zeilensummen Z_i und die Spaltensummen S_j berechnen:

		Merkmalsausprägungen					
		1	2	3	... j ...	c	Σ
Stichproben	1	B_{11}	B_{12}	B_{13}	... B_{1j} ...	B_{1c}	Z_1
	2	B_{21}	B_{22}	B_{23}	... B_{2j} ...	B_{2c}	Z_2
	3	B_{31}	B_{32}	B_{33}	... B_{3j} ...	B_{3c}	Z_3
	⋮	⋮	⋮	⋮	⋮	⋮	⋮
	i	B_{i1}	B_{i2}	B_{i3}	... B_{ij} ...	B_{ic}	Z_i
	r	B_{r1}	B_{r2}	B_{r3}	... B_{rj} ...	B_{rc}	Z_r
	Σ	S_1	S_2	S_3	... S_j ...	S_c	N

wobei $\quad S_j = \sum_{i=1}^{r} B_{ij} \quad$ die j-te Spaltensumme,

$\qquad Z_i = \sum_{j=1}^{c} B_{ij} \quad$ der Umfang der i-ten Stichprobe,

$\qquad N = \sum_{j=1}^{c} S_j \quad$ die Gesamtzahl aller untersuchten Objekte.

(2) Die erwarteten Häufigkeiten E_{ij} werden berechnet durch

$$E_{ij} = Z_i \cdot S_j \cdot \frac{1}{N} \quad \text{(vgl. §6.5)}$$

(3) Berechne χ^2_{Vers} durch

$$\chi^2_{\text{Vers}} = \sum \frac{(B_{ij} - E_{ij})^2}{E_{ij}} = \left(\sum \frac{B_{ij}^2}{E_{ij}} \right) - N$$

summiert über alle i und alle j.

(4) Lies in der χ^2-*Tabelle* den Wert $\chi^2_{\text{Tab}}(FG; \alpha)$ ab,

wobei $\quad \alpha \qquad\qquad\qquad$ das Signifikanzniveau,

$\qquad FG = (c-1) \cdot (r-1) \quad$ der Freiheitsgrad.

(5) Vergleiche χ^2_{Vers} und χ^2_{Tab}:

$\chi^2_{\text{Vers}} \leq \chi^2_{\text{Tab}} \Rightarrow H_0 \quad$ (Homogenität des Materials).

$\chi^2_{\text{Vers}} > \chi^2_{\text{Tab}} \Rightarrow H_1 \quad$ (mindestens eine Stichprobe weicht ab).

Die Merkmalsklassen so zusammenfassen, dass alle $E_{ij} \geq 1$ sind.

Beispiel Untersuchung über den Zusammenhang von Haar- und Augenfarbe (vgl. Tab. 6.3). Es liegen drei Stichproben vor (d. h. $r = 3$), nämlich die Stichproben der Blau-, Grün- und Braunäugigen. Zu jeder Stichprobe ist die Häufigkeitsverteilung des Merkmals „Haarfarbe" gegeben. Das Merkmal hat vier verschiedene Ausprägungen, also $c = 4$. Mit dem Homogenitätstest wollen wir die Frage klären, ob es zulässig ist, die drei Stichproben „in einen Topf" zu werfen und als eine einzige Stichprobe zu behandeln. Mit Hilfe von Tab. 6.4 berechneten wir, dass $\chi^2_{\text{Vers}} = 114.55$ ist. $FG = (4 - 1) \cdot (3 - 1) = 6$ und $\chi^2_{\text{Tab}}(6; 5\%) = 12.59$. $\chi^2_{\text{Vers}} > \chi^2_{\text{Tab}} \Rightarrow H_1$ (nicht homogenes Material), d. h. bei Untersuchung der Haarfarbe darf man Blau-, Grün- und Braunäugige nicht „in einen Topf" werfen.

Bemerkung 1 Betrachtet man wie in unserem Beispiel zwei Merkmale X und Y und möchte überprüfen, ob zwischen ihnen ein Zusammenhang besteht bzw. ob beide voneinander unabhängig sind, so spricht man vom χ^2-*Unabhängigkeitstest* mit den beiden Hypothesen:

$$H_0 \quad (\text{Merkmale } X \text{ und } Y \text{ sind unabhängig})$$
$$H_1 \quad (\text{Merkmale } X \text{ und } Y \text{ hängen zusammen}).$$

Der Rechenweg folgt demselben Schema wie bei der Durchführung des Homogenitätstests.

Bemerkung 2 Für die Korrelationsmaße r und R hatten wir jeweils einen Test angegeben, um zu prüfen, ob $\rho = 0$ (unkorreliert) oder $\rho \neq 0$ (korreliert) ist. Wie aus dem Beispiel zur Haar- und Augenfarbe klar wird, kann für zwei nominalskalierte Merkmale mit dem χ^2-Unabhängigkeitstest geklärt werden, ob ein Zusammenhang nachweisbar ist.

Mit dem Kontingenzkoeffizienten (§6.5) konnten wir die Stärke des Zusammenhangs beschreiben. Ob dieser Zusammenhang signifikant ist, kann mit dem Unabhängigkeitstest überprüft werden.

§10 Vertrauensbereiche

Beim Schätzen von Parametern wie μ (bzw. σ) haben wir bisher stillschweigend das Konzept der *Punktschätzungen* verfolgt, d. h. wir haben aus einer Stichprobe einen Wert $\bar{x}$ (bzw. s) berechnet und diese Größe als Schätzwert für den wahren Parameter der Grundgesamtheit angegeben.

Eine andere Möglichkeit bietet das Konzept der *Intervallschätzungen*. Hier wird nicht ein einziger Wert als Schätzer des wahren Wertes angegeben, sondern man gibt ein ganzes Intervall an. Solche Intervalle heißen *Vertrauensbereiche* oder *Konfidenzintervalle*.

Der Vertrauensbereich hat die Eigenschaft, dass er mit vorgegebener Sicherheitswahrscheinlichkeit $(1 - \alpha)$ den wahren Parameter enthält. Je größer man $(1 - \alpha)$ wählt, je sicherer also die Angabe sein soll, desto größer wird auch das Konfidenzintervall.

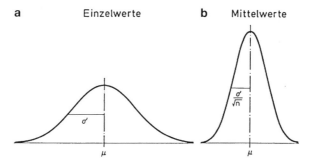

Abb. 10.1 In **a** ist die Verteilung der Einzelwerte x der Grundgesamtheit dargestellt, während **b** die Verteilung der Mittelwerte $\bar{x}$ von Stichproben des Umfangs n zeigt. Die Stichprobenmittelwerte streuen enger um den wahren Mittelwert μ als die Einzelwerte

Für die Flügellängen der Insekten-Männchen (Tab. 4.1) hatten wir in §4.3.1 schon eine erste grobe Intervall-Schätzung für $\bar{x}$ vorgenommen. Den dabei zugrunde liegenden Gedanken wollen wir hier kurz nachvollziehen, wobei *zunächst* angenommen werden soll, dass die wahre *Standardabweichung σ bekannt* ist, d. h. die Einzelwerte der Grundgesamtheit schwanken mit bekannter Standardabweichung σ um den unbekannten Mittelwert μ.

Wir ziehen nun aus dieser Grundgesamtheit eine Vielzahl von Stichproben, deren Umfang jeweils n ist, und berechnen für jede Stichprobe ihren Mittelwert $\bar{x}$. Man kann nun zeigen, dass diese Stichprobenmittelwerte mit Standardabweichung $\frac{\sigma}{\sqrt{n}}$ um μ streuen (siehe Abb. 10.1).

Jetzt können wir mit Hilfe der Eigenschaften einer Normalverteilung (vgl. §4.3.1) grob das Intervall bestimmen, in dem etwa 95 % der $\bar{x}$-Werte liegen:

$$\mu - 2 \cdot \frac{\sigma}{\sqrt{n}} \leq \quad \bar{x} \quad \leq \mu + 2 \cdot \frac{\sigma}{\sqrt{n}}$$

$$-2 \cdot \frac{\sigma}{\sqrt{n}} \leq \bar{x} - \mu \leq +2 \cdot \frac{\sigma}{\sqrt{n}}$$

$$-2 \cdot \frac{\sigma}{\sqrt{n}} \leq \mu - \bar{x} \leq +2 \cdot \frac{\sigma}{\sqrt{n}}$$

$$\bar{x} - 2 \cdot \frac{\sigma}{\sqrt{n}} \leq \quad \mu \quad \leq \bar{x} + 2 \cdot \frac{\sigma}{\sqrt{n}}$$

Das 95 %-Konfidenzintervall des Mittelwertes einer Stichprobe vom Umfang n bei bekannter Standardabweichung σ ist also

$$\left[\bar{x} - 2 \cdot \frac{\sigma}{\sqrt{n}} ; \bar{x} + 2 \cdot \frac{\sigma}{\sqrt{n}} \right] .$$

Wir haben hier den Faktor 2 verwendet, der nur annähernd den 95 %-Bereich ergibt.

In der Praxis ist weder μ noch σ bekannt, dann schätzt man μ durch $\bar{x}$ und σ durch s entsprechend den Formeln in den §§4.1.1 und 4.2.1 und erhält mit dem zugehörigen t-Wert das *Konfidenzintervall*.

10.1 Konfidenzintervalle für μ bei Normalverteilung

Fragestellung: Welches Intervall enthält den wahren Mittelwert μ mit der Sicherheitswahrscheinlichkeit $(1 - \alpha)$?

Voraussetzung: Die Grundgesamtheit ist normalverteilt mit unbekanntem μ und σ.

Rechenweg:

(1) Berechne die Standardabweichung s_x und den mittleren Fehler $s_{\bar{x}}$:

$$s_x = \sqrt{\frac{1}{n-1}\left(\sum x_i^2 - \frac{(\sum x_i)^2}{n}\right)} \quad \text{und} \quad s_{\bar{x}} = \frac{s_x}{\sqrt{n}}$$

wobei x_i der i-te Messwert der Stichprobe,

n der Stichprobenumfang,

und der Index i von 1 bis n läuft.

(2) Lies in der t-*Tabelle* (zweiseitig) den Wert $t_{\text{Tab}}(FG;\alpha)$ ab,

wobei α das Signifikanzniveau,

$FG = n - 1$ der Freiheitsgrad.

(3) Das $(1 - \alpha)$-Konfidenzintervall ist dann

$$[\bar{x} - t_{\text{Tab}}(FG;\alpha) \cdot s_{\bar{x}} \, ; \, \bar{x} + t_{\text{Tab}}(FG;\alpha) \cdot s_{\bar{x}}] \, .$$

Beispiel Aus den Flügellängen der 269 Männchen (vgl. Tab. 4.1) hatten wir $\bar{x} = 3.70$, $s_x = 0.17$ und $s_{\bar{x}} = 0.01$ berechnet. Mit $n = 269$ und $\alpha = 5\,\%$ erhalten wir $t_{\text{Tab}}(268; 5\,\%) = 1.97$, also das $95\,\%$-Konfidenzintervall

$$[3.70 - 1.97 \cdot 0.01; 3.70 + 1.97 \cdot 0.01] = [3.68; 3.72] \, .$$

Dieses Intervall enthält mit einer Sicherheit von $95\,\%$ den wahren Mittelwert μ der Grundgesamtheit.

10.2 Konfidenzintervalle für die Differenz von μ_x und μ_y bei Normalverteilung

In gleicher Weise können wir Konfidenzintervalle für die Differenz zweier Mittelwerte μ_x und μ_y unter Annahme normalverteilter Grundgesamtheiten berechnen:

Fragestellung: Welches Intervall enthält den Betrag der Differenz der wahren Mittelwerte μ_x und μ_y der Grundgesamtheiten X und Y mit der Sicherheitswahrscheinlichkeit $(1 - \alpha)$?

Voraussetzung: Beide Grundgesamtheiten seien normalverteilt mit gleichen, unbekannten Varianzen. Die Stichproben seien unabhängig.

Rechenweg:

(1) Berechne die Standardabweichung s_D und den mittleren Fehler $s_{\bar{D}}$ der zusammengefassten Stichproben

$$s_D = \sqrt{\frac{(n_1 - 1) \cdot s_x^2 + (n_2 - 1) \cdot s_y^2}{n_1 - n_2 - 2}} \quad \text{sowie}$$

$$s_{\bar{D}} = s_D \sqrt{\frac{(n_1 + n_2)}{n_1 \cdot n_2}},$$

wobei n_1 der Umfang der Stichprobe X,

n_2 der Umfang der Stichprobe Y,

s_x^2 die Varianz der Stichprobe X,

s_y^2 die Varianz der Stichprobe Y,

$\bar{x}$ und $\bar{y}$ die jeweiligen arithmetischen Mittel

und die Indizes i und j von 1 bis n_1 bzw. n_2 laufen.

(2) Lies in der *t-Tabelle* (zweiseitig) den Wert $t_{\text{Tab}}(FG; \alpha)$ ab,

wobei α das Signifikanzniveau,

$FG = n_1 + n_2 - 2$ der Freiheitsgrad ist.

(3) Das $(1 - \alpha)$-Konfidenzintervall ist dann

$$[|\bar{x} - \bar{y}| - t_{\text{Tab}}(FG; \alpha) \cdot s_{\bar{D}}; |\bar{x} - \bar{y}| + t_{\text{Tab}}(FG; \alpha) \cdot s_{\bar{D}}]$$

Beispiel Wir betrachten das Beispiel von §9.1.2. Hier gilt

$$\bar{x} = 14.5, \quad s_x^2 = 4, \quad n_1 = 16 \quad \text{und}$$

$$\bar{y} = 13.0, \quad s_y^2 = 3, \quad n_2 = 14.$$

Dann beträgt $s_D = \sqrt{\frac{(16-1)4+(14-1)3}{16+14-2}} = \sqrt{\frac{60+39}{28}} = 1.88, s_{\bar{D}} = s_D \sqrt{\frac{16+14}{16 \cdot 14}} = 0.688$ und $|\bar{x} - \bar{y}| = 14.5 - 13.0 = 1.5$.

Mit $t_{\text{Tab}}(FG = 28; \alpha = 5\%) = 2.048$ erhalten wir das 95 %-Konfidenzintervall

$$[1.5 - 2.048 \cdot 0.688; 1.5 + 2.048 \cdot 0.688] = [0.09; 2.91].$$

Dieses Intervall enthält mit einer Sicherheit von 95 % den wahren Betrag der Differenz der beiden Mittelwerte μ_x und μ_y.

Der Wert null liegt nicht im Intervall, so dass wir von einer wahren Differenz ungleich null ausgehen können. Dies ist gleichbedeutend mit dem Testergebnis des Beispiels in §9.2.1, das einen signifikanten Unterschied der beiden Mittelwerte aufweist.

Bemerkung 1 Liegt der Wert null innerhalb des Konfidenzbereiches, so darf nicht auf Gleichheit der Mittelwerte geschlossen werden. Die Wahrscheinlichkeit für den Fehler bei der Annahme der Gleichheit wird nicht kontrolliert und ist unbekannt. Diese Situation entspricht der Beibehaltung der Nullhypothese bei üblichen Testmethoden. Hier ist der β-Fehler ebenfalls unbekannt und wird, ebenso wie die Breite des Konfidenzintervalls, im Wesentlichen durch die Anzahl der Wiederholungen bestimmt. Nach dem Experiment kann der β-Fehler nur durch die Vergrößerung des α-Risikos reduziert werden.

Bemerkung 2 In vielen Fragestellungen, beispielsweise bei der Zulassung von Medikamenten oder in der Risikoforschung, ist nicht der Nachweis der unterschiedlichen Wirkung, sondern die Gleichwertigkeit (*Äquivalenz*) von zwei Behandlungen von Bedeutung.

In diesen Fällen ist es sinnvoll, dass die Wissenschaftler des jeweiligen Fachgebietes festlegen, welche Mittelwertunterschiede eine Relevanz für die Fragestellung haben. Daraus ergibt sich eine *relevante Grenzdifferenz GD_R* und ein zugehöriger Äquivalenzbereich $[-GD_R; +GD_R]$. Liegt dann das $(1-\alpha)$-Konfidenzintervall innerhalb des Äquivalenzbereiches, wird Gleichwertigkeit angenommen.

Der Äquivalenzbereich sollte von möglichst vielen Fachwissenschaftlern akzeptiert und selbstverständlich vor dem Experiment festgelegt werden.

Kapitel IV: Varianzanalyse bei normalverteilten Gesamtheiten

§11 Grundgedanken zur Varianzanalyse

11.1 Zerlegung der Varianz nach Streuungsursachen

Die Varianzanalyse ($ANOVA$[5]) beruht auf der Zerlegung der Gesamtvariabilität von Messdaten in einzelne Komponenten, wobei jede Komponente eine bestimmte Variabilität*ursache* hat.

Im einfachsten Fall geht man von einem einzigen Faktor A aus, dessen Einfluss auf die Variabilität des gemessenen Merkmals man bestimmen möchte. In jedem Experiment liegt aber – neben der Variabilität, die durch diesen bekannten Faktor A erklärt werden kann – immer noch eine *zusätzliche Schwankung* der Messwerte vor, die auf *unbekannte Ursachen* und *nicht berücksichtigte Faktoren* zurückzuführen ist. Diese Variabilität bezeichnet man als *Reststreuung*, als *Zufallsvariabilität* oder als *Versuchsfehler*. Die Gesamtstreuung setzt sich demnach zusammen aus der durch den bekannten Faktor verursachten Variabilität und der Reststreuung. Direkt aus den experimentellen Messdaten lässt sich nur die Gesamtstreuung ermitteln, erst mit Hilfe der einfaktoriellen Varianzanalyse kann die Gesamtvariabilität rechnerisch in die beiden beschriebenen Bestandteile aufgespalten werden.

Liegen in einem Versuch mehrere bekannte Faktoren $A, B, C, \dots$ vor, so gibt die mehrfaktorielle Varianzanalyse die Möglichkeit, die Gesamtvariabilität in die – von den verschiedenen Faktoren $A, B, C, \dots$ verursachten – Streuungskomponenten zu zerlegen. Bei zwei oder mehr berücksichtigten Faktoren können auch Wechselwirkungen zwischen den Faktoren auftreten, die sich ebenfalls varianzanalytisch erfassen lassen.

Während der Versuchsfehler auf den Einfluss aller nicht erfassten Faktoren zurückgeht, beruhen die anderen Komponenten der Variabilität auf bekannten und im Versuch berücksichtigten Einflüssen wie Sorte, Behandlung, Herkunft etc. Wir sprechen dann von Sorten-, Behandlungs- oder Gruppeneffekten.

---

[5] *ANOVA* ist die übliche Abkürzung für die englische Bezeichnung „analysis of variance".

W. Köhler, G. Schachtel, P. Voleske, *Biostatistik*, Springer-Lehrbuch,
DOI 10.1007/978-3-642-29271-2_4, © Springer-Verlag Berlin Heidelberg 2012

Tab. 11.1 Körpergröße einer Studentin in cm bei 30 Messwiederholungen

Körpergröße	167.0	167.5	168.0	168.5	169.0	169.5	170.0	
Häufigkeiten	1	2	7	10	6	3	1	$n = 30$

Beispiel 11.1 Die Körpergröße einer zufällig ausgewählten 20-jährigenStudentin wurde innerhalb einer Stunde 30-mal von derselben Person gemessen. Die Schwankungen der Messwerte von 167.0 cm bis 170.0 cm (Tab. 11.1) sind vollständig auf Zufallseinflüsse unbekannter bzw. nicht erfasster Faktoren zurückzuführen und daher als Versuchsfehler anzusehen, eine Aufspaltung der Variabilität in verschiedene Komponenten ist nicht sinnvoll.

Beispiel 11.2 Bei 15 zufällig ausgewählten 20-jährigen Studentinnen wird jeweils, wie im Beispiel 11.1, die Körpergröße 30-mal gemessen. Diesmal schwanken die 450 Messwerte von 157.5 cm bis 182.0 cm. Zum Versuchsfehler ist die Variabilität hinzugekommen, die durch das Einbeziehen von 15 verschiedenen Individuen auftritt. Man kann also die Gesamtstreuung aufspalten in den Anteil des Versuchsfehlers und in die Variabilität der individuellen Körperlänge bei 20-jährigen Studentinnen (biologische Variabilität).

Beispiel 11.3 Bei 10-, 15-, 20- und 25-jährigen wird jeweils an 15 weiblichen Personen die Körpergröße 30-mal ermittelt, in gleicher Weise wie in Beispiel 11.2. Man erhält 4×450 Messwerte. Diesmal werden die Schwankungen noch größer, da zwischen gewissen Altersgruppen (z. B. 10- und 15-jährigen) erhebliche Unterschiede in der Körpergröße auftreten. Wir können im vorliegenden Versuch die Variabilität auf zwei Arten zerlegen:

Möglichkeit (i) Die Gesamtvariabilität kann in die Summe von drei Komponenten zerlegt werden: Zum einen ermittelt man den *Versuchsfehler*, dann die *von den Individuen* innerhalb jeder Altersgruppe *verursachte Variabilität* (biologische Variabilität) und drittens *die Streuung zwischen den vier verschiedenen Altersgruppen* (Wachstumseffekt).

Möglichkeit (ii) Ist man allerdings hauptsächlich an der Untersuchung der Variabilität der vier Altersgruppen interessiert, so kann man die Gesamtstreuung in nur zwei statt drei Komponenten zerlegen, und zwar in eine *Streuung innerhalb* und eine *Streuung zwischen* den Altersgruppen. In der „Streuung innerhalb" werden dabei aber *Versuchsfehler* und *Variabilität der Individuen* miteinander vermengt.

Beispiel 11.4 Eine weitere Versuchsanordnung wäre durch Vereinfachung von Beispiel 11.3 denkbar. Wieder seien zu jeder der vier Altersgruppen 15 Personen zufällig ausgewählt. Statt 30 Messungen an jeder Person vorzunehmen, wird die Körpergröße jeder Person nur ein einziges Mal gemessen. Das reduziert den Messaufwand erheblich, die Streuung lässt sich hier allerdings (im Gegensatz zu Beispiel 11.3) nur in zwei Komponenten zerlegen, in die Streuung „innerhalb" und „zwischen", vgl. Möglichkeit (ii) in Beispiel 11.3. Da nur eine Messung an jeder Person vorliegt, lässt sich die durch Messungenauigkeit verursachte Streuung nicht getrennt von der biologischen Variabilität schätzen. Beides ist zusammen in der Streuung „innerhalb" enthalten.

Bemerkung Oft wird die zusammengesetzte Größe, „Streuung innerhalb" auch als Versuchsfehler bezeichnet, obwohl hier neben der Messungenauigkeit auch die biologische Variabilität der Individuen enthalten ist, die ja auf keine „fehlerhaften" Messungen zurückgeht. „Versuchsfehler" ist dann im Sinne von „Reststreuung" zu verstehen.

11.2 Unterscheidung in feste und zufällige Effekte

Wir wollen uns an den Beispielen 11.2 und 11.3 den Unterschied zwischen zufälligen und festen Effekten vor Augen führen. In Beispiel 11.2 kam zum Versuchsfehler eine zusätzliche Variabilität hinzu, welche aus den individuellen Größenunterschieden der 15 zufällig ausgewählten gleichaltrigen Studentinnen resultierte. Diese biologische Variabilität müssen wir als *zufälligen* Effekt innerhalb einer Grundgesamtheit, hier der 20-jährigen weiblichen Studentinnen, ansehen. Ebenso zufällig sind die Schwankungen, die bei 30 Messungen an derselben Person auftreten. In Beispiel 11.2 haben wir also eine Zerlegung in zwei zufällige Effekte,[6] die gemeinsam die Gesamtvariabilität hervorrufen.

Ganz anders als in Beispiel 11.2 liegt der Fall bei der Variabilität, die durch die verschiedenen Altersgruppen in Beispiel 11.3 verursacht wird. Die vier Altersgruppen sind nicht zufällig ausgewählt, sondern vor der Auswahl wurde *bewusst festgelegt*, dass man nur die vier Altersgruppen der 10-, 15-, 20- und 25-jährigen untersuchen möchte. Zeigt nun das Experiment einen signifikanten Mittelwertunterschied, z. B. zwischen den Grundgesamtheiten der 10- und 15-jährigen, so liegt kein zufälliger sondern ein *fester* Effekt vor, der auf die im Experiment erfassten *festen* Altersunterschiede der verschiedenen Grundgesamtheiten zurückzuführen ist.

Wählen wir aus *einer* Grundgesamtheit zufällig mehrere Individuen (Objekte), so werden die Messungen zu *zufälligen Effekten* führen. Wählen wir aus *mehreren* Grundgesamtheiten Individuen (Objekte), so können die Messungen *feste Effekte* aufzeigen. Feste Effekte rühren von Mittelwertunterschieden zwischen verschiedenen Grundgesamtheiten her. Im zugrunde liegenden Modell müssen dabei mehrere Grundgesamtheiten systematisch unterschieden werden (vgl. Abb. 12.1 und 16.1). Die Differenzierung in zufällige und feste Effekte ist für die Wahl des geeigneten Modells und des adäquaten Testverfahrens wichtig. Bevor wir zur Formulierung der mathematischen Modelle übergehen, wollen wir die unterschiedlichen Fragestellungen erläutern, die für die Varianzanalyse bei festen oder zufälligen Effekten zulässig sind.

---

[6] Obwohl beide Effekte zufällig sind, besteht trotzdem ein wesentlicher Unterschied darin, dass der eine Effekt durch Unzulänglichkeit der Messungen verursacht ist. Man sollte daher bestrebt sein, ihn möglichst zu minimieren. Der andere zufällige Effekt beruht auf der biologischen Variabilität verschiedener Individuen, ist also unabhängig von der Messgenauigkeit und der Sorgfalt des Experimentators vorhanden.

11.2.1 Bei festen Effekten vergleicht man Mittelwerte

Zunächst betrachten wir die Situation bei Experimenten mit festen Effekten, etwa Wachstums-Effekten der Altersgruppen in Beispiel 11.3. Dort ist zu klären, ob die Mittelwerte der gemessenen Körpergrößen bei den vier Altersgruppen signifikante Unterschiede aufweisen oder ob alle vier Mittelwerte gleich sind. Mit dem t-Test von §9.1.2 konnten nur jeweils *zwei* Mittelwerte verglichen werden, mit *varianzanalytischen Methoden* lassen sich *mehrere Mittelwerte gleichzeitig* vergleichen. Dem liegt folgender Gedanke zugrunde:

Mit Hilfe einer Varianzanalyse zerlegt man die Gesamtvariabilität in den Bestandteil der Streuung, der auf die Variabilität *innerhalb der Altersgruppen* (Zufallsvariabilität), und in den Bestandteil der Streuung, der auf die Unterschiede *zwischen den Altersgruppen* (feste Effekte) zurückzuführen ist. Wenn nun die Streuung zwischen den Gruppen nicht größer als die Streuung innerhalb der Altersgruppen ist, so kann man annehmen, dass die im Experiment gemessenen Mittelwertunterschiede zufällig, also nicht signifikant verschieden sind. Erst wenn die Streuung zwischen den Gruppen „deutlich" größer als innerhalb der Gruppen ist, wird man die Hypothese von der Gleichheit aller Gruppenmittelwerte fallen lassen.

Anders ausgedrückt, wenn die Schwankungen der Altersgruppen-Mittelwerte sich noch „im Rahmen" der Zufallsvariabilität bewegen, wird man keine Mittelwertdifferenzen unterstellen. Ob das Verhältnis der beiden Streuungskomponenten noch „im Rahmen" bleibt, entscheidet man mit Hilfe des F-Tests, vgl. §9.1.5. Die eben skizzierte Vorgehensweise vergleicht somit Streuungskomponenten, um daraus auf Mittelwertunterschiede zu schließen. Diese Methode zum Mittelwertvergleich lässt sich sowohl bei einfaktorieller als auch bei mehrfaktorieller Varianzanalyse anwenden.

11.2.2 Bei zufälligen Effekten schätzt man Varianzen

Da wir bei *zufälligen Effekten* von Schwankungen innerhalb *einer* Grundgesamtheit mit einem einzigen Mittelwert ausgehen, kann es keinen sinnvollen Vergleich von Mittelwerten geben. Streuungszerlegung hat hier zum Ziel, die auf verschiedenen Ursachen beruhenden Streuungskomponenten zu schätzen. Will man in Beispiel 11.2 die Varianz der Verteilung der Körpergröße bei 20-jährigen Studentinnen bestimmen, so kann man durch Varianzanalyse aus der Gesamtvariabilität einen von der Messungenauigkeit des Experiments „bereinigten" Wert berechnen.

Das Schätzen von Varianzkomponenten ist von großem Interesse, z. B. in der Quantitativen Genetik und Züchtungsforschung.

Beispiel 1 In der praktischen Züchtung ist es von großer Bedeutung, einen Anhaltspunkt dafür zu haben, in welchem Ausmaß die Variation eines untersuchten Merkmals, z. B. der Milchleistung, durch Unterschiede im Erbgut und durch Umwelteinflüsse bestimmt wird. Ein Maß dafür ist die Heritabilität h^2, die den Anteil genetisch bedingter Varianz an der gesamten Varianz misst. Man berechnet sie als

Quotient aus genetisch bedingter Streuungskomponente und Gesamtvariation und benutzt sie zur Beurteilung des möglichen Zuchterfolges.

Die Schätzung von Varianzkomponenten kann auch Anhaltspunkte für die Versuchsanordnung weiterer Untersuchungen geben:

Beispiel 2 (nach Sokal/Rohlf) An fünf zufällig ausgewählten Ratten wird die DNA-Menge in den Leberzellen untersucht. Man entnimmt jeweils 3 Proben aus jeder Leber. Die Unterschiede im DNA-Gehalt der 5 Rattenlebern sind auf individuelle Unterschiede zwischen den Tieren zurückzuführen. Diese Varianz zwischen den Ratten sei σ_z^2. Aber auch die Messwerte aus derselben Leber („innerhalb") schwanken, ihre Varianz sei σ_i^2. Verursacht wird σ_i^2 vermutlich durch die Versuchsmethode oder durch Variation des DNA-Gehalts in verschiedenen Teilen einer Leber.

Aus dem Größenvergleich von σ_z^2 und σ_i^2 erhält man Information für eine günstige Versuchsanordnung: Ist σ_i^2 relativ klein im Vergleich zu σ_z^2, d. h. die Variation der Proben innerhalb einer Leber ist gering im Vergleich zur Variation zwischen den Ratten, so wird man mehr Ratten bei jeweils weniger Proben pro Leber untersuchen. Ist umgekehrt σ_i^2 relativ größer als σ_z^2, so erhöht man die Anzahl Proben pro Leber, um die Schwankungen der DNA-Werte innerhalb einer Leber genauer zu analysieren.

§12 Einfaktorielle Varianzanalyse (Modell I)

Nachdem wir Grundgedanken und Anwendung der Varianzanalyse erläutert haben, wollen wir uns jetzt der *einfaktoriellen Varianzanalyse* zuwenden, die oft auch *einfache Varianzanalyse* genannt wird. Es sei also für diesen Paragraphen stets vorausgesetzt, dass nur ein Faktor im Experiment planmäßig variiert wurde. Solch ein Faktor kann das Alter sein, es kann die Temperatur, die Getreidesorte, die Dosierung eines Medikaments oder Ähnliches mehr sein.

12.1 Mathematische Bezeichnungen

Zunächst werden wir geeignete Bezeichnungen und Abkürzungen einführen, um so Modelle zu formulieren und Wege anzugeben, mit denen die Zerlegung der Gesamtvarianz rechnerisch durchführbar ist.

Wenn wir im Experiment den interessierenden Faktor variieren, so sprechen wir dabei von den verschiedenen *Faktorstufen*. Diese Faktorstufen können verschiedene Gruppen, Behandlungen, Klassen etc. sein. Die Anzahl der Stufen sei k. Wichtig ist, dass diese k Stufen in der Versuchsplanung *bewusst und systematisch festgelegt* wurden, denn wir wollen die Existenz *fester Effekte* untersuchen.

Beispiel 1 Wenn der Faktor Alter untersucht werden soll, dann wählen wir nicht zufällig irgendwelche Personen aus, sondern nehmen für den Versuch „bewusst und systematisch" nur Personen aus vorher festgelegten Altersgruppen. Unsere

Tab. 12.1 Körpergewicht in kg

10-jährige	41	38	42	34	30	37	35	39	$n_1 = 8$
15-jährige	79	69	63	72	76	58			$n_2 = 6$
20-jährige	62	81	70	75	78	71	74		$n_3 = 7$
25-jährige	74	76	69	77	66	81	79	50	$n_4 = 8$

Faktorstufen seien etwa die 10-, 15-, 20- und 25-jährigen. Die Anzahl der Stufen ist dann $k = 4$ (Tab. 12.1).

Wurde auf einer Faktorstufe an mehreren Individuen (bzw. Objekten) die Messung vorgenommen, so sprechen wir von *Wiederholungen*. Die Anzahl Wiederholungen auf i-ter Stufe sei n_i. Die zugehörigen n_i Messergebnisse bezeichnen wir mit $x_{i1}, x_{i2}, \ldots, x_{in_i}$. Der 1. Index bezeichnet die Faktorstufe und der 2. Index die Wiederholung, d. h. x_{ij} bezeichnet den Messwert der j-ten Wiederholung auf der i-ten Faktorstufe.

Beispiel 2 Bei vier Altersgruppen wurde das Körpergewicht ermittelt (Tab. 12.1). Die $k = 4$ Faktorstufen seien:

1. Stufe: die 10-jährigen,   2. Stufe: die 15-jährigen,

3. Stufe: die 20-jährigen,   4. Stufe: die 25-jährigen.

Für $i = 3$ ist also die i-te Stufe die 3. Stufe, d. h. die Altersgruppe der 20-jährigen. Und es ist $n_i = n_3 = 7$, denn es wurde das Gewicht von 7 Personen der Altersgruppe der 20-jährigen gewogen. Die 4. dieser sieben Personen hatte das Gewicht $x_{34} = 75$ kg. Die zweite Faktorstufe hat die geringste Anzahl Wiederholungen, dort wurden nur $n_2 = 6$ Personen gewogen. Das geringste Gewicht hatte die fünfte 10-jährige Person mit $x_{15} = 30$ kg.

Das arithmetische Mittel aus den n_i Messungen der i-ten Stufe bezeichnet man als *Stufen-Mittelwert* $\bar{x}_i$. Er berechnet sich durch

$$\bar{x}_i = \frac{1}{n_i} \cdot \sum_{j=1}^{n_i} x_{ij} \,.$$

Die *Anzahl N aller Messwerte* berechnet sich durch

$$N = \sum_{i=1}^{k} n_i \,.$$

Als *Gesamtmittelwert* $\bar{\bar{x}}$ bezeichnet man das arithmetische Mittel aus allen Messwerten aller k Stufen. Man kann $\bar{\bar{x}}$ auch als gewogenes arithmetisches Mittel aus den k Stufenmittelwerten berechnen, daher gilt:

$$\bar{\bar{x}} = \frac{1}{N} \cdot \sum_{i=1}^{k} \sum_{j=1}^{n_i} x_{ij} = \frac{1}{N} \cdot \left(\sum_{i=1}^{k} n_i \cdot \bar{x}_i \right) \,.$$

Beispiel 3 Für Tab. 12.1 erhalten wir den ersten Stufenmittelwert $\bar{x}_1$ durch:

$$\bar{x}_1 = \frac{1}{8} \cdot \sum_{j=1}^{8} x_{1j} = \frac{1}{8} \cdot (41 + 38 + \ldots + 39) = \frac{296}{8} = 37.0 \, .$$

Für die weiteren Stufenmittelwerte gilt $\bar{x}_2 = 69.5$, $\bar{x}_3 = 73.0$ und $\bar{x}_4 = 71.5$. Nun lässt sich der Gesamtmittelwert als gewogenes arithmetisches Mittel (vgl. §4.1.5) berechnen

$$\bar{\bar{x}} = \frac{1}{N} \cdot \left(\sum_{i=1}^{4} n_i \cdot \bar{x}_i \right) = \frac{1}{29} \cdot (8 \cdot 37.0 + 6 \cdot 69.5 + 7 \cdot 73.0 + 8 \cdot 71.5) = 61.9 \, ,$$

wobei $N = n_1 + n_2 + n_3 + n_4 = 8 + 6 + 7 + 8 = 29$.

Wenn wir $\bar{\bar{x}}$ als Bezugsgröße wählen, so können wir die Abweichungen der Stufenmittelwerte $\bar{x}_i$ vom Gesamtmittel $\bar{\bar{x}}$ als feste Effekte $\hat{\alpha}_i$ interpretieren, die durch die Stufen hervorgerufen werden ($\hat{\alpha}_i$ hat nichts mit dem α-Wert des Signifikanzniveaus zu tun). In Formelschreibweise erhält man den festen Effekt $\hat{\alpha}_i$ durch:

$$\hat{\alpha}_i = \bar{x}_i - \bar{\bar{x}} \, .$$

Während die festen Effekte durch Unterschiede *zwischen* den Faktorstufen (Altersunterschiede) erklärbar sind, gibt es *innerhalb* der einzelnen Faktorstufen ebenfalls Abweichungen vom jeweiligen Stufen-Mittelwert $\bar{x}_i$, diese sind zufällig und von den untersuchten Individuen abhängig. Man spricht dabei vom Restfehler oder Versuchsfehler $\hat{e}_{ij}$ und es gilt:

$$\hat{e}_{ij} = x_{ij} - \bar{x}_i \, .$$

Folgen wir der eben eingeführten Terminologie, so setzt sich jeder Messwert zusammen aus dem *Gesamtmittelwert*, dem zugehörigen *festen Effekt* und dem *Rest-Fehler*:

$$x_{ij} = \bar{\bar{x}} + \hat{\alpha}_i + \hat{e}_{ij} \tag{12.1}$$

Dieses Ergebnis erhält man durch Addo-Subtraktion und Umordnen der Summanden, wie man in der folgenden Gleichungskette sieht:

$$x_{ij} = \bar{\bar{x}} - \bar{\bar{x}} + \bar{x}_i - \bar{x}_i + x_{ij} = \bar{\bar{x}} + (\bar{x}_i - \bar{\bar{x}}) + (x_{ij} - \bar{x}_i) = \bar{\bar{x}} + \hat{\alpha}_i + \hat{e}_{ij} \, .$$

Bei den eingeführten Formeln für $\hat{\alpha}_i$ und $\hat{e}_{ij}$ handelt es sich um *Schätzwerte*, was wir durch das Dach ($\hat{\ }$) symbolisieren. Auch $\bar{\bar{x}}$ ist nur ein Schätzwert des wahren Mittelwertes μ, den wir nicht kennen.

Beispiel 4 Der Alterseffekt beim Körpergewicht (vgl. Tab. 12.1) wird für die 10-jährigen (1. Faktorstufe) durch $\hat{\alpha}_1$ geschätzt, wobei

$$\hat{\alpha}_1 = \bar{x}_1 - \bar{\bar{x}} = 37.0 - 61.93 = -24.93 \, ,$$

d. h. 24.93 kg unter dem Durchschnitt.

Tab. 12.2 Anordnung der Messdaten bei einfaktorieller Varianzanalyse

		Faktorstufen					
		$i=1$	$i=2$	$i=3$	$\ldots$	$i=k$	$T_i = \sum\limits_{j=1}^{n_i} x_{ij}$ die i-te Spaltensumme,
	$j=1$	x_{11}	x_{21}	x_{31}	$\ldots$	x_{k1}	
	$j=2$	x_{12}	i_{22}	i_{32}	$\ldots$	x_{k2}	$T = \sum\limits_{i=1}^{k} T_i$ die Gesamtsumme,
	$j=3$	x_{13}	x_{23}	x_{33}	$\ldots$	x_{k3}	
	$\vdots$	$\vdots$	$\vdots$	$\vdots$	$\vdots$	$\vdots$	n_i die Anzahl Wiederholungen auf i-ter Stufe,
	$j=n_2$	$\vdots$	x_{2n_2}	$\vdots$	$\vdots$	$\vdots$	
Wiederholungen	$j=n_k$	$\vdots$		$\vdots$	$\vdots$	x_{kn_k}	
	$\vdots$	$\vdots$		$\vdots$	$\vdots$		$N = \sum\limits_{i=1}^{k} n_i$ die Anzahl aller Messwerte,
	$j=n_1$	x_{1n_1}		$\vdots$	$\vdots$		
	$\vdots$			$\vdots$	$\vdots$		$\bar{x}_i = \dfrac{T_i}{n_i}$ die Stufenmittelwerte,
	$j=n_3$			x_{3n_3}	$\vdots$		
	$\vdots$				$\vdots$		$\bar{\bar{x}} = \dfrac{T}{N}$ der Gesamtmittelwert.
T_i		T_1	T_2	T_3	$\ldots$	T_k	T
n_i		n_1	n_2	n_3	$\ldots$	n_k	N

$\bar{x}_i$	$\bar{x}_1$	$\bar{x}_2$	$\bar{x}_3$	$\ldots$	$\bar{x}_k$	$\bar{\bar{x}}$

Braucht für die Varianzanalyse nicht berechnet zu werden.

Der Restfehler der 7. Messung bei den 10-jährigen wird geschätzt durch $\hat{e}_{17} = x_{17} - \bar{x}_1 = 35.0 - 37.0 = -2.0$. Der Messwert x_{17} setzt sich also zusammen aus

$$x_{17} = \bar{\bar{x}} + \hat{\alpha}_1 + \hat{e}_{17} = 61.93 + (-24.93) + (-2.0) = 35.0 \ .$$

In Tab. 12.2 wird angegeben, wie man die im Experiment gewonnenen Messergebnisse günstig in einer Tabelle einträgt, um einige für die Varianzanalyse benötigte Größen schnell berechnen zu können.

Beispiel 5 Es wurden für die Sorten A, B und C die Erträge in dt ermittelt, bei Sorte B liegen vier, bei den Sorten A und C nur drei Wiederholungen vor. Die Messergebnisse sind entsprechend Tab. 12.3 angeordnet.

Tab. 12.3 Messergebnisse, Spaltensummen, Stichprobenumfang und Stufenmittelwerte eines Sortenversuches

		Faktorstufen			
		Sorte A $i=1$	Sorte B $i=2$	Sorte C $i=3$	$k=3$
Wiederholungen	$j=1$	$x_{11}=2.4$	$x_{21}=1.5$	$x_{31}=1.5$	
	$j=2$	$x_{12}=2.8$	$x_{22}=1.9$	$x_{32}=2.2$	
	$j=3$	$x_{13}=2.3$	$x_{23}=1.7$	$x_{33}=1.8$	
	$j=4$		$x_{24}=1.7$		
		$T_1=7.5$	$T_2=6.8$	$T_3=5.5$	$T=19.8$
		$n_1=3$	$n_2=4$	$n_3=3$	$N=10$
		$\bar{x}_1=2.5$	$\bar{x}_2=1.7$	$\bar{x}_3=1.8$	$\bar{\bar{x}}=1.98$
		Braucht für Varianzanalyse nicht berechnet zu werden			

Zunächst bildet man für jede Stufe i die Summe T_i der Messwerte: $T_i = x_{i1} + x_{i2} + \ldots + x_{in_i}$ und dann den Mittelwert $\bar{x}_i = \frac{T_i}{n_i}$. Für Sorte C, also $i=3$, ist $T_3 = 1.5 + 2.2 + 1.8 = 5.5$ und $\bar{x}_3 = \frac{5.5}{3} = 1.8$.

Um den Gesamtmittelwert $\bar{\bar{x}}$ zu berechnen, braucht man $T = T_1 + T_2 + T_3 = 19.8$ und $N = n_1 + n_2 + n_3 = 10$. Es ist dann $\bar{\bar{x}} = \frac{T}{N} = 2.0$.

Auch für dieses Beispiel soll am Messwert $x_{32} = 2.2$ demonstriert werden, wie sich x_{ij} aus $\bar{\bar{x}}, \hat{\alpha}_i$ und $\hat{e}_{ij}$ zusammensetzt. Der *Gesamtmittelwert* ist $\bar{\bar{x}} = 2.0$, der dritte Stufenmittelwert ist $\bar{x}_3 = 1.8$, daraus ergibt sich der *Sorteneffekt* $\hat{\alpha}_3 = \bar{x}_3 - \bar{\bar{x}} = -0.2$. Der *Versuchsfehler* ist $\hat{e}_{32} = x_{32} - \bar{x}_3 = 0.4$. Also gilt $x_{32} = \bar{\bar{x}} + \hat{\alpha}_3 + \hat{e}_{32} = 2.0 - 0.2 + 0.4 = 2.2$.

12.2 Zu den Voraussetzungen der Varianzanalyse

Wir haben in §11.2 zwischen festen und zufälligen Effekten unterschieden, dieser Unterschied führt bei der Varianzanalyse zu zwei verschiedenen Modellen.

12.2.1 Die Unterscheidung in Modell I und Modell II

Durch die Aufspaltung in das Gesamtmittel μ (mit Schätzwert $\bar{\bar{x}}$), in die Restfehler e_{ij} und die festen Effekte α_i haben wir ein Modell formuliert, das jeden Messwert

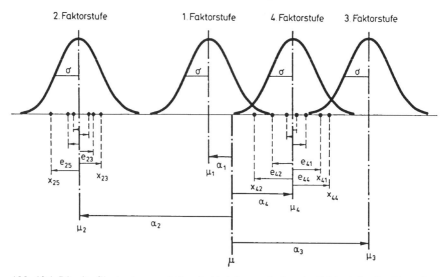

Abb. 12.1 Die vier Glockenkurven stellen die Verteilungen in den vier Faktorstufen dar. Der wahre Gesamtmittelwert μ wird in der Varianzanalyse durch $\bar{\bar{x}}$ geschätzt, die wahren Stufenmittelwerte μ_i durch die $\bar{x}_i$

nach gewissen Ursachen aufgliedert. Dabei hatten wir im Fall der einfaktoriellen Varianzanalyse nur einen festen Effekt α_i. Im Fall der mehrfaktoriellen Varianzanalyse kommen für die anderen Faktoren weitere feste Effekte β_j, γ_k usw. hinzu. Alle diese Modelle, die neben μ und e_{ij} nur *feste Effekte* einbeziehen, werden unter der Bezeichnung *Modell I* oder Modelle vom Typ I zusammengefasst. Zum Unterschied dazu gibt es Modelle vom Typ II, wo statt der festen Faktorstufen-Effekte zufällige Effekte ins Modell eingehen. Das Modell II (einschließlich gemischter Modelle) wird weiter unten in §16 vorgestellt.

Wir gehen also zunächst von Bedingungen des Modell I aus und wollen nun dafür die genauen Voraussetzungen formulieren.

12.2.2 Voraussetzungen bei einfaktorieller Varianzanalyse (Modell I)

Damit wir die speziellen Eigenschaften von arithmetischem Mittel und Varianz einer Normalverteilung (vgl. §4.3.1) für die Varianzanalyse nutzen können, müssen für die Messdaten folgende Voraussetzungen erfüllt sein:

- Die Stichproben der k Stufen stammen aus k *normalverteilten* Grundgesamtheiten $N(\mu_1, \sigma_1^2)$, $N(\mu_2, \sigma_2^2)$, ..., $N(\mu_k, \sigma_k^2)$.
- Die k Varianzen σ_i^2 seien für alle Grundgesamtheiten gleich, man spricht dann von *homogenen Varianzen*. D.h. es gelte:
  $\sigma_1^2 = \sigma_2^2 = \ldots = \sigma_k^2 = \sigma^2$, dabei kann σ^2 unbekannt sein.
- Die k Stichproben seien *unabhängig*.

Abbildung 12.1 soll die eben gemachten Voraussetzungen graphisch veranschaulichen.

Die Darstellung zeigt $k = 4$ normalverteilte Grundgesamtheiten (vier Glockenkurven) mit gleicher Varianz σ^2. Vom Gesamtmittelwert μ ausgehend erhält man z. B. den Stufenmittelwert μ_2 der 2. Faktorstufe durch Addition des (negativen) festen Effekts α_2. Addiert man nun zu μ_2 den Restfehler e_{23}, so erhält man x_{23}, die 3. Messung auf 2. Faktorstufe. Es ist also $x_{23} = \mu + \alpha_2 + e_{23}$.

Allgemein gilt

$$x_{ij} = \mu + \alpha_i + e_{ij} \qquad (12.2)$$

Dies ist das Analogon zu (12.1), nur dass hier statt der Schätzwerte die wahren Werte eingesetzt sind. Da uns aber die wahren Werte nicht bekannt sind, rechnen wir mit den Schätzwerten und verwenden daher im Weiteren (12.1).

12.3 Zerlegung in Streuungskomponenten

Bisher hatten wir nur die einzelnen Messwerte x_{ij} aufgegliedert in

$$x_{ij} = \bar{\bar{x}} + \hat{\alpha}_i + \hat{e}_{ij} \quad \text{(vgl. (12.1))}$$

Ausgehend von dieser Gleichung lässt sich auch die Gesamtvarianz nach Ursachen in verschiedene Streuungskomponenten zerlegen.

Die folgende Umformung zerlegt die Summe der Abweichungsquadrate (SQ total $= SQT$), aus der sich mittels Division durch den Freiheitsgrad die Varianz berechnen lässt, vgl. §4.2.1.

Es soll

$$SQT = \sum_{ij}(x_{ij} - \bar{\bar{x}})^2$$

zerlegt werden.

Wir gehen wie folgt vor:

$$x_{ij} = \bar{\bar{x}} + \hat{\alpha}_i + \hat{e}_{ij}$$
$$x_{ij} = \bar{\bar{x}} + (\bar{x}_i - \bar{\bar{x}}) + (x_{ij} - \bar{x}_i)$$
$$x_{ij} - \bar{\bar{x}} = (\bar{x}_i - \bar{\bar{x}}) + (x_{ij} - \bar{x}_i)$$
$$[x_{ij} - \bar{\bar{x}}]^2 = [(\bar{x}_i - \bar{\bar{x}}) + (x_{ij} - \bar{x}_i)]^2$$
$$(x - \bar{\bar{x}})^2 = (\bar{x}_i - \bar{\bar{x}})^2 + (x_{ij} - \bar{x}_i)^2 + 2(\bar{x}_i - \bar{\bar{x}})(x_{ij} - \bar{x}_i)$$
$$\sum_{ij}(x_{ij} - \bar{\bar{x}})^2 = \sum_{ij}(\bar{x}_i - \bar{\bar{x}})^2 + \sum_{ij}(x_{ij} - \bar{x}_i)^2 + 2 \cdot \underbrace{\sum_{ij}(\bar{x}_i - \bar{\bar{x}})(x_{ij} - \bar{x}_i)}_{=0}$$

Da die dritte Summe auf der rechten Seite null ist[7], bleibt folgende Zerlegung der Summe der Abweichungsquadrate übrig:

$$\sum_{ij}(x_{ij} - \bar{\bar{x}})^2 \quad = \quad \sum_{ij}(\bar{x}_i - \bar{\bar{x}})^2 \quad + \quad \sum_{ij}(x_{ij} - \bar{x}_i)^2$$

$$\uparrow \qquad\qquad\qquad \uparrow \qquad\qquad\qquad \uparrow$$

SQT	SQZ	SQI
repräsentiert die Gesamtvariabilität (*total*)	repräsentiert die Variabilität *zwischen* den Faktorstufen (feste Effekte)	repräsentiert die Variabilität *innerhalb* der Faktorstufen (Restfehler)

Es gilt somit $SQT = SQZ + SQI$. Wir werden diese Eigenschaft der SQ in etwas abgewandelter Form, nämlich $SQI = SQT - SQZ$, in der Tafel der Varianzanalyse wiederfinden.

Mit SQZ und SQI haben wir also zwei Streuungskomponenten erhalten, die sich gut interpretieren lassen.

SQZ ist die Summe der Quadrate der Abweichungen der Faktorstufenmittelwerte vom Gesamtmittelwert. Diese Abweichungen erklären sich aus den Effekten, die die verschiedenen Faktorstufen verursachen, daher spiegelt SQZ die Unterschiede zwischen den Faktorstufen wider.

SQI berücksichtigt jeweils nur die Abweichung jedes Messwertes von seinem Stufenmittelwert, es geht also nur die Streuung innerhalb jeder Stufe ein. Daher spiegelt SQI den Versuchsfehler wider. Indem wir SQZ bzw. SQI durch die jeweiligen Freiheitsgrade FG teilen, kommen wir zur entsprechenden Varianz oder wie man auch sagt, zu den „Durchschnittsquadraten" bzw. *„Mittleren Quadratsummen" (MQ)*.

12.4 Durchführung der einfaktoriellen Varianzanalyse (Modell I)

Zunächst trägt man die experimentellen Daten entsprechend Tab. 12.2 ein und berechnet die Spaltensummen T_i. Im Weiteren verfährt man wie folgt:

Fragestellung: Gibt es unter den Mittelwerten $\bar{x}_1, \bar{x}_2, \ldots, \bar{x}_k$ mindestens zwei, die voneinander signifikant verschieden sind?

Voraussetzungen: Die k Grundgesamtheiten seien normalverteilt mit homogenen Varianzen. Die entnommenen Stichproben seien unabhängig.

---

[7] Mit Bemerkung 2, §4.1.1 sieht man, dass für festes i die Summe $\sum_j(x_{ij} - \bar{x}_i) = 0$ ist. Und daher:

$$\sum_{ij} 2(\bar{x}_i - \bar{\bar{x}}) \cdot (x_{ij} - \bar{x}_i) = 2 \cdot \sum_i \left[(\bar{x}_i - \bar{\bar{x}}) \cdot \sum_j (x_{ij} - \bar{x}_i) \right] = 2 \cdot \sum_i [(\bar{x}_i - \bar{\bar{x}}) \cdot 0] = 0.$$

Rechenweg:

(1) Tafel der einfachen Varianzanalyse (feste Effekte)

Ursache	Streuung	FG	Quadratsumme SQ	mittlere Quadratsumme MQ	E(MQ)
Faktor A (Behandlung, Gruppe, Sorte, ...)	**zwischen** den Faktorstufen	$k-1$	$SQZ = \left(\sum_i \frac{T_i^2}{n_i}\right) - \left(\frac{T^2}{N}\right)$	$MQZ = \frac{SQZ}{k-1}$	$\sigma^2 + \frac{\sum n_i \alpha_i^2}{k-1}$
Versuchsfehler (Reststreuung)	**innerhalb** der Faktorstufen	$N-k$	$SQI = SQT - SQZ$	$MQI = \frac{SQI}{N-k}$	σ^2
Gesamt	**total**	$N-1$	$SQT = \left(\sum_{i,j} x_{ij}^2\right) - \left(\frac{T^2}{N}\right)$	$F_{Vers} = \frac{MQZ}{MQI}$	

Wobei k die Anzahl der Faktorstufen,

n_i die Anzahl Wiederholungen bei i-ter Stufe,

$N = \sum_{i=1}^{k} n_i$ die Anzahl aller Messwerte,

x_{ij} der Messwert der j-ten Wiederholung bei i-ter Stufe,

$T_i = \sum_{j=1}^{n_i} x_{ij}$ die Summe der Messwerte bei i-ter Stufe,

$T = \sum_{i=1}^{k} T_i$ die Summe *aller* Messwerte,

α_i der feste Effekt der i-ten Faktorstufe.

(2) Reihenfolge der Rechnung:

- Freiheitsgrade FG,
- Korrekturglied $\frac{T^2}{N}$, dann SQT und SQZ, daraus SQI,
- MQZ und MQI,
- falls $MQZ > MQI$ berechne F_{Vers}.

(3) Lies in der *F-Tabelle (einseitig)* den Wert $F_{\text{Tab}} = F_{N-k}^{k-1}(\alpha)$ ab,

wobei α das Signifikanzniveau,

$k-1$ die Freiheitsgrade (FG) „zwischen",

$N-k$ die Freiheitsgrade (FG) „innerhalb".

(4) Vergleiche F_{Vers} und F_{Tab}:

$$F_{\text{Vers}} \le F_{\text{Tab}} \Rightarrow H_0(\mu_1 = \mu_2 = \ldots = \mu_k).$$

$$F_{\text{Vers}} > F_{\text{Tab}} \Rightarrow H_1(\text{nicht alle Mittelwerte gleich}).$$

Wenn $MQZ \le MQI$, d.h. $F_{\text{Vers}} \le 1$, dann wird H_0 beibehalten. Beachte auch Schlusssatz der folgenden Bemerkung 1.

Beispiel Wir führen für die Messwerte von Tab. 12.3 eine Varianzanalyse durch und fassen die Ergebnisse in einer Varianzanalyse-Tafel zusammen:

$$T = 19.80, \quad T^2 = 392.04, \quad N = 10, \quad \frac{T^2}{N} = 39.20,$$

$$\sum x_{ij}^2 = 40.86, \quad SQT = 40.86 - 39.20 = 1.66, \quad \sum \frac{T_i^2}{n_i} = 40.39,$$

$$SQZ = 40.39 - 39.20 = 1.19, \quad SQI = 1.66 - 1.19 = 0.47.$$

$$MQZ = \frac{1.19}{2} = 0.60, \quad MQI = \frac{0.47}{7} = 0.07.$$

Ursache	Streuung	FG	SQ	MQ
Sorten	zwischen	2	1.19	0.60
Rest	innerhalb	7	0.47	0.07
Gesamt	total	9	1.66	

$$F_{\text{Vers}} = \frac{0.60}{0.07} = 8.57, \quad F_{\text{Tab}} = F_7^2(5\,\%) = 4.74.$$

$F_{\text{Vers}} > F_{\text{Tab}} \Rightarrow H_1$. Die drei Sorten weisen auf dem 5 %-Niveau signifikante Unterschiede auf, d. h. die mittleren Erträge von mindestens zwei der betrachteten Sorten sind verschieden.

Wie das Beispiel zeigt, *vergleicht* eine Varianzanalyse (Modell I) zwar die *Streuungskomponenten MQZ* und *MQI*, es wird dann aber eine *Aussage* über die *Mittelwerte* μ_i getroffen.

Bemerkung 1 In die Tafel der Varianzanalyse haben wir die Erwartungswerte $E(MQ)$ aufgenommen, das sind die Werte, die für MQZ bzw. MQI theoretisch, unter den Bedingungen des Modells, zu erwarten sind. Wenn alle festen Effekte $\alpha_i = 0$ sind, wenn also alle Stufenmittelwerte μ_i gleich sind (Nullhypothese H_0), dann wird sowohl für MQI als auch für MQZ jeweils der gleiche Wert σ^2 „erwartet", wie man leicht aus der Formel für $E(MQZ) = \sigma^2 + \frac{1}{k-1} \sum n_i \alpha_i^2$ sieht.

Mit dem F-Test, der auch Varianzquotienten-Test heißt, prüft man nun, ob die Varianzkomponenten MQZ und MQI signifikant verschieden sind. Falls der F-Test Unterschiede nachweist, so muss mindestens ein Mittelwert ungleich den übrigen sein.

Da in die Formel für $E(MQZ)$ die α_i als Quadrate eingehen, muss für $\alpha_i \neq 0$ (d. h. $\alpha_i^2 > 0$) der Erwartungswert $E(MQZ)$ immer größer als $E(MQI)$ werden. Aus diesem Grund schließt man bei $MQZ < MQI$ (d. h. $F_{\text{Vers}} \leq 1$), dass alle $\alpha_i = 0$, d. h. auf die Nullhypothese.

Ein zu kleines MQZ gibt einen Hinweis auf Verletzungen der Voraussetzungen der Varianzanalyse.

Bemerkung 2 Bei der Planung eines Versuches sollte man darauf achten, für *jede* Faktorstufe Wiederholungen vorzusehen. Am besten ist es, auf jeder Stufe die *gleiche Anzahl Wiederholungen* zu haben, d. h. es sollte $n_1 = n_2 = \ldots = n_k$ sein. Eine solche Versuchsanordnung heißt *balanciert* und hat für die statistische Auswertung viele Vorteile. So wird der β-Fehler reduziert und manche Verfahren sind nur im balancierten Fall anwendbar (z. B. der Tukey-Test). Ein Beispiel für einen unbalancierten Versuch findet man in Tab. 12.3.

§13 Zweifaktorielle Varianzanalyse (Modell I)

In diesem Paragraphen wollen wir Methoden der Varianzanalyse für den Fall zweier Faktoren einführen. Im Gegensatz zur einfaktoriellen werden bei der zweifaktoriellen Varianzanalyse zwei Faktoren variiert. Das wesentlich Neue ist, dass bei zwei oder mehr variierten Faktoren zu den festen Effekten noch Wechselwirkungen hinzukommen können, die ebenfalls in das Modell einbezogen werden.

13.1 Das zweifaktorielle Modell

Wir gehen wieder vom Modell I aus und setzen daher feste Effekte voraus. Wir wollen die beiden Faktoren, die variiert werden, mit A und B bezeichnen, Faktor A liege in k Faktorstufen und B liege in m Stufen vor.

Beispiel In einem Experiment werden vier Getreidesorten mit drei verschiedenen Düngern behandelt. Faktor A ist die Düngung und liegt in $k = 3$ Faktorstufen (Behandlungsstufen) vor. Dieser Versuch mit den drei unterschiedlichen Düngungen wird an vier verschiedenen Sorten durchgeführt, Faktor B hat also $m = 4$ Stufen (die Sorten). Wir können entsprechend der einfachen Varianzanalyse die Gesamtvariabilität auch hier in Komponenten zerlegen und die Existenz von festen Effekten prüfen, diesmal allerdings können sowohl Effekte des Faktors A („Behandlungseffekte") als auch des Faktors B („Sorteneffekte") auftreten.

Wenn wir den festen Effekt der i-ten Faktorstufe von A mit α_i und den festen Effekt der j-ten Faktorstufe von B mit β_j bezeichnen, dann bekommt (12.2) von §12.2.2 im zweifaktoriellen Modell die Form

$$x_{ijr} = \mu + \alpha_i + \beta_j + e_{ijr} \tag{13.1}$$

Dabei ist x_{ijr} der Messwert der r-ten Wiederholung auf i-ter A-Faktorstufe und j-ter B-Faktorstufe, μ ist der wahre Gesamtmittelwert und e_{ijr} der Restfehler.

Beachte Die Indizes i, j und r haben hier eine andere Bedeutung als bei der einfachen Varianzanalyse, r ist hier der Wiederholungsindex.

Um das Auftreten von Wechselwirkungen aufnehmen zu können, muss (13.1) noch weiter ergänzt werden.

13.1.1 Wechselwirkungen zwischen den Faktoren

Bevor wir (13.1) so verändern, dass auch mögliche Wechselwirkungen in der Rechnung berücksichtigt werden, soll an einem Beispiel erläutert werden, was unter Wechselwirkungen zwischen den Faktoren zu verstehen ist.

Beispiel Wir untersuchten den Ertrag zweier Sorten A und B in drei Klimazonen ($w = $ wenig, $n = $ normal, $v = $ viel Sonne). Bei Sorte A nahm der Ertrag im Experiment stets zu, je wärmer der Standort war. Man würde daher vermuten, dass $\alpha_w < \alpha_n < \alpha_v$. Dieser Vermutung widersprechen aber die experimentellen Daten für Sorte B, wo der Ertrag zwar von w nach n stieg, aber von n nach v wieder deutlich zurückging. Sorte B reagierte somit auf Klimaveränderung anders als Sorte A.

Die Klimaeffekte waren also nicht unabhängig von der untersuchten Sorte, d. h. es bestanden Wechselwirkungen zwischen dem Faktor „Sorte" und dem Faktor „Klima".

Unter Berücksichtigung von möglichen Wechselwirkungen muss man (13.1) geeignet modifizieren und um einen weiteren Term $(\alpha\beta)_{ij}$ ergänzen, durch den die Wechselwirkung zwischen i-ter A-Faktorstufe und j-ter B-Faktorstufe in das Modell Eingang findet. Jeder Messwert x_{ijr} setzt sich dann zusammen aus:

$$x_{ijr} = \mu + \alpha_i + \beta_i + (\alpha\beta)_{ij} + e_{ijr} \tag{13.2}$$

Bemerkung Sind alle $(\alpha\beta)_{ij} = 0$, so fällt dieser Term weg und man erhält wieder das Modell von (13.1). Man beachte auch, dass die Bezeichnung $(\alpha\beta)_{ij}$ für die Wechselwirkungen *nichts* mit einer Multiplikation von α und β zu tun hat.

Im einfaktoriellen Modell berechnete sich der Stufenmittelwert μ_i der i-ten Stufe als Summe aus festem Effekt α_i und Gesamtmittel μ. Hier im zweifaktoriellen Fall ergibt sich der Stufenmittelwert μ_{ij} der i-ten A-Faktorstufe und j-ten B-Faktorstufe als Summe $\mu_{ij} = \mu + \alpha_i + \beta_j + (\alpha\beta)_{ij}$. Sind keinerlei Wechselwirkungen zwischen den Faktoren vorhanden, so ist $(\alpha\beta)_{ij} = 0$ für alle i und alle j. Abbildung 13.1a zeigt solch einen Fall *ohne* Wechselwirkungen, hier gilt $(\alpha\beta)_{ij} = 0$ und deswegen: $\mu_{ij} = \mu + \alpha_i + \beta_j + (\alpha\beta)_{ij} = \mu + \alpha_i + \beta_j$. Daher ist unabhängig von der Düngungsstufe i der Abstand $\mu_{i1} - \mu_{i2}$ der Ertragspunkte beider Sorten immer konstant, und zwar ist

$$\mu_{i1} - \mu_{i2} = (\mu + \alpha_i + \beta_1) - (\mu + \alpha_i + \beta_2) = \beta_1 - \beta_2 = 50.$$

In der graphischen Darstellung verlaufen daher beide Polygonzüge parallel im Abstand 50 voneinander.

Addiert man zu Sorte 2 jeweils 50 dazu, so erhält man den entsprechenden Wert von Sorte 1; daher spricht man auch von „*Additivität*", wenn keine Wechselwirkungen zwischen den Faktoren vorliegen. Liegen dagegen Wechselwirkungen vor, so ist $(\alpha\beta)_{ij} \neq 0$. Gehen wir in Abb. 13.1b von demselben Gesamtmittel μ und den

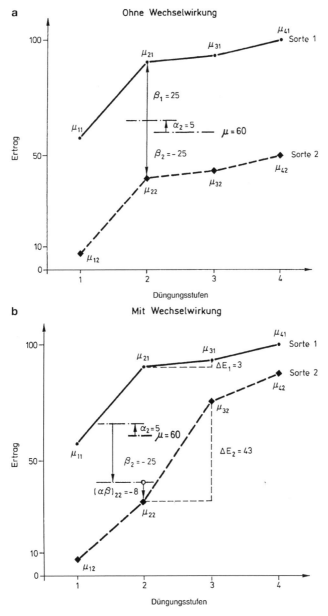

Abb. 13.1 a Es bestehen keine Wechselwirkungen zwischen den Faktoren. Beide Sorten reagierten gleich auf Veränderungen der Düngung. So nimmt für beide Sorten bei Übergang von Düngerstufe $i = 2$ auf $i = 3$ der mittlere Ertrag μ_{ij} jeweils um 3 dt zu. *Beide Kurven* verlaufen parallel. Die *eingezeichneten Punkte* stellen jeweils den mittleren Ertrag μ_{ij} dar.
b Es bestehen Wechselwirkungen zwischen den Faktoren. Die beiden Sorten reagieren nicht gleich auf Veränderungen der Düngung. So führt z. B. der Übergang von Düngungsstufe $i = 2$ auf $i = 3$ bei Sorte 1 zu einem zusätzlichen Ertrag von nur $\Delta E_1 = 3$ dt, bei Sorte 2 aber zu $\Delta E_2 = 43$ dt. Die *beiden Kurven* verlaufen nicht parallel

gleichen festen Effekten wie in Abb. 13.1a für α_i und β_j aus, so setzt sich z. B. $\mu_{22} = 32$ wie folgt zusammen:

$$\mu_{22} = \mu + \alpha_2 + \beta_2 + (\alpha\beta)_{22}$$
$$= 60 + 5 + (-25) + (\alpha\beta)_{22} = 40 + (\alpha\beta)_{22} = 32,$$

woraus $(\alpha\beta)_{22} = -8$ folgt. Für $\mu_{12} = 7, \mu_{32} = 75$ und $\mu_{42} = 87$ gilt dann entsprechend $(\alpha\beta)_{12} = 0, (\alpha\beta)_{32} = 34$ und $(\alpha\beta)_{42} = 37$. Für den Abstand gilt bei Wechselwirkungen $\mu_{i1} - \mu_{i2} = \beta_1 - \beta_2 + (\alpha\beta)_{i1} - (\alpha\beta)_{i2}$, bei verschiedenen Düngerstufen i erhält man unterschiedliche Abstände

$$\mu_{11} - \mu_{12} = 50, \mu_{21} - \mu_{22} = 58, \mu_{31} - \mu_{32} = 16, \mu_{41} - \mu_{42} = 13.$$

Die Existenz von Wechselwirkungen $(\alpha\beta)_{ij} \neq 0$ führt zu den unterschiedlich großen Abständen $\mu_{i1} - \mu_{i2}$ und bewirkt, dass die Polygonzüge in Abb. 13.1b nicht parallel verlaufen.

Die Gegenüberstellung der Abb. 13.1a und b zeigt, dass die graphische Darstellung der experimentellen Daten schon einen ersten Eindruck über die Existenz von Wechselwirkungen vermittelt: Laufen die eingezeichneten Kurven *annähernd parallel*, so liegen *keine Wechselwirkungen* zwischen den Faktoren vor.

Neben dieser graphischen Methode lässt sich rechnerisch durch eine Varianzanalyse prüfen, ob signifikante Wechselwirkungen zwischen den Faktoren vorliegen. Dazu zerlegt man die Gesamtvariabilität in *vier* Varianzkomponenten. Neben dem Restfehler R und den durch die zwei Faktoren A und B verursachten Streuungsanteilen wird ein vierter Varianzanteil hinzugenommen, der auf Wechselwirkungen W beruht. Man erhält entsprechend der Gleichung $SQT = SQZ + SQI$ (vgl. §12.3) hier die Gleichung

$$SQT = SQA + SQB + SQW + SQR.$$

Für die konkrete Berechnung gehen wir nun von den unbekannten wahren Werten des Modells zu den Schätzwerten der Stichprobe über: Die Gesamtstreuung

$$SQT = \sum_{i,j,r} \left(x_{ijr} - \bar{\bar{x}} \right)^2$$

wird zerlegt in die Summe

$$\sum (\bar{x}_{i\bullet\bullet} - \bar{\bar{x}})^2 + \sum (\bar{x}_{\bullet j\bullet} - \bar{\bar{x}})^2 + \sum [(\bar{x}_{ij\bullet} - \bar{x}_{i\bullet\bullet}) - (\bar{x}_{\bullet j\bullet} - \bar{\bar{x}})]^2 + \sum (x_{ijr} - \bar{x}_{ij\bullet})^2$$

$$\uparrow \qquad\qquad \uparrow \qquad\qquad\qquad \uparrow \qquad\qquad\qquad\qquad \uparrow$$

$$\boxed{SQA} \quad + \quad \boxed{SQB} \quad + \quad\qquad \boxed{SQW} \qquad\quad + \qquad \boxed{SQR}.$$

$$(13.3)$$

Eine andere Darstellung von SQW ist dabei folgende:

$$SQW = \sum \left[(\bar{x}_{ij\bullet} - \bar{\bar{x}}) - (\bar{x}_{i\bullet\bullet} - \bar{\bar{x}}) - (\bar{x}_{\bullet j\bullet} - \bar{\bar{x}}) \right]^2.$$

Dabei bezeichnet

$\bar{\bar{x}} = \frac{1}{k \cdot m \cdot n} \sum_{i,j,r} x_{ijr}$ den Schätzwert des Gesamtmittelwertes μ,

$\bar{x}_{i \bullet \bullet} = \frac{1}{m \cdot n} \sum_{j,r} x_{ijr}$ den Schätzwert des Mittelwertes μ_i der i-ten A-Faktorstufe über allen Wiederholungen aller B-Faktorstufen,

$\bar{x}_{\bullet j \bullet} = \frac{1}{k \cdot n} \sum_{i,r} x_{ijr}$ den Schätzwert des Mittelwertes μ_j der j-ten B-Faktorstufe über allen Wiederholungen aller A-Faktorstufen,

$\bar{x}_{ij \bullet} = \frac{1}{n} \sum_{r} x_{ijr}$ den Schätzwert des Stufenmittelwertes μ_{ij} der i-ten A-Faktorstufe und j-ten B-Faktorstufe,

n die Anzahl der Wiederholungen,

k (bzw. m) die Anzahl der A- (bzw. B-) Faktorstufen.

Durch diese Zerlegung von SQT in SQA, SQB, SQR und SQW können wir jetzt mit Hilfe der jeweiligen Freiheitsgrade FG unsere Varianzkomponenten MQA, MQB, MQW und MQR berechnen, wobei MQW als der durch Wechselwirkungen verursachte Streuungsanteil interpretiert wird. Mit dem F-Test kann dann geprüft werden, ob sich die Existenz von Wechselwirkungen nachweisen lässt, $F_{\text{Vers}}(W)$ wird als Quotient aus MQW und MQR gebildet.

13.1.2 Voraussetzungen bei zweifaktorieller Varianzanalyse

Bei k verschiedenen A-Faktorstufen und m verschiedenen B-Faktorstufen liegen insgesamt $k \cdot m$ verschiedene (i, j)-Faktorstufen-Kombinationen vor. Zu jeder dieser $k \cdot m$ Kombinationen liegt im Experiment eine Stichprobe vom Umfang n vor.

Beispiel Die Erträge von $k = 2$ Sorten (Faktor A) wurden in $m = 3$ Klimazonen (Faktor B) jeweils auf $n = 5$ Feldern (Wiederholungen) ermittelt. Es liegen also $k \cdot m = 2 \cdot 3 = 6$ Stichproben vor, jede Stichprobe besteht aus $n = 5$ Werten.

Im Gegensatz zur einfaktoriellen $ANOVA$ gehen wir bei der zwei- oder mehrfaktoriellen Varianzanalyse stets davon aus, dass der Stichprobenumfang für alle Stichproben gleich ist (balanciert). Ein nicht balancierter Versuchsaufbau erschwert bei mehrfaktorieller Varianzanalyse die Auswertung und lässt im allgemeinen Fall keine saubere Trennung der Effekte zu, die durch die einzelnen Faktoren bzw. Wechselwirkungen hervorgerufen werden. Aus diesem Grund verlangen wir als eine der Voraussetzungen, dass alle Stichproben gleichen Umfang haben.

Im Einzelnen sollen die Messdaten folgende Voraussetzungen erfüllen:

- Die $k \cdot m$ Stichproben stammen aus $k \cdot m$ *normalverteilten Grundgesamtheiten*, $N(\mu_{11}, \sigma_{11}^2)$, $N(\mu_{12}, \sigma_{12}^2)$, ..., $N(\mu_{km}, \sigma_{km}^2)$.
- Die $k \cdot m$ Varianzen σ_{ij}^2 seien für alle Grundgesamtheiten gleich, man spricht dann von *homogenen Varianzen*. D. h. $\sigma_{11}^2 = \sigma_{12}^2 = \ldots = \sigma_{km}^2 = \sigma^2$, dabei kann σ^2 unbekannt sein.
- Die $k \cdot m$ Stichproben seien *unabhängig* mit gleichem Stichprobenumfang $n > 1$ *(balanciert)*.

Sind diese Voraussetzungen erfüllt (vgl. §14), so können wir, wie schon erwähnt, MQA, MQB, MQW und MQR berechnen und mit dem F-Test *folgende Hypothesen* prüfen:

1. Nullhypothese A: Die festen Effekte α_i des Faktors A sind alle gleich null.

Alternativhypothese A: Mindestens für ein i gilt $\alpha_i \neq 0$.

Dieses Hypothesenpaar gibt Auskunft darüber, ob es zwischen den Mittelwerten $\bar{x}_{1\bullet\bullet}, \bar{x}_{2\bullet\bullet}, \ldots, \bar{x}_{k\bullet\bullet}$ des Faktors A signifikante Mittelwertunterschiede gibt.

2. Nullhypothese B: Die festen Effekte β_j des Faktors B sind alle gleich null.

Alternativhypothese B: Mindestens für ein j gilt $\beta_j \neq 0$.

Dieses Hypothesenpaar gibt darüber Auskunft, ob es zwischen den Mittelwerten $\bar{x}_{\bullet 1\bullet}, \bar{x}_{\bullet 2\bullet}, \ldots, \bar{x}_{\bullet m\bullet}$ des Faktors B signifikante Mittelwertunterschiede gibt.

3. Nullhypothese W: Die Wechselwirkungen $(\alpha\beta)_{ij}$ zwischen den Faktoren A und B sind alle gleich null.

Alternativhypothes e W: Mindestens für ein Paar (i, j) gilt, dass $(\alpha\beta)_{ij} \neq 0$.

Dieses Hypothesenpaar gibt Auskunft darüber, ob es signifikante Wechselwirkungen zwischen den Faktoren A und B gibt.

Nachdem wir Modell, Voraussetzungen und Fragestellung der zweifaktoriellen *ANOVA* dargestellt haben, wollen wir jetzt die Schritte zur rechnerischen Durchführung der Varianzanalyse beschreiben.

13.2 Durchführung der zweifaktoriellen *ANOVA* (mehrfache Besetzung, Modell I)

Wir beginnen damit, die im Experiment gewonnenen Messwerte günstig in einer Tabelle anzuordnen, um dann schon einige für die Varianzanalyse wichtige Größen schnell berechnen zu können, vgl. Tab. 13.1. Man nennt die Rechtecke in der Tabelle, in denen die Messwerte einer Stichprobe eingetragen sind, „Zellen". Liegen *Wiederholungen* vor, d. h. $n > 1$, so spricht man von *mehrfacher Zellbesetzung*, ist $n = 1$, so liegt einfache Besetzung vor. Sind alle Stichprobenumfänge gleich (balanciert), so liegt gleiche Zellbesetzung vor.

Wir wollen jetzt eine zweifaktorielle Varianzanalyse bei mehrfacher Besetzung (balanciert) durchführen:

Fragestellung: Gibt es signifikante Wechselwirkungen zwischen den Faktoren A und B?

Gibt es unter den Mittelwerten $\bar{x}_{1\bullet\bullet}, \bar{x}_{2\bullet\bullet}, \ldots, \bar{x}_{k\bullet\bullet}$ der k Faktorstufen von A mindestens zwei, die voneinander signifikant verschieden sind?

Gibt es unter den Mittelwerten $\bar{x}_{\bullet 1\bullet}, \bar{x}_{\bullet 2\bullet}, \ldots, \bar{x}_{\bullet m\bullet}$ der m Faktorstufen von B mindestens zwei, die voneinander signifikant verschieden sind?

Voraussetzungen: Die Grundgesamtheiten seien normalverteilt mit homogenen Varianzen. Die entnommenen Stichproben seien unabhängig und von gleichem Umfang $n > 1$.

Rechenweg:

(1) Tafel der zweifachen Varianzanalyse (balanciert, Modell I)

Ursache	FG	SQ	MQ
Faktor A	$k-1$	$SQA = \left(\frac{\sum Z_i^2}{m \cdot n}\right) - \left(\frac{T^2}{N}\right)$	$MQA = \frac{SQA}{k-1}$
Faktor B	$m-1$	$SQB = \left(\frac{\sum T_j^2}{k \cdot n}\right) - \left(\frac{T^2}{N}\right)$	$MQB = \frac{SQB}{m-1}$
Wechsel-wirkungen	$(m-1)\cdot(k-1)$	$SQW = \left(\frac{1}{n} \cdot \sum S_{ij}^2\right) - \frac{T^2}{N}$ $- SQA - SQB$	$MQW = \frac{SQW}{(m-1)\cdot(k-1)}$
Rest	$N-mk$	$SQR = SQT - SQA$ $- SQB - SQW$	$MQR = \frac{SQR}{N-mk}$
Gesamt	$N-1$	$SQT = \left(\sum_{i,j,r} x_{ijr}^2\right) - \left(\frac{T^2}{N}\right)$	

Wobei k (bzw. m) die Anzahl der Faktorstufen von A (bzw. B),

x_{ijr} der Messwert der r-ten Wiederholung bei i-ter A- und j-ter B-Faktorstufe,

n die Anzahl Wiederholungen in jeder Zelle,

$N = m \cdot k \cdot n$ die Anzahl aller Messwerte,

S_{ij}, Z_i, T_j, T wie in Tab 13.1 berechnet werden.

(2) Reihenfolge der Rechnung:

- Freiheitsgrade FG, Korrekturglied $\frac{T^2}{N}$
- SQT, SQA, SQB, SQW, daraus SQR
- MQA, MQB, MQW, MQR
- berechne $F_{\text{Vers}}(W) = \frac{MQW}{MQR}$, $F_{\text{Vers}}(A) = \frac{MQA}{MQR}$ und $F_{\text{Vers}}(B) = \frac{MQB}{MQR}$.

Ist ein $F_{\text{Vers}} \leq 1$, so ist die zu diesem F_{Vers} zugehörige Nullhypothese beizubehalten. Beachte Schlusssatz von Bemerkung 1, §12.4.

(3) Lies in der F-*Tabelle (einseitig)* die Werte

$$F_{\text{Tab}}(W) = F_{N-mk}^{(m-1)\cdot(k-1)}(\alpha),$$

$$F_{\text{Tab}}(A) = F_{N-mk}^{k-1}(\alpha) \quad \text{und} \quad F_{\text{Tab}}(B) = F_{N-mk}^{m-1}(\alpha) \quad \text{ab},$$

wobei α das Signifikanzniveau,

$(m-1)\cdot(k-1)$ der Freiheitsgrad (FG) der Wechselwirkungen,

$k-1$ (bzw. $m-1$) der Freiheitsgrad (FG) von Faktor A (bzw. B),

$N-mk$ der Freiheitsgrad (FG) vom Rest.

(4) Vergleiche F_{Vers} und F_{Tab}:

    a. Prüfung auf Wechselwirkungen:

$$F_{\text{Vers}}(W) \leq F_{\text{Tab}}(W) \Rightarrow H_0 \text{ (keine Wechselwirkungen)}.$$
$$F_{\text{Vers}}(W) > F_{\text{Tab}}(W) \Rightarrow H_1 \text{ (signifikante Wechselwirkungen)}.$$

    b. Prüfung auf Existenz fester Effekte des Faktors A:

$$F_{\text{Vers}}(A) \leq F_{\text{Tab}}(A) \Rightarrow H_0 \ (\mu_1 = \mu_2 = \ldots = \mu_k).$$
$$F_{\text{Vers}}(A) > F_{\text{Tab}}(A) \Rightarrow H_1 \text{ (mindestens zwei } A\text{-Stufen-}$$
$$\text{mittelwerte sind verschieden)}.$$

    c. Prüfung auf Existenz fester Effekte des Faktors B:

$$F_{\text{Vers}}(B) \leq F_{\text{Tab}}(B) \Rightarrow H_0 \ (\mu_1 = \mu_2 = \ldots = \mu_m).$$
$$F_{\text{Vers}}(B) > F_{\text{Tab}}(B) \Rightarrow H_1 \text{ (mindestens zwei } B\text{-Stufen-}$$
$$\text{mittelwerte sind verschieden)}.$$

Beispiel Bei einem Gewächshausversuch über den Ertrag einer Weinsorte, die auf $k = 2$ verschieden gedüngten Böden (I, II) gezogen wurde und unter $m = 3$ verschiedenen chemischen Behandlungen (a, b, c) stand, erhielt man folgende Ergebnisse ($n = 3$ Wiederholungen):

Stufen des Faktors A		Wiederholungen	Stufen des Faktors B				
			$j=1$ (a)	$j=2$ (b)	$j=3$ (c)		$\bar{x}_i$
$i=1$ (Düngung I)		$r=1$	21.3	22.3	23.8		
		$r=2$	20.9	21.6	23.7		
		$r=3$	20.4	21.0	22.6		
		Σ	62.6	64.9	70.1	**197.6**	21.96
$i=2$ (Düngung II)		$r=1$	12.7	12.0	14.5		
		$r=2$	14.9	14.2	16.7		
		$r=3$	12.9	12.1	14.5		
		Σ	40.5	38.3	45.7	**124.5**	13.83
			103.1	**103.2**	**115.8**	**322.1**	
		$\bar{x}_j$	17.18	17.20	19.30		$17.89 = \bar{\bar{X}}$

Tab. 13.1 Anordnung der Messwerte bei zweifaktorieller Varianzanalyse

	Wie-derho-lung	Stufen des Faktors B					
		$j=1$	$j=2$	$j=3$	$\ldots$	$j=m$	
$i=1$	$r=1$	x_{111}	x_{121}	x_{131}	$\cdot$	x_{1m1}	
	$r=2$	x_{112}	x_{122}	x_{132}	$\cdot$	x_{1m2}	
	$r=3$	x_{113}	x_{123}	x_{133}	$\cdot$	x_{1m3}	
	$\vdots$	$\vdots$	$\vdots$	$\vdots$	$\cdot$	$\vdots$	
	$r=n$	x_{11n}	x_{12n}	x_{13n}	$\cdot$	x_{1mn}	
	Σ	S_{11}	S_{12}	S_{13}	$\ldots$	S_{1m}	Z_1
$i=2$	$r=1$	x_{211}	x_{221}	x_{231}	$\cdot$	x_{2m1}	
	$r=2$	x_{212}	x_{222}	x_{232}	$\cdot$	x_{2m2}	
	$r=3$	x_{213}	x_{223}	x_{233}	$\cdot$	x_{2m3}	
	$\vdots$	$\vdots$	$\vdots$	$\vdots$	$\cdot$	$\vdots$	
	$r=n$	x_{21n}	x_{22n}	x_{23n}	$\cdot$	x_{2mn}	
	Σ	S_{21}	S_{22}	S_{23}	$\ldots$	S_{2m}	Z_2
		$\cdot$	$\cdot$	$\cdot$			
		$\cdot$	$\cdot$	$\cdot$			
		$\cdot$	$\cdot$	$\cdot$			
$i=k$	$r=1$	x_{k11}	$\cdot$	$\cdot$	$\cdot$	X_{km1}	
	$\vdots$	$\cdot$	$\cdot$	$\cdot$	$\vdots$		
	$r=n$	x_{kln}	$\cdot$	$\cdot$	$\cdot$	X_{kmn}	
	Σ	S_{k1}	S_{k2}	S_{k3}	$\ldots$	S_{km}	Z_k
		T_1	T_2	T_3	$\ldots$	T_m	T

(Linke Randbeschriftung: **Stufen des Faktors A**)

Braucht für die Varianzanalyse nicht berechnet zu werden

$$\bar{x}_{i\bullet\bullet} = \frac{Z_i}{m \cdot n}$$

$$\bar{x}_{\bullet j\bullet} = \frac{Z_i}{k \cdot n}$$

wobei x_{ijr} der Messwert der r-ten Wiederholung, bei i-ter A- und j-ter B-Faktorstufe,

k (bzw. m)   die Anzahl der A- (bzw. B-) Faktorstufen,

n die Anzahl Wiederholungen in jeder Zelle,

$S_{ij} = \sum_{r=1}^{n} x_{ijr}$ die Summe aller Wiederholungen in einer Zelle,

$Z_i = \sum_{j=1}^{m} S_{ij}$ die i-te Zeilensumme,

$T_j = \sum_{i=1}^{k} S_{ij}$ die j-te Spaltensumme,

$T = \sum_{j} T_j$ die Summe aller Messwerte.

Man berechnet die MQ wie in der Tafel der Varianzanalyse angegeben und erhält:

Ursache	FG	SQ	MQ
Düngung	1	$SQA = 296.87$	$MQA = 296.87$
Behandlung	2	$SQB = 17.78$	$MQB = 8.89$
Wechselwirkung	2	$SQW = 1.69$	$MQW = 0.85$
Rest	12	$SQR = 11.41$	$MQR = 0.95$
Total	17	$SQT = 327.75$	

$$F_{\text{Vers}}(W) = \frac{0.85}{0.95} < 1 \Rightarrow H_0: \text{es gibt keine signifikante Wechselwirkung.}$$

$$F_{\text{Vers}}(A) = \frac{296.87}{0.95} = 312.49, \quad F_{\text{Tab}}(A) = F_{12}^1(5\%) = 4.75,$$

also ist $F_{\text{Vers}}(A) > F_{\text{Tab}}(A) \Rightarrow H_1:$ es gibt Düngungseffekte.

$$F_{\text{Vers}}(B) = \frac{8.89}{0.95} = 9.36, \quad F_{\text{Tab}}(B) = F_{12}^2(5\%) = 3.89,$$

also ist $F_{\text{Vers}}(B) > F_{\text{Tab}}(B) \Rightarrow H_1:$ es gibt Behandlungseffekte.

Da keine Wechselwirkungen vorliegen, könnte man jetzt noch die drei Stufenmittelwerte der chemischen Behandlungen $\bar{x}_a = 17.18$, $\bar{x}_b = 17.20$ und $\bar{x}_c = 19.30$ mittels mehrfacher Mittelwertvergleiche darauf testen, welche der drei Mittelwerte untereinander signifikant verschieden sind. Als mögliche Tests bieten sich der Scheffé- oder der Tukey-Test (HSD-Test) an.

Bemerkung 1 $F_{\text{Vers}}(W)$ ist in diesem Beispiel kleiner als eins. Dies ist theoretisch unmöglich (vgl. Bemerkung 1, §12.4) und kann daher ein Hinweis sein, dass Voraussetzungen der $ANOVA$ verletzt sind, insbesondere falls F_{Vers} sehr klein gegenüber eins ist. Ob F_{Vers} signifikant *kleiner* als 1 ist, überprüft man mit Hilfe des reziproken Wertes von F_{Vers}.

Bemerkung 2 Mit der eben dargestellten zweifachen Varianzanalyse können gleichzeitig zwei Faktoren A und B geprüft werden. Gegenüber der getrennten Auswertung der beiden Faktoren in zwei einfaktoriellen Varianzanalysen hat das zweifaktorielle Verfahren mehrere Vorteile, auf die in §24.2.5 im Rahmen der Versuchsplanung eingegangen wird.

Im Folgenden soll noch auf einen Spezialfall der zweifaktoriellen $ANOVA$ eingegangen werden, den wir bisher ausgeschlossen hatten, den Fall einfacher Zellbesetzung.

13.3 Die zweifaktorielle *ANOVA* ohne Wiederholungen (Modell I)

Wurden bei einem Experiment *keine Wiederholungen* durchgeführt, so liegt *einfache Besetzung* vor. Hat man zwei Faktoren variiert, wobei zu jeder Kombination der Faktorstufen nur jeweils ein einziger Messwert ermittelt wurde, so spricht man

Tab. 13.2 Anordnung der Messdaten bei zweifaktorieller Varianzanalyse ohne Wiederholung

		Stufen des Faktors B					
		$j=1$	$j=2$	$\ldots$	$j=m$	Z_i	$\bar{x}_{i\bullet}$
Stufen des Faktors A	$i=1$	x_{11}	x_{12}	$\ldots$	x_{1m}	Z_1	$\bar{x}_{1\bullet}$
	$i=2$	x_{21}	x_{22}	$\ldots$	x_{2m}	Z_2	$\bar{x}_{2\bullet}$
	$\cdot$	$\cdot$	$\cdot$	$\cdot$	$\cdot$	$\cdot$	$\cdot$
	$\cdot$	$\cdot$	$\cdot$	$\cdot$	$\cdot$	$\cdot$	$\cdot$
	$\cdot$	$\cdot$	$\cdot$	$\cdot$	$\cdot$	$\cdot$	$\cdot$
	$i=k$	x_{k1}	x_{k2}	$\ldots$	x_{km}	Z_k	$\bar{x}_{k\bullet}$
	T_j	T_1	T_2	$\ldots$	T_m	T	

Braucht für die *ANOVA* nicht berechnet zu werden

$\bar{x}_{\bullet j}$	$\bar{x}_{\bullet 1}$	$\bar{x}_{\bullet 2}$	$\ldots$	$\bar{x}_{\bullet m}$	$\bar{\bar{x}}$

Braucht für *ANOVA* nicht berechnet zu werden.

wobei | | |
|---|---|
| k | die Anzahl der A-Faktorstufen, |
| m | die Anzahl der B-Faktorstufen, |
| x_{ij} | der Messwert der i-ten A-Faktorstufe und j-ten B-Faktorstufe, |
| $T_j = \sum_{i=1}^{k} x_{ij}$ | die j-te Spaltensumme, |
| $Z_i = \sum_{j=1}^{m} x_{ij}$ | die i-te Zeilensumme, |
| $T = \sum_{j=1}^{m} T_j$ | |
| $\bar{x}_{i\bullet} = \frac{Z_i}{m}$ | der Mittelwert der i-ten A-Stufe über alle B-Stufen, |
| $\bar{x}_{\bullet j} = \frac{T_j}{k}$ | der Mittelwert der j-ten B-Stufe über alle A-Stufen |

von „einfacher Besetzung" und kann eine zweifache Varianzanalyse mit einfacher Besetzung rechnen. Wir behandeln diesen Spezialfall gesondert, weil bei einfacher Besetzung die *Streuungszerlegung nur in drei Komponenten* möglich ist, wir erhalten $SQT = SQA + SQB + SQR$. D. h. es fehlt der Streuungsanteil der Wechselwirkungen. Eine solche Zerlegung ist nur dann erlaubt, wenn gesichert ist, dass keine Wechselwirkungseffekte vorhanden sind. Die Voraussetzungen von §13.1.2 gelten entsprechend, wobei der Stichprobenumfang $n = 1$ gesetzt wird. Als *zusätzliche* Voraussetzung kommt allerdings hinzu, dass keine Wechselwirkungen vorliegen dürfen, d. h. es muss Additivität bestehen (vgl. §13.1.1).

Während wir bei mehrfacher Zellbesetzung auch Wechselwirkungen testen konnten, können wir in der zweifaktoriellen *ANOVA* ohne Wiederholungen nur zwei (statt drei) Hypothesenpaare prüfen.

Wir geben zunächst die Form der Messwert-Tafel an (Tab. 13.2), wobei in jeder „Zelle" nur ein x_{ij} eingetragen ist („jede Zelle ist einfach besetzt").

Fragestellung: Gibt es unter den Mittelwerten $\bar{x}_{1\bullet}, \bar{x}_{2\bullet}, \ldots, \bar{x}_{k\bullet}$ der k Faktorstufen von A mindestens zwei, die voneinander signifikant verschieden sind?

Gibt es unter den Mittelwerten $\bar{x}_{\bullet 1}, \bar{x}_{\bullet 2}, \ldots, \bar{x}_{\bullet m}$ der m Faktorstufen von B mindestens zwei, die voneinander signifikant verschieden sind?

Voraussetzungen: Die Grundgesamtheiten seien normalverteilt mit homogenen Varianzen. Alle Zellen seien einfach besetzt. Zwischen den Faktoren A und B gebe es keine Wechselwirkungen.

Rechenweg:

(1)   Tafel der zweifaktoriellen Varianzanalyse (*ohne* Wiederholungen, Modell I)

Ursache	FG	SQ	MQ
Faktor A	$k-1$	$SQA = \left(\frac{1}{m}\sum_i Z_i^2\right) - \left(\frac{T^2}{km}\right)$	$MQA = \frac{SQA}{k-1}$
Faktor B	$m-1$	$SQA = \left(\frac{1}{k}\sum_i T_j^2\right) - \left(\frac{T^2}{km}\right)$	$MQB = \frac{SQB}{m-1}$
Versuchs- fehler	$(k-1)\cdot(m-1)$	$SQR = SQT - SQA - SQB$	$MQR = \frac{SQR}{(k-1)\cdot(m-1)}$
Gesamt	$km-1$	$SQT = \left(\sum_{i,j} x_{ij}^2\right) - \left(\frac{T^2}{km}\right)$	

Wobei k (bzw. m) die Anzahl der Faktorstufen von A (bzw. B),

x_{ij} der Messwert bei i-ter A-Faktorstufe und j-ter B-Faktorstufe,

Z_i, T_j, T wie in Tab. 13.2 berechnet werden.

(2)   Reihenfolge der Rechnung:

- Freiheitsgrade FG
- Korrekturglied $\frac{T^2}{k\cdot m}$, dann SQT, SQA, SQB, daraus SQR
- MQA, MQB, MQR
- berechne $F_{\text{Vers}}(A) = \frac{MQA}{MQR}$ und $F_{\text{Vers}}(B) = \frac{MQB}{MQR}$

Ist ein $F_{\text{Vers}} \leq 1$, so ist die zu diesem F_{Vers} zugehörige Nullhypothese beizubehalten. Beachte Schlusssatz von Bemerkung 1, §12.4.

(3)   Lies in der *F-Tabelle (einseitig)* die Werte $F_{\text{Tab}}(A) = F_{(k-1)\cdot(m-1)}^{k-1}(\alpha)$, und $F_{\text{Tab}}(B) = F_{(k-1)\cdot(m-1)}^{m-1}(\alpha)$ ab, wobei α das Signifikanzniveau.

(4)   Vergleiche F_{Vers} und F_{Tab}:

    a.   Prüfung auf Existenz fester Effekte des Faktors A:

$$F_{\text{Vers}}(A) \leq F_{\text{Tab}}(A) \Rightarrow H_0 \ (\mu_1 = \mu_2 = \ldots = \mu_k).$$
$$F_{\text{Vers}}(A) > F_{\text{Tab}}(A) \Rightarrow H_1 \ \text{(nicht alle Stufenmittelwerte}$$
$$\text{von } A \text{ sind gleich),}$$
$$\text{d. h. es existieren feste Effekte von } A.$$

    b.   Prüfung auf Existenz fester Effekte des Faktors B:

$$F_{\text{Vers}}(B) \leq F_{\text{Tab}}(B) \Rightarrow H_0 \ (\mu_1 = \mu_2 = \ldots = \mu_k).$$
$$F_{\text{Vers}} > F_{\text{Tab}}(B) \Rightarrow H_1 \ \text{(nicht alle Stufenmittelwerte}$$
$$\text{von } B \text{ sind gleich),}$$
$$\text{d. h. es existieren feste Effekte von } B.$$

Beachte: Bei zweifacher Varianzanalyse mit einfacher Besetzung muss man das Fehlen von Wechselwirkungen voraussetzen.

Beispiel Es wurden $m = 5$ verschiedene Böden auf das Auftreten von Nematoden-zysten untersucht. Dabei wurde jeweils nach $k = 5$ verschiedenen Auswertungsme-thoden (Faktor A) analysiert. Um neben dem Einfluss des Bodens auch Unterschie-de in den Auswertungsverfahren zu erfassen, wurde eine zweifache Varianzanalyse durchgeführt.

		Faktor **B** (Boden)					
		$j=1$	$j=2$	$j=3$	$j=4$	$j=5$	Z_i
Faktor A	$i=1$	127	162	155	124	169	**737**
	$i=2$	166	156	140	95	147	**704**
	$i=3$	136	123	125	88	166	**638**
	$i=4$	182	136	115	97	157	**687**
	$i=5$	133	127	117	98	169	**644**
	T_j	**744**	**704**	**652**	**502**	**808**	**3410**

Für die Daten aus der vorhergehenden Wertetabelle wurde folgende Varianztafel berechnet:

Ursache	FG	SQ	MQ	F_{Vers}
Auswertung	4	$SQA = 1382.8$	$MQA = 345.7$	$F_{\text{Vers}}(A) = 1.26$
Boden	4	$SQB = 10\,700.8$	$MQB = 2675.2$	$F_{\text{Vers}}(B) = 9.77$
Rest	16	$SQR = 4378.4$	$MQR = 273.7$	
total	24	$SQT = 16\,462.0$		

Da hier $F_{\text{Tab}}(A) = F_{\text{Tab}}(B) = F^4_{16}(5\,\%) = 3.01$, so gilt

$F_{\text{Vers}}(A) \leq F_{\text{Tab}}(A) \Rightarrow H_0$: Keine Unterschiede in den Auswertungsmethoden.

$F_{\text{Vers}}(B) > F_{\text{Tab}}(B) \Rightarrow H_1$: Es sind Bodenunterschiede vorhanden.

§14 Prüfung der Voraussetzungen

Um die in den §§12 und 13 eingeführten Verfahren der ein- bzw. zweifaktoriellen Varianzanalyse anwenden zu können, hatten wir als *Modellgleichung* unterstellt, dass sich jeder Messwert aus einer Summe von Gesamtmittelwert, Haupt- und Wechselwirkungseffekten und Restfehler zusammensetzt, vgl. (12.2) und (13.2). Außerdem hatten wir drei weitere Voraussetzungen zur Stichprobenentnahme, zur Verteilung der Grundgesamtheiten und zu deren Varianzen gemacht, vgl. §12.2.2 und §13.1.2.

Bevor man also eine Varianzanalyse rechnet, muss man sich vergewissern, dass keine der folgenden Bedingungen verletzt ist:

0. Die Messwerte sind sinnvoll als Summe entsprechend der Modellgleichung darstellbar (Lineares Modell).
1. Die Stichprobenentnahme im Experiment ist unabhängig erfolgt.
2. Die Grundgesamtheiten sind normalverteilt.
3. Es sind homogene Varianzen gegeben.

In diesem Paragraphen soll auf die Problematik dieser Voraussetzungen eingegangen werden. Insbesondere auf die Prüfung der Varianzen-Homogenität wollen wir ausführlicher eingehen, indem dazu zwei Tests beschrieben werden.

0. Modellgleichung

Bei zwei oder mehr Faktoren stellt sich die Frage: Verhalten sich die verschiedenen Faktoreffekte additiv oder nicht? Bei Nicht-Additivität lassen sich zwar Wechselwirkungen in die Modellgleichung einfügen, vgl. §13.1.1. Ob allerdings diese formal hinzugefügten Wechselwirkungsterme auch sachlich sinnvoll interpretierbar sind, kann nicht der Statistiker, sondern nur der Fachwissenschaftler beurteilen.

Beispielsweise ist es durchaus möglich, dass zwischen zwei Faktoren eine multiplikative Beziehung besteht. Die in einer zugehörigen Varianzanalyse auftretenden so genannten „Wechselwirkungseffekte" sind dann in Wahrheit nur durch Anwendung der nicht adäquaten Modellgleichung „entstanden". Es ist daher bei Auswertung durch eine mehrfaktorielle *ANOVA* zu überdenken, ob sich die Gültigkeit der unterstellten Modellgleichung auch fachwissenschaftlich begründen lässt.

1. Unabhängigkeit

Wurde bei der Planung und Durchführung des Versuchs auf Zufallszuteilung (Randomisierung) geachtet, um systematische Fehler auszuschalten, dann kann man davon ausgehen, dass die Forderung nach Unabhängigkeit erfüllt ist, vgl. hierzu §24.2.3.

2. Normalität

Zur Überprüfung, ob das empirisch gewonnene Datenmaterial der Forderung nach Normalverteilung genügt, seien fünf Verfahren erwähnt, aber nicht ausgeführt:

*   Mit Hilfe des „Normalverteilungsplots" (vgl. §7.2.2) lässt sich graphisch schnell entscheiden, inwieweit Messdaten sich durch eine Normalverteilung darstellen lassen.
*   Eine signifikante Abweichung von der Normalität kann auch über *Schiefe* und *Exzess* geprüft werden.
*   Mit dem schon eingeführten χ^2-Anpassungstest kann man die standardisierten Messdaten ($\frac{x_i - \bar{x}}{s}$) mit den Werten einer Standardnormalverteilung $N(0, 1)$ vergleichen.
*   Zur Überprüfung der Normalität ist der Kolmogorov-Smirnow-Test ein geeigneterer Anpassungstest.
*   Ebenso überprüft der Shapiro-Wilk-Test die Normalverteilungshypothese.

3. Homogenität der Varianzen

Zur Varianzanalyse muss noch die vierte Voraussetzung erfüllt sein, dass die Varianzen der Grundgesamtheiten alle gleich sind. Oft wird diese Eigenschaft auch Homoskedastizität genannt. Zur Prüfung, ob die in §12.2.2 (bzw. §13.1.2) erwähnten Varianzen σ_i^2 (bzw. σ_{ij}^2) homogen sind, geben wir zwei Methoden an, den wenig aufwändigen, aber konservativen *Fmax*-Test und den Levene-Test, der unempfindlich gegenüber einer Abweichung von der Normalverteilung ist.

Wurde festgestellt, dass eine der beiden letztgenannten Voraussetzungen nicht erfüllt ist, so kann man versuchen, durch geeignete Transformation (vgl. §7.3) die Normalität (bzw. die Homoskedastizität) herbeizuführen, um doch noch eine Varianzanalyse rechnen zu können. Ansonsten sollte auf verteilungsunabhängige Verfahren zurückgegriffen werden.

Bemerkung 1 Eine erste Beurteilung der Normalverteilungsannahme ist mit den hier unter 2. angeführten Testverfahren möglich. Sie erfordern allerdings einen hohen Stichprobenumfang, der in der Regel bei Varianzanalysen nicht vorliegt. Gegebenenfalls kann darauf verzichtet werden, wesentlich ist aber der Nachweis der Homoskedastizität.

Bemerkung 2 Im Gegensatz zu anderen Signifikanzprüfungen steht bei der Überprüfung der Voraussetzungen zur Durchführung der Varianzanalyse beim Anwender verständlicherweise der Wunsch im Vordergrund, die Nullhypothese, d. h. die Gültigkeit der Voraussetzungen, anzunehmen. Um das β-Risiko, H_0 fälschlicherweise zu akzeptieren, nicht zu groß werden zu lassen, sollte das Signifikanzniveau α in diesen Fällen nicht kleiner als 10 % gewählt werden.

14.1 Zwei Tests auf Varianzhomogenität

Die beiden folgenden Tests lassen sich sowohl bei ein- wie bei mehrfaktorieller Varianzanalyse anwenden. Für die Darstellung ergeben sich daher Schwierigkeiten mit der Indizierung, denn in der *einfaktoriellen ANOVA* hatten wir unsere Einzelwerte mit x_{ij} bezeichnet und *den 2. Index j als Index der Wiederholungen* festgelegt (vgl. §12.1). Bei *zweifaktorieller ANOVA* hatten wir drei Indizes, also Messwerte x_{ijr}, und der *3. Index bezeichnete die Wiederholung* (vgl. §13.1). Für die Beschreibung unserer Tests werden wir vom einfaktoriellen Fall ausgehen, der aber leicht auf den mehrfaktoriellen Fall übertragbar ist, wie wir dann am Beispiel zeigen werden.

14.1.1 Der *Fmax*-Test (Hartley-Test)

Fragestellung: Gibt es unter den Varianzen $s_1^2, s_2^2, \ldots, s_G^2$ der G Faktor-Stufen (FS) bzw. der FS-Kombinationen mindestens zwei, die voneinander signifikant verschieden sind?

Voraussetzung: Die Anzahl Wiederholungen in jeder „Gruppe", d. h. in jeder Faktorstufe (bzw. FS-Kombination) sei gleich (balanciert), die G Stichproben seien unabhängig aus normalverteilten Grundgesamtheiten.

Rechenweg:

(1)   Berechne die G Stichproben-Varianzen s_g^2 der Faktorstufen nach folgender Formel, wobei $g = 1, 2, \ldots, G$.

$$s_g^2 = \frac{1}{n-1} \sum_{r=1}^{n} (x_{gr} - \bar{x}_g)^2 = \frac{1}{n-1} \cdot \left[\left(\sum_{r=1}^{n} x_{gr}^2 \right) - \left(\frac{T_g^2}{n} \right) \right],$$

wobei n die Anzahl Wiederholungen in jeder Gruppe,

$\quad\quad\quad x_{gr}$ der Wert der r-ten Wdh. in der g-ten Gruppe,

$\quad\quad\quad T_g = \sum_{r=1}^{n} x_{gr}$ die g-te Spaltensumme,

$\quad\quad\quad \bar{x}_g = \frac{1}{n} \cdot T_g$ das arithmetische Mittel der g-ten Gruppe.

Suche unter den berechneten Varianzen den größten Wert s_{max}^2 und den kleinsten Wert s_{min}^2 und bestimme

$$Fmax_{\text{Vers}} = \frac{s_{max}^2}{s_{min}^2}.$$

Tab. 14.1 Einfaktorieller Versuch (balanciert)

x_{gr}	Faktorstufen		
	$g=1$	$g=2$	$g=3$
$r=1$	24	15	15
$r=2$	28	19	22
$r=3$	23	17	18
$r=4$	30	17	25
$r=5$	21	11	11
T_g	126	79	91

(Wiederholungen)

(2) Entnimm der *Fmax-Tabelle* den Wert $Fmax_{\text{Tab}} = Fmax_{n-1}^{G}(\alpha)$,

wobei α das Signifikanzniveau (wähle $\alpha \geq 10\,\%$),

G die Anzahl der Gruppen, d. h. FS-Kombinationen.

(3) Vergleiche $Fmax_{\text{Vers}}$ und $Fmax_{\text{Tab}}$:

$Fmax_{\text{Vers}} \leq Fmax_{\text{Tab}} \Rightarrow H_0$ ($\sigma_1^2 = \sigma_2^2 = \ldots = \sigma_G^2$).

$Fmax_{\text{Vers}} > Fmax_{\text{Tab}} \Rightarrow H_1$ (nicht alle Varianzen sind gleich).

Beispiel Die Ergebnisse eines einfaktoriellen Experiments sind in Tab. 14.1 wiedergegeben.

Wir berechnen für $g = 1$:

$$\sum_{r=1}^{5} x_{1r}^2 = 24^2 + 28^2 + 23^2 + 30^2 + 21^2 = 3230,$$

$$s_1^2 = \frac{1}{4} \cdot \left[3230 - \frac{126^2}{5}\right] = \frac{54.8}{4} = 13.7.$$

Analog ist $s_2^2 = 9.2$ und $s_3^2 = 30.7$, daher gilt $s_{\text{max}}^2 = 30.7$ und $s_{\text{min}}^2 = 9.2$.

Somit ist $Fmax_{\text{Vers}} = \frac{s_{\text{max}}^2}{s_{\text{min}}^2} = \frac{30.7}{9.2} = 3.34$.

$$Fmax_{\text{Tab}} = Fmax_4^3(10\,\%) = 10.4.$$

$$Fmax_{\text{Vers}} < Fmax_{\text{Tab}} \Rightarrow H_0 \text{ (homogene Varianzen).}$$

Da H_0 nicht verworfen wurde, darf eine Varianzanalyse durchgeführt werden.

14.1.2 Der Levene-Test

Situation: Vor einer ANOVA (ein- bzw. mehrfaktoriell) sollen die Varianzen der G verschiedenen „Gruppen" (Faktorstufen bzw. FS-Kombinationen) auf Homoskedastizität geprüft werden.

Fragestellung: Gibt es unter den Varianzen $s_1^2, s_2^2, \ldots, s_G^2$ mindestens zwei, die sich signifikant voneinander unterscheiden?

Voraussetzungen: Die Stichproben sind unabhängig. Es wird *keine* Balanciertheit verlangt.

Rechenweg:

(1)   Berechne die Gruppenmittelwerte $\bar{x}_g$, wobei $g = 1, 2, \ldots, G$. (Mit $G = k$ bei ein- und $G = k \cdot m$ bei zweifaktoriellen Daten.)

(2)   Transformiere die Messwerte x_{gr} in d_{gr}-Werte (*Absolute Abweichungen* der x_{gr} von ihrem Gruppenmittelwert $\bar{x}_g$), d. h. berechne

$$d_{gr} = |x_{gr} - \bar{x}_g|.$$

(3)   Führe für die d_{gr}-Werte eine *einfaktorielle* ANOVA durch.

(4)   Entnimm der *F-Tabelle* den einseitigen $F_{\text{Tab}} = F_{N-G}^{G-1}(\alpha)$, wobei α das Signifikanzniveau (wähle $\alpha \geq 10\,\%$), G die Anzahl der Gruppen (FS-Kombinationen), n_g die Anzahl Wiederholungen in der g-ten Gruppe, $N = \sum_{g=1}^{G} n_g$ die Anzahl aller Meßwerte.

(5)   Vergleiche F_{Vers} und F_{Tab}:

$$F_{\text{Vers}} \leq F_{\text{Tab}} \Rightarrow H_0 \; (\sigma_1^2 = \ldots = \sigma_G^2).$$

$$F_{\text{Vers}} > F_{\text{Tab}} \Rightarrow H_1 \text{ (keine homogenen Varianzen).}$$

Beispiel 1 Wir wenden den Levene-Test auf die Daten von Tab. 14.1 an. Zuerst ermittle die $G = 3$ Gruppenmittelwerte $\bar{x}_g$: $\bar{x}_1 = \frac{126}{5} = 25.2$, $\bar{x}_2 = 15.8$ sowie $\bar{x}_3 = 18.2$. Anschließend tranformiere, d. h. berechne die Absoluten Abweichungen $d_{gr} = |x_{gr} - \bar{x}_g|$, diese sind in der folgenden Tabelle aufgelistet:

d_{gr}	Faktorstufen			
	$g = 1$	$g = 2$	$g = 3$	
$r = 1$	1.2	0.8	3.2	
$r = 2$	2.8	3.2	3.8	
$r = 3$	2.2	1.2	0.2	$G = 3$
$r = 4$	4.8	1.2	6.8	
$r = 5$	4.2	4.8	7.2	$N = 15$
T_g	15.2	11.2	21.2	$T = 47.6$

(Wiederholungen)

Die transformierten y_{gr}-Werte

Die einfaktorielle Varianzanalyse der d_{gr} nach §12.4 ergibt:

Streuung	FG	SQ	MQ	F_{Vers}
zwischen	2	10.13	5.07	1.143
innerhalb	12	53.22	4.44	
total	14	63.35		

$G - 1 = 2$, $N - G = 12$, $\alpha = 10\%$.

F_{Tab} (einseitig) erhalten wir mit $F_{N-G}^{G-1}(\alpha) = F_{12}^{2}(10\%) = 2.81$ und damit $F_{\text{Vers}} \leq F_{\text{Tab}} \Rightarrow H_0$ (homogene Varianzen).

Da H_0 nicht verworfen wurde, darf *mit den Originaldaten* (von Tab. 14.1) die geplante ANOVA durchgeführt werden.

Beispiel 2 Im Unterschied zu Beispiel 1 sei hier ein zweifaktorieller Versuch gegeben. Zu vergleichen sind $G = 6 (= 2 \cdot 3)$ Faktorstufenkombinationen (Stichproben) vom Umfang $n_g = n = 5$ mit den Varianzen $s_1^2, s_2^2, s_3^2, s_4^2, s_5^2$ und s_6^2.

Die linke Seite der Tab. 14.2 gibt die Versuchsergebnisse x_{ijr}, die rechte die zugehörigen absoluten Abweichungen d_{gr} der Messwerte von ihrem Gruppenmittelwert an, z. B. für $g = 4$ und $r = 3$: $d_{gr} = d_{43} = |3.8 - 4.56| = 0.76$.

Zur Überprüfung der Homogenität der Varianzen der 6 Faktorstufenkombinationen führen wir den Levene-Test durch. Um die einfaktorielle *ANOVA* nach der Tafel in §12.4 ohne Probleme anwenden zu können, ordnen wir die 6 Gruppen in Tab. 14.2 (rechts) um. Wir betrachten jede Stufenkombination als unabhängige Stichprobe, schreiben alle nebeneinander und indizieren neu. Wir haben dann $g = 1, 2, \ldots, G$ Stichproben mit $r = 1, 2, \ldots, n_g$ Wiederholungen. In unserem Beispiel ist $G = 6$ und n_g immer gleich 5 (balanciert). Diese Umordnung ergibt die folgende Tabelle der d_{gr}:

d_{gr}	$g = 1$	$g = 2$	$g = 3$	$g = 4$	$g = 5$	$g = 6$
$r = 1$	0.12	0.38	0.84	0.34	0.08	1.2
$r = 2$	0.28	0.02	0.04	0.56	0.32	0.0
$r = 3$	0.42	0.68	2.56	0.76	0.12	0.9
$r = 4$	0.22	0.72	1.74	0.84	0.12	0.9
$r = 5$	0.48	0.32	0.06	0.14	0.48	1.2
T_g	1.52	2.12	5.24	2.64	1.12	4.2

Daraus folgt nach §12.4 die Varianztabelle:

Streuung	FG	SQ	MQ	F_{Vers}
zwischen	5	2.57	0.51	1.86
innerhalb	24	6.64	0.28	
total	29	9.22		

Tab. 14.2 Zweifaktorieller Versuch (balanciert)

Messwerte x_{ijr}

Faktor A			Faktor B		
			$j=1$	$j=2$	$j=3$
	$i=1$	$r=1$	2.4	2.2	8.1
		$r=2$	2.8	1.8	8.9
		$r=3$	2.1	2.5	11.5
		$r=4$	2.3	1.1	7.2
		$r=5$	3.0	1.5	9.0
		S_{1j}	12.6	9.1	44.7
	$i=2$	$r=1$	4.9	1.5	12.1
		$r=2$	4.0	1.9	13.3
		$r=3$	3.8	1.7	14.2
		$r=4$	5.4	1.7	12.4
		$r=5$	4.7	1.1	14.5
		S_{2j}	22.8	7.9	66.5

Absolute Abweichungen d_{gr}

Faktor B		
$g=1$	$g=2$	$g=3$
0.12	0.38	0.84
0.28	0.02	0.04
0.42	0.68	2.56
0.22	0.72	1.74
0.48	0.32	0.06
0.34	0.08	1.2
0.56	0.32	0.0
0.76	0.12	0.9
0.84	0.12	0.9
0.14	0.48	1.2
$g=4$	$g=5$	$g=6$

$G-1=6-1=5$, $N-G=30-6=24$ und mit $\alpha=10\,\%$ erhalten wir

$$F_{\text{Tab}}\,(\text{einseitig}) = F_{N-G}^{G-1}(\alpha) = F_{24}^{5}(10\,\%) = 2.10.$$

Also ist $F_{\text{Vers}} \leq F_{\text{Tab}} \Rightarrow H_0$ (homogene Varianzen). Die Nullhypothese wird nicht verworfen. Man darf also die Varianzanalyse durchführen (siehe aber Bemerkung 1).

Zusätzlich wollen wir als „Schnelltest" die Voraussetzung homogener Varianzen mit dem *Fmax*-Test überprüfen.

Wir erhalten: $s_{\max}^2 = s_3^2 = 2.57$, $s_{\min}^2 = s_5^2 = 0.09$ und mit $G=6$ und $n-1=4$ folgt:

$$Fmax_{\text{Vers}} = 28.6,$$
$$Fmax_{\text{Tab}} = Fmax_4^6(10\,\%) = 20.1.$$

Danach sollte hier keine Varianzanalyse gerechnet werden, weil $Fmax_{\text{Vers}} > Fmax_{\text{Tab}} \Rightarrow H_1$ (inhomogene Varianzen), siehe aber Bemerkung 1.

Bemerkung 1 Wir erhalten zwei widersprüchliche Ergebnisse mit den beiden Testverfahren hinsichtlich der Homogenität der Varianzen. Aufgrund der geringen Voraussetzungen des Levene-Tests sollte er dem *Fmax*-Test vorgezogen werden. In jedem Fall sollte die Auswahl des Testverfahrens stets vorher erfolgen und nicht vom Testergebnis abhängig sein.

Bemerkung 2 Im Gegensatz zum *Fmax*-Test verlangt der Levene-Test keine Balanciertheit und auch keine Normalverteilung der Messdaten. Beide lassen sich bei mehrfaktoriellen Versuchen anwenden; bei zwei Faktoren (A mit a Faktorstufen und B mit b Faktorstufen) sind $k = a \cdot b$ Varianzen zu vergleichen, wie im Beispiel 2 dargestellt.

§15 Multiple Mittelwertvergleiche

Hat die Varianzanalyse zur Verwerfung der Nullhypothese bzgl. eines Faktors geführt, so kann man davon ausgehen, dass mindestens zwei der k Stufenmittelwerte des betreffenden Faktors signifikant verschieden sind. Es stellt sich aber bei mehr als zwei Mittelwerten sofort das Problem, *wie viele* und *welche* der Mittelwerte untereinander differieren. Mit multiplen Mittelwertvergleichen (Anschlusstests) prüft man je zwei oder mehr Mittelwerte bzw. Mittelwertsummen darauf, ob signifikante Unterschiede zwischen ihnen nachzuweisen sind. Dies tut man sinnvollerweise erst, *nachdem* die Varianzanalyse die Annahme der Alternativhypothese H_1 ergab.

Bevor wir uns dem reichhaltigen Angebot verschiedener Verfahren des multiplen Mittelwertvergleichs zuwenden, muss zwischen zwei grundlegenden Testsituationen unterschieden werden, die uns zu den beiden Begriffen „a priori" und „a posteriori" führen.

A-priori-Testverfahren verlangen, dass die gewünschten Mittelwertvergleiche *ohne Kenntnis der späteren Versuchsergebnisse schon vorab geplant wurden*. Dabei ist die zulässige Anzahl solcher geplanter Vergleiche begrenzt durch den Freiheitsgrad „zwischen" bzw. bei mehrfaktorieller *ANOVA* durch die Summe der Freiheitsgrade „zwischen".

Im einfaktoriellen Fall sind also bei k Faktorstufen *höchstens* $k - 1$ unabhängige A-priori-Vergleiche erlaubt, die ohne Kenntnis der Daten, aus fachwissenschaftlichen Erwägungen heraus, auszusuchen sind.

Das Wesentliche bei den geplanten Mittelwertvergleichen ist, dass die Auswahl a priori (vorher) erfolgt, ohne die Versuchsergebnisse schon zu kennen. Würde man die interessierenden Vergleiche erst nach Ausführung des Experiments – in Kenntnis der Resultate – auswählen, dann würde man vermutlich zuallererst jene Mittelwerte auf signifikante Unterschiede prüfen wollen, bei denen die experimentell gewonnenen Daten verdächtig weit auseinander liegen. Für diese Testsituationen sind die A-posteriori-Vergleiche geeignet.

A-posteriori-Testverfahren *müssen vorher nicht geplant werden und dürfen in Kenntnis der experimentellen Daten angewandt werden*, wobei durchaus erlaubt ist, gezielt solche Mittelwerte zum Vergleich heranzuziehen, die im Versuch besonders große Unterschiede aufwiesen. Eine Begrenzung der Anzahl zulässiger Vergleiche ist hier nicht gegeben, es können alle Mittelwerte jeweils miteinander verglichen werden.

Beispiel An folgender Gegenüberstellung zweier Versuche soll veranschaulicht werden, dass geplante und ungeplante Vergleiche völlig verschiedene statistische Methoden erfordern.

Versuch I Wir gehen in zehn Schulklassen und greifen je zwei Schüler zufällig heraus und messen die Differenz ihrer Körpergrößen.

Versuch II Wir gehen in dieselben zehn Schulklassen und greifen jeweils den größten und den kleinsten Schüler heraus und messen die Differenz ihrer Körpergrößen.

Es leuchtet sofort ein, dass die Ergebnisse von Versuch I und II völlig verschieden ausfallen werden, obwohl es dieselben Schulklassen sind. Versuch I ist ähnlich dem Vorgehen bei geplanten Vergleichen, man greift die Schüler unabhängig von ihrer Größe heraus. Entsprechend werden bei A-priori-Vergleichen die zu vergleichenden Mittelwerte unabhängig vom späteren Ausgang des Experiments vorher festgelegt.

Versuch II greift dagegen aus jeder Klasse den größten und kleinsten Schüler heraus. Bei ungeplanten Vergleichen wird man zunächst auch bevorzugt die weitest auseinanderliegenden Mittelwerte herausgreifen.

So wie Versuch I und II verschiedene statistische Modelle erfordern, so müssen auch A-priori- und A-posteriori-Vergleiche unterschiedlich behandelt werden. Wir wollen daher erst das Vorgehen bei geplanten Mittelwertvergleichen darstellen und anschließend auf ungeplante Vergleiche eingehen.

15.1 Einige A-priori-Testverfahren

In diesem Abschnitt sollen Verfahren zum multiplen Mittelwertvergleich vorgestellt werden, wobei jeweils vorausgesetzt wird, dass aufgrund fachlicher Kriterien schon vor Kenntnis der experimentellen Ergebnisse a priori festgelegt wurde, welche Mittelwertvergleiche von Interesse sind.

Da solche A-priori-Verfahren gegenüber den A-posteriori-Verfahren einige Vorteile[8] aufweisen, wäre es naheliegend, prinzipiell bei jedem Versuch einfach alle möglichen Mittelwertvergleiche zu planen und somit die Notwendigkeit von ungeplanten A-posteriori-Verfahren zu umgehen. Dem steht jedoch leider entgegen, dass die größte zulässige Anzahl geplanter Mittelwertvergleiche begrenzt wird durch den Freiheitsgrad von *MQZ* aus der Varianzanalyse. Man darf also im einfaktoriellen Fall bei k Mittelwerten nur *höchstens* $k - 1$ Vergleiche a priori planen, die zudem unabhängig sein müssen. Für den Vergleich von jeweils zwei Mittelwerten heißt dies, dass jeder der k Stufenmittelwerte nur in genau einem Vergleich eingeplant werden darf. Damit reduziert sich die Anzahl zulässiger A-priori-Vergleiche von je zwei Mittelwerten auf höchstens $0.5 \cdot k$.

---

[8] Beispielsweise sind A-priori-Verfahren weniger konservativ, d. h. sie liefern bei gleichem $\alpha\%$-Niveau mehr Signifikanzen.

Beispiel Bei $k = 4$ Mittelwerten wären 6 Vergleiche von je zwei Mittelwerten möglich, man darf aber a priori nur $0.5 \cdot k = 2$ Vergleiche planen.

Mit dieser Einschränkung, dass wir nur zulässige Vergleiche geplant haben, können wir je zwei Mittelwerte mit einem der folgenden Verfahren vergleichen:

- Mit dem für die Varianzanalyse modifizierten t-Test
- Mit dem *LSD*-Test, der die Grenzdifferenzen verwendet
- Mit der Zerlegung von SQZ.

15.1.1 Der multiple t-Test (nach Varianzanalyse)

Fragestellung: Sind die beiden Stichprobenmittelwerte $\bar{x}$ und $\bar{y}$ signifikant verschieden?

Voraussetzung: $\bar{x}$ und $\bar{y}$ sind zwei von k Stufenmittelwerten eines Faktors, dessen Einfluss in der Varianzanalyse abgesichert wurde. Der Vergleich von $\bar{x}$ und $\bar{y}$ ist einer von höchstens $0.5 \cdot k$ A-priori-Vergleichen, wobei jeder Stufenmittelwert höchstens in einem Vergleich eingeplant ist.

Rechenweg:

(1) Berechne:

$$t_{\text{Vers}} = \frac{|\bar{x} - \bar{y}|}{\sqrt{MQI}} \cdot \sqrt{\frac{n_x \cdot n_y}{n_x + n_y}} \qquad (15.1\text{a})$$

bzw. im balancierten Fall, d. h. für $n_x = n_y = n$:

$$t_{\text{Vers}} = \frac{|\bar{x} - \bar{y}|}{\sqrt{MQI}} \cdot \sqrt{\frac{n}{2}}, \qquad (15.1\text{b})$$

wobei n_x (bzw. n_y) der zugehörige Stichprobenumfang zu $\bar{x}$ (bzw. $\bar{y}$),
MQI aus der Varianzanalyse entnommen (im zweifaktoriellen Fall mit MQR bezeichnet).

(2) Lies in der t-*Tabelle* (zweiseitig) den Wert $t_{\text{Tab}}(FG; \alpha)$ ab,

wobei α das Signifikanzniveau,
FG der Freiheitsgrad von MQI (bzw. MQR).

(3) Vergleiche t_{Vers} und t_{Tab}:

$$t_{\text{Vers}} \leq t_{\text{Tab}} \Rightarrow H_0(\mu_x = \mu_y).$$
$$t_{\text{Vers}} > t_{\text{Tab}} \Rightarrow H_1(\mu_x \neq \mu_y).$$

Tab. 15.1 Längenmessungen bei Erbsen nach unterschiedlicher Zuckerbeigabe

Zucker-Stufe	Kontrolle	Glukose	Fruktose	Saccharose	Mischung
Stufenmittelwert	$\bar{x}_K = 70.1$	$\bar{x}_G = 59.3$	$\bar{x}_F = 58.2$	$\bar{x}_S = 64.1$	$\bar{x}_M = 58.0$
Stichprobenumfang	$n = 10$	$n = 10$	$n = 10$	$n = 10$	$n = 10$

Beispiel (nach Sokal/Rohlf): Der Einfluss verschiedener Zuckerbeigaben auf das Wachstum von Erbsen in Gewebekulturen wurde untersucht. Die $k = 5$ Behandlungen waren je eine 2 %-Beigabe von Glukose, Fruktose, Saccharose, eine Mischung aus 1 % Glukose und 1 % Fruktose und schließlich die Kontrolle (keine Zuckerbeigabe). Da 5 Faktorstufen vorlagen, waren a priori nur 2 Mittelwertvergleiche zulässig. Bei der Planung des Versuches hatte man dementsprechend festgelegt, $\bar{x}_K$ gegen $\bar{x}_G$ und $\bar{x}_F$ gegen $\bar{x}_S$ zu testen (Tab. 15.1).

Die Varianzanalyse ergab signifikante Mittelwert-Unterschiede, es war $MQI = 5.46$ mit zugehörigem $FG = 45$. Wir berechnen für den Vergleich von $\bar{x}_K$ und $\bar{x}_G$:

$$t_{\text{Vers}} = \frac{|\bar{x}_K - \bar{x}_G|}{\sqrt{MQI}} \cdot \sqrt{\frac{n}{2}} = \frac{10.8}{2.34} \cdot 2.24 = 10.3.$$

Entsprechend wird für den anderen Vergleich t_{Vers} berechnet und dann mit $t_{\text{Tab}}(45; 5\,\%) = 2.0$ verglichen; man erhält:

$$t_{\text{Vers}} = 10.3 > t_{\text{Tab}} = 2.0 \Rightarrow H_1(\mu_K \neq \mu_G);$$

$$t_{\text{Vers}} = 5.7 > t_{\text{Tab}} = 2.0 \Rightarrow H_1(\mu_F \neq \mu_S).$$

15.1.2 Der Grenzdifferenzen-Test (*LSD*-Test)

Fragestellung: Sind die Mittelwerte $\bar{x}$ und $\bar{y}$ zweier Stichproben X und Y signifikant verschieden?

Voraussetzungen: $\bar{x}$ und $\bar{y}$ sind zwei von k Stufenmittelwerten eines Faktors, dessen Einfluss in der Varianzanalyse abgesichert wurde. Der Vergleich von $\bar{x}$ und $\bar{y}$ ist einer von höchstens $0.5 \cdot k$ A-priori-Vergleichen, wobei jeder Stufenmittelwert höchstens in einem Vergleich eingeplant ist.

Rechenweg:

(1) Berechne:

$$GD = t_{\text{Tab}} \cdot \sqrt{\frac{MQI \cdot (n_x + n_y)}{n_x \cdot n_y}}$$

bzw. im balancierten Fall; d. h. für $n_x = n_y = n$:

$$GD = t_{\text{Tab}} \cdot \sqrt{\frac{2MQI}{n}},$$

wobei $t_{\text{Tab}} = t(FG; \alpha)$ aus der *t-Tabelle* (zweiseitig) abzulesen,

α das Signifikanzniveau,

MQI aus der Varianzanalyse entnommen (im zweifaktoriellen Fall mit MQR bezeichnet),

FG der Freiheitsgrad von MQI (bzw. MQR),

n_x (bzw. n_y) der Stichprobenumfang von X (bzw. Y).

(2) Vergleiche $|\bar{x} - \bar{y}|$ mit GD:

$$|\bar{x} - \bar{y}| \leq GD \Rightarrow H_0(\mu_x = \mu_y).$$
$$|\bar{x} - \bar{y}| > GD \Rightarrow H_1(\mu_x \neq \mu_y).$$

Den Grenzdifferenzen-Test, der auch *LSD*-Test genannt wird, erhält man durch Umformung aus dem t-Test, indem t_{Vers} in (15.1a) bzw. (15.1b) durch $t_{\text{Tab}}(FG; \alpha)$ ersetzt wird und dann die beiden Wurzelausdrücke auf die linke Seite der Gleichung gebracht werden. Der so entstandene Wert heißt *Grenzdifferenz GD*. Auch mit dem GD-Test dürfen bei k Stufenmittelwerten eines Faktors nur $k - 1$ unabhängige Vergleiche vorgenommen werden, die zudem alle a priori geplant gewesen sein müssen.

Beispiel Wir wollen die gleichen Mittelwerte wie im letzten Beispiel statt mit dem t-Test hier mit dem GD-Test vergleichen, dazu berechnen wir GD ($\alpha = 5\%$)

$$GD = t_{\text{Tab}} \cdot \sqrt{\frac{2MQI}{n}} = 2.0 \cdot \sqrt{\frac{2 \cdot 5.46}{10}} = 2.09$$

und vergleichen GD mit den Absolutbeträgen der Differenzen:

$$|\bar{x}_K - \bar{x}_G| = 10.8 > 2.09 \Rightarrow H_1(\mu_k \neq \mu_G);$$
$$|\bar{x}_F - \bar{x}_S| = 5.9 > 2.09 \Rightarrow H_1(\mu_F \neq \mu_S).$$

Wie beim t-Test erhalten wir als Testergebnis signifikante Mittelwertunterschiede.

Bemerkung Der hier behandelte *GD-Test (LSD) für A-priori-Vergleiche* entspricht dem weiter unten in §15.2.3 eingeführten *GV-Test (LSR) für A-posteriori-Vergleiche*. Der GV-Test ist ebenso einfach zu handhaben und erlaubt den ungeplanten Vergleich aller Mittelwerte.

15.1.3 Multipler Vergleich durch Zerlegung von *SQZ*

Das folgende Verfahren ist beim Vergleich *zweier* Mittelwerte dem t-Test äquivalent, man kann aber darüber hinaus auch *Gruppen von Mittelwerten* miteinander vergleichen, z. B. die Gruppe der Mittelwerte aller Behandlungen mit dem Mittel-

Die **Varianzanalyse** ergab, dass nicht alle Mittelwerte gleich sind.	$\bar{x}_K$ $\bar{x}_M$ $\bar{x}_G$ $\bar{x}_F$ $\bar{x}_S$
Vergleich 1: Ist die Kontrolle von den Zuckerbeigaben signifikant verschieden?	$\boxed{\bar{x}_K}$ $\Big\langle$ $\boxed{\bar{x}_M \quad \bar{x}_G \quad \bar{x}_F \quad \bar{x}_S}$ _1 FG_ Kontrolle Zuckerbeigaben
Vergleich 2: Ist die Mischung von den reinen Zuckerbeigaben verschieden?	$\boxed{\bar{x}_M}$ $\Big\langle$ $\boxed{\bar{x}_G \quad \bar{x}_F \quad \bar{x}_S}$ _1 FG_ _Mischung_ _Reine Zucker_
Vergleich 3: Sind nicht alle reinen Zucker untereinander gleich?	$\boxed{\bar{x}_G}$$\Big\{$$\boxed{\bar{x}_F}$$\Big\}$$\boxed{\bar{x}_S}$ _2 FG_

Schema 15.1 Die Vergleiche zu den obigen drei Fragestellungen mit Angabe der jeweils „verbrauchten" Freiheitsgrade

wert der Kontrolle. Statt vier unerlaubter *GD*-Tests erledigen wir diesen Vergleich dann mit einem einzigen Test und haben dabei nur einen Freiheitsgrad „verbraucht", dürfen also noch $k - 2$ unabhängige A-priori-Vergleiche durchführen. Eine weitere Möglichkeit der *SQZ*-Zerlegung ist es, mehr als zwei Mittelwerte (bzw. Mittelwertgruppen) gleichzeitig zu vergleichen, z. B. lässt sich so durch einen einzigen Test klären, ob $H_0(\mu_G = \mu_F = \mu_S)$ beizubehalten oder zu verwerfen ist.

Beispiel Bei dem Versuch mit den fünf Zuckerbeigaben sei man an den folgenden drei Fragestellungen interessiert:

1. Gibt es Unterschiede zwischen *Kontrolle* und *Behandlung*?
2. Gibt es Unterschiede zwischen *Mischung* und *reiner Zuckerbeigabe*?
3. Gibt es Unterschiede *zwischen den drei reinen Zuckerbeigaben*?

Mit Hilfe der „Zerlegung der *SQZ*" lassen sich alle drei Fragen durch geplante Vergleiche testen, ohne dass die zulässige Anzahl A-priori-Tests überschritten wird. Das Schema 15.1 zeigt unser Vorgehen.

Rechts im Schema steht die Zahl „verbrauchter" Freiheitsgrade, die sich aus der Anzahl der „Bruchstellen" ergibt. Insgesamt haben wir $1 + 1 + 2 = 4$ Freiheitsgrade verbraucht, damit ist die zulässige Zahl A-priori-Vergleiche ausgeschöpft.

Die Methode des Mittelwertvergleichs durch Zerlegung von *SQZ* beruht darauf, dass alle Mittelwerte einer Gruppe von Mittelwerten zu einem Gesamtmittelwert zusammengefasst werden und mit dem Gesamtmittelwert einer anderen Gruppe (bzw. mehrerer anderer Gruppen) verglichen werden. Im *Vergleich 1* bilden wir z. B. aus der Gruppe der Mittelwerte $\{\bar{x}_G, \bar{x}_F, \bar{x}_S, \bar{x}_M\}$ das gewogene arithmetische Mittel $\bar{\bar{x}}_B$, das ist unser Gesamtmittelwert der Gruppe „*Behandlung*". Die zweite Gruppe von Mittelwerten im Vergleich 1 besteht nur aus einem Mittelwert, es ist daher $\bar{\bar{x}}_K = \bar{x}_K$. Wir testen also $m = 2$ Gruppenmittelwerte, nämlich $\bar{\bar{x}}_B$ und $\bar{\bar{x}}_K$ auf signifikante Unterschiede.

Bemerkung Bevor wir den Rechenweg zur Zerlegung von *SQZ* angeben, soll noch die folgende Bezeichnungsweise am Beispiel veranschaulicht werden. Ein geplanter Mittelwertvergleich soll 14 Mittelwerte betreffen. Diese 14 Stichprobenmittelwerte seien nach fachwissenschaftlichen Gesichtspunkten in $m = 4$ Mittelwert*gruppen* $M_1 = \{\bar{x}_1, \bar{x}_2, \ldots, \bar{x}_6\}$, $M_2 = \{\bar{x}_7, \bar{x}_8\}$, $M_3 = \{\bar{x}_9\}$, $M_4 = \{\bar{x}_{10}, \bar{x}_{11}, \bar{x}_{12}, \bar{x}_{13}, \bar{x}_{14}\}$ eingeteilt. Die Mittelwertgruppe M_j umfasst a_j Mittelwerte. Für $j = 4$ ist also $a_4 = 5$, da M_4 fünf Mittelwerte umfasst. Für $j = 3$ ist dagegen $a_3 = 1$, weil M_3 nur einen Mittelwert umfasst. Um die Formel für den Gruppenmittelwert $\bar{\bar{x}}_j$ (gewogenes arithmetisches Mittel) der j-ten Gruppe M_j angeben zu können, haben wir den 1. Mittelwert der j-ten Gruppe zu $\bar{x}_{j1}$, den 2. Mittelwert zu $\bar{x}_{j2}$ usw. umindiziert. Sei $M_j = M_2 = \{3.8, 5.1\}$, dann wird jetzt wegen $j = 2$ der erste Mittelwert mit $\bar{x}_{j1} = \bar{x}_{21} = 3.8$ und der zweite mit $\bar{x}_{j2} = \bar{x}_{22} = 5.1$ bezeichnet.

Fragestellung: Gibt es unter den Gesamtmittelwerten $\bar{\bar{x}}_1, \bar{\bar{x}}_2, \ldots, \bar{\bar{x}}_m$ der m Mittelwertgruppen M_j mindestens zwei Gesamtmittelwerte, die voneinander signifikant verschieden sind?

Voraussetzungen: Die Varianzanalyse ergab eine Verwerfung der Nullhypothese. Der Vergleich ist a priori geplant und „zulässig", siehe dazu weiter unten.

Rechenweg:

(1) Bilde den Gesamtmittelwert jeder Gruppe:
Seien $\bar{x}_{j1}, \bar{x}_{j2}, \ldots, \bar{x}_{ja_j}$ die Mittelwerte der j-ten Gruppe, der Gruppenmittelwert $\bar{\bar{x}}_j$ ist dann

$$\bar{\bar{x}}_j = \frac{1}{n_j}(n_{j1}\bar{x}_{j1} + n_{j2}\bar{x}_{j2} + \ldots + n_{ja_j}\bar{x}_{ja_j}),$$

wobei $n_{j1}, n_{j2}, \ldots, n_{ja_j}$	die Stichprobenumfänge sind, aus denen $\bar{x}_{j1}, \bar{x}_{j2}, \ldots, \bar{x}_{ja_j}$ gebildet werden,
$n_j = n_{j1} + n_{j2} + \ldots n_{ja_j}$,	die Summe der Stichprobenumfänge der j-ten Gruppe,
a_j	die Anzahl Mittelwerte der j-ten Gruppe.

Ist $a_j = 1$, d. h. die j-te „Gruppe" von Mittelwerten hat nur ein Gruppenelement, so ist $\bar{\bar{x}}_j = \bar{x}_{j1}$.

(2) Berechne $SQ_{\text{Vergl}} = SQ_V$ und MQ_V:

$$SQ_V = \sum n_j \bar{\bar{x}}_j^2 - \frac{(\sum n_j \bar{\bar{x}}_j)^2}{\sum n_j} \quad \text{(summiert über } j \text{ von 1 bis } m\text{)}.$$

$$MQ_V = \frac{SQ_V}{FG_V}, \quad FG_V = m - 1.$$

Da $FG_V = m - 1$ ist, hat der Vergleich $m - 1$ Freiheitsgrade „verbraucht", wobei m die Anzahl der Gruppen ist.

(3)   Durchführung des F-Tests:

$$F_{\text{Vers}} = \frac{MQ_V}{MQI}, \quad F_{\text{Tab}} = F_{N-k}^{m-1}(\alpha),$$

wobei MQI aus der Varianzanalyse,

$N - k$ der Freiheitsgrad von MQI,

F_{Tab} aus der F-*Tabelle (einseitig)* abzulesen.

(4)   Vergleiche F_{Vers} und F_{Tab}:

$$F_{\text{Vers}} \leq F_{\text{Tab}} \Rightarrow H_0(\mu_1 = \mu_2 = \ldots = \mu_m).$$
$$F_{\text{Vers}} > F_{\text{Tab}} \Rightarrow H_1(\text{nicht alle } \mu_j \text{ gleich}).$$

Bemerkung: Zulässig sind Vergleiche, wenn

(a)   bei geeigneter Anordnung der Vergleiche keine Gruppe von Mittelwerten, die einmal aufgespalten wurde, in einem folgenden Vergleich wieder zusammengefügt wird (Unabhängigkeit), siehe dazu auch Schema 15.1.

(b)   die Summe der „verbrauchten" Freiheitsgrade aller geplanten Vergleiche nicht größer als der Freiheitsgrad von SQZ in der *ANOVA* ist (vgl. §15.2.6).

Beispiel Für die Mittelwerte $\bar{x}_K = 70.1, \bar{x}_G = 59.3, \bar{x}_F = 58.2, \bar{x}_S = 64.1$ und $\bar{x}_M = 58.0$, vgl. Tab. 15.1, führen wir die drei Mittelwertvergleiche von Schema 15.1 durch:

Vergleich 1:   Kontrolle $\{\bar{x}_K\}$ gegen Zuckerbeigabe $\{\bar{x}_G, \bar{x}_F, \bar{x}_S, \bar{x}_M\}$.
Vergleich 2:   Mischung $\{\bar{x}_M\}$ gegen reine Zucker $\{\bar{x}_G, \bar{x}_F, \bar{x}_S\}$.
Vergleich 3:   Sind $\{\bar{x}_G\}, \{\bar{x}_F\}, \{\bar{x}_S\}$ alle drei gleich oder nicht?

Die Zulässigkeitsbedingungen für diese A-priori-Vergleiche sind erfüllt. Der *ANOVA* entnehmen wir $MQI = 5.46$ und $FG = N - k = 45$.

Zu Vergleich 1 (Kontrolle μ_K versus Behandlung μ_B):
$m = 2, FG_{V1} = m - 1 = 1, n_{ji} = 10$ für alle i und j.
Für $j = 1$ ist $\bar{\bar{x}}_j = \bar{\bar{x}}_1 = \bar{x}_K = 70.1$, da $a_1 = 1$. Und es gilt $n_j = n_1 = 10$.
Für $j = 2$ ist $a_2 = 4, n_j = n_2 = 10 + 10 + 10 + 10 = 40$,

$$\bar{\bar{x}}_j = \bar{\bar{x}}_2 = \frac{1}{40} \cdot (593 + 582 + 580 + 641) = 59.9$$

$$\sum n_j \bar{\bar{x}}_j^2 = 10 \cdot (70.1)^2 + 40 \cdot (59.9)^2 = 192\,660.50,$$

$$\frac{(\sum n_j \bar{\bar{x}}_j)^2}{\sum n_j} = \frac{(10 \cdot 70.1 + 40 \cdot 59.9)^2}{50} = 191\,828.18,$$

somit ist $SQ_{V1} = 192\,660.50 - 191\,828.18 = 832.32$, $MQ_{V1} = \frac{SQ_{V1}}{FG_{V_1}} = 832.32$,

$$F_{\text{Vers}} = \frac{832.32}{5.46} = 152.44, \quad F_{\text{Tab}} = F^1_{45}(5\%) = 4.05 \Rightarrow H_1(\mu_K \neq \mu_B).$$

Zu Vergleich 2 (Mischung μ_M versus „Rein" μ_R):
Hier ist $m = 2$, $FG_{V2} = 1$, $SQ_{V2} = 48.13$, $MQ_{V2} = 48.13$,

$$F_{\text{Vers}} = 8.82 > 4.05 = F_{\text{Tab}} \Rightarrow H_1(\mu_M \neq \mu_R).$$

Zu Vergleich 3 (Glukose vs. Fruktose vs. Saccharose): Hier ist $m = 3$, $FG_{V3} = 2$, $SQ_{V3} = 196.87$, $MQ_{V3} = 98\,435$,

$$F_{\text{Vers}} = 18.03 > 3.20 = F_{\text{Tab}} = F^2_{45}(5\%) \Rightarrow H_1(\text{nicht alle gleich}).$$

Die Eleganz dieses Verfahrens liegt darin, dass es als Fortsetzung der Varianzanalyse betrachtet werden kann, weil hier einfach eine weitere Zerlegung von SQZ vorgenommen wird. Plant man die Vergleiche so, dass sie „zulässig" sind und alle Freiheitsgrade von MQZ ausschöpfen, so addieren sich die SQ's der einzelnen Vergleiche zu SQZ (orthogonale lineare Kontraste, siehe §15.2.6). In unserem Beispiel gilt $SQZ = SQ_{V1} + SQ_{V2} + SQ_{V3}$. Man kann daher die Tafel der Varianzanalyse wie folgt schreiben:

Ursache	FG	SQ	MQ	F_{Vers}
Zwischen den Behandlungen	4	$SQZ = 1077.32$	269.33	49.33
Kontrolle vs. Beh. (*V1*)	1	$SQ_{V1} = 832.32$	832.32	152.44
Mischung vs. Rein (*V2*)	1	$SQ_{V2} = 48.13$	48.13	8.82
Fr. vs. Gl. vs. Sa. (*V3*)	2	$SQ_{V3} = 196.87$	98.44	18.03
Innerhalb der Behandlungen	45	$SQI = 245.50$	5.46	
Total	49	$SQT = 1322.82$		

Man rechnet nach:

$$SQZ = 1077.32 = 832.32 + 48.13 + 196.87 = SQ_{V1} + SQ_{V2} + SQ_{V3}.$$

Damit wollen wir die A-priori-Tests abschließen, wobei noch eine Bemerkung anzufügen wäre:

Bemerkung In der Praxis wird oft gegen die Forderung „höchstens $k - 1$ unabhängige Vergleiche zu planen" verstoßen. Das bewirkt, dass die multiple Sicherheitswahrscheinlichkeit α überschritten wird, ohne dass die Größe des α-Risikos bekannt ist.

15.2 Einige A-posteriori-Testverfahren

Will man aufgrund der Daten eines Experiments bei der statistischen Auswertung andere als die vorher geplanten Mittelwertvergleiche (oder zusätzliche) durchführen, so muss man dazu so genannte A-posteriori-Verfahren heran-ziehen. Bis heute konkurrieren noch viele verschiedene Tests zur Lösung der Probleme ungeplanter Mittelwertvergleiche miteinander. Oft sind die angebotenen Entscheidungsstrategien sehr ähnlich. Ob sich welche letztlich als besonders geeignet herausstellen werden, ist noch nicht vorauszusagen.

Das liegt daran, dass beim ungeplanten multiplen Testen gleich mehrere Probleme auftreten, die es zu lösen gilt:

(a)   Es muss ein Modell gefunden werden, das die Testsituation adäquat beschreibt. Für dieses Modell muss eine geeignete Prüfverteilung zu berechnen sein.

(b)   Das Signifikanzniveau muss so bestimmt werden, dass bezogen auf alle durchgeführten Vergleiche *gemeinsam*, die Irrtumswahrscheinlichkeit den angegebenen Wert α möglichst nicht übersteigt (multiples Niveau).

(c)   Es sollen gewisse Widersprüchlichkeiten, die beim multiplen Testen auftreten können, nach Möglichkeit ausgeschlossen werden. Beispielsweise sollen nicht gleichzeitig die widersprüchlichen Hypothesen $H_0(\mu_1 = \mu_2 = \mu_3)$ und $H_1(\mu_1 \neq \mu_2)$ in derselben multiplen Test-Prozedur angenommen werden (Abschlussprinzip).

Wir werden hier nur eine grobe Vorstellung von einigen bisher gefundenen Lösungsvorschlägen für die Probleme multipler Tests vermitteln. Die in Punkt (a) dargestellte Problematik versucht man mit Hilfe des „Variationsbreite-Modells" zu lösen. Zur Erfüllung der in (b) und (c) formulierten Forderungen wurden mehrere Konzepte entwickelt. Die weiter unten beschriebenen Tests von Tukey und Scheffé erreichen die Gültigkeit von (b) und (c) durch konservative Testkonstruktionen. Für eine Modifikation des weniger konservativen Newman-Keuls-Tests (*NK*-Test) wurde durch ein „Abschlussprinzip" erreicht, dass die Forderungen in (b) und (c) erfüllt sind. Wir werden hier allerdings den nicht modifizierten *NK*-Test in der ursprünglichen Form darstellen und zur Vermeidung des in (c) beschriebenen Widerspruchs eine „Abbruchvorschrift" angeben. Während bei Scheffé, Tukey und dem *LSR*-Test das tatsächliche Signifikanzniveau α' für den einzelnen Vergleich oft erheblich kleiner als das angegebene multiple Signifikanzniveau α ist, muss beim *NK*-Test zum Teil mit einer Überschreitung des angegebenen Signifikanzniveaus gerechnet werden.

Das „Variationsbreite-Modell": Zieht man aus einer Gesamtheit eine Stichprobe X vom Umfang p, dann ist die Differenz $V = x_{max} - x_{min}$ bekanntlich die Variationsbreite V der Stichprobe, die auch Spannweite heißt. Unter gewissen Annahmen suchen wir nun einen Wert z. B. $Q(\alpha = 5\%)$ so, dass mit $1 - \alpha = 95\%$ Wahrscheinlichkeit die Variationsbreite V der Stichprobe X kleiner als $Q(5\%)$ ausfallen wird. Besteht nun unsere Stichprobe X aus lauter Mittelwerten $\bar{x}_1, \ldots, \bar{x}_p$, dann können wir entsprechend fragen, wie weit dürfen größter und kleinster Mittelwert dieser p Mittelwerte auseinanderliegen? Ist die Variationsbreite unserer Stichprobe $\{\bar{x}_1, \bar{x}_2, \ldots, \bar{x}_p\}$, größer als $Q(5\%)$, so werden wir die Nullhypothese, dass alle Stichprobenmittelwerte $\bar{x}_i$ aus derselben Grundgesamtheit sind, verwerfen. D. h. nicht alle Mittelwerte sind gleich, insbesondere sind der größte und der kleinste Mit-

Abb. 15.1 Die Anzahl p der „beteiligten" Mittelwerte

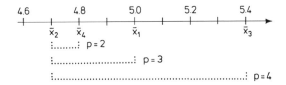

telwert signifikant verschieden. Aus dieser vereinfachten Modellbeschreibung wird schon klar, dass unser $Q(\alpha)$ nicht nur von α abhängt, sondern auch von der Anzahl p der Mittelwerte. Darüber hinaus ist zu beachten, aus wie vielen Einzelwerten unsere Mittelwerte $\bar{x}_i$ berechnet wurden. Unter der Annahme der standardisierten Normalverteilung erfüllen die „*studentisierten Variationsbreiten*" $q_\alpha(p; FG)$ genau die Anforderungen, die wir an $Q(\alpha)$ stellten. Wir werden später sehen, dass neben der schon bekannten F-Verteilung besonders die q_α-Verteilung zur Konstruktion multipler Mittelwertvergleiche verwendet werden wird.

15.2.1 Die Schwäche des ungeplanten multiplen t-Tests

An die im §15.1 behandelten A-priori-Testverfahren haben wir zwei Forderungen gestellt: (1) Die Tests sollen unabhängig sein, und (2) die Auswahl wird ohne Kenntnis der Versuchsergebnisse vorher getroffen. Daraus folgt, dass höchstens $(k - 1)$ unabhängige Vergleiche (*Lineare Kontraste*) nach der Varianzanalyse durchgeführt werden können und dass diese unabhängig vom jeweiligen Versuchsergebnis sind.

Bei den ungeplanten A-posteriori-Tests entfallen diese Einschränkungen und alle möglichen paarweisen Vergleiche sind erlaubt. Wir betrachten dann nicht mehr den einzelnen Vergleich mit einem bestimmten Signifikanzniveau, sondern eine Familie von Hypothesen (Einzelvergleichen), über die wir insgesamt eine Aussage treffen wollen. Wir unterscheiden daher zwischen einem vergleichsbezogenen Risiko α' und einem multiplen Risiko α. Das vergleichsbezogene Risiko α' ist der Fehler 1. Art, bei einem einzelnen der durchgeführten Tests irrtümlich die Alternativhypothese anzunehmen. Das multiple Risiko α ist dagegen der Fehler 1. Art, mindestens eine wahre Hypothese der gesamten Hypothesenfamilie irrtümlich abzulehnen.

Verwendet man nun, wie es über viele Jahre hinweg üblich war, den in §15.1.1 vorgestellten multiplen t-Test auch a posteriori, so wird das vergleichsbezogene, aber nicht das multiple Signifikanzniveau eingehalten. Liegen z. B. die Mittelwerte $\bar{x}_1, \bar{x}_2, \bar{x}_3$ und $\bar{x}_4$ vor, so könnte man mit dem in §15.1.1 eingeführten t-Test je zwei Mittelwerte auf Ungleichheit prüfen. Es könnten $\bar{x}_1$ *und* $\bar{x}_2$, $\bar{x}_1$ *und* $\bar{x}_3$, $\bar{x}_1$ *und* $\bar{x}_4$, $\bar{x}_2$ *und* $\bar{x}_3$, $\bar{x}_2$ *und* $\bar{x}_4$ sowie $\bar{x}_3$ *und* $\bar{x}_4$ geprüft werden. Großer Nachteil des ungeplanten multiplen t-Tests ist jedoch, dass die Anzahl „beteiligter" Mittelwerte im Test nicht berücksichtigt wird. Unter „beteiligten" Mittelwerten sind neben den zwei zu prüfenden Mittelwerten auch alle größenmäßig dazwischen liegenden Mittelwerte gemeint: Es seien etwa $\bar{x}_1 = 5.0$, $\bar{x}_2 = 4.7$, $\bar{x}_3 = 5.4$ und $\bar{x}_4 = 4.8$, dann wären im Vergleich von $\bar{x}_1$ und $\bar{x}_2$, $p = 3$ Mittelwerte beteiligt, denn zwischen $\bar{x}_2 = 4.7$ und $\bar{x}_1 = 5.0$ liegt noch der vierte Mittelwert $\bar{x}_4 = 4.8$. Die Anzahl aller bei einem bestimmten Vergleich beteiligten (partizipierenden) Mittelwerte soll mit p bezeichnet werden (Abb. 15.1).

Tab. 15.2 Für wachsendes p wird die multiple Irrtumswahrscheinlichkeit α des ungeplanten t-Tests immer größer, obwohl man stets den Tabellenwert t_{Tab} von $\alpha = 5\%$ verwendet. Gleiches gilt für A-posteriori-Tests mit Grenzdifferenzen

Anzahl beteiligter Mittelwerte	p	2	3	4	5	6
Irrtumswahrscheinlichkeit	α	5.0 %	12.2 %	20.3 %	28.6 %	36.6 %

Geht man vom „Variationsbreite-Modell" aus, in welchem die Anzahl p der beteiligten Mittelwerte berücksichtigt wird, so kann man zeigen, dass beim *ungeplanten t*-Test der multiple α-Fehler mit steigendem p wesentlich zunimmt.

Man sieht aus Tab. 15.2, dass der multiple t-Test für mehr als zwei beteiligte Mittelwerte ungeeignet ist. Entsprechendes gilt für den *GD*-Test.

Schon frühzeitig wurden die Schwächen des multiplen t-Tests erkannt. So empfahl schon R.A. Fischer unter Berücksichtigung der Bonferroni-Ungleichung eine einfache Adjustierung des α-Fehlers. Diese Methode ist aber sehr konservativ.

In der letzten Zeit wurden dazu wesentliche Verbesserungen vorgeschlagen, und wir stellen davon das Bonferroni-Holm-Verfahren vor. Darüber hinaus sind viele A-posteriori-Verfahren aufgrund der in §15.2 skizzierten Lösungsvorschläge entwickelt worden, von denen wir im Anschluss daran fünf Tests besprechen.

15.2.2 Multiple Testverfahren mit Bonferroni-Korrektur

Wie wir in §15.2.1 am Beispiel des t-Tests aufgezeigt haben, kann im Fall von beliebig vielen, ungeplanten Vergleichen das multiple Risiko, d.h. mindestens eine der geprüften Nullhypothesen irrtümlich abzulehnen, sehr groß werden. Im Gegensatz dazu kontrollieren die A-posteriori-Methoden das multiple Niveau, das tatsächliche Signifikanzniveau im einzelnen Vergleich kann aber erheblich kleiner sein.

Betrachten wir beispielsweise eine Hypothesenfamilie mit $m \geq 2$ paarweisen Vergleichen und überprüfen jede der einzelnen m Hypothesen mit einem Test zum Signifikanzniveau α', so besteht zwischen α' und dem multiplen Risiko α folgende Ungleichung:

$$\alpha' \leq \alpha \leq m \cdot \alpha'.$$

Diese Beziehung folgt aus der Bonferroni-Ungleichung. Das multiple Risiko ist also nach oben begrenzt. Wählt man beispielsweise $\alpha' = \alpha/m$, so folgt aus der Ungleichung, dass das multiple Signifikanzniveau nicht größer als α sein kann.

Diese Konsequenz aus der Bonferroni-Ungleichheit führt zu Vorgehensweisen, in denen das Signifikanzniveau in jedem einzelnen Test korrigiert wird, um das multiple Signifikanzniveau einzuhalten. Es ist ein allgemein gültiges Prinzip und kann auf alle Testverfahren angewandt werden, die das vergleichsbezogene Niveau einhalten.

Will man beispielsweise nach einer Varianzanalyse mit k Faktorstufen $m \leq k \cdot (k-1)/2$ ungeplante paarweise Vergleiche mit dem multiplen t-Test überprüfen und dabei das multiple Niveau α einhalten, so wählt man für jeden einzelnen Test das Signifikanzniveau $\alpha' = \alpha/m$ (*Bonferroni-Fisher*-Verfahren) oder die etwas weniger konservative Korrektur nach *Dunn-Šidak* mit $\alpha' = 1 - (1 - \alpha)^{1/k}$.

Diese Vorgehensweise ist sehr konservativ und kann dazu führen, dass nicht alle wahren Signifikanzen entdeckt werden. Es wurden deshalb Methoden entwickelt, um diese nachteilige Eigenschaft zu verbessern. Wir stellen hier die Vorgehensweise nach Holm (*Bonferroni-Holm*) am Beispiel von ungeplanten paarweisen Vergleichen mit dem multiplen t-Test nach Varianzanalyse vor.

Fragestellung: Welche der k Stichprobenmittelwerte $\bar{x}_1, \bar{x}_2, \ldots, \bar{x}_k$ unterscheiden sich signifikant?

Voraussetzung: Die Varianzanalyse ergab eine Verwerfung der Nullhypothese. Die Vergleiche sind ungeplant. Es werden jeweils zwei Mittelwerte verglichen, insgesamt $m = k \cdot (k - 1)/2$.

Rechenweg:

(1)   Berechne für jeden der m Vergleiche die Teststatistik

$$t_{\text{Vers}} = \frac{|\bar{x}_i - \bar{x}_j|}{\sqrt{MQI}} \cdot \sqrt{\frac{n_i \cdot n_j}{(n_i + n_j)}} \quad (i \neq j)$$

bzw. im balancierten Fall, d. h. für $n_i = n_j = n$:

$$t_{\text{Vers}} = \frac{|\bar{x}_i - \bar{x}_j|}{\sqrt{MQI}} \cdot \sqrt{\frac{n}{2}},$$

wobei n_i (bzw. n_j)   der zugehörige Stichprobenumfang zu $\bar{x}_i$ (bzw. $\bar{x}_j$),

k die Anzahl der Stichprobenmittelwerte ($i = 1, 2, \ldots, k$),

m die Anzahl der ungeplanten Vergleiche ($l = 1, 2, \ldots, m$).

(2)   Berechne $\alpha_l = \frac{\alpha}{m+1-l}$ und lies aus der t-*Tabelle* (zweiseitig) für Bonferroni-Holm (Tafel XV) den Wert $t_{\text{Tab}}^l = t_{\text{Tab}}(FG; \alpha_l)$ ab,

wobei a_l das zugehörige Signifikanzniveau des l-ten Vergleichs,

FG der Freiheitsgrad von MQI.

(3)   Ordne die t_{Vers}-Werte der Größe nach an. Beginne mit dem größten als t_{Vers}^1, dem zweitgrößten als t_{Vers}^2, usw.

(4) Vergleiche t_{Vers}^l mit t_{Tab}^l und beginne mit $l = 1$:

$$t_{\text{Vers}}^l \leq t_{\text{Tab}}^l \Rightarrow H_0(\mu_i = \mu_j).$$

$$t_{\text{Vers}}^l > t_{\text{Tab}}^l \Rightarrow H_1(\mu_i \neq \mu_j).$$

(5) Wird die Alternativhypothese angenommen, so gehe zurück nach (4) und vergleiche im nächsten Schritt t_{Vers}^l mit t_{Tab}^l für $l = l + 1$. Muss dagegen die Nullhypothese beibehalten werden, sind auch alle noch ausstehenden Vergleiche sind nicht signifikant (Abbruchvorschrift).

Beispiel In einer einfaktoriellen Varianzanalyse mit vier Faktorstufen (A, B, C, D) und mit jeweils vier Wiederholungen führte der F-Test zur Ablehnung der Nullhypothese. Wir vergleichen mit dem multiplen t-Test alle vier Mittelwerte, ordnen die t_{Vers}-Werte der Größe nach und erhalten folgende Tabelle ($MQI = 12.0, FG = 12$, $n_i = 4, k = 4, m = 6, \alpha = 0.05$):

	Vergleich	t_{Vers}^l	$\alpha_l = \alpha/(m+1-l)$	$t_{\text{Tab}}^l(FG; \alpha_l)$	P_l	Entscheidung
$l = 1$	A vs. D	5.88	$\alpha_1 = 0.05/6 = 0.0083$	3.15	0.000	H_1
$l = 2$	B vs. D	4.65	$\alpha_2 = 0.05/5 = 0.0100$	3.05	0.001	H_1
$l = 3$	A vs. C	4.21	$\alpha_3 = 0.05/4 = 0.0125$	2.93	0.001	H_1
$l = 4$	B vs. C	2.98	$\alpha_4 = 0.05/3 = 0.0167$	2.78	0.011	H_1
$l = 5$	C vs. D	1.67	$\alpha_5 = 0.05/2 = 0.0250$	2.56	0.121	H_0, Abbruch
$l = 6$	A vs. B	1.60	$\alpha_6 = 0.05/1 = 0.0500$	2.18	0.136	

Bemerkung 1 Sollen Vergleiche gegen die Kontrolle bzw. gegen einen vorgegebenen Standardwert durchgeführt werden, kann man einen geeigneten Zwei- bzw. Einstichprobentest zur Prüfung der Hypothesen wählen und entscheidet entsprechend der in der obigen Tafel dargestellten Vorgehensweise für den multiplen t-Test (siehe §15.2.5).

Bemerkung 2 Stehen für jeden Vergleich die entsprechenden Überschreitungswahrscheinlichkeiten P_l zur Verfügung, können die Testentscheidungen durch den direkten Vergleich mit α_l durchgeführt werden und eine Interpolation der Tabellenwerte t_{Tab} entfällt. Eine Hilfestellung zur Ermittlung der t_{Tab}-Werte für $\alpha = 5\%$ und m zwischen 1 und 20 gibt die Tab. XV.

15.2.3 Der Newman-Keuls-Test (NK-Test)

Fragestellung: Welche der k Stichprobenmittelwerte $\bar{x}_1, \bar{x}_2, \ldots, \bar{x}_k$ unterscheiden sich signifikant?

Voraussetzung: Die Varianzanalyse ergab eine Verwerfung der Nullhypothese. Die Vergleiche sind ungeplant. Es werden jeweils zwei Mittelwerte verglichen.

Rechenweg:

(1) Tafel zum *NK*-Test

p	$q_\alpha(p; FG)$	R_p
k	$q_\alpha(k; FG)$	R_k
$k-1$	$q_\alpha(k-1; FG)$	R_{k-1}
$\vdots$	$\vdots$	$\vdots$
2	$q_\alpha(2; FG)$	R_2

wobei k die Anzahl aller Mittelwerte,

p die Anzahl beteiligter Mittelwerte,

MQI aus der Varianzanalyse entnommen,

α das Signifikanzniveau,

$q_\alpha(p; FG)$ der Tabelle „*studentisierte Variationsbreiten*" zu entnehmen,

mit $R_p = q_\alpha(p; FG) \cdot \sqrt{\ldots}$ und

$$\sqrt{\ldots} = \begin{cases} \sqrt{\dfrac{MQI}{n}} & \text{im balancierten Fall mit } n \text{ Wdh. je Faktorstufe,} \\[2em] \sqrt{\dfrac{MQI \cdot (n_i + n_j)}{2 \cdot n_i \cdot n_j}} & \text{im unbalancierten Fall Vergleich von } \bar{x}_i \text{ und } \bar{x}_j, \text{ wobei } n_i \text{ (bzw. } n_j) \text{ die Anzahl Wdh. der } i\text{-ten (bzw. } j\text{-ten) Faktorstufe.} \end{cases}$$

(2) Reihenfolge der Rechnung:

- Lies aus der Tafel der Varianzanalyse MQI und FG „innerhalb" ab,
- Lies die q_α-Werte aus der Tabelle ab,
- Berechne $\sqrt{\ldots}$ und $R_p = q_\alpha \cdot \sqrt{\ldots}$.

(3) Ordne die Mittelwerte der Größe nach an und berechne die Differenzen. Die Mittelwerte seien hier schon der Größe nach indiziert d. h. $\bar{x}_1 \geq \bar{x}_2 \geq \ldots \geq \bar{x}_k$. *Beachte*: dies ist in der Praxis meistens *nicht* der Fall.

	$\bar{x}_1$	$\bar{x}_2$	$\bar{x}_3$	$\bar{x}_4$	$\ldots$	$\bar{x}_k$
$\bar{x}_1$	\	$\boxed{\bar{x}_1 - \bar{x}_2}$	$\overline{(\bar{x}_1 - \bar{x}_3)}$	$\langle \bar{x}_1 - \bar{x}_4 \rangle$	$\ldots$	$\bar{x}_1 - \bar{x}_k$
$\bar{x}_2$		\	$\boxed{\bar{x}_2 - \bar{x}_3}$	$\overline{(\bar{x}_2 - \bar{x}_4)}$	$\ldots$	$\bar{x}_2 - \bar{x}_k$
$\bar{x}_3$			\	$\boxed{\bar{x}_3 - \bar{x}_4}$	$\ldots$	$\bar{x}_3 - \bar{x}_k$
.					$\ldots$	.
.					..	.
.					.	.
$\bar{x}_{k-1}$				\		$\boxed{\bar{x}_{k-1} - \bar{x}_k}$
$\bar{x}_k$						\

Da die Mittelwerte in dieser Differenzentafel der Größe nach geordnet wurden, sind alle Differenzen positiv.

Die Anzahl p (beteiligte Mittelwerte) ist:

auf der 1. Nebendiagonale $\boxed{\bar{x}_i - \bar{x}_j}$ jeweils $p = 2$,

auf der 2. Nebendiagonale $\overline{(\bar{x}_i - \bar{x}_j)}$ jeweils $p = 3$,

auf der 3. Nebendiagonale $\langle \bar{x}_i - \bar{x}_j \rangle$ jeweils $p = 4$, usw.

(4)   Vergleiche die Beträge $|\bar{x}_i - \bar{x}_j|$ mit den zugehörigen R_p:

$$|\bar{x}_i - \bar{x}_j| \le R_p \Rightarrow H_0(\mu_i = \mu_j).$$
$$|\bar{x}_i - \bar{x}_j| > R_p \Rightarrow H_1(\mu_i \ne \mu_j).$$

Bemerkung 1 Im unbalancierten Fall sind die R_p nicht nur von p, sondern auch von n_i und n_j abhängig.

Bemerkung 2 Der NK-Test wird in der Literatur auch als SNK-Test (Student-Newman-Keuls-Test) bezeichnet.

Beispiel Ein Experiment mit anschließender Varianzanalyse hat zur Verwerfung der Nullhypothese geführt. Folgende Mittelwerte lagen vor: $\bar{x}_1 = 6.0$, $\bar{x}_2 = 1.3$, $\bar{x}_3 = 2.4$ und $\bar{x}_4 = 5.4$.

Die Anzahl der Wiederholungen war für alle Stufen $n = 5$, also balanciert. Aus der Varianzanalyse entnehmen wir $MQI = 0.6$ und $FG = 16$.

p	$q_\alpha(p; FG)$	R_p
4	4.05	1.40
3	3.65	1.26
2	3.00	1.04

Es ist $\alpha = 5\%$, $\sqrt{\frac{MQI}{n}} = \sqrt{\frac{0.6}{5}} = 0.346$ und damit z. B.

$$R_3 = q_\alpha(3; 16) \cdot \sqrt{\frac{MQI}{n}} = 3.65 \cdot 0.346 = 1.26.$$

Die $\bar{x}_i$ müssen nun der Größe nach geordnet werden, dann berechnet man folgende Differenzen:

	$\bar{x}_1 = 6.0$	$\bar{x}_4 = 5.4$	$\bar{x}_3 = 2.4$	$\bar{x}_2 = 1.3$	
$\bar{x}_1 = 6.0$		0.6	3.6	4.7	$p=4$
$\bar{x}_4 = 5.4$			3.0	4.1	$p=3$
$\bar{x}_3 = 2.4$				1.1	$p=2$
$\bar{x}_2 = 1.3$					

Zwischen $\bar{x}_1$ und $\bar{x}_2$ liegen noch zwei Mittelwerte, also insgesamt $p=4$ „beteiligte" Mittelwerte.

$$|\bar{x}_1 - \bar{x}_4| = 0.6 < 1.04 = R_2 \Rightarrow H_0(\mu_1 = \mu_4).$$

Für alle anderen Vergleiche ist $|\bar{x}_i - \bar{x}_j| > R_p$, die Nullhypothesen sind jeweils zu verwerfen, es bestehen Mittelwertunterschiede.

Um Widersprüche, wie sie in (c) von §15.2 erwähnt wurden, zu verhindern, formulieren wir für den Newman-Keuls-Test folgende Abbruchvorschrift.

Abbruchvorschrift Hat man keine signifikanten Unterschiede zwischen zwei Mittelwerten $\bar{x}_r$ und $\bar{x}_s$ nachweisen können, so gelten alle p beteiligten Mittelwerte als nicht verschieden, d. h. man darf dann keine Mittelwerte mehr auf Signifikanz prüfen, die zwischen $\bar{x}_r$ und $\bar{x}_s$ liegen.

Beispiel Die Varianzanalyse ergab für $k = 5$ Mittelwerte eine Verwerfung der Nullhypothese. Es sollen nun ungeplant drei dieser Mittelwerte geprüft werden und zwar $\bar{x}_r = 3.0$, $\bar{x}_t = 6.2$ und $\bar{x}_s = 6.5$. Dabei war $MQI = 4$, $n = 4$, $FG = 16$, für den Vergleich von $\bar{x}_r$ und $\bar{x}_s$ ist $p = 3$, weil $\bar{x}_t$ dazwischen liegt, somit ist $R_p = R_3 = 3.65$.

Also $|\bar{x}_r - \bar{x}_s| = |3.0 - 6.5| = 3.5 \leq 3.65 = R_3 \Rightarrow H_0(\mu_r = \mu_s)$. Würde man jetzt – *was die Abbruchvorschrift verbietet* – den dritten beteiligten Mittelwert $\bar{x}_t$, der zwischen $\bar{x}_r$ und $\bar{x}_s$ liegt, mit $\bar{x}_r$ vergleichen, so würde der NK-Test zu $H_1(\mu_r \neq \mu_t)$ führen, denn $|\bar{x}_r - x_t| = |3.0 - 6.2| = 3.2 > 3.0 = R_2$.

Ohne Abbruchvorschrift hätte man also das widersprüchliche Resultat, dass die weiter auseinanderliegenden Mittelwerte $\bar{x}_r$ und $\bar{x}_s$ *keine* signifikanten Unterschiede aufwiesen, während die näher beieinander liegenden Werte $\bar{x}_r$ und $\bar{x}_t$ signifikant verschieden wären.

Diese zunächst überraschende Situation entsteht dadurch, dass wir zwar vom Modell her testen, ob die Gruppe der beteiligten Mittelwerte als homogen, d. h. als gleich angesehen werden muss, in der Formulierung unserer Hypothesen aber nur noch die beiden äußeren Mittelwerte erwähnt werden. Eine genauere Formulierung der Nullhypothese für unseren Fall müsste lauten: $H_0(\mu_r = \mu_t = \mu_s)$, dann würde niemand mehr auf Unterschiede zwischen μ_r und μ_t testen, da die Annahme unserer Nullhypothese diese Unterschiede schon verneint.

15.2.4 Der Grenzvariationsbreiten-Test (LSR-Test, HSD-Test)

Beim *NK*-Test hatten wir bei jedem Mittelwertvergleich entsprechend der Anzahl p beteiligter Mittelwerte jeweils unser $q_\alpha(p; F_G)$ verwendet. Dagegen benutzt der *GV*-Test unabhängig von p stets $q_\alpha(k; FG)$ zur Berechnung der Teststatistik. Dabei ist k die Anzahl *aller* Mittelwerte, natürlich stets größer oder gleich p. Im Weiteren verläuft der *GV*-Test (*Tukey-Kramer-Test*) ganz analog zum *NK*-Test, wobei *nicht mehrere* R_p, sondern *nur ein* $R_k = GV$ für alle Vergleiche gemeinsam zu bestimmen ist. Der *GV*-Test wird dadurch zwar konservativer, d. h. bei gleichem α liefert er weniger Signifikanzen als der *NK*-Test, in der Durchführung ist der Grenzvariationsbreiten-Test aber einfacher, weil keine Abbruchvorschrift und nur ein *GV* zu berechnen ist.

Fragestellung: Welche der k Stichprobenmittelwerte $\bar{x}_1, \bar{x}_2, \ldots, \bar{x}_k$ unterscheiden sich signifikant?

Voraussetzung: Die Varianzanalyse ergab eine Verwerfung der Nullhypothese. Die Vergleiche sind ungeplant. Es werden jeweils zwei Mittelwerte verglichen.

Rechenweg:

(1) Berechne

$$GV = q_\alpha(k; FG) \cdot \sqrt{\frac{MQI \cdot (n_i + n_j)}{2 \cdot n_i \cdot n_j}}$$

bzw. im balancierten Fall (*HSD*-Test), d. h. für $n_i = n_j = n$:

$$GV = q_\alpha(k; FG) \cdot \sqrt{\frac{MQI}{n}}$$

wobei $q_\alpha(k; FG)$ der Tabelle „*studentisierte Variationsbreiten*" zu entnehmen,

k die Anzahl aller Mittelwerte,

α das Signifikanzniveau,

MQI aus der Varianzanalyse,

FG der Freiheitsgrad von MQI.

(2) Ordne die Mittelwerte der Größe nach an und berechne die Differenzentafel wie beim NK-Test.

(3) Vergleiche die Beträge $|x_i - x_j|$ mit GV:

$$|\bar{x}_i - \bar{x}_j| \le GV \Rightarrow H_0(\mu_i = \mu_j).$$
$$|\bar{x}_i - \bar{x}_j| > GV \Rightarrow H_1(\mu_i \ne \mu_j).$$

Beispiel Das Beispiel im vorigen §15.2.3 testen wir statt mit Newman-Keuls mit dem GV-Test. Wir müssen dann alle Werte der Differenzentafel mit demselben Wert $GV = 4.05 \cdot 0.346 = 1.40$ vergleichen. Diesmal erhalten wir eine „Signifikanz" weniger, denn der NK-Test hatte $H_0(\mu_3 = \mu_2)$ verworfen, der konservativere GV-Test dagegen ergibt keine Verwerfung von $H_0(\mu_3 = \mu_2)$, weil

$$|\bar{x}_3 - \bar{x}_2| = 2.4 - 1.3 = 1.1 < 1.4 = GV \Rightarrow H_0(\mu_3 = \mu_2).$$

	$\bar{x}_1 = 6.0$	$\bar{x}_4 = 5.4$	$\bar{x}_3 = 2.4$	$\bar{x}_2 = 1.3$
$\bar{x}_1 = 6.0$	\	0.6	3.6*	4.7*
$\bar{x}_4 = 5.4$		\	3.0*	4.1*
$\bar{x}_3 = 2.4$			\	1.1
$\bar{x}_2 = 1.3$				\

Wir haben in der Differenzentafel alle signifikanten Differenzen durch ein Sternchen ($\alpha = 5\%$) gekennzeichnet.

Es ist allgemein üblich, signifikante Unterschiede

- Auf dem $\alpha = 5\%$-Niveau mit einem Sternchen „*"
- Auf dem $\alpha = 1\%$-Niveau mit zwei Sternchen „**"
- Auf dem $\alpha = 0.1\%$-Niveau mit drei Sternchen „***" zu kennzeichnen.

Eine andere verbreitete Methode besteht darin, alle Mittelwerte zu unterstreichen, die aufgrund multipler Vergleiche als homogen angesehen werden müssen. Dazu ordnet man alle k Mittelwerte zunächst der Größe nach an. Man erhält dann z. B. für $\bar{x}_1 \ge \bar{x}_2 \ge \ldots \ge \bar{x}_8$ ($k = 8$):

$$\bar{x}_1 \quad \bar{x}_2 \quad \bar{x}_3 \quad \bar{x}_4 \quad \bar{x}_5 \quad \bar{x}_6 \quad \bar{x}_7 \quad \bar{x}_8$$

d. h. es gilt $H_0(\mu_1 = \mu_2 = \mu_3)$, $H_0(\mu_2 = \mu_3 = \mu_4)$, $H_0(\mu_3 = \mu_4 = \mu_5)$, $H_0(\mu_5 = \mu_6)$, $H_0(\mu_7 = \mu_8)$.

Für das gerade gerechnete Beispiel ergab also der GV-Test:

$$\underline{1.3 \quad 2.4} \quad \underline{5.4 \quad 6.0}.$$

15.2.5 Der Dunnett-Test für Vergleiche mit der Kontrolle

Beim NK-Test und ebenso beim LSR-Test haben wir alle paarweisen Vergleiche der k Mittelwerte betrachtet. Häufig interessieren aber nicht alle paarweisen Unterschiede zwischen den Faktorstufen, sondern nur der Vergleich einzelner Behandlungen mit einer Kontrolle bzw. einem Standard. Unter den k Mittelwerten eines Versuches gibt es also einen Kontrollwert $\bar{x}_c$ und $k - 1$ Mittelwerte $\bar{x}_i$. Von Interesse sind nur die $k - 1$ paarweisen Vergleiche der Mittelwerte $\bar{x}_i$, mit dem Mittelwert $\bar{x}_c$ der Kontrolle (*control group*). Für diese Vergleiche der Erwartungswerte von $k - 1$ Behandlungs- und einer Kontrollgruppe ist der A-posteriori-Test von Dunnett geeignet. Die Durchführung des Tests entspricht weitestgehend dem Grenzvariationsbreitentest (GV-Test), nur die Werte $q_{\alpha}^{*}(k; FG)$ werden aus den entsprechenden Tabellen (Tafel XIV) für den Dunnett-Variationsbreiten-Test (DV-Test) abgelesen. Zu beachten ist dabei, dass die Werte für die einseitige oder die zweiseitige Fragestellung aus verschiedenen Tabellen entnommen werden müssen. Da beim Vergleich zur Kontrolle bzw. zum Standard meistens die einseitige Fragestellung interessiert, wird nur diese hier dargestellt.

Fragestellung: Welche der $k - 1$ Stichprobenmittelwerte $\bar{x}_1, \bar{x}_2, \ldots, \bar{x}_{k-1}$ ist signifikant größer als der Kontrollwert $\bar{x}_c$?

Voraussetzung: Die Varianzanalyse ergab eine Verwerfung der Nullhypothese. Die Vergleiche sind ungeplant. Es wird jeweils ein Mittelwert einer Behandlungsgruppe mit dem der Kontrollgruppe verglichen.

Rechenweg:

(1)   Berechne

$$DV = q_{\alpha}^{*}(k; FG) \cdot \sqrt{\frac{MQI \cdot (n_i + n_c)}{n_i \cdot n_c}}$$

bzw. im balancierten Fall, d. h. für $n_i = n_c = n$:

$$DV = q_{\alpha}^{*}(k; FG) \cdot \sqrt{\frac{2 \cdot MQI}{n}},$$

wobei $q_\alpha^*(k; FG)$ der *Dunnett-Tabelle* (einseitig) zu entnehmen,

k die Anzahl aller Mittelwerte,

$\bar{x}_c$ der Mittelwert der Kontrolle bzw. des Standards,

n_i, n_c Stichprobenumfang der i-ten Behandlung bzw. der Kontrolle,

α das Signifikanzniveau,

MQI aus der Varianzanalyse,

FG der Freiheitsgrad von MQI.

(2) Vergleiche die Differenzen $(\bar{x}_i - \bar{x}_c)$ mit DV:

$$(\bar{x}_i - \bar{x}_c) \leq DV \Rightarrow H_0(\mu_i \leq \mu_c).$$
$$(\bar{x}_i - \bar{x}_c) > DV \Rightarrow H_1(\mu_i > \mu_c).$$

Beispiel Wir nehmen an, dass im Beispiel der vorigen Abschnitte der Stichprobenmittelwert $\bar{x}_2$ unser Kontrollwert $\bar{x}_c$ sei. Dann überprüfen wir, ob die übrigen Mittelwerte $\bar{x}_1, \bar{x}_3$ und $\bar{x}_4$ größer als $\bar{x}_c$ sind, und berechnen für die drei Vergleiche die Mittelwertdifferenzen $(\bar{x}_i - \bar{x}_c)$:

	$\bar{x}_1 = 6.0$	$\bar{x}_3 = 2.4$	$\bar{x}_4 = 5.4$
$\bar{x}_c = \bar{x}_2 = 1.3$	+4.7	+1.1	+4.1

Für DV (einseitig) erhalten wir dann mit $MQI = 0.6, n_i = 5$ und $q_\alpha^*(4; 16) = 2.23$ aus Tafel XIV:

$$DV = 2.23 \cdot \sqrt{\frac{2 \cdot 0.6}{6}} = 1.092.$$

Vergleichen wir die Werte der obigen Differenzentafel mit DV, so ergibt sich die Alternativhypothese, d. h. die Mittelwerte $\bar{x}_1, \bar{x}_3$ und $\bar{x}_4$ sind signifikant größer als die Kontrolle.

Bemerkung Da im Dunnett-Test die Erwartungswerte der Behandlungsgruppen alle mit dem der Kontrolle verglichen werden, ist die Forderung einleuchtend, dass der Mittelwert der Kontrollgruppe einen möglichst kleinen Fehler besitzen sollte. Dies kann man durch die optimale Wahl der Stichprobenumfänge erreichen. Dabei besitzen die $k - 1$ Behandlungsgruppen alle denselben Stichprobenumfang n, und für die Kontrollgruppe werden $n_c = n\sqrt{(k-1)}$ Wiederholungen gewählt.

15.2.6 Der Tukey-Test für Lineare Kontraste

Die beiden bisher beschriebenen A-posteriori-Verfahren waren zum Vergleich von jeweils *zwei* Mittelwerten $\bar{x}_i$ und $\bar{x}_j$ geeignet, mit den Tests von Tukey und Scheffé

ist es möglich *mehr als zwei Mittelwerte* in den Vergleich einzubeziehen, indem so
genannte Lineare Kontraste gebildet werden. Bevor wir das Vorgehen beim Tukey-
Test beschreiben, muss daher zunächst geklärt werden, was unter „Linearen Kontrasten" zu verstehen ist.

Liegen k Mittelwerte $\mu_1, \mu_2, \ldots, \mu_k$ vor, so heißt eine Linearkombination

$$\mathscr{L} = \sum_{i=1}^{k} c_i \mu_i = c_1 \mu_1 + c_2 \mu_2 + \ldots + c_k \mu_k$$

ein *Linearer Kontrast* $\mathscr{L}$, wenn für die Koeffizienten $c_1, \ldots, c_k$ gilt, dass ihre Summe null ist, d. h.

$$\sum_{i=1}^{k} c_i = c_1 + c_2 + \ldots + c_k = 0.$$

Den Schätzwert zum wahren Linearen Kontrast $\mathscr{L}$ wollen wir mit L bezeichnen,
d. h.

$$L = \sum_{i=1}^{k} c_i \bar{x}_i = c_1 \bar{x}_1 + c_2 \bar{x}_2 + \ldots + c_k \bar{x}_k.$$

Beispiel Wir geben drei Lineare Kontraste $\mathscr{L}_1$, $\mathscr{L}_2$, $\mathscr{L}_3$ mit zugehörigen Koeffizienten an:

(1) $\mathscr{L}_1 = (+1) \cdot \mu_1 + 0 \cdot \mu_2 + 0 \cdot \mu_3 + (-1) \cdot \mu_4 = \mu_1 - \mu_4$,
     d. h. $c_1 = 1, c_2 = c_3 = 0, c_4 = -1$; also $\sum_{i=1}^{4} c_i = 0$, wobei $k = 4$.
(2) $\mathscr{L}_2 = (\mu_1 + \mu_4) - (\mu_2 + \mu_3) = \mu_1 + \mu_4 - \mu_2 - \mu_3$,
     d. h. $c_1 = c_4 = 1, c_2 = c_3 = -1$: also $\sum_{i=1}^{4} c_i = 0$, wobei $k = 4$.
(3) $\mathscr{L}_3 = 2\mu_1 - \mu_2 - \mu_5$,
     d. h. $c_1 = 2, c_2 = c_5 = -1, c_3 = c_4 = 0$; also $\sum_{i=1}^{5} c_i = 0$, wobei $k = 5$.

Aus dem Wert des Linearen Kontrastes sind Schlüsse auf die Mittelwerte möglich:

(1) Wenn $\mathscr{L}_1 = 0$, so ist $\mu_1 = \mu_4$.
(2) Wenn $\mathscr{L}_2 = 0$, so ist $\mu_1 + \mu_4 = \mu_2 + \mu_3$.
(3) Wenn $\mathscr{L}_3 = 0$, so ist $2\mu_1 = \mu_2 + \mu_5$.

Die Mittelwertvergleiche bei Tukey (und bei Scheffé) werden über Lineare Kontraste vorgenommen, je nach Wahl des Linearen Kontrastes wird die entsprechende
Hypothese geprüft.

Beispiel Prüft man $H_0(\mathscr{L}_2 = 0)$ gegen $H_1(\mathscr{L}_2 \neq 0)$, so entspricht das dem Hypothesenpaar $H_0(\mu_1 + \mu_4 = \mu_2 + \mu_3)$ und $H_1(\mu_1 + \mu_4 \neq \mu_2 + \mu_3)$.

Bemerkung Die bezüglich der „Zerlegung der *SQZ*" im Rahmen der A-priori-Tests in §15.1.3 besprochenen Vergleiche können – falls diese nur genau einen *FG* verbrauchen – auch als Lineare Kontraste gedeutet werden, wir geben für die Vergleiche *V*1 und *V*2 des Zuckerbeispiels von §15.1.3 die Linearen Kontraste an:

$$\mathscr{L}_1 = 4 \cdot \mu_K - \mu_M - \mu_G - \mu_F - \mu_S \quad \text{und}$$

$$\mathscr{L}_2 = 0 \cdot \mu_K + 3 \cdot \mu_M - \mu_G - \mu_F - \mu_S.$$

Dabei prüft $\mathscr{L}_1$: Kontrolle versus Behandlung und $\mathscr{L}_2$: Mischung versus reine Zuckerbeigabe.

Wie wir gesehen haben, können wir bestimmte Mittelwertvergleiche in Form von Linearen Kontrasten ausdrücken. Wir zeigen nun, wie sich diese Kontraste mit Hilfe des Tukey-Tests a posteriori prüfen lassen.

Fragestellung: Es sollen Mittelwerte $\bar{x}_1, \bar{x}_2, \ldots \bar{x}_k$ bzw. Summen dieser Mittelwerte auf signifikante Unterschiede geprüft werden.

Voraussetzungen: Die Varianzanalyse ergab eine Verwerfung der Nullhypothese. Die Vergleiche sind ungeplant. Es liege Balanciertheit vor, d. h. die Anzahl Wiederholungen sei bei allen Faktorstufen gleich.

Rechenweg:

(1) Bilde zu gewünschtem Mittelwertvergleich einen geeigneten Linearen Kontrast und berechne:

$$L_{\text{Vers}} = c_1 \bar{x}_1 + \ldots + c_k \bar{x}_k \quad \text{und} \quad c = \sum_{i=1}^{k} |c_i|,$$

wobei k die Anzahl aller Mittelwerte,

          $|c_i|$ der Absolutbetrag des Koeffizienten c_i.

(2) Lies in der Tabelle der „*studentisierten Variationsbreiten*" den Wert $q_\alpha(k; FG)$ ab und berechne

$$L_{\text{Tab}} = q_\alpha(k; FG) \cdot \frac{c}{2} \cdot \sqrt{\frac{MQI}{n}},$$

wobei α das Signifikanzniveau,

        n die Anzahl Wiederholungen pro Faktorstufe,

    MQI aus der *ANOVA* („innerhalb"),

     FG der Freiheitsgrad von MQI.

(3) Vergleiche L_{Vers} und L_{Tab}:

$$|L_{\text{Vers}}| \leq L_{\text{Tab}} \Rightarrow H_0(\mathscr{L} = 0).$$

$$|L_{\text{Vers}}| > L_{\text{Tab}} \Rightarrow H_1(\mathscr{L} \neq 0).$$

Beispiel Die Varianzanalyse für die $k = 4$ Mittelwerte $\bar{x}_1 = 6.0$, $\bar{x}_2 = 1.3$, $\bar{x}_3 = 2.4$ und $\bar{x}_4 = 5.4$ ergab eine *Verwerfung* von $H_0(\mu_1 = \mu_2 = \mu_3 = \mu_4)$. Dabei war $n = 5$, $MQI = 0.6$ und $FG = 16$ („innerhalb"). Zu prüfen sei $H_0(\mu_1 + \mu_4 = \mu_2 + \mu_3)$ gegen $H_1(\mu_1 + \mu_4 \neq \mu_2 + \mu_3)$. Das zugehörige $L_{\text{Vers}} = \bar{x}_1 + \bar{x}_4 - \bar{x}_2 - \bar{x}_3 = 6.0 + 5.4 - 1.3 - 2.4 = 7.7$.

$$c = \sum |c_i| = 1 + 1 + 1 + 1 = 4, \quad q_\alpha(k; FG) = q_{5\%}(4; 16) = 4.05,$$

$$\sqrt{\frac{MQI}{n}} = \sqrt{\frac{0.6}{5}} = 0.346, \quad L_{\text{Tab}} = 4.05 \cdot 2 \cdot 0.346 = 2.80.$$

$$L_{\text{Vers}} = 7.7 > 2.80 = L_{\text{Tab}} \Rightarrow H_1(\mathscr{L} \neq 0), \text{d. h. } H_1(\mu_1 + \mu_4 \neq \mu_2 + \mu_3).$$

Bemerkung 1 Für den Vergleich von zwei Mittelwerten $\bar{x}_i$ und $\bar{x}_j$ geht der Tukey-Test in den GV-Test über: Man erhält $L_{\text{Vers}} = \bar{x}_i - \bar{x}_j$ und $\frac{c}{2} = 1$ und somit $L_{\text{Tab}} = q_\alpha(k; FG) \cdot \sqrt{\frac{MQI}{n}} = GV$.

Bemerkung 2 Im balancierten Fall lassen sich Lineare Kontraste a priori, also *geplant*, auch mit dem t-Test von §15.1.1 prüfen. Man setzt in (15.1b) statt $|\bar{x} - \bar{y}|$ den Wert L_{Vers} und statt $\sqrt{\frac{n}{2}}$ den Wert $\sqrt{\frac{n}{\sum c_i^2}}$ ein.

15.2.7 Der Scheffé-Test für Lineare Kontraste

Der folgende Test von Scheffé ist ebenfalls ein A-posteriori-Test, der Lineare Kontraste prüft, er verwendet allerdings statt der „studentisierten Variationsbreiten" die F-Verteilung.

Fragestellung: Es sollen Mittelwerte $\bar{x}_1, \bar{x}_2, \ldots \bar{x}_k$ bzw. Summen dieser Mittelwerte auf signifikante Unterschiede geprüft werden.

Voraussetzung: Die Varianzanalyse ergab eine Verwerfung der Nullhypothese. Die Vergleiche sind ungeplant. Es darf Unbalanciertheit vorliegen.

Rechenweg:

(1) Bilde zu gewünschtem Mittelwertvergleich einen geeigneten Linearen Kontrast und berechne:

$$L_{\text{Vers}} = c_1 \bar{x}_1 + \ldots + c_k \bar{x}_k \quad \text{und} \quad \tilde{c} = \sum_{i=1}^{k} \frac{c_i^2}{n_i},$$

wobei k die Anzahl der Mittelwerte,

c_i die Koeffizienten des Linearen Kontrastes,

n_i die Anzahl Wiederholungen der i-ten Faktorstufe.

(2) Lies in der *F-Tabelle (einseitig)* den Wert $F_{\text{Tab}} = F_{N-k}^{k-1}(\alpha)$ ab und berechne

$$L_{\text{Tab}} = \sqrt{(k-1) \cdot F_{\text{Tab}} \cdot MQI \cdot \tilde{c}},$$

wobei α das Signifikanzniveau,

MQI aus der *ANOVA* („innerhalb"),

$N - k$ der Freiheitsgrad von MQI.

(3) Vergleiche L_{Vers} und L_{Tab}:

$$|L_{\text{Vers}}| \leq L_{\text{Tab}} \Rightarrow H_0(\mathscr{L} = 0).$$
$$|L_{\text{Vers}}| > L_{\text{Tab}} \Rightarrow H_1(\mathscr{L} \neq 0).$$

Beispiel Wir prüfen denselben Kontrast wie im Beispiel des Tukey-Tests. Dort war $L_{\text{Vers}} = 7.7$. Der Freiheitsgrad von MQI war $FG = 16$, also $N - k = 16$. Mit $k - 1 = 3$ ist dann $F_{\text{Tab}} = F_{16}^3(5\,\%) = 3.24 \cdot MQI = 0.6, \tilde{c} = \sum \frac{c_i^2}{n_i} = \frac{4}{5} = 0.8$ und $L_{\text{Tab}} = \sqrt{3 \cdot 3.24 \cdot 0.6 \cdot 0.8} = 2.16$.

$$L_{\text{Vers}} = 7.7 > 2.16 = L_{\text{Tab}} \Rightarrow H_1(\mathscr{L} \neq 0).$$

15.2.8 Tabellarische Übersicht

Bei der Wahl eines A-posteriori-Verfahrens unter den sechs hier angegebenen Tests kann Tab. 15.3 eine gewisse Entscheidungshilfe bieten.

Bemerkung Bei einfachen Linearen Kontrasten ist im balancierten Fall der Tukey-Test vorzuziehen, weil er im Vergleich zu Scheffé weniger konservativ ist. Bei komplizierten Linearen Kontrasten ist dagegen der Scheffé-Test weniger konservativ.

Tab. 15.3 Übersicht zu einigen A-posteriori-Verfahren

Test	Versuchsanlage	Vergleich	Eigenschaft
Holm	unbalanciert	zwei Mittelwerte	konservativ
NK	unbalanciert	zwei Mittelwerte	nicht konservativ
GV (LSR, HSD)	unbalanciert	zwei Mittelwerte	konservativ
Dunnett (*DV*)	unbalanciert	jede Behandlung mit Kontrolle	konservativ
Tukey	balanciert	einfache Lineare Kontraste	konservativ
Scheffé	unbalanciert	komplizierte Lineare Kontraste	konservativ

15.3 Anschlusstests bei signifikanten Wechselwirkungen

Ein großer Vorteil von zwei- oder mehrfaktoriellen Versuchen ist die Möglichkeit, Wechselwirkungen zwischen einzelnen Faktoren nachzuweisen. Dabei bedeutet das Auftreten von Wechselwirkungen, dass der Effekt eines Faktors A nicht unabhängig von der Stufe des zweiten Faktors B ist. In §13.1.1 sind wir näher darauf eingegangen, was unter Wechselwirkungen zu verstehen ist, wie man sie graphisch erkennen und mit Hilfe der Varianzanalyse nachweisen kann. Dabei wurde immer vorausgesetzt, dass die Gültigkeit der Modellgleichung, insbesondere die Additivität der einzelnen Effekte, nach Meinung der Fachwissenschaftler gegeben ist. Anderenfalls ist eine Varianzanalyse nicht sinnvoll interpretierbar (vgl. §14).

Aber auch bei der Interpretation der Signifikanzen einzelner Faktoreffekte in der Varianztabelle eines Versuches mit signifikanten Wechselwirkungen ist Vorsicht geboten. So treten scheinbare Widersprüche auf: Z. B. wird ein Faktor im F-Test als nicht signifikant eingestuft, obwohl die Unterschiede zwischen den einzelnen Faktorstufenkombinationen sehr deutlich sind (siehe Beispiel). Dies hat seine Ursache darin, dass die Faktoreffekte aus den Stufenmittelwerten berechnet werden. In diesem Fall sollte man sich die graphische Darstellung der Ergebnisse unbedingt anschauen und gegebenenfalls Anschlusstests hinsichtlich der Unterschiede zwischen den Mittelwerten verschiedener Faktorstufenkombinationen durchführen. Dabei müssen die Einschränkungen beim multiplen Testen berücksichtigt werden (vgl. §15).

Beispiel In einer zweifaktoriellen *ANOVA* wurde die Wirksamkeit von drei Behandlungen A, B und C an zwei Gruppen 1 und 2 mit drei Wiederholungen geprüft. Man erhielt folgende Streuungszerlegung:

Ursache	SQ	FG	MQ	F_{Vers}	F_{Tab}	P-Wert
Gruppen	3334.72	1	3334.72	171.011	4.747	0.000***
Behandlung	89.33	2	44.67	2.291	3.885	0.144 ns
Wechselwirkung	2112.44	2	1056.22	54.165	3.885	0.000***
Rest	234.00	12	19.50			
Total	5770.50	17				

Im F-Test zeigt sich, dass die Unterschiede zwischen den beiden Gruppen und die Wechselwirkungen zwischen Gruppe und Behandlung sehr gut abgesichert sind ($P < 0.001$), der Effekt der Behandlungen ist aber nicht signifikant ($P = 0.144$). In Abb. 15.2 sind die Ergebnisse gemittelt über die drei Wiederholungen dargestellt.

Das Auftreten von Wechselwirkungen ist offensichtlich, die Verbindungslinien verlaufen nicht parallel. In den einzelnen Gruppen ist jedoch deutlich die Wirkung der Behandlung zu erkennen. In der Varianzanalyse wurde der Faktoreffekt aus den Mittelwerten der Behandlungsstufen A, B und C der zwei Gruppen geschätzt, und diese betragen $\bar{x}_A = 50.50$, $\bar{x}_B = 45.17$ und $\bar{x}_C = 48.83$; im Mittel der beiden Gruppen sind die Behandlungseffekte minimal.

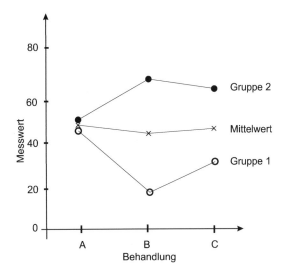

Abb. 15.2 Reaktion der Gruppen 1 (●) und 2 (○) auf die drei Behandlungen *A*, *B* und *C*. Im Mittel (×) der beiden Gruppen sind die Behandlungseffekte gering

Je nach Fragestellung sind daher multiple Vergleiche aller sechs Faktorstufen-kombinationen angebracht, um eine Interpretation zu ermöglichen.

§16 Varianzanalyse mit zufälligen Effekten (Modell II)

In diesem Paragraphen soll zunächst das einfaktorielle, später das zweifaktorielle Modell mit zufälligen Effekten (Modell II) beschrieben werden. Es ist an dieser Stelle empfehlenswert, sich den Unterschied zwischen festen und zufälligen Effekten in Erinnerung zu rufen und zu diesem Zweck nochmals die Ausführungen von §11.2 zu lesen.

Wir gehen im Folgenden davon aus, dass ein Faktor mit k Faktorstufen gegeben ist. Im Gegensatz zum Modell I sind aber *im Modell II* diese *Faktorstufen nicht systematisch und bewusst festgelegt, sondern zufällig.* Zwischen den Faktorstufen haben wir daher keine festen, sondern zufällige Effekte.

Beispiel Ein Züchter plant durch Selektion das mittlere Eigewicht pro Henne zu er-höhen. Das ist nur möglich, wenn genetische Unterschiede zwischen den einzelnen Hennen vorhanden sind. Um die genetisch bedingte Varianz zu schätzen, nimmt er eine Zufallsstichprobe von k Hennen aus seiner Zuchtpopulation und ermittelt von jeder Henne das Gewicht von n Eiern in einem festgelegten Zeitraum. In diesem Versuch stellt jede zufällig ausgewählte Henne eine „Faktorstufe" dar und das Wie-gen von jeweils n Eiern ergibt die Wiederholungen.

Formal erfolgt die Streuungszerlegung im Modell II genau wie im Modell I, man bezeichnet allerdings die zufälligen Effekte mit lateinischen Buchstaben $a_1, a_2,$ $\ldots, a_k$. Die festen Effekte im Modell I wurden mit griechischen Buchstaben $\alpha_1, \alpha_2,$ $\ldots, \alpha_k$ symbolisiert. Die Gleichung für den Messwert x_{ij} erhält hier, ganz analog zu (12.2), die Form

$$x_{ij} = \mu + a_i + e_{ij}.$$

Bei Modell I hatten wir k Stichproben aus k Grundgesamtheiten, deren Mittelwerte wir vergleichen wollten. Im Modell II gehen wir dagegen von der Voraussetzung aus, dass alle k Stichproben aus *einer einzigen* Grundgesamtheit stammen, im Beispiel ist dies die Gesamtheit aller Hennen der Zuchtpopulation. Da wir jetzt nur eine einzige Grundgesamtheit im Modell unterstellen, vergleichen wir keine Mittelwerte, sondern wollen Varianzkomponenten schätzen.

Beispiel Führt ein Züchter im vorigen Beispiel eine einfaktorielle Varianzanalyse mit den ermittelten Eigewichten durch, so erhält er ein *MQZ* (Variation zwischen den Hennen einer Population) und ein *MQI* (Variation des Gewichts innerhalb der von einer Henne gelegten Eier). Aus der Differenz $MQZ - MQI$ kann er dann die genetisch bedingte Varianz σ_G^2 im Eigewicht bestimmen und eine Voraussage über den möglichen Zuchterfolg machen. Der F-Test entscheidet hierbei über die Hypothesen $H_0(\sigma_G^2 = 0)$ und $H_1(\sigma_G^2 > 0)$.

16.1 Einfaktorielle Varianzanalyse mit zufälligen Effekten (Modell II)

Bevor wir den Rechenweg einer Varianzanalyse bei Modell II angeben, sollen die Voraussetzungen des Modells formuliert und graphisch veranschaulicht werden. Unsere Daten müssen folgende Voraussetzungen erfüllen:

- Die Stichproben der k Stufen stammen aus *einer gemeinsamen Grundgesamtheit*, die um den Mittelwert μ *normalverteilt* sei.
- Die zufälligen Effekte a_i seien $N(0, \sigma_a^2)$-verteilt.
- Die e_{ij} seien $N(0, \sigma_e^2)$-verteilt.

In Abb. 16.1 werden diese Voraussetzungen graphisch dargestellt. Im Gegensatz zu Abb. 12.1 ist die Lage der Faktorstufenmittelwerte hier zufällig und könnte bei Wiederholung des Experiments völlig anders ausfallen, da die Mittelwerte μ_i der Glockenkurven in Abb. 16.1b selbst Zufallsstichproben aus einer Normalverteilung sind. Die Varianzen der Normalverteilungen in Abb. 16.1b sind alle gleich σ_e^2. Die zweite Varianzkomponente σ_a^2 ist die Varianz der (in Abb. 16.1 nicht dargestellten) Verteilung $N(0, \sigma_a^2)$ der zufälligen Effekte a_i. Die Summe $\sigma_a^2 + \sigma_e^2$ ist die Varianz der Grundgesamtheit, vgl. Glockenkurve in Abb. 16.1c. Ziel der folgenden Varianzanalyse ist es, Schätzwerte s_a^2 und s_e^2 für die Varianzkomponenten σ_a^2 und σ_e^2 zu berechnen, dabei wird zunächst genau wie bei Modell I in §12.3 *MQZ* und *MQI* ermittelt.

Beispiel (nach E. Weber) Die Kelchlänge einer Primelart wurde an $k = 10$ Pflanzen gemessen. Bei den Pflanzen $i = 1, \ldots, 5$ wurde jeweils an 5 Blüten gemessen,

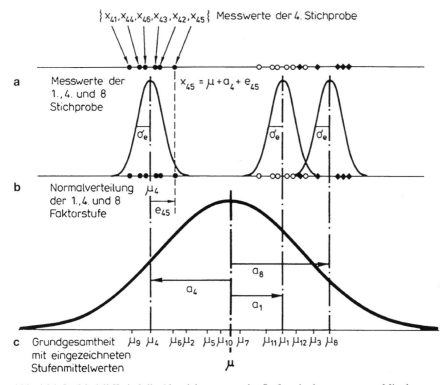

Abb. 16.1 Im Modell II sind die Abweichungen a_i der Stufenmittelwerte μ_i vom Mittelwert μ der Grundgesamtheit zufällig

bei $i = 6$ bzw. 7 an jeweils 4 und von den übrigen Pflanzen hatte man je 3 Blüten herangezogen. D. h. $n_1 = n_2 = \ldots = n_5 = 5, n_6 = n_7 = 4, n_8 = n_9 = n_{10} = 3.$ Die Varianzanalyse ergab $MQZ = 7.08$ und $MQI = 0.36$.

Es ist $\sum n_i = 42, \sum n_i^2 = 184, \bar{n} = \frac{1}{9}(42 - \frac{184}{42}) = 4.18, s_e^2 = MQI = 0.36$
und $s_a^2 = \frac{7.08-0.36}{4.18} = 1.61.$

Fragestellung: Wie groß sind die Schätzwerte s_a^2 und S_e^2 für die Varianzkomponenten der Varianz σ_a^2 „zwischen" und σ_e^2 „innerhalb" der Faktorstufen?

Voraussetzungen: Die k Stichproben seien unabhängig und stammen aus einer normalverteilten Grundgesamtheit. Die zufälligen Effekte a_i und die Restfehler e_{ij} seien normalverteilt mit $N(0, \sigma_a^2)$ und $N(0, \sigma_e^2)$.

Rechenweg:

(1) Berechne zunächst wie in §12.4 die „Tafel der einfachen Varianzanalyse".

(2) Hat man MQZ und MQI berechnet, so gilt:

mittlere Quadrate	$E(MQ)$
MQZ	$\sigma_e^2 + \bar{n} \cdot \sigma_a^2$
MQI	σ_e^2

wobei

$$\bar{n} = \frac{1}{k-1} \cdot \left[\left(\sum_{i=1}^{k} n_i \right) - \frac{\sum n_i^2}{\sum n_i} \right].$$

Im balancierten Fall, d. h. alle $n_i = n$, gilt $\bar{n} = n$.

(3) Der gesuchte Schätzwert für σ_e^2 ist $s_e^2 = MQI$ für σ_a^2 ist $s_a^2 = \frac{1}{n} \cdot (MQZ - MQI)$.

Bemerkung Ob s_a^2 signifikant von null verschieden ist, kann man für eine *einfaktorielle* Varianzanalyse im Modell II testen, indem man $F_{\text{Vers}} = \frac{MQZ}{MQI}$ mit dem F-Test wie im Modell I prüft. Der wesentliche Unterschied ist aber, dass hier nicht auf Mittelwertunterschiede sondern auf $H_0(\sigma_a^2 = 0)$ gegen $H_1(\sigma_a^2 > 0)$ geprüft wird. Die Übereinstimmung des Tests bei Modell I und Modell II gilt jedoch nur für den Fall der einfaktoriellen Varianzanalyse. Bereits im Fall der zweifaktoriellen Varianzanalyse sind beim Modell II andere Testgrößen als bei Modell I zu bilden. Dies ist besonders bei gemischten Modellen zu beachten (mehrfaktorielle Varianzanalysen mit festen und zufälligen Effekten, siehe §16.3).

16.2 Zweifaktorielle Varianzanalyse mit zufälligen Effekten (Modell II)

Die einfaktorielle Varianzanalyse mit zufälligen Effekten kann unschwer auf mehrfaktorielle Analysen erweitert werden. Erst beim gleichzeitigen Auftreten von festen und zufälligen Effekten in einem Versuch (*gemischtes Modell*) ergeben sich Schwierigkeiten in der Auswertung, die sowohl die Festlegung der Teststatistiken in den zugehörigen F-Tests als auch die Schätzformeln für die Varianzen betreffen. Im Folgenden wollen wir das einfaktorielle Modell mit zufälligen Effekten auf den zweifaktoriellen Fall erweitern und anschließend beispielhaft das zweifaktorielle gemischte Modell betrachten, in dem ein Faktor mit zufälligen und ein Faktor mit festen Effekten auftritt.

Bemerkung Zum besseren Verständnis dieses Paragraphens ist es sinnvoll, §§11, 12.2, 12.4 und 13.1.2 sowie die Einführung in §16 kurz zu wiederholen.

Wir gehen wie im Modell I für zwei- und mehrfaktoriellen Varianzanalysen (§13.1.2) davon aus, dass der Stichprobenumfang für alle Faktorstufenkombinationen gleich ist (balanciert). Im Modell II und ebenso im gemischten Modell wird dann die Tafel der Varianzanalyse nach dem gleichen Schema wie in Modell I berechnet (Tab. 13.1). Die Festlegung der adäquaten F-Tests hinsichtlich der Signifikanz der Faktoren und ihrer Wechselwirkungen ändert sich jedoch.

Um dies näher zu erläutern, betrachten wir zuerst die Erwartungswerte der mittleren Quadratsummen MQ (§12.4, Bem. 1) für die zweifaktorielle Varianzanalyse mit festen sowie für die mit zufälligen Effekten. Mit den Modellgleichungen

$$x_{ijr} = \mu + \alpha_i + \beta_j + (\alpha\beta)_{ij} + e_{ijr} \quad \text{(Modell I, feste Effekte) und}$$

$$x_{ijr} = \mu + a_i + b_j + (ab)_{ij} + e_{ijr} \quad \text{(Modell II, zufällige Effekte)}$$

ergeben sich die folgenden Erwartungswerte:

Erwartungswerte der mittleren Quadratsummen in der zweifaktoriellen Varinzanalyse mit *festen* (Modell I) bzw. *zufälligen* (Modell II) Effekten

	Modell I	Modell II
$E(MQA)$:	$\sigma_e^2 + \frac{n\cdot m}{k-1}\cdot\sum\alpha_i^2$	$\sigma_e^2 + n\cdot\sigma_{ab}^2 + n\cdot m\cdot\sigma_a^2$
$E(MQB)$:	$\sigma_e^2 + \frac{n\cdot k}{m-1}\cdot\sum\beta_j^2$	$\sigma_e^2 + n\cdot\sigma_{ab}^2 + n\cdot k\cdot\sigma_b^2$
$E(MQW)$:	$\sigma_e^2 + \frac{n}{(m-1)\cdot(k-1)}\cdot\sum(\alpha\beta)_{ij}^2$	$\sigma_e^2 + n\cdot\sigma_{ab}^2$
$E(MQR)$:	σ_e^2	$\sigma_e^2,$

wobei n der Stichprobenumfang je Faktorstufenkombination,

k die Anzahl der Faktorstufen von A,

m die Anzahl der Faktorstufen von B,

$\alpha_i, \beta_j, (\alpha\beta)_{ij}$ die festen Effekte der Faktoren A und B sowie ihre Wechselwirkung $A \times B$,

$\sigma_a^2, \sigma_b^2, \sigma_{ab}^2$ die Varianzen ihrer Faktoren und ihrer Wechselwirkungen $A \times B$,

σ_e^2 die Fehlervarianz.

Bilden wir die jeweiligen Quotienten der Erwartungswerte der Faktoren und ihrer Wechselwirkung mit $E(MQR)$ im Modell I, so folgt beispielsweise für den Faktor A

$$\frac{E(MQA)}{E(MQR)} = 1 + \frac{1}{\sigma^2}\cdot\frac{n\cdot m}{k-1}\cdot\sum\alpha_i^2$$

und bei Gültigkeit der Nullhypothese $H_0(\alpha_i = 0)$ ergibt sich der Wert eins. Dies gilt in gleicher Weise für die Varianzquotienten der Erwartungswerte von Faktor B und den Wechselwirkungen $A \times B$. Die Signifikanz der Faktoren A und B sowie ihrer Wechselwirkungen $A \times B$ lassen sich somit alle mit den jeweiligen Quotienten $F_{\text{Vers}} = MQ \bullet / MQR$ testen (§12.4, Bemerkung 1). Gilt dann $F_{\text{Vers}} > F_{\text{Tab}}$, so liegen signifikante Mittelwertunterschiede vor.

Im Gegensatz dazu müssen im Modell II die Varianzquotienten anders berechnet werden, um mit dem F-Test zwischen den Hypothesen $H_0(\sigma_a^2 = 0)$ und $H_1(\sigma_a^2 > 0)$ bzw. $H_0(\sigma_b^2 > 0)$ und $H_1(\sigma_b^2 = 0)$ zu entscheiden. Dividieren wir in diesem Modell die Erwartungswerte der MQ von Faktor A bzw. B durch $E(MQW)$, so folgt:

$$\frac{E(MQA)}{E(MQW)} = 1 + n \cdot m \cdot \frac{\sigma_a^2}{\sigma^2 + n \cdot \sigma_{ab}^2} \quad \text{bzw.}$$

$$\frac{E(MQB)}{E(MQW)} = 1 + n \cdot k \cdot \frac{\sigma_b^2}{\sigma^2 + n \cdot \sigma_{ab}^2}.$$

Bei Gültigkeit der Nullhypothese $H_0(\sigma_a^2 = 0)$ bzw. $H_0(\sigma_b^2 = 0)$ ergibt sich in beiden Fällen der Wert eins. Zur Überprüfung der Signifikanz der zufälligen Effekte der Faktoren A und B berechnen wir daher F_{Vers} mit Hilfe der Quotienten MQA/MQW und MQB/MQW und vergleichen F_{Vers} mit dem zugehörigen F_{Tab}. Zur Überprüfung der Signifikanz der Wechselwirkung müssen wir jedoch den Erwartungswert von MQW durch $E(MQR)$ dividieren, um den adäquaten F-Wert zu erhalten:

$$\frac{E(MQW)}{E(MQR)} = 1 + n \cdot \frac{\sigma_{ab}^2}{\sigma^2}.$$

Wir berechnen daher für den Test auf Signifikanz der Wechselwirkung den Varianzquotienten $F_{\text{Vers}} = MQW/MQR$ und vergleichen anschließend F_{Vers} mit F_{Tab}.

Ergibt sich in den jeweiligen F-Tests, dass $F_{\text{Vers}} > F_{\text{Tab}}$ ist, dann sind die zugehörigen Effekte der Faktoren bzw. ihrer Wechselwirkungen signifikant, d. h. die zugehörigen Varianzen $\sigma_\bullet^2$ sind signifikant größer null.

Wir wollen jetzt die zweifaktorielle Varianzanalyse mit zufälligen Effekten durchführen:

Fragestellung: Gibt es signifikante Wechselwirkungen zwischen den Faktoren A und B, d. h. ist s_{ab}^2 signifikant verschieden von null?
Sind die Varianzen s_a^2 bzw. s_b^2 signifikant größer als null?

Voraussetzungen: Die Grundgesamtheiten seien normalverteilt mit homogenen Varianzen. Die entnommenen Stichproben seien unabhängig und von gleichem Umfang $n > 1$.
Die zufälligen Effekte a_i, b_j und ab_{ij} sowie die Fehler e_{ijr} seien normalverteilt mit $N(0, \sigma_a^2)$, $N(0, \sigma_b^2)$, $N(0, \sigma_{ab}^2)$ und $N(0, \sigma_e^2)$.

Rechenweg:

(1) Berechne MQA, MQB, MQW und MQR nach §13.2.

(2) Bestimme

$$F_{\text{Vers}}(W) = \frac{MQW}{MQR}, \quad F_{\text{Vers}}(A) = \frac{MQA}{MQW} \quad \text{und}$$

$$F_{\text{Vers}}(B) = \frac{MQB}{MQW}$$

Ist $F_{\text{Vers}} \leq 1$, so ist die zu diesem gehörige Nullhypothese beizubehalten. Beachte §12.4, Bemerkung 1.

(3) Lies in der *F-Tabelle (einseitig)* die Werte ab,

$$F_{\text{Tab}}(W) = F_{N-mk}^{(m-1)\cdot(k-1)}(\alpha), \quad F_{\text{Tab}}(A) = F_{(m-1)\cdot(k-1)}^{(k-1)}(\alpha) \quad \text{und}$$

$$F_{\text{Tab}}(B) = F_{(m-1)\cdot(k-1)}^{(m-1)}(\alpha)$$

wobei α das Signifikanzniveau,

$(k-1)$ der Freiheitsgrad von Faktor A,

$(m-1)$ der Freiheitsgrad von Faktor B,

$(m-1) \cdot (k-1)$ der Freiheitsgrad der Wechselwirkungen,

$N - mk$ der Freiheitsgrad vom Rest sei.

(4) Vergleiche F_{Vers} und F_{Tab}:

a. Prüfung auf Wechselwirkungen:

$$F_{\text{Vers}}(W) \leq F_{\text{Tab}}(W) \Rightarrow H_0(\text{keine Wechselwirkungen})$$

$$F_{\text{Vers}}(W) > F_{\text{Tab}}(W) \Rightarrow H_1(\text{signifikante Wechselwirkungen})$$

b. Prüfung auf Existenz zufälliger Effekte des Faktors A:

$$F_{\text{Vers}}(A) \leq F_{\text{Tab}}(A) \Rightarrow H_0(\sigma_a^2 = 0)$$

$$F_{\text{Vers}}(A) > F_{\text{Tab}}(A) \Rightarrow H_1(\sigma_a^2 > 0)$$

c. Prüfung auf Existenz zufälliger Effekte des Faktors B:

$$F_{\text{Vers}}(B) \leq F_{\text{Tab}}(B) \Rightarrow H_0(\sigma_b^2 = 0)$$

$$F_{\text{Vers}}(B) > F_{\text{Tab}}(B) \Rightarrow H_1(\sigma_b^2 > 0)$$

Mit Hilfe der Schätzwerte der mittleren Quadrate MQ aus der Tafel der zweifaktoriellen Varianzanalyse können die Varianzen der zufälligen Effekte anhand der

Gleichungen für die Erwartungswerte $E(MQ)$ von Modell II bestimmt werden:

$$s_a^2 = (MQA - MQW)/(n \cdot m)$$
$$s_b^2 = (MQB - MQW)/(n \cdot k)$$
$$s_{ab}^2 = (MQW - MQR)/n.$$

16.3 Zweifaktorielle Varianzanalyse mit festen und zufälligen Effekten (gemischtes Modell)

Zum Abschluss behandeln wir das gemischte Modell einer zweifaktorielle Varianzanalyse, wobei ohne Beschränkung der Allgemeinheit für Faktor A feste und für Faktor B zufällige Effekte angenommen werden. Dann lautet die Gleichung für das *gemischte Modell*

$$x_{ijk} = \mu + \alpha_i + b_j + (ab)_{ij} + e_{ijk}$$

mit den folgenden Erwartungswerten:

Erwartungswerte der mittleren Quadratsummen in der zweifaktoriellen Varianzanalyse mit festen und zufälligen Effekten (*gemischtes Modell*)

$$E(MQA) = \sigma_e^2 + n \cdot \sigma_{ab}^2 + \frac{n \cdot m}{k - 1} \cdot \sum \alpha_i^2,$$
$$E(MQB) = \sigma_e^2 + n \cdot k \cdot \sigma_b^2,$$
$$E(MQW) = \sigma_e^2 + n \cdot \sigma_{ab}^2 \quad \text{und}$$
$$E(MQR) = \sigma_e^2,$$

wobei Faktor A fest,

Faktor B zufällig,

$A \times B$ zufällig,

n der Stichprobenumfang je Faktorstufenkombination,

k die Anzahl der Faktorstufen von A,

m die Anzahl der Faktorstufen von B,

α_i die festen Effekte von Faktor A,

$\sigma_b^2, \sigma_{ab}^2$ die Varianzen des Faktors B und der Wechselwirkungen $A \times B$,

σ_e^2 die Fehlervarianz ist.

Aus den Erwartungswerten im gemischten Modell lässt sich ableiten, dass die Wechselwirkungen $A \times B$ und der Faktor B (zufällig) mit Hilfe der Varianzquotienten $F_{\text{Vers}} = MQW/MQR$ bzw. $F_{\text{Vers}} = MQB/MQR$ getestet werden, der Faktor A (fest) dagegen anhand $F_{\text{Vers}} = MQA/MQW$.

Die folgende Aufstellung stellt die Vorgehensweise im gemischten Modell vor:

Fragestellung: Gibt es signifikante Wechselwirkungen zwischen den Faktoren A und B, d. h. ist s_{ab}^2 signifikant größer null?

Ist s_b^2 signifikant größer null?

Gibt es unter den Mittelwerten $\bar{x}_{1\bullet\bullet}, \bar{x}_{2\bullet\bullet}, \ldots, \bar{x}_{k\bullet\bullet}$ der k Faktorstufen von A mindestens zwei, die voneinander signifikant verschieden sind?

Voraussetzungen: Die Grundgesamtheiten seien normalverteilt mit homogenen Varianzen. Die entnommenen Stichproben seien unabhängig und von gleichem Umfang $n > 1$.

Die zufälligen Effekte b_j und ab_{ij} sowie die Fehler e_{ijr} seien normalverteilt mit $N(0, \sigma_a^2)$, $N(0, \sigma_{ab}^2)$ und $N(0, \sigma_e^2)$.

Rechenweg:

(1) Berechne MQA, MQB, MQW und MQR nach §13.2.

(2) Bestimme

$$F_{\text{Vers}}(W) = \frac{MQW}{MQR}, \quad F_{\text{Vers}}(B) = \frac{MQB}{MQR} \quad \text{und}$$

$$F_{\text{Vers}}(A) = \frac{MQA}{MQW}$$

Ist $F_{\text{Vers}} \leq 1$, so ist die zu diesem F_{Vers} zugehörige Nullhypothese beizubehalten. Beachte §12.4, Bemerkung 1.

(3) Lies in der *F-Tabelle (einseitig)* die Werte

$$F_{\text{Tab}}(W) = F_{N-mk}^{(m-1)\cdot(k-1)}(\alpha), \quad F_{\text{Tab}}(B) = F_{N-mk}^{m-1}(\alpha) \quad \text{und}$$

$$F_{\text{Tab}}(A) = F_{(m-1)\cdot(k-1)}^{(k-1)}(\alpha) \quad \text{ab,}$$

wobei α das Signifikanzniveau,

$(k-1)$ der Freiheitsgrad von Faktor A,

$(m-1)$ der Freiheitsgrad von Faktor B,

$(m-1)\cdot(k-1)$ der Freiheitsgrad der Wechselwirkungen,

$N - mk$ der Freiheitsgrad vom Rest sei.

(4) Vergleiche F_{Vers} und F_{Tab}:

     a. Prüfung auf Wechselwirkungen:

$$F_{\text{Vers}}(W) \leq F_{\text{Tab}}(W) \Rightarrow H_0 (\text{keine Wechselwirkungen})$$

$$F_{\text{Vers}}(W) > F_{\text{Tab}}(W) \Rightarrow H_1 (\text{signifikante Wechselwirkungen})$$

    b.   Prüfung auf Existenz zufälliger Effekte des Faktors B:

$$F_{\text{Vers}}(B) \leq F_{\text{Tab}}(B) \Rightarrow H_0(\sigma_b^2 = 0)$$

$$F_{\text{Vers}}(B) > F_{\text{Tab}}(B) \Rightarrow H_1(\sigma_b^2 > 0)$$

    c.   Prüfung auf Existenz fester Effekte des Faktors A:

$$F_{\text{Vers}}(A) \leq F_{\text{Tab}}(A) \Rightarrow H_0(\mu_1 = \mu_2 = \ldots = \mu_k)$$

$$F_{\text{Vers}}(A) > F_{\text{Tab}}(A) \Rightarrow H_1(\text{mindestens zwei } A\text{-Stufenmittelwerte}$$
$$\text{sind verschieden})$$

Mit Hilfe der Schätzwerte der MQ aus der Tafel der zweifaktoriellen Varianzanalyse werden die Varianzen der zufälligen Effekte anhand der Gleichungen für
die Erwartungswerte $E(MQ)$ des gemischten Modells II bestimmt:

$$s_{ab}^2 = (MQW - MQR)/n \quad \text{und}$$
$$s_b^2 = (MQB - MQR)/(n \cdot k).$$

Beispiel Ein Züchter möchte überprüfen, ob in seinem Zuchtmaterial ausreichend
genetische Varianz für die Selektion auf einen höheren Ertrag vorhanden ist. Er zieht
mit Hilfe von Zufallszahlen eine Auswahl von insgesamt $m = 16$ Linien aus seinem
Zuchtmaterial. Um den Einfluss der Stickstoffversorgung und ihre Wechselwirkungen mit den ausgewählten Linien zu überprüfen, plant er neben der ortsüblichen
Düngung noch zwei zusätzliche Düngungsstufen ($k = 3$) ein und führt den Versuch
mit $n = 3$ vollständigen Wiederholungen durch.

    Die Düngungsstufen wurden vom Züchter vorgegeben (Faktor A, fester Effekt)
und die *zufällig ausgewählten* Linien (Faktor B, zufälliger Effekt) stellen eine Stichprobe aus dem Zuchtmaterial dar. Die Auswertung des Versuches erfolgt daher nach
dem gemischten Modell und ergibt folgende Varianztabelle:

Ursache	FG	SQ	MQ	F_{Vers}	F_{Tab}	P
Düngung	2	354.18	177.09	2.75	3.32	0.08
Linien	15	3352.80	233.52	9.71	1.77	<0.001
Wechselwirkung	30	1935.00	64.50	2.80	1.58	<0.001
Rest	96	2209.92	23.02			
Total	143	7851.90				

mit $n = 3$ Wiederholungen, $k = 3$ Düngungsstufen, $m = 16$ Linien mit insgesamt
$N = 144$ Messergebnissen.

    Im F-Test erweisen sich sowohl die Effekte der Linien als auch ihre Wechselwir-
kung mit der Düngung als hoch signifikant ($P < 0.001$), während die Unterschiede
zwischen den Düngungsstufen nicht nachgewiesen werden können ($P = 0.08$).
Aufgrund der signifikanten Wechselwirkungen s_{ab}^2 sollte der Effekt der Düngung

auf den Ertrag jeweils für einzelne Linien betrachtet werden. Graphische Darstellungen oder auch multiple Vergleiche zwischen den Mittelwerten der jeweiligen Faktorstufen (§15.3) können helfen, mögliche signifikante Unterschiede aufzuzeigen. Für die Schätzwerte der Varianzen folgt

$$s_b^2 = (64.50 - 23.02)/3 = 13.83 \quad \text{und}$$
$$s_{ab}^2 = (233.52 - 23.03)/(3 \cdot 3) = 23.39.$$

Die genetische Variabilität s_b^2 hinsichtlich der Ertragsleistung im Zuchtmaterial ist signifikant größer als null ($P < 0.001$).

Bemerkung 1 Aufgrund des gemischten Modells (A fest, B zufällig) müssen die Effekte der Düngung anhand des Varianzquotienten $F_{\text{Vers}}(A) = \frac{MQA}{MQW}$ mit $F_{\text{Tab}}(A) = F_{30}^2(5\%)$ verglichen werden und ergeben keinen signifikanten Effekt.

Hätte der Züchter aufgrund seiner Kenntnisse über die Eigenschaften der Linien eine *gezielte* Auswahl (feste Effekt) vorgenommen und wäre er an der unterschiedlichen Ertragsleistung der Linien und nicht an der genetischen Variabilität im Zuchtmaterial interessiert gewesen, würde die Auswertung nach Modell I (feste Effekte) erfolgen. Die Varianztabelle sähe gleich aus, für den Test auf die Wirkung des Faktors Düngung würde aber $F_{\text{Vers}}(A) = \frac{MQA}{MQR} = \frac{177.09}{23.02} = 7.70$ berechnet und mit $F_{\text{Tab}}(A) = F_{96}^2(5\%) = 3.09$ verglichen. Dieser F-Test ist signifikant ($P < 0.001$), d. h., es gibt signifikante Mittelwertunterschiede im Ertrag zwischen den Linien.

Bemerkung 2 Die Entscheidung, ob feste oder zufällige Effekte vorliegen, wird bei der Versuchsplanung getroffen. Werden die Faktorstufen vom Versuchsansteller gezielt festgelegt, interessieren Mittelwertunterschiede zwischen den einzelnen Stufen (feste Effekte). Sind die Faktorstufen im Versuch das Ergebnis einer Zufallsauswahl, dann soll die Variabilität des untersuchten Merkmals (zufällige Effekte) in der Grundgesamtheit charakterisiert werden. Wichtig ist, dass diese Stichprobe repräsentativ ist.

Kapitel V: Varianzanalyse bei ordinalskalierten Daten

Die bisher eingeführten Verfahren der Varianzanalyse und des multiplen Mittelwertvergleiches setzten voraus, dass die vorgelegten Daten *intervallskaliert* waren und aus *normalverteilten* Grundgesamtheiten stammten. In diesem Kapitel sollen entsprechende parameterfreie Verfahren vorgestellt werden. Diese Verfahren berücksichtigen nur die Rangfolge der Daten, daher können auf diesem Weg auch ordinalskalierte oder nicht-normalverteilte, intervallskalierte Daten getestet werden. In §9.2 hatten wir solche Verfahren schon für den Zweistichproben-Fall kennen gelernt. Hier werden nun für den Mehrstichproben-Fall einerseits Tests zum Vergleich *aller* Mittelwerte (Varianzanalyse) und andererseits Tests zum Vergleich *ausgewählter* Mittelwerte (multiple A-posteriori-Verfahren) beschrieben.

Im Folgenden sei stets die Situation wie bei der einfaktoriellen Varianzanalyse gegeben, wir haben also k Stichproben aus k Faktorstufen vorliegen. Um uns allerdings für ein geeignetes parameterfreies Verfahren entscheiden zu können, müssen wir zuvor klären, ob unsere k Stichproben unabhängig oder verbunden sind. In §17 setzen wir daher unabhängige (unverbundene) und in §18 verbundene Stichproben voraus.

§17 Parameterfreie Verfahren für mehrere unabhängige Stichproben

Es seien k Faktorstufen-Mittelwerte (Mediane) aus unabhängigen Stichproben auf Signifikanz zu prüfen. Als parameterfreies Verfahren der „Varianzanalyse" führt man den *H-Test* von Kruskal-Wallis durch, für ungeplante multiple Vergleiche den Nemenyi-*Test*.

17.1 Der H-Test (Kruskal-Wallis)

Der H-Test führt eine einfaktorielle Varianzanalyse durch, um festzustellen, ob zwischen den k Faktorstufen signifikante Unterschiede auftreten oder ob man davon

W. Köhler, G. Schachtel, P. Voleske, *Biostatistik*, Springer-Lehrbuch,
DOI 10.1007/978-3-642-29271-2_5, © Springer-Verlag Berlin Heidelberg 2012

ausgehen muss, dass alle Stichproben aus der gleichen Grundgesamtheit stammen. Für $k = 2$ hatten wir schon den U-Test eingeführt, der diese Fragestellung für zwei Stichproben prüft. Im Gegensatz zur Varianzanalyse mit F-Test setzen wir hier keine normalverteilten Grundgesamtheiten voraus, zudem genügen ordinalskalierte Daten zur Durchführung des Tests.

Fragestellung: Entstammen die k Stichproben aus mindestens zwei verschiedenen Grundgesamtheiten?

Voraussetzungen: Die $k \geq 3$ Grundgesamtheiten sollen stetige Verteilungen von gleicher Form haben, die Stichproben seien unabhängig und die Daten mindestens ordinalskaliert.

Rechenweg:

(1) Bringe die gegebenen N Messwerte in eine Rangordnung, indem der Rang 1 dem kleinsten Wert, der Rang 2 dem nächstgrößeren Wert, ... und Rang N dem größten Messwert zukommt. Bei Ranggleichheit verfahre wie in §6.4 vorgeschlagen. Bezeichnet man die Rangzahl von Messwert x_{ij} mit r_{ij}, so erhält die Werte-Tabelle folgende Form:

		Faktorstufen					
		$i=1$		$i=2$		$i=k$	
		Messwert ┆ Rang		Messwert ┆ Rang	$\cdots$	Messwert ┆ Rang	
	$j=1$	x_{11} ┆ r_{11}		x_{21} ┆ r_{21}	$\cdot$	x_{k1} ┆ r_{k1}	
	$j=2$	x_{12} ┆ r_{12}		x_{22} ┆ r_{22}	$\cdot$	x_{k2} ┆ r_{k2}	
	$\vdots$	$\cdot$ ┆ $\cdot$		$\vdots$ ┆ $\vdots$	$\cdot$	$\cdot$ ┆ $\cdot$	
Wiederholungen	$j=n_2$	$\cdot$ ┆ $\cdot$		x_{2n_2} ┆ r_{2n_2}		$\cdot$ ┆ $\cdot$	
	$j=n_k$	$\cdot$ ┆ $\cdot$		┆	$\cdot$	x_{kn_k} ┆ r_{kn_k}	
	$j=n_1$	x_{1n_1} ┆ r_{1n_1}		┆		┆	
	$\vdots$	┆		┆		┆	Σ
	R_i	┆ R_1		┆ R_2	$\cdots$	┆ R_k	$\dfrac{N(N+1)}{2}$
	n_i	n_1		n_2	$\cdots$	n_k	N
	$\dfrac{R_i^2}{n_i}$	$\dfrac{R_1^2}{n_1}$		$\dfrac{R_2^2}{n_2}$	$\cdots$	$\dfrac{R_k^2}{n_k}$	$\Sigma \dfrac{R_i^2}{n_i}$

(Im balancierten Fall ist die vorletzte Zeile der Tabelle überflüssig, alle n_i sind gleich. In der letzten Zeile berechne dann R_i^2 und $\sum R_i^2$.)

wobei n_i die Anzahl Wiederholungen bei i-ter Faktorstufe,

$R_i = \sum_{j=1}^{n_i} r_{ij}$ die Rangsummen der i-ten Faktorstufe,

$N = \sum_{i=1}^{k} n_i$ die Anzahl aller Messwerte.

Zur Probe: $\sum R_i = \frac{N(N+1)}{2}$.

(2) Berechne H_{Vers} wie folgt:

$$H_{\text{Vers}} = \left(\frac{12}{N \cdot (N+1)} \cdot \sum_{i=1}^{k} \frac{R_i^2}{n_i} \right) - 3 \cdot (N+1)$$

bzw. im balancierten Fall, d. h. falls $n_1 = n_2 = \ldots = n_k$:

$$H_{\text{Vers}} = \left(\frac{12k}{N^2 \cdot (N+1)} \cdot \sum_{i=1}^{k} R_i^2 \right) - 3 \cdot (N+1).$$

(3) Prüfe, ob Korrektur notwendig:
Falls bei über 25 % der Werte Rangzahlen mehrfach[9] vergeben wurden (Bindungen), so berechne:

$$H_{\text{Vers}}(\text{korr}) = \frac{H_{\text{Vers}}}{K}, \quad \text{wobei } K = 1 - \frac{1}{N^3 - N} \cdot \sum_{v=1}^{g} (t_v^3 - t_v).$$

Siehe hierzu auch weiter unten „*Berechnung der Korrektur K*".

(4) Lies $H_{\text{Tab}}(\alpha)$ ab, wobei α das gewünschte Signifikanzniveau:

- Falls $k \geq 4$ und alle $n_i \geq 5$, so lies H_{Tab} aus der χ^2-*Tabelle* ab, wobei $H_{\text{Tab}}(\alpha) = \chi^2_{\text{Tab}}(FG = k-1; \alpha)$ oder
- Falls $k = 3$ und $n_i \leq 5$ gibt *Tab. 17.1* für einige n_i ein geeignetes H_{Tab} (5 %) an.

(5) Vergleiche H_{Vers} und H_{Tab}:

$H_{\text{Vers}} \leq H_{\text{Tab}} \Rightarrow H_0$ (gleiche Grundgesamtheit).

$H_{\text{Vers}} > H_{\text{Tab}} \Rightarrow H_1$ (verschiedene Grundgesamtheiten).

Tabelle 17.1 gibt bei $k = 3$ Stichproben den kritischen Wert H_{Tab} für einige (n_1, n_2, n_3)-Kombinationen an.

---

[9] Ranggleichheiten (Bindungen) innerhalb einer Faktorstufe sind ohne Bedeutung und werden nicht berücksichtigt.

Tab. 17.1 Kritische Werte für den H-Test. Dabei ist jeweils das Signifikanzniveau $\alpha \leq 5\%$

n_3 \ n_2	$n_1 = 3$		$n_1 = 4$			$n_1 = 5$			
	2	3	2	3	4	2	3	4	5
1		5.15		5.21	4.97	5.00	4.96	4.99	5.13
2	4.72	5.37	5.34	5.45	5.46	5.16	5.26	5.27	5.34
3		5.60		5.73	5.60		5.65	5.64	5.71
4					5.70				5.65
5									5.78

Berechnung der Korrektur K zum H-Test

Treten bei den Messergebnissen häufig, d. h. mehr als 25 % gleiche Werte auf, so muss ein *korrigierter H-Wert* berechnet werden:
Seien $r^{(1)}, r^{(2)}, \ldots, r^{(g)}$ die Rangplätze, die mehrmals vergeben wurden, und zwar:

Rangplatz $r^{(1)}$ wurde t_1 mal   vergeben,

Rangplatz $r^{(2)}$ wurde t_2 mal   vergeben,

$\vdots$ $\vdots$ $\vdots$

Rangplatz $r^{(v)}$ wurde t_v mal   vergeben,

$\vdots$ $\vdots$ $\vdots$

Rangplatz $r^{(g)}$ wurde t_g mal   vergeben.

Zunächst prüfe, ob mehr als 25 % aller Messwerte zu mehrfach vergebenen Rangplätzen gehören,

$$\text{d. h. ob} \quad \sum_{v=1}^{g} t_v > \frac{N}{4} \quad \text{ist.}$$

Falls dies zutrifft, berechnet man das Korrekturglied

$$K = 1 - \frac{1}{N^3 - N} \cdot \sum (t_v^3 - t_v).$$

Mit K berechnet sich $H_{\text{Vers}}(\text{korr}) = \frac{H_{\text{Vers}}}{K}$.

Beispiel 1 Zu klären ist, ob vier unabhängige Stichproben aus einer Grundgesamtheit stammen. In der Wertetabelle sind schon die Rangplätze hinzugefügt.

		Faktorstufen $(k = 4)$							
		$i = 1$		$i = 2$		$i = 3$		$i = 4$	
Wiederholungen	$j = 1$	468	7	611	21	511	10.5	468	7
	$j = 2$	526	12	554	15	550	14	409	4
	$j = 3$	505	9	459	5	586	18	384	3
	$j = 4$	543	13	588	19	595	20	331	1
	$j = 5$	511	10.5	468	7	559	16	363	2
	$j = 6$	–	–	582	17	–	–	–	–

					Σ
R_i	51.5	84	78.5	17	231
n_i	$n_1 = 5$	$n_2 = 6$	$n_3 = 5$	$n_4 = 5$	$N = 21$
$\dfrac{1}{n_i} \cdot R_i^2$	530.45	1176.0	1232.45	57.8	2996.7

Rangplatz $r^{(1)} = 7$ *wurde* $t_1 = 3$-mal vergeben, Rangplatz $r^{(2)} = 10.5$ wurde $t_2 = 2$-mal vergeben. $\sum t_v = t_1 + t_2 = 5 < \frac{N}{4} = 5.25$, also ist keine Korrektur K notwendig. Nun ist

$$H_{\text{Vers}} = \frac{12}{21 \cdot 22} \cdot 2996.7 - 3 \cdot 22 = 11.84.$$

$H_{\text{Vers}} = 11.84 > 7.81 = \chi_{\text{Tab}}^2 (FG = 3; \alpha = 5\%) \Rightarrow H_1$, d. h. nicht alle Grundgesamtheiten sind gleich.

Beispiel 2 Auch hier lagen unabhängige Stichproben vor, allerdings traten in diesem balancierten Design relativ viele gleiche Werte (Bindungen) auf. Der Rangplatz $r^{(1)} = 5$ wurde $t_1 = 3$-mal und $r^{(2)} = 7.5$ wurde $t_2 = 2$-mal vergeben. Bei insgesamt $N = 12$ Werten traten $t_1 + t_2 = 5$ Bindungen auf, also mehr als $\frac{N}{4} = \frac{12}{4} = 3$. Daher ist eine Korrektur K zu berechnen:

$$K = 1 - \frac{1}{1728 - 12} \cdot 30 = 0.98.$$

$$H_{\text{Vers}} = \frac{12 \cdot 3}{144 \cdot 13} \cdot 2378 - 3 \cdot 13 = 6.73. \quad H_{\text{Vers}}(\text{korr}) = \frac{6.73}{0.98} = 6.87.$$

$H_{\text{Tab}} = 5.70$ wird für $n_1 = n_2 = n_3 = 4$ aus Tab. 17.1 abgelesen.

Da $H_{\text{Vers}}(\text{korr}) = 6.87 > 5.70 = H_{\text{Tab}} \Rightarrow H_1$ (verschiedene Grundgesamtheiten).

		Sorte					
		A		B		C	
Wiederholung	$j=1$	53	5	42	1	56	7.5
	$j=2$	53	5	50	3	62	11
	$j=3$	57	9	53	5	59	10
	$j=4$	66	12	48	2	56	7.5
	R_i		31		11		36
	R_i^2	961		121		1296	

Σ
78
2378

17.2 Der Nemenyi-Test für multiple Vergleiche

Hat der H-Test eine Verwerfung der Nullhypothese ergeben, sind also nicht alle k Grundgesamtheiten gleich, so kann man durch multiple Vergleiche prüfen, welche und wie viele der Grundgesamtheiten verschieden sind. Wie in §15 muss zwischen geplanten und ungeplanten Zweistichprobenvergleichen unterschieden werden, *a priori* (geplant) sind $0.5 \cdot k$ zulässig, diese darf man *mit dem U-Test* (vgl. §9.2.1) durchführen.

Will man aufgrund der Daten *a posteriori* testen, so ist für *unabhängige Stichproben* der *Nemenyi-Test* ein geeignetes Verfahren.

Fragestellung: Welche der k Stichproben lassen auf signifikante Unterschiede der zugehörigen Grundgesamtheiten schließen?

Voraussetzungen: Die k Stichproben seien unabhängig. Es liege der balancierte Fall vor. Der H-Test habe zur Verwerfung der Nullhypothese geführt. Die Vergleiche sind ungeplant.

Rechenweg:

(1)   Berechne die Differenzen der Rangsummen R_i. Die Rangsummen seien der Größe nach indiziert, d. h. $R_1 \geq R_2 \geq \ldots \geq R_k$.

	R_1	R_2	R_3	$\ldots$	R_k
R_1	\	$R_1 - R_2$	$R_1 - R_3$	$\ldots$	$R_1 - R_k$
R_2		\	$R_2 - R_3$	$\ldots$	$R_2 - R_k$
R_3			\	$\ldots$	$R_3 - R_k$
$\vdots$	$\vdots$	$\vdots$	$\vdots$		$\vdots$
R_k				$\ldots$	\

(2)   Lies aus der Tabelle „*Schranken für Nemenyi*" den Wert $ND_{\text{Tab}}(k, n; \alpha)$ ab,

wobei k die Anzahl der Faktorstufen,

n die Anzahl Wiederholungen pro Faktorstufe,

α das Signifikanzniveau.

(3)   Vergleiche die Beträge $|R_i - R_j|$ mit ND_{Tab}:

$|R_i - R_j| \leq ND_{\text{Tab}} \Rightarrow H_0$ (Stichproben i und j stammen
aus derselben Grundgesamtheit).

$|R_i - R_j| > ND_{\text{Tab}} \Rightarrow H_1$ (Stichproben i und j stammen
aus verschiedenen Grundgesamtheiten).

Beispiel Wir nehmen die Daten aus Beispiel 2 von §17.1. Dort war $k = 3, n = 4$. Es ist $ND_{\text{Tab}}(3, 4; 5\%) = 23.9$. Also nur Sorte B und Sorte C unterscheiden sich signifikant.

	$R_C = 36$	$R_A = 31$	$R_B = 11$
$R_C = 36$	\	5	25*
$R_A = 31$		\	20
$R_B = 11$			\

§18 Parameterfreie Verfahren für mehrere verbundene Stichproben

Es seien k Faktorstufen-Mittelwerte (Mediane) aus verbundenen Stichproben auf Signifikanz zu prüfen. Als parameterfreies Verfahren der Varianzanalyse führt man die Friedman-*Rangvarianzanalyse* durch, für ungeplante multiple Vergleiche den *Wilcoxon-Wilcox*-Test.

18.1 Der Friedman-Test (Rangvarianzanalyse)

Der Friedman-Test führt eine einfaktorielle Varianzanalyse durch, um zu prüfen, ob die k Faktorstufen systematische Unterschiede aufweisen. Im Gegensatz zur Varianzanalyse von Kapitel IV setzen wir hier keine Normalverteilung voraus und können den Friedman-Test auch bei ordinalskalierten Daten anwenden.

Fragestellung: Entstammen die k Stichproben aus mindestens zwei verschiedenen Grundgesamtheiten?

Voraussetzungen: Die $k \geq 3$ Grundgesamtheiten sollen stetige Verteilungen von gleicher Form haben, die Stichproben seien verbunden und die Daten mindestens ordinalskaliert.

Rechenweg:

(1) Bringe die gegebenen k Werte *jeder Zeile* in eine Rangordnung, indem der kleinste Wert jeder Zeile den Rang 1, der nächstgrößere Wert jeder Zeile den Rang 2, ..., der größte Zeilenwert jeweils den Rang k erhält. Bei Ranggleichheit verfahre wie in §6.4 und beachte Bemerkung 2 weiter unten. Bezeichnet man die Rangzahl von Messwert x_{ij} mit r_{ij}, so erhält die Werte-Tabelle folgende Form:

		Faktorstufen				
		$i=1$	$i=2$	...	$i=k$	
Wiederholung	$j=1$	x_{11} | r_{11}	x_{21} | r_{21}	·	x_{k1} | r_{k1}	
	$j=2$	x_{12} | r_{12}	x_{22} | r_{22}	·	x_{k2} | r_{k2}	
	⋮	⋮ | ⋮	⋮ | ⋮		⋮ | ⋮	
	$j=n$	x_{1n} | r_{1n}	x_{2n} | r_{2n}	·	x_{kn} | r_{kn}	Σ
R_i		| R_1	| R_2	...	| R_k	$\dfrac{n \cdot k(k+1)}{2}$
R_i^2		R_1^2	R_2^2	...	R_k^2	ΣR_i^2

wobei n die Anzahl Wiederholungen,

$R_i = \sum_{j=1}^{n} r_{ij}$ die Rangsumme der i-ten Stufe.

(2) Berechne χ^2_{Vers} wie folgt:

$$\chi^2_{\text{Vers}} = \left(\frac{12}{n \cdot k \cdot (k+1)} \cdot \sum_{i=1}^{k} R_i^2 \right) - 3 \cdot n \cdot (k+1),$$

wobei k die Anzahl der Faktorstufen.

(3) Lies χ^2_{Tab} in der Tabelle „*Schwellenwerte für Friedman*" ab:
$\chi^2_{\text{Tab}} = \chi^2(k, n; \alpha)$, wobei α das Signifikanzniveau.
Für großes n und k lässt sich χ^2_{Tab} aus der χ^2-*Tabelle* mit $FG = k-1$ ablesen.

(4) Vergleiche χ^2_{Vers} mit χ^2_{Tab}:

$\chi^2_{\text{Vers}} \leq \chi^2_{\text{Tab}} \Rightarrow H_0$ (Mediane gleich).

$\chi^2_{\text{Vers}} > \chi^2_{\text{Tab}} \Rightarrow H_1$ (mindestens zwei Mediane verschieden).

Beispiel (nach G.A. Lienert) Die Wirkung zweier Insektizide (DDT und Malathion) wurde erprobt. Dazu hat man 6 zufällig ausgewählte, verschieden bebaute Felder zu je einem Drittel mit DDT, mit Malathion bzw. nicht (Kontrolle) besprüht und eine Woche später stichprobenartig nach Insektenlarven abgesucht.

		Insektizid-Behandlungen (Faktorstufen)					
$k = 3$		Kontrolle		DDT		Malathion	
$n = 6$		Anzahl Larven	Rang	Anzahl Larven	Rang	Anzahl Larven	Rang
Felder „Wiederholung"	1	10	3	4	2	3	1
	2	14	3	2	1	6	2
	3	17	3	0	1	8	2
	4	8	3	3	2	0	1
	5	9	3	2	1	3	2
	6	31	3	11	1	16	2	Σ
R_i		18		8		10		36
R_i^2		324		64		100		488

$$\chi^2_{\text{Vers}} = \frac{12}{6 \cdot 3 \cdot 4} \cdot 488 - 3 \cdot 6 \cdot 4 = 9.3. \quad \chi^2_{\text{Tab}}(3, 6; 5\,\%) = 7.0,$$

$9.3 > 7.0 \Rightarrow H_1$ (es gibt signifikante Behandlungsunterschiede).

Wir haben diesen Versuch mit dem Friedman-Test ausgewertet (und nicht mit dem H-Test), weil die Stichproben verbunden (und nicht unabhängig) sind. Verbunden sind die Stichproben, weil *dieselben* sechs Felder den Behandlungs-Stichproben zugrunde lagen.

Bemerkung Im Beispiel werden die drei Insektizid-Behandlungen als Faktorstufen, die sechs Felder als Wiederholungen aufgefasst, man verrechnet die Daten also einfaktoriell. Man kann diesen Versuch aber durchaus zweifaktoriell interpretieren. Bei normalverteilten Daten würde man hier eine zweifaktorielle Varianzanalyse mit einfacher Besetzung rechnen, vgl. §13.3 und mit dem F-Test auf signifikante Behandlungs- *und* Feldunterschiede prüfen. Auch der Friedman-Test gibt uns die Möglichkeit, sowohl die Behandlungs- wie die Felder-Effekte zu prüfen, allerdings nacheinander: Nachdem, wie im Beispiel, die Behandlungseffekte mit Friedman getestet wurden, vertauscht man Zeilen und Spalten der Tabelle und führt nochmals eine Rangvarianzanalyse durch. Diesmal fasst man die 6 Felder als Faktorstufen und die Insektizide als Wiederholungen (Blöcke) auf. Der Test beantwortet die Frage, ob die verschiedenen bebauten Felder sich bezüglich des Larvenbefalls unterscheiden.

Beispiel Wir vertauschen Zeilen und Spalten der Wertetabelle aus dem letzten Beispiel:

$k = 6$		Feld 1		Feld 2		Feld 3		Feld 4		Feld 5		Feld 6		
		Anz. Larv.	Rang	Anz. Larv.	Rang	Anz. Larv.	Rang	Anz. Larv.	Rang	Anz. Larv.	Rang	Anz. Larv.	Rang	
	Kontr.	10	3	14	4	17	5	8	1	9	2	31	6	
	DDT	4	5	2	2.5	0	1	3	4	2	2.5	11	6	
	Mal.	3	2.5	6	4	8	5	0	1	3	2.5	16	6	Σ
R_i			10.5		10.5		11		6		7		18	63
R_i^2		110.25		110.25		121		36		49		324		750.5

(Die Felder sind als **Felder** (Faktorstufen) überschrieben; die linke Randbeschriftung lautet „Insektizide (Wiederhol.)".)

$$\chi^2_{\text{Vers}} = \frac{12}{3 \cdot 6 \cdot 7} \cdot 750.5 - 3 \cdot 3 \cdot 7 = 8.5, \quad \chi^2_{\text{Tab}}(6, 3; 5\%) = 9.86,$$

$8.5 \leq 9.86 \Rightarrow H_0$ (gleicher Larvenbefall der Felder).

Bei diesem Vorgehen wird jeweils nur die Wirkung eines Faktors beurteilt. Man spricht daher von einem *quasi*-zweifaktoriellem Test. Das Verfahren lässt sich auch auf mehr als zwei Faktoren verallgemeinern.

Bemerkung 1 Falls zu viele gleiche Rangzahlen (Bindungen) auftreten, muss χ^2_{Vers} für den Friedman-Test nach einer Korrektur-Formel berechnet werden.

Bemerkung 2 Für die zweifaktorielle Varianzanalyse mit Wiederholungen haben Schreier, Ray und Hare den H-Test verallgemeinert. Er ermöglicht die Prüfung der Signifikanz für beide Hauptfaktoren und ihre Wechselwirkungen.

18.2 Der Wilcoxon-Wilcox-Test für multiple Vergleiche

Hat der Friedman-Test eine Verwerfung der Nullhypothese ergeben, sind also nicht alle k Grundgesamtheiten gleich, so kann man durch multiple Vergleiche prüfen, welche und wie viele der Grundgesamtheiten verschieden sind. Wie in §15 muss zwischen geplanten und ungeplanten Vergleichen unterschieden werden, a priori (geplant) sind $0.5 \cdot k$ Zweistichprobenvergleiche zulässig; diese darf man mit dem Wilcoxon-Test für Paardifferenzen (vgl. §9.2.2) durchführen. Will man dagegen ungeplant, aufgrund der Daten *a posteriori* testen, so ist für *verbundene Stichproben der Wilcoxon-Wilcox-Test* ein geeignetes Verfahren.

Fragestellung: Welche der k Grundgesamtheiten weisen signifikante Unterschiede auf?

Voraussetzungen: Die k Stichproben seien verbunden, es liegt somit auch der balancierte Fall vor. Die Friedman-Rangvarianzanalyse habe zur Verwerfung der Nullhypothese geführt. Die Vergleiche seien ungeplant.

Rechenweg:

(1) Berechne die Differenzen der Rangsummen R_i. Die Rangsummen seien der Größe nach indiziert, d. h. $R_1 \geq R_2 \geq \ldots \geq R_k$.

	R_1	R_2	R_3	$\ldots$	R_k
R_1	\	$R_1 - R_2$	$R_1 - R_3$	$\ldots$	$R_1 - R_k$
R_2		\	$R_2 - R_3$	$\ldots$	$R_2 - R_k$
R_3			\		$R_3 - R_k$
$\vdots$	$\vdots$	$\vdots$	$\vdots$	$\vdots$	$\vdots$
R_k				$\ldots$	\

(2) Lies in der Tabelle „*Schranken für Wilcoxon-Wilcox*" den Wert $WD_{\text{Tab}}(k, n; \alpha)$ ab,

     wobei k die Anzahl der Faktorstufen,

              n die Anzahl Wiederholungen pro Faktorstufe,

              α das Signifikanzniveau.

(3) Vergleiche die Beträge $|R_i - R_j|$ mit WD_{Tab}:

$$|R_i - R_j| \leq WD_{\text{Tab}} \Rightarrow H_0 \text{ (Stichproben } i \text{ und } j \text{ stammen}$$
$$\text{aus derselben Grundgesamtheit).}$$

$$|R_i - R_j| > WD_{\text{Tab}} \Rightarrow H_1 \text{ (Stichproben } i \text{ und } j \text{ stammen}$$
$$\text{aus verschiedenen Grundgesamtheiten).}$$

Beispiel Bei einem Versuch mit $k = 6$ verbundenen Stichproben und jeweils gleichem Stichprobenumfang $n = 5$ erhielt man beim Friedman-Test eine Verwerfung der Nullhypothese. Anhand der Rangsummen R_i wurden ungeplante multiple Vergleiche durchgeführt: $R_1 = 28$, $R_2 = 24$, $R_3 = 22$, $R_4 = 13.5$, $R_5 = 10.5$ und $R_6 = 7$. Man verglich die unten stehenden Rangsummendifferenzen mit $WD_{\text{Tab}}(6, 5; 5\,\%) = 16.9$ und $WD_{\text{Tab}}(6, 5; 1\,\%) = 19.9$.

Für $\alpha = 5\,\%$ (mit „*" bezeichnet) ergab sich: $H_1(R_1 \neq R_5)$ und $H_1(R_2 \neq R_6)$.
Für $\alpha = 1\,\%$ (mit „**" bezeichnet) ergab sich: $H_1(R_1 \neq R_6)$.

	$R_2 = 24.0$	$R_3 = 22.0$	$R_4 = 13.5$	$R_5 = 10.5$	$R_6 = 7.0$
$R_1 = 28.0$	4.0	6.0	14.5	17.5*	21.0**
$R_2 = 24.0$		2.0	10.5	13.5	17.0*
$R_3 = 22.0$			8.5	11.5	15.0
$R_4 = 13.5$				3.0	6.5
$R_5 = 10.5$					3.5

Bei allen anderen Vergleichen wurde *kein* signifikanter Unterschied zwischen den Stichproben nachgewiesen, in diesen Fällen muss die Nullhypothese H_0 beibehalten werden.

Kapitel VI: Regressionsanalyse

Zur Beschreibung bivariabler Verteilungen hatten wir für den Fall linearer, einseitiger Abhängigkeit in §7.1.2 die Methode der kleinsten Quadrate eingeführt und konnten so zur gegebenen Punktwolke eine geeignete Ausgleichsgerade berechnen. Mit den Verfahren der schließenden Statistik wollen wir jetzt diese numerisch gefundene Gerade analysieren.

Dazu soll zunächst in §19 die Fragestellung der Regressionsanalyse und ihre mathematische Formulierung beschrieben werden, um dann in den zwei folgenden Paragraphen auf die Fälle der Regression bei einfacher und bei mehrfacher Besetzung einzugehen. Eine Einführung in die Kovarianzanalyse und die multiple lineare Regression schließen das Kapitel ab.

Bemerkung Zum besseren Verständnis dieses Kapitels ist es sinnvoll, §5 und die §§6.1, 6.2, 6.3 und 7.1 kurz zu wiederholen.

§19 Grundgedanken zur Regressionsanalyse

19.1 Interessierende Fragestellungen

Ausgangspunkt unserer Überlegungen seien Messwertpaare (x, y) aus einem Experiment, bei dem in Abhängigkeit von einem Merkmal X die Werte eines zweiten Merkmals Y gemessen wurden. Hat man (evtl. nach geeigneter Achsentransformation) mit Hilfe der Methode der kleinsten Quadrate eine algebraische Beschreibung der Lage der Messwertpaare in Form einer Geradengleichung $\hat{y} = a + b \cdot x$ berechnet, dann sind folgende Fragen von Interesse:

1. Ist b signifikant von null verschieden?

Von entscheidender Bedeutung bei unserem Versuch ist die Frage, ob das Merkmal X überhaupt einen Einfluss auf das Merkmal Y hat. Stellt man durch das Experiment beispielsweise fest, dass die gefundene Gerade parallel zur X-Achse verläuft, so gehört zu allen X-Werten derselbe Y-Wert, bis auf zufällige Schwankungen. Demnach hat X keinen Einfluss auf Y, eine Änderung von X bewirkt *keine* Änderung von Y, vgl. Abb. 20.2. In unserem mathematischen Modell wird sich ein solcher Sachverhalt dadurch ausdrücken, dass die Steigung b der Geraden nicht signifikant von null abweicht. Um also zu klären, ob ein Einfluss von X auf Y gesichert ist, wird man testen, ob b signifikant von null verschieden ist.

2. Ist b signifikant verschieden von β_T?

Bei einigen Fragestellungen soll die wahre Steigung β, deren Schätzwert das berechnete b ist, mit einer aus der Theorie oder der Literatur vorgegebenen Konstanten β_T verglichen werden. Beispielsweise soll geprüft werden, ob eine Kläranlage den Sauerstoffgehalt des zugeführten Wassers wesentlich verändert. Man führt dazu der Kläranlage Abwasser mit unterschiedlichem O_2-Gehalt X zu und ermittelt nach der Klärung den zugehörigen Sauerstoffgehalt Y. Nimmt man an, dass durch die Klärung der Sauerstoffgehalt nicht beeinflusst wird, so gilt $y = \beta_T \cdot x = x$, also $\beta_T = 1$. Die interessierende Frage einer solchen Untersuchung ist demnach, ob b signifikant von $\beta_T = 1$ verschieden ist.

3. Wo liegen die Vertrauensbereiche von $\hat{y}$, a und b?

Sollen mit der berechneten Geraden für bestimmte Werte x_i Vorhersagen gemacht werden, so ist es wünschenswert, Vertrauensbereiche (vgl. §10) um die prognostizierten $\hat{y}$ angeben zu können. Insbesondere interessiert häufig der Vertrauensbereich um den Y-Achsenabschnitt a, denn a ist der $\hat{Y}$-Wert an der Stelle $x = 0$. Gibt z. B. X die Dosierung eines bei einer Behandlung hinzugegebenen Medikaments an, so ist a ein Schätzwert für die „Spontanrate" von Y, die auch ohne Zugabe (d. h. $x = 0$) des Medikaments auftritt.

4. Ist a signifikant von null verschieden?

Häufig will man wissen, ob die eben erwähnte „Spontanrate" sich signifikant von null unterscheidet. Hat man das Konfidenzintervall um a bestimmt und liegt null außerhalb dieses Intervalls, so ist eine signifikante Spontanrate vorhanden, d. h. a ist signifikant von null verschieden.

5. Besteht eine lineare Beziehung zwischen X und Y?

Schließlich ist man selbstverständlich an der Frage interessiert, ob die vermutete Linearität tatsächlich vorliegt, d. h. ob der Zusammenhang zwischen X und Y überhaupt durch eine Gerade adäquat dargestellt wird. Wir führen diese Frage erst am Ende dieses Fragenkataloges auf, weil die *Linearität nur getestet werden kann, wenn zu einem X-Wert jeweils mehrere Y-Werte vorliegen*, wenn also beim Versuch

Wiederholungen vorgenommen wurden. Ist solch ein Versuchsaufbau mit Wiederholungen gegeben, so gehört die Frage nach der „Linearität" an die erste Stelle unseres Fragenkataloges, weil alle weiteren Fragen mit den dargestellten Methoden nur sinnvoll beantwortet werden können, wenn *keine* Abweichung von der Linearität festgestellt wird.

Alle fünf angeführten Fragen lassen sich unter bestimmten Voraussetzungen mit den Mitteln der Regressionsanalyse beantworten.

19.2 Zu den Voraussetzungen einer Regressionsanalyse

In der Literatur trifft man häufig auf eine unklare Trennung von Korrelation und Regression. Die Korrelationsanalyse mit dem Korrelationskoeffizienten r und dem Bestimmtheitsmaß B sagt etwas aus über die Stärke des linearen Zusammenhangs von X und Y. Dabei bleibt allerdings offen, ob Y von X abhängt, ob X von Y abhängt oder ob eine wechselseitige Beeinflussung zwischen X und Y besteht.

Eine *Regressionsanalyse* sollte nur vorgenommen werden, *wenn eine einseitige Abhängigkeit vorliegt*, wenn also X die unabhängige Variable (*Regressor*) und Y die abhängige Variable (*Regressand*) ist.

Beispiel Zwischen der Länge X_1 des linken Zeigefingers und der Länge X_2 des rechten Zeigefingers besteht eine hohe Korrelation, aber *keine* einseitige Abhängigkeit. Dagegen besteht zwischen der Körpergröße X der Väter und der Größe Y ihrer Söhne eine einseitige Abhängigkeit $X \to Y$. Während also für die Beschreibung des Zusammenhanges zwischen X_1 und X_2 die Hauptachse der „Punktwolken-Ellipse" geeignet ist (vgl. §7.1.2), sollte die Abhängigkeit zwischen X und Y durch eine Regressionsgerade wiedergegeben werden, die man dann mit den Mitteln der Regressionsanalyse statistisch beurteilen kann.

19.2.1 Regressionsmodell I

Ähnlich wie bei der Varianzanalyse unterscheidet man auch in der Regressionsanalyse in Modelle vom Typ I und II. *Im Modell I ist X fest vorgegeben* und für Y wird vorausgesetzt, dass es eine Zufallsvariable ist. D. h. die Werte von Merkmal X sind im Versuchsplan schon festgelegt. Zu jedem solchen x_i gibt es einen zugehörigen wahren Mittelwert $\eta(x_i)$ des Merkmals Y, um diesen Mittelwert $\eta(x_i)$ sind die Werte von $y(x_1)$ normalverteilt mit Varianz σ^2. Diese Varianz ist für alle Mittelwerte $\eta(x_i)$ dieselbe (homogene Varianzen). Abbildung 19.1 stellt die eben gemachten Voraussetzungen graphisch dar. Für den Wert $x_3 = 5$ ist $\eta(x_3) = 48$ der Mittelwert. In Y-Richtung schwanken die Werte normalverteilt mit Standardabweichung σ um $\eta(x_3)$, was durch die eingezeichnete Glockenkurve angedeutet wird. Außerdem sind für x_3 die y-Werte einer Stichprobe vom Umfang $n = 5$ eingezeichnet, die man in einem Versuch ermittelte. Diese Werte $y_{31} = 49$, $y_{32} = 53$, $y_{33} = 45$, $y_{34} = 50$ und $y_{35} = 43$ schwanken zufällig um $\eta(x_3) = 48$.

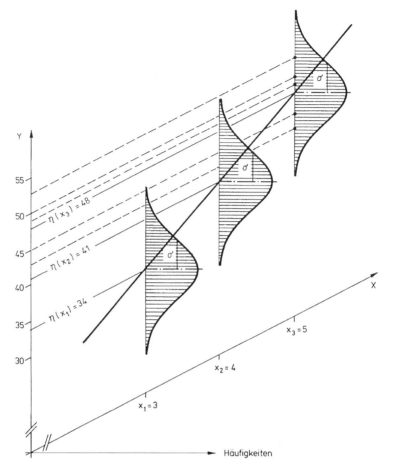

Abb. 19.1 Regressionsgerade durch die wahren Mittelwerte $\eta(x_i)$. Die Werte von Y sind normal-verteilt mit Standardabweichung σ und dem jeweiligen Mittelwert $\eta(x)$

Beispiel Wir können die X-Werte von Abb. 19.1 als Düngermengen [kg/ha] und die Y-Werte als Erträge in [dt/ha] interpretieren.

Bemerkung 1 In vielen Experimenten ist es fraglich, ob die Voraussetzung homo-gener Varianzen als erfüllt angesehen werden kann. Häufig trifft eher zu, dass der Variationskoeffizient cv konstant ist, d. h. die Varianz nimmt mit X zu und nur die relative Schwankung um die Mittelwerte ist konstant. Dann sind aber die Varianzen nicht homogen: ein Mittelwert $\eta(x_1) = 10$ mit Varianz $\sigma_1^2 = 4$ und ein Mittelwert $\eta(x_2) = 50$ mit Varianz $\sigma_2^2 = 100$ haben zwar *gleiche relative Variation*, aber zu $\eta(x_2)$ gehört eine *wesentlich größere Varianz*.

Bemerkung 2 Als wesentliche Voraussetzung für Modell I hatten wir verlangt, dass X fest vorgegeben sei, also frei von zufälligen Schwankungen. Auch bei fes-ter Vorgabe von X kann aber oft ein zufälliger Effekt bzgl. X nicht ausgeschlossen werden, der durch Messfehler bei der Bestimmung der x-Werte auftritt. Die gemessenen Werte sind dann mit einem zufälligen Fehler behaftet. Berkson hat gezeigt, dass dieser Fall in Bezug auf die Regressionsanalyse zu keinen anderen Ergebnissen führt, als der Fall, wo X ohne Fehler gemessen wird. Wir können also unter Modell I tatsächlich alle Fälle zusammenfassen, in denen X fest vorgegeben ist, und zwar mit oder ohne Fehler.

19.2.2 Regressionsmodell II

Die wesentlich neue Voraussetzung von Modell II gegenüber Modell I ist, dass X *nicht fest* vorgegeben, *sondern zufällig* verteilt ist, und zwar nach einer Normalverteilung. Für Y gilt wie vorher, dass zu jedem x-Wert die y-Werte normalverteilt um einen Mittelwert $\eta(x)$ streuen, wobei wieder homogene Varianzen vorausgesetzt werden. Modell II ist immer dort von Interesse, wo X nicht bewusst im Experiment festgesetzt werden kann, sondern durch das verfügbare Material gegeben ist.

Beispiel An 100 aus einem Hochhaus zufällig ausgewählten Vätern und Söhnen wird die Körpergröße ermittelt. Die Größe Y der Söhne ist abhängig von der Größe X der Väter. Dabei hängen die im Versuch vorliegenden X-Größen von der zufälligen Auswahl der Väter ab, d. h. X ist nicht vorab festgelegt.

Die Regressionsanalyse für Modell II kann mit denselben Verfahren wie bei Modell I gerechnet werden, dabei macht man aber in bestimmten Fällen („X mit Fehler") beim Schätzen der Steigung β einen systematischen Fehler. Da der Schätzwert $|b|$ „zu klein" ausfällt, wird der Test auf $\beta = 0$ häufiger als gerechtfertigt die Nullhypothese $H_0(\beta = 0)$ beibehalten (konservatives Testen). Es gibt für den Fall von fehlerbehafteten X Spezialverfahren zum Schätzen von β, auf die hier nicht weiter eingegangen wird.

Bei der Interpretation von Ergebnissen einer Regressionsanalyse mit zufällig verteilten x-Werten ist Vorsicht geboten. Anders als im Modell I hat der Experimentator die Variation der x-Größen nicht unter Kontrolle, er kann also weit weniger ausschließen, dass mit einer Änderung von X auch andere, im Versuch nicht berücksichtigte Faktoren sich gleichgerichtet und systematisch ändern. Dadurch kann leicht eine Gemeinsamkeitskorrelation zu Verzerrungen bei der Regression führen.

19.3 Mathematische Bezeichnungen

Zur Erleichterung der Darstellung wollen wir für die Regressionsanalyse die Bezeichnungen einiger wichtiger Größen vereinbaren (vgl. Tab. 19.1).

Untersucht werden Merkmale X und Y, wobei Y von X abhängt. In Experimenten seien die Ausprägungen dieser beiden Merkmale gemessen worden, die Messwerte wollen wir mit x_i und y_i (bzw. y_{ij}) bezeichnen. Dabei gehört y_i zu x_i. D. h. etwa: die Ertragsmenge y_3 (hier $i = 3$) sei bei der Düngermenge x_3 erzielt worden.

Tab. 19.1 Bezeichnungen einiger wichtiger Größen des Regressionsmodells und ihre Bedeutung

$\hat{y}_i$	schätzt	η_i	Y-Werte der Geraden
a	schätzt	α	Y-Achsenabschnitt ($x = 0$)
b	schätzt	β	Steigung, Regressionskoeffizient
$\hat{y} = a + b \cdot x$	schätzt	$\eta = \alpha + \beta \cdot x$	Geradengleichung
$y_i = \eta_i + e_i = \alpha + \beta \cdot x_i + e_i$			Messwerte (*ohne* Wiederholung)
$y_{ij} = \eta_i + e_{ij} = \alpha + \beta \cdot x_i + e_{ij}$			Messwerte (*mit* Wiederholung)

Tab. 19.2 Voraussetzungen von Regressionsmodell I

(1)	X ist unabhängige, Y ist abhängige Variable: $X \rightarrow Y$
(2)	X ist fest vorgegeben
(3)	Y ist Zufallsvariable mit $y(x_i) = \eta(x_i) + e_{ij}$
(4)	$\eta(x)$ ist lineare Funktion mit $\eta(x) = \alpha + \beta \cdot x$
(5)	e_{ij} sind unabhängig und nach $N(0, \sigma^2)$ normalverteilt mit homogenen Varianzen (Homoskedastizität), d. h. σ ist für alle x_i gleich.

Falls mehrmals unabhängig die Ertragsmengen $y_{31}, y_{32}, \ldots$ bei der gleichen Düngermenge x_3 ermittelt wurden, so ist der zweite Index der Wiederholungsindex. Für $i = 3$ und $j = 5$ bedeutet also $y_{ij} = y_{35}$, dass sich bei Düngereinsatz x_3 in der 5. Wiederholung ein Ertrag y_{35} ergab.

Im Modell I gehen wir von fest vorgegebenen X-Werten $x_1, x_2, \ldots, x_k$ aus, k ist die Anzahl der verschiedenen vorgegebenen Stufen von X, die wir untersuchen wollen. Die Y-Werte zu einem x_i stammen jeweils aus einer normalverteilten Grundgesamtheit, deren Mittelwert in Abhängigkeit von x_i mit $\eta(x_i)$ oder η_i bezeichnet werden soll. Da wir eine lineare Abhängigkeit unterstellen, bezeichnen wir die Parameter, die $\eta(x)$ festlegen mit α und β und es gilt: $\eta(x) = \alpha + \beta \cdot x$ bzw. $\eta_i = \eta(x_i) = \alpha + \beta \cdot x_i$ (siehe Tab. 19.1).

Da die Y-Werte um η jeweils normalverteilt sind, legen wir den einzelnen Messwerten y_{ij} die Gleichung $y_{ij} = \eta_i + e_{ij}$ zugrunde, wobei der „Fehler" e_{ij} mit $N(0, \sigma^2)$ verteilt ist. Dass wir homogene Varianzen unterstellen, äußert sich darin, dass wir für alle x_i bzw. η_i bei der Verteilung des Fehlers dasselbe σ annehmen.

Für die jeweiligen unbekannten Parameter der Grundgesamtheit (z. B. η_i, α, β) suchen wir mit Hilfe der Messwerte unserer Stichprobe geeignete Schätzwerte (z. B. $\hat{y}_i, a, b$).

In Tab. 19.2 haben wir die schon oben dargestellten Voraussetzungen einer Regressionsanalyse übersichtlich zusammengestellt.

Bemerkung 1 Die aufgezählten Voraussetzungen veranschaulicht man sich am besten nochmal an Abb. 19.1, zu speziellen Abweichungen von diesen Voraussetzungen vgl. §19.2.1, Bemerkung 2.

Bemerkung 2 Die Regressionsanalyse lässt sich durchaus auf mehr als zwei Merkmale ausdehnen. Es ergibt sich dann eine lineare Regression mit z. B. vier Variablen X_1, X_2, X_3 und Y. Wobei Y von X_1, X_2 und X_3 abhängig ist:

$$\eta(x_1, x_2, x_3) = \alpha + \beta_1 \cdot x_1 + \beta_2 \cdot x_2 + \beta_3 \cdot x_3.$$

Gesucht sind dann Parameter α, β_1, β_2 und β_3 (siehe §22.2.1).

Bevor wir das Vorgehen bei einer Regressionsanalyse beschreiben, müssen wir noch eine wichtige Unterscheidung erwähnen. Für die Durchführung der Analyse ist es von Bedeutung, ob

- Messergebnisse *mit nur einem y-Wert pro x-Wert*, also mit „einfacher Besetzung" oder
- Messdaten *mit jeweils mehreren* unabhängig voneinander ermittelten *y-Werten für den gleichen x-Wert*, also mit „mehrfacher Besetzung" vorliegen.

Beispiele Die Wertetab. 20.1 hat einfache, die Tab. 21.2 hat mehrfache Besetzung (siehe weiter unten).

Wie wir später sehen werden, lässt sich nur dann in der Regressionsanalyse testen, ob die vorliegenden Daten durch eine Gerade darstellbar sind (Linearität), wenn mehr als ein Y-Wert pro X-Wert ermittelt wurde. Will man auch die Linearität prüfen, so muss Mehrfachbesetzung vorliegen. Anders ausgedrückt, bei Einfachbesetzung (ohne Wiederholungen) muss Bedingung (4) in Tab. 19.2 als erfüllt vorausgesetzt werden, während *bei Mehrfachbesetzung die Gültigkeit von Bedingung (4) geprüft werden kann.*

Entsprechend dieser Unterscheidung wollen wir in §20 die Regression ohne und in §21 die Regression mit Wiederholung vorstellen.

§20 Lineare Regression bei einfacher Besetzung

Wir wollen in diesem Paragraphen zunächst von dem Fall ausgehen, dass zum gleichen X-Wert *keine* wiederholte Bestimmung zugehöriger Y-Werte erfolgte, es liege also einfache Besetzung vor.

Da wir Modell I unterstellen, seien im Versuchsplan k verschiedene Werte $x_1, x_2, \ldots, x_k$ der unabhängigen Variablen X festgelegt worden, zu denen jeweils nur ein einziger zugehöriger Y-Wert gemessen wurde. Wir erhalten also k Werte-Paare $(x_1, y_1), \ldots, (x_k, y_k)$, die wir zum einen in einer *Werte-Tabelle* und zum anderen als Punkte in ein (X, Y)-Koordinatensystem eintragen können.

Beispiel In einem Düngungsversuch mit $k = 9$ Düngungsstufen x_i erhielt man Erträge y_i (Tab. 20.1). Im (X, Y)-Koordinatensystem von Abb. 20.1 zeigt sich, dass

Tab. 20.1 Wertetabelle zum Düngungsversuch

i	1	2	3	4	5	6	7	8	9	$\sum$
x_i	2.5	3.0	3.5	4.0	4.5	5.0	5.5	6.0	6.5	40.5
y_i	22.0	17.5	27.0	23.0	25.0	22.5	33.0	26.0	35.0	231.0

Abb. 20.1 Messwertpaare (•) von Tab. 20.1 mit der zugehörigen Ausgleichsgeraden. Zum experimentellen Messwertpaar (x_7, y_7) ist auch der Punkt $(x_7, \hat{y}_7)$ auf der Geraden eingezeichnet

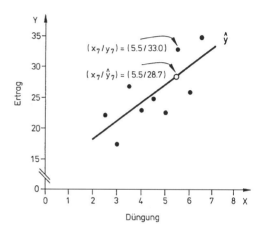

die Vermutung eines linearen Verlaufs berechtigt ist, denn die Lage der Punkte erlaubt die Darstellung durch eine Ausgleichsgerade $\hat{y}$.

Wie in diesem Beispiel ist nach Möglichkeit stets bei Festlegung der x_i auf *Äquidistanz* zu achten, d. h. die *Abstände* zwischen zwei benachbarten x_i sollten *konstant* gehalten werden („gleiche Schrittweite wählen"). In diesem Versuch war jeweils die Schrittweite $x_{i+1} - x_i = 0.5$ gewählt worden.

Mit Hilfe der „Methode der kleinsten Quadrate" berechnen wir die Steigung b und das Absolutglied a der Regressionsgeraden $\hat{y} = a + b \cdot x$, vgl. §7.1.2. Zu jedem x_i unseres Versuchs können wir dann $\hat{y}_i = a + b \cdot x_i$ berechnen.

Beispiel Für die Werte des Düngungsversuches entnehmen wir Tab. 20.1, dass $\sum x_i = 40.5$, $\sum y_i = 231.0$. Weiterhin berechnen wir $\sum x_i y_i = 1084$, $\sum x_i^2 = 197.25$. Die Anzahl Wertepaare ist $k = 9$ und mit (7.2) und (7.3) erhält man $b = 2.97$ und $a = 12.30$ und somit die Geradengleichung $\hat{y} = 12.30 + 2.97 \cdot x$. Daher berechnet sich z. B. für $x_7 = 5.5$ der Wert $\hat{y}_7 = 28.6$.

Man sollte sich den Unterschied zwischen y_i und $\hat{y}_i$ vergegenwärtigen. Zu einem Wert x_i des Merkmals X ist (x_i, y_i) der entsprechende *experimentell* gefundene Messwerte-Punkt im Koordinatensystem, während $(x_i, \hat{y}_i)$ der zu x_i gehörende Punkt auf der *berechneten* Ausgleichsgeraden ist. Für $i = 7$ ist $x_i = 5.5$ und $y_i = 33.0$, während $\hat{y}_i = 28.6$ ist. In Abb. 20.1 sind sowohl der 7. Messwertepunkt (x_7, y_7) als auch der Geradenpunkt $(x_7, \hat{y}_7)$ eingezeichnet.

Abb. 20.2 Die Lage der
Punkte führt zur Vermutung,
dass Merkmal X *keinen*
Einfluss auf die Größe Y hat

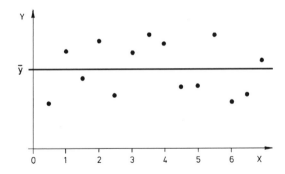

20.1 Signifikanzprüfung auf Anstieg

Um die Bedeutung von $\bar{y} = \frac{1}{k} \cdot \sum y_i$ zu verstehen, stellen wir uns eine Gerade vor, die für alle x-Werte den Wert $\bar{y}$ besitzt. Diese Gerade verläuft parallel zur X-Achse in Höhe $\bar{y}$. Sie hat die Steigung $b = 0$.

Falls wir aufgrund unserer Versuchsdaten dazu kämen, dass mit Änderungen des X-Wertes keine signifikante Änderung von Y einhergeht, die Y-Werte also mehr oder weniger konstant bleiben und keinem Einfluss von X unterliegen, so wäre eine Gerade mit wahrer Steigung $\beta = 0$ die adäquate Beschreibung dieses Sachverhalts. Als Schätzung für diesen konstanten Y-Wert, um den die Messwerte zufällig schwanken, würden wir dann am besten den Mittelwert $\bar{y}$ unserer Stichprobe nehmen. Die *Gerade* $\bar{y}$ ist die geeignete Darstellung der „Beziehung" zwischen X und Y, wenn X *keinen* Einfluss auf Y hat (Abb. 20.2).

20.1.1 Ist β von null verschieden?

Wir wenden uns nun der Frage zu, ob der berechnete Anstieg b unserer Ausgleichsgeraden signifikant von null abweicht. Es soll die Hypothese $H_0(\beta = 0)$ gegen die Alternative $H_1(\beta \neq 0)$ getestet werden. Dazu zerlegen wir die Streuung der Messwerte y_i in die Varianzkomponenten MQA und MQU und führen dann einen F-Test durch. D. h. wir vergleichen:

- Die mittleren Abweichungsquadrate der berechneten Werte $\hat{y}_i$ vom Mittelwert $\bar{y}$, vgl. Abb. 20.3a,
- Mit den mittleren Abweichungsquadraten der Messwerte y_i von den berechneten Werten $\hat{y}_i$, vgl. Abb. 20.3b.

In Formeln erhält man die Streuungskomponenten wie folgt:

$$(y_i - \bar{y}) = (y_i - \hat{y}_i) + (\hat{y}_i - \bar{y})$$

$$\sum(y_i - \bar{y})^2 = \sum(y_i - \hat{y}_i)^2 + \sum(\hat{y}_i - \bar{y})^2 + \underbrace{2 \cdot \sum(y_i - \hat{y}_i)(\hat{y}_i - \bar{y})}$$

↑	↑	↑	↑
SQT	**SQU**	**SQA**	$= 0$
total	um	auf	fällt weg

Abb. 20.3 a *Auf* der Regressionsgeraden. Die Quadratsumme *SQA* der eingezeichneten Abstände $(\hat{y}_i - \bar{y})$ ist ein Maß dafür, wie stark die wahre Steigung β von null abweicht. **b** *Um* die Regressionsgerade. Die Quadratsumme *SQU* der eingezeichneten Abstände $(y_i - \hat{y}_i)$ ist ein Maß für die Fehlervarianz der Messwerte bzgl. der Ausgleichsgeraden $\hat{y}$

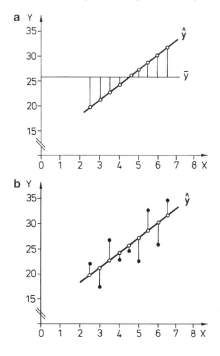

Aus den Summen der Abweichungsquadrate *SQA* und *SQU* erhält man nach Division durch die jeweiligen Freiheitsgrade die mittleren Abweichungsquadrate *MQA* (lies „*MQ* auf") und *MQU* („*MQ* um"). Wie in der Varianzanalyse prüft man dann mit dem F-Test, ob die Varianzkomponente *MQA*, die etwas über die Steigung β aussagt, signifikant größer ist als die Fehlervarianz *MQU*. Ergibt der F-Test, dass *MQA* nicht signifikant größer als *MQU* ist, so liegt die Abweichung der Geraden $\hat{y} = a + b \cdot x$ von der Geraden $\bar{y}$ im Rahmen der im Versuch sowieso vorhandenen Fehlerstreuung, man behält also $H_0(\beta = 0)$ bei, vgl. hierzu auch §12.4, Bemerkung 1.

20.1.2 Ist β von einem theoretischen Wert β_T verschieden?

Die zweite Frage unseres Fragenkataloges in §19.1 war, ob der wahre Anstieg β unserer Ausgleichsgeraden verschieden sei von einer vermuteten Steigung β_T.

Dies lässt sich mit einem t-Test prüfen. Dazu wird t_{Vers} wie folgt berechnet:

$$t_{\text{Vers}} = \frac{|b - \beta_T|}{\sqrt{MQU}} \cdot \sqrt{\left(\sum x^2\right) - \left(\frac{(\sum x)^2}{k}\right)} \qquad (20.1)$$

wobei b die nach (7.1) berechnete Steigung,

β_T die „theoretisch" vermutete Steigung,

MQU die Streuungskomponente „um",

k die Anzahl verschiedener x_i-Werte.

Wegen $FG = k - 2$ ist $t_{\text{Tab}} = t(k - 2; \alpha)$. Schließlich vergleicht man t_{Vers} mit t_{Tab}:

$$t_{\text{Vers}} \leq t_{\text{Tab}} \Rightarrow H_0(\beta = \beta_T).$$
$$t_{\text{Vers}} > t_{\text{Tab}} \Rightarrow H_1(\beta \neq \beta_T).$$

20.2 Berechnung von Konfidenzintervallen

In §10 hatten wir das Konzept der Intervallschätzungen vorgestellt und für einen unbekannten Mittelwert μ einen Vertrauensbereich angegeben. In der Regressionsrechnung können wir dieses Konzept ebenfalls anwenden, um zusätzlich zu den Schätzwerten a, b und $\hat{y}(x)$ auch die jeweiligen Vertrauensbereiche anzugeben.

20.2.1 Konfidenzintervall für β

Wir gehen von (20.1) aus, ersetzen zunächst β_T durch β und erhalten durch Umformung

$$t_{\text{Vers}} \cdot \sqrt{\frac{MQU}{(\sum x^2) - (\frac{(\sum x)^2}{k})}} = |b - \beta|, \qquad (20.2)$$

Bei festgelegtem Signifikanzniveau α können wir jetzt t_{Vers} durch t_{Tab} ersetzen und erhalten eine Ungleichung, die besagt: Der Abstand $|b-\beta|$ der berechneten Steigung b von der wahren Steigung β wird mit Wahrscheinlichkeit $(1 - \alpha)$ kleiner sein als

$$t_{\text{Tab}} \cdot \sqrt{\frac{MQU}{(\sum x^2) - (\frac{(\sum x)^2}{k})}}.$$

Durch weitere Umformung erhalten wir deshalb die Intervallgrenzen, die mit Wahrscheinlichkeit $(1 - \alpha)$ den wahren Wert β umschließen:

$$b - t_{\text{Tab}} \cdot \sqrt{\frac{MQU}{(\sum x^2) - (\frac{(\sum x)^2}{k})}} \leq \beta \leq b + t_{\text{Tab}} \cdot \sqrt{\frac{MQU}{(\sum x^2) - (\frac{(\sum x)^2}{k})}}$$

Der Freiheitsgrad für t_{Tab} ist hier $FG = k - 2$.

Abb. 20.4 Regressionsgerade $\hat{y} = 12.3 + 3x$ zu den Daten aus Tab. 20.1 und zugehöriger Konfidenzbereich. Mit „•" sind die Messwerte, mit „×" die Intervallgrenzen für $x_f = 2.5$, $x_f = 4.5$ und $x_f = 6.5$ bezeichnet

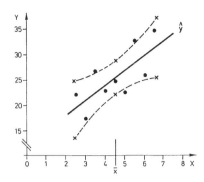

20.2.2 Konfidenzintervall für $\eta(x)$

Ähnlich erhalten wir mit dem t-Wert ein Konfidenzintervall zu den durch die Regressionsgerade $\hat{y}(x)$ geschätzten Punkten. Für einen festen X-Wert x_f ist der $(1 - \alpha)$-Vertrauensbereich von $\eta(x_f)$ gegeben durch

$$[\hat{y}(x_f) - A; \hat{y}(x_f) + A],$$

wobei $\hat{y}(x_f) = a + b \cdot x_f$ mit a und b wie in Tab. 19.1,

$$A = t_{\text{Tab}} \cdot \sqrt{MQU} \cdot \sqrt{\frac{1}{k} + \frac{(x_f - \bar{x})^2}{(\sum x^2) - \left(\frac{(\sum x)^2}{k}\right)}}, \quad t_{\text{Tab}} = t(k - 2; \alpha).$$

Bemerkung 1 Soll das Konvidenzintervall nicht für den Erwartungswert $\eta(x_f)$ an der Stelle x_f geschätzt werden, sondern für einen einzelnen Wert $y(x_f)$ bzw. einen Mittelwert $\bar{y}(x_f)$ aus m Wiederholungen an der Stelle x_f, so wird die Gleichung für A erweitert:

$$A = t_{\text{Tab}} \cdot \sqrt{MQU} \cdot \sqrt{\frac{1}{k} + \frac{1}{m} + \frac{(x_f - \bar{x})^2}{(\sum x^2) - \left(\frac{(\sum x)^2}{k}\right)}}, \quad t_{\text{Tab}} = t(k - 2; \alpha).$$

Für $m = 1$ ergibt sich dann der Prognosebereich eines Einzelwertes $y(x_f)$ und für $m \geq 2$ der Vertrauensbereich des Mittelwertes $\bar{y}(x_f)$ aus m Einzelwerten.

Bemerkung 2 In §19.1 hatten wir als 4. Frage das Problem einer von null verschiedenen „Spontanrate" angesprochen. Die Antwort erhalten wir, indem wir $x_f = 0$ wählen und für $\eta(x_f) = \eta(0)$ das Konfidenzintervall berechnen. Liegt der Wert null außerhalb des Konfidenzintervalls, so ist eine von null verschiedene Spontanrate vorhanden.

Bevor wir zur rechnerischen Durchführung der beschriebenen Verfahren übergehen, soll noch graphisch der schlauchförmige Konfidenzbereich einer Regressionsgeraden dargestellt werden. Wie man in Abb. 20.4 deutlich erkennt, ist der „Schlauch" an der Stelle $\bar{x}$ am schmalsten und wird nach beiden Seiten breiter.

20.3 Durchführung der Regressionsanalyse (ohne Wiederholung)

Fragestellung: Hat Merkmal X Einfluss auf Y oder führen Veränderungen von X zu keinen signifikanten Änderungen der Größe Y? – Welches ist zum X-Wert x_f das $(1 - \alpha)$-Konfidenzintervall von y-Wert $\eta(x_f)$?

Voraussetzungen: Zu jedem x_i-Wert sei nur ein y_i-Wert gemessen worden. Es liegt Linearität vor, wovon man sich mit Hilfe der Residuen nochmals vergewissern sollte. Die Werte der unabhängigen Variablen X seien fest und die Y-Werte zu den x_i stammen aus normalverteilten Gesamtheiten mit Mittelwerten $\eta(x_i)$ und homogenen Varianzen.

Rechenweg:

(0) Zunächst stelle die Wertepaare (x_i, y_i) in einem (X, Y)-Koordinatensystem als bivariable Verteilung graphisch dar und beurteile die Vorzeichenwechsel der Residuen, vgl. Abb. 7.7.

(1) Nach der „Methode der kleinsten Quadrate" berechne b und a:

$$b = \frac{(\sum xy) - \left(\frac{(\sum x)(\sum y)}{k}\right)}{(\sum x^2) - \left(\frac{(\sum x)^2}{k}\right)}, \quad a = \frac{1}{k}\left[\left(\sum y\right) - \left(b \cdot \sum x\right)\right]$$

wobei b die Steigung der Ausgleichsgeraden,

a der Y-Achsenabschnitt der Ausgleichsgeraden,

$\sum x$ die Summe der Werte x_i der unabhängigen Variablen X,

$\sum y$ die Summe der Werte y_i der abhängigen Variablen Y,

k die Anzahl der (x_i, y_i)-Punkte.

Ergänze die graphische Darstellung um die Ausgleichsgerade $\hat{y} = a + b \cdot x$, deren Parameter a und b soeben berechnet wurden.

(2) Tafel der Varianzanalyse

Ursache	FG	SQ	mittlere Quadratsummen MQ	F_{Vers}
Steigung der Geraden (**auf**)	1	$SQA = b\left[\left(\sum xy\right) - \left(\frac{(\sum x)(\sum y)}{k}\right)\right]$	$MQA = SQA$	$\dfrac{MQA}{MQU}$
Fehler, Rest (**um**)	$k - 2$	$SQU = SQT - SQA$	$MQU = \dfrac{SQU}{k-2}$	
Gesamt (**total**)	$k - 1$	$SQT = (\sum y^2) - \left(\frac{(\sum y)^2}{k}\right)$		

Ist $F_{\text{Vers}} \leq 1$, so ist $H_0(\beta = 0)$ beizubehalten. Beachte hierzu Schlusssatz von §12.4, Bemerkung 1.

(3) Lies in der *F-Tabelle (einseitig)* den Wert $F_{\text{Tab}} = F^1_{k-2}(\alpha)$ ab, wobei α das Signifikanzniveau.

(4) Vergleiche F_{Vers} mit F_{Tab}:

$$F_{\text{Vers}} \leq F_{\text{Tab}} \Rightarrow H_0(\beta = 0), \text{ d. h. kein Anstieg der Geraden,}$$
$$\text{kein Einfluss von } X \text{ auf } Y.$$
$$F_{\text{Vers}} > F_{\text{Tab}} \Rightarrow H_1(\beta \neq 0), \text{ d. h. Gerade hat signifikanten Anstieg.}$$

(5) Ermittlung des Konfidenzintervalls für den Y-Wert an der Stelle x_f. Zunächst berechne:

$$A = t_{\text{Tab}} \cdot \sqrt{MQU} \cdot \sqrt{\frac{1}{k} + \frac{(x_f - \bar{x})^2}{(\sum x^2) - \left(\frac{(\sum x)^2}{k}\right)}},$$

wobei $t_{\text{Tab}} = t(k-2; \alpha)$ aus der *t-Tabelle* (zweiseitig),

   MQU der Varianztafel in (2) entnommen,

   x_f ein im „Untersuchungsbereich" (vgl. Abb. 7.3) beliebig wählbarer X-Wert, für dessen Y-Wert $\eta(x_f)$ der Vertrauensbereich zu ermitteln ist.

Dann ist für $\eta(x_f)$ das $(1-\alpha)$-Konfidenzintervall gegeben durch

$$[\hat{y}(x_f) - A; \hat{y}(x_f) + A], \quad \text{wobei } \hat{y}(x_f) = a + b \cdot x_f.$$

Für den Y-Achsenabschnitt a erhält man das Konfidenzintervall, wenn man $x_f = 0$ wählt.

Beispiel Wir führen eine Regressionsanalyse für die Daten von Tab. 20.1 durch. Abbildung 20.4 zeigt die zugehörige graphische Darstellung. Dabei ist $k = 9$, $\sum x = 40.5$, $(\sum x)^2 = 1640.25$, $\sum y = 231$, $(\sum y)^2 = 53\,361$, $\sum xy = 1084$, $\sum x^2 = 197.25$, $\sum y^2 = 6169.5$, $(\sum x)(\sum y) = 9355.5$, $(\sum xy) - \left(\frac{(\sum x)(\sum y)}{k}\right) = 44.5$, $(\sum x^2) - \left(\frac{(\sum x)^2}{k}\right) = 15$, $b = 2.97$, $a = 12.30$.

	FG	SQ	MQ
auf	1	132.17	132.17
um	7	108.33	15.48
total	8	240.50	

$$F_{\text{Vers}} = 8.54 > 5.59 = F_{\text{Tab}} = F^1_7(5\,\%) \Rightarrow H_1(\beta \neq 0), \text{ signifikanter Anstieg.}$$

Es soll für $x_f = x_1 = 2.5$ das 95 %-Konfidenzintervall ermittelt werden:

$$\bar{x} = 4.5, \quad t_{\text{Tab}} = 2.365, \quad \sqrt{MQU} = 3.94, \quad t_{\text{Tab}} \cdot \sqrt{MQU} = 9.32.$$

Für $x_f = x_1 = 2.5$ ist $\hat{y}_1 = \hat{y}(2.5) = a + b \cdot 2.5 = 19.73$, $(x_f - \bar{x})^2 = (2.5 - 4.5)^2 = 4.0$, also $A = 9.3 \cdot \sqrt{0.11 + 0.27} = 5.73$. Damit ist das 95 %-Konfidenzintervall von $\eta(2.5)$:

$$[19.73 - 5.73; 19.73 + 5.73] = [14.00; 25.46].$$

In Abb. 20.4 sind die 95 %-Konfidenzintervalle für

$$\eta(x_1) = \eta(2.5): \quad [14.0; 25.5],$$
$$\eta(x_5) = \eta(4.5): \quad [22.6; 28.8],$$
$$\eta(x_9) = \eta(6.5): \quad [25.9; 37.4]$$

eingezeichnet.

§21 Lineare Regression bei mehrfacher Besetzung

Wir lassen jetzt die im letzten Paragraphen gemachte Bedingung fallen, dass zu jedem x_i nur ein y-Wert vorliegt. *Es seien also im Folgenden mehrere Y-Werte zum gleichen X-Wert gemessen worden.* Diese Wiederholungen ermöglichen es uns, die bisherige Zerlegung in nur zwei Streuungskomponenten (SQA und SQU) durch eine Aufspaltung der Streuung in drei Komponenten SQA, SQI und SQL zu ersetzen. Dabei gewinnen wir mit SQL eine Quadratsumme, die etwas über die Abweichung der Messdaten von der Linearität aussagt. Statt die Linearität der Daten als gesichert vorauszusetzen, *können wir jetzt wegen der „mehrfachen Besetzung" Abweichungen von der Linearität mit dem F-Test prüfen.*

21.1 Prüfung der Linearität

Bei mehrfacher Besetzung wurden zu gleichem X-Wert wiederholt Y-Werte gemessen, es liegen daher mehrere y-Werte vor. Zum Wert x_i seien $y_{i1}, y_{i2}, \ldots, y_{in_i}$ die zugehörigen Werte des Merkmals Y. Aus diesen y_{ij} können wir dann das arithmetische Mittel $\bar{y}_i$ berechnen:

$$\bar{y}_i = \frac{1}{n_i} \cdot \sum_{j=1}^{n_i} y_{ij} = \frac{T_i}{n_i},$$

wobei n_i die Anzahl Y-Messungen (Wiederholungen) bei gleichem x_i, $T_i = \sum y_{ij}$ die Summe über alle Wiederholungen.

Wir erhalten also zu jedem x_i einen zugehörigen i-ten Gruppenmittelwert $\bar{y}_i$. Neben diesen Gruppenmittelwerten lässt sich auch ein Gesamtmittelwert $\bar{\bar{y}}$ nach der Formel des gewogenen arithmetischen Mittels berechnen, vgl. §4.1.5 und Abb. 21.1.

Abb. 21.1 Eingezeichnet sind
die Messwertpunkte „•", die
Gruppenmittelwerte „♦" der
Gesamtmittelwert $\bar{\bar{y}}$ und die
Ausgleichsgerade $\hat{y}$

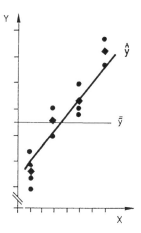

Bemerkung Bei mehrfacher Besetzung ist es *nicht* erforderlich, dass zu *jedem* x-Wert mehrere y-Werte vorliegen, d. h. es müssen nicht alle $n_i > 1$ sein. Trotzdem ist es empfehlenswert, bei der Planung eines Experiments eine balancierte Versuchsanlage vorzuziehen, also möglichst alle n_i gleich zu wählen.

Wir können nun mit Hilfe der Größen $\hat{y}_i$ (Y-Werte auf der Regressionsgeraden), y_{ij}, $\bar{y}_i$ und $\bar{\bar{y}}$ folgende Streuungszerlegung vornehmen:

$$\sum(y_{ij} - \bar{\bar{y}})^2 \quad = \quad \sum(\hat{y}_i - \bar{\bar{y}})^2 \quad + \quad \sum(\bar{y}_i - \hat{y}_i)^2 \quad + \quad \sum(y_{ij} - \bar{y}_i)^2$$

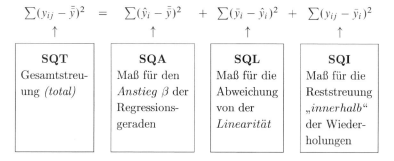

SQT	**SQA**	**SQL**	**SQI**
Gesamtstreuung *(total)*	Maß für den *Anstieg β* der Regressionsgeraden	Maß für die Abweichung von der *Linearität*	Maß für die Reststreuung „*innerhalb*" der Wiederholungen

In Abb. 21.2 wird diese Streuungszerlegung graphisch veranschaulicht. Der wesentliche Vorteil, den uns die dreifache Streuungszerlegung bietet, liegt darin, dass wir mit SQL testen können, ob eine Abweichung von der Linearität vorliegt. Dazu müssen wir SQL durch die entsprechende Anzahl Freiheitsgrade teilen und erhalten MQL. Der Quotient $F_{\text{Vers}} = \frac{MQL}{MQI}$ lässt sich dann mit dem F-Test prüfen. Dabei vergleichen wir die Varianzkomponente MQL der Abweichung der Gruppenmittelwerte von der Geraden mit der Fehlervarianz MQI, die aus der Streuung der einzelnen Wiederholungen $\bar{y}_{ij}$ um ihren „Gruppen"-Mittelwert $\bar{y}_i$ gebildet wird.

Tritt eine signifikante Abweichung von der Linearität auf, so können wir unseren linearen Ansatz $\hat{y} = a + b \cdot x$ nicht mehr beibehalten. Man sollte dann versuchen, durch geeignete Transformation (vgl. §7.2) eine lineare Darstellung zu finden, um mit den transformierten Daten neuerlich eine Regressionsanalyse durchzuführen.

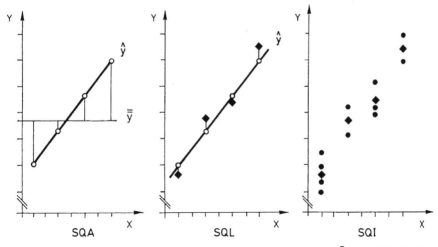

Abb. 21.2 Für SQA bildet man die Quadratsumme der Abstände $\hat{y}_i$ von $\bar{\bar{y}}_i$, für SQL die Abstände $\hat{y}_i$ von $\bar{y}_i$ und für SQI die Abstände y_{ij} von $\bar{y}_i$. Es bezeichnet „○" die $\hat{y}_i$, „◆" die $\bar{y}_i$ und „●" die y_{ij}

Findet sich keine solche Transformation, so muss eine nichtlineare Regressionsfunktion angepasst werden.

Bevor wir zur numerischen Durchführung der Regressionsanalyse kommen, wollen wir noch kurz die Aufteilung der $N-1$ Freiheitsgrade der Gesamtvarianz auf die verschiedenen Varianzkomponenten erläutern. Zur Berechnung von SQI wurden *alle N Messungen y_{ij} verwendet und zusätzlich die k geschätzten Gruppenmittelwerte*, der Freiheitsgrad für SQI ist daher $FG = N - k$. Von den $N - 1$ Freiheitsgraden der Gesamtvarianz bleiben somit noch $k - 1$ übrig, wovon SQA einen und SQL $k - 2$ Freiheitsgrade „erhalten".

21.2 Durchführung der Regressionsanalyse (mit Wiederholung)

In Tab. 21.1 wird angegeben, wie man die im Experiment gewonnenen Messergebnisse günstig in einer Tabelle einträgt, um einige für die Regressionsanalyse benötigte Größen schnell berechnen zu können.

Dabei ist $T_i = \sum_{j=1}^{n_i} y_{ij}$ die i-te Spaltensumme,

$T = \sum_{i=1}^{k} T_i$,

k die Anzahl verschiedener Werte x_i,

n_i die Anzahl Wiederholungen bzgl. x_i,

$N = \sum_{i=1}^{k} n_i$ die Anzahl aller Y-Messungen,

$\bar{y}_i = \frac{T_i}{n_i}$ der i-te Gruppenmittelwert,

$\bar{\bar{y}} = \frac{T}{N}$ der Gesamtmittelwert.

Tab. 21.1 Anordnung der Messdaten bei Regressionsanalyse mit mehrfacher Besetzung

		\multicolumn{5}{c}{X-Werte}				
		$i=1$	$i=2$	$i=3$	$\dots i \dots$	$i=k$	
		x_1	x_2	x_3	$\dots x_i \dots$	x_k	
	$j=1$	y_{11}	y_{21}	y_{31}	$\cdot$	y_{k1}	
	$j=2$	y_{12}	y_{22}	y_{32}	$\cdot$	y_{k2}	
	$j=3$	y_{13}	y_{23}	y_{33}	$\cdot$	y_{k3}	
	$\vdots$	$\cdot$	$\cdot$	$\cdot$	$\cdot$	$\cdot$	
	$j=n_2$	$\cdot$	y_{2n_2}	$\cdot$	$\cdot$	$\cdot$	
	$\vdots$	$\cdot$		$\cdot$	$\cdot$	$\cdot$	
	$j=n_k$	$\cdot$		$\cdot$	$\cdot$	y_{kn_k}	
	$\vdots$	$\cdot$		$\cdot$	$\cdot$		
	$j=n_1$	y_{1n_1}		$\cdot$	$\cdot$		
	$\vdots$			$\cdot$	$\cdot$		
	$j=n_3$			y_{3n_3}	$\cdot$		
	$\vdots$				$\cdot$		
T_i		T_1	T_2	T_3	$\dots\dots$	T_k	T
n_i		n_1	n_2	n_3	$\dots\dots$	n_k	N
$\bar{y}_i$		$\bar{y}_1$	$\bar{y}_2$	$\bar{y}_3$	$\dots\dots$	$\bar{y}_k$	$\bar{\bar{y}}$

(Zeilenbeschriftung links: **Y-Werte (Wiederholungen)**)

Braucht für die Regressionsanalyse *nicht* berechnet zu werden.

Tab. 21.2 Wertetabelle bei mehrfacher Besetzung

		\multicolumn{4}{c}{X-Werte}			
	i	$i=1$	$i=2$	$i=3$	$i=4$	
	x_i	1	3	5	7	
Y-Werte	$j=1$	9.4	23.3	28.5	40.6	
	$j=2$	6.2	35.5	26.7	44.8	
	$j=3$	19.8	23.7	33.6	–	
	Σ	$T_1=35.4$	$T_2=82.5$	$T_3=88.8$	$T_4=85.4$	$T=292.1$
	n_i	$n_1=3$	$n_2=3$	$n_3=3$	$n_4=2$	$N=11$

Fragestellung: Darf ein linearer Zusammenhang zwischen X und Y angenommen werden? – Hat Merkmal X Einfluss auf Merkmal Y oder führt eine Veränderung von X zu keiner signifikanten Änderung von Y? – Welches ist zum X-Wert x_f das $(1-\alpha)$-Konfidenzintervall vom Y-Wert $\eta(x_f)$?

Voraussetzungen: Es liege mehrfacher Besetzung vor. Die Werte der unabhängigen Variablen X seien fest und die Y-Werte zu den x_i stammen aus normalverteilten Gesamtheiten mit Mittelwerten $\eta(x_i)$ und homogenen Varianzen.

Rechenweg:

(0) Zunächst stelle die Wertepaare (x_i, y_{ij}) in einem (X, Y)-Koordinatensystem als bivariable Verteilung graphisch dar und beurteile anhand der Ausgleichsgerade die Vorzeichenwechsel der Residuen, vgl. Abb. 7.7.

(1) Nach der „Methode der kleinsten Quadrate" berechne b und a:

$$b = \frac{(\sum_{i=1}^{k} x_i T_i) - \frac{T}{N} \cdot (\sum_{i=1}^{k} n_i x_i)}{(\sum_{i=1}^{k} n_i x_i^2) - \frac{1}{N} \cdot (\sum_{i=1}^{k} n_i x_i)^2}, \quad a = \frac{1}{N} \cdot \left(T - b \cdot \sum_{i=1}^{k} n_i x_i\right),$$

wobei b die Steigung der Ausgleichsgeraden,

 a der Y-Achsenabschnitt der Ausgleichsgeraden,

 $\sum_{i=1}^{k} n_i x_i$ die gewichtete Summe der Werte x_i der unabhängigen Variablen X,

 und T_i, T, n_i, N, k, wie in Tab. 21.1.

Ergänze die graphische Darstellung um die Ausgleichsgerade $\hat{y} = a + b \cdot x$, deren Parameter a und b soeben berechnet wurden.

(2) Tafel der Varianzanalyse

Ursache	FG	SQ	mittlere Quadrat-summen MQ	F_{Vers}
Steigung der Geraden (**auf**)	1	$SQA = b\left[\left(\sum_{i=1}^{k} x_i T_i\right) - \frac{T}{N} \cdot \sum_{i=1}^{k} n_i x_i\right]$	$MQA = SQA$	$F_{Vers}(A) = \dfrac{MQA}{MQI}$
Abweichung von **Linearität**	$k-2$	$SQL = \left(\sum_{i=1}^{k} \dfrac{T_i^2}{n_i}\right) - \dfrac{T^2}{N} - SQA$	$MQL = \dfrac{SQL}{k-2}$	$F_{Vers}(L) = \dfrac{MQL}{MQI}$
Fehler, Rest (**innerhalb**)	$N-k$	$SQI = SQT - SQL - SQA$	$MQI = \dfrac{SQI}{N-k}$	
Gesamt (**total**)	$N-1$	$SQT = \left(\sum_{i,j} y_{ij}^2\right) - \dfrac{T^2}{N}$		

Ist ein $F_{Vers} \leq 1$, so ist die zugehörige Nullhypothese beizubehalten. Beachte hierzu Schlusssatz von §12.4, Bemerkung 1.

(3)   Prüfung der Linearität:
Lies in der *F-Tabelle (einseitig)* den Wert $F_{\text{Tab}}(L) = F_{N-k}^{k-2}(\alpha)$ ab, und vergleiche $F_{\text{Vers}}(L)$ mit $F_{\text{Tab}}(L)$:

a. $F_{\text{Vers}}(L) > F_{\text{Tab}}(L) \Rightarrow H_1$ (Linearität nicht gegeben). In diesem Fall ist die Regressionsanalyse abzubrechen, da der lineare Ansatz $\hat{y} = a + b \cdot x$ nicht zutrifft.

b. $F_{\text{Vers}}(L) \leq F_{\text{Tab}}(L) \Rightarrow H_0$ (keine Abweichung von der Linearität). In diesem Fall kann man die Regressionsanalyse fortsetzen.

(4)   Signifikanzprüfung auf Anstieg, nur nach (3)b.:
Lies in der *F-Tabelle (einseitig)* den Wert $F_{\text{Tab}}(A) = F_{N-k}^{1}(\alpha)$ ab und vergleiche $F_{\text{Vers}}(A)$ mit $F_{\text{Tab}}(A)$:

$F_{\text{Vers}}(A) \leq F_{\text{Tab}}(A) \Rightarrow H_0(\beta = 0)$, kein Anstieg der Geraden.

$F_{\text{Vers}}(A) > F_{\text{Tab}}(A) \Rightarrow H_1(\beta \neq 0)$, die Gerade hat
$\qquad\qquad\qquad\qquad\qquad\qquad\qquad\qquad$ signifikanten Anstieg.

(5)   Ermittlung des Konfidenzintervalls für den Y-Wert an der Stelle x_f. Zunächst berechne:

$$A = t_{\text{Tab}} \cdot \sqrt{MQI} \cdot \sqrt{\frac{1}{N} + \frac{(x_f - \bar{x})^2}{(\sum n_i x_i^2) - \frac{(\sum n_i x_i)^2}{N}}},$$

wobei $t_{\text{Tab}} = t(N - k; \alpha)$ aus der t-Tabelle (zweiseitig),

$\qquad\quad MQI \qquad\qquad\qquad$ der Varianztafel in (2) entnommen,

$\qquad\quad x_f \qquad\qquad\qquad\quad$ ein im „Untersuchungsbereich" (vgl. Abb. 7.3) beliebig wählbarer X-Wert, für dessen Y-Wert $\eta(x_f)$ der Vertrauensbereich zu ermitteln ist.

Dann ist für $\eta(x_f)$ das $(1 - \alpha)$-Konfidenzintervall gegeben durch

$$[\hat{y}(x_f) - A; \hat{y}(x_f) + A], \quad \text{wobei } \hat{y}(x_f) = a + b \cdot x_f.$$

Für den Y-Achsenabschnitt a erhält man das Konfidenzintervall, wenn man $x_f = 0$ wählt.

Beispiel   In Tab. 21.2 liegt eine Wertetabelle mit $k = 4$ verschiedenen X-Werten vor.

Nachdem man sich anhand einer Graphik über die Lage der Punkte im Koordinatensystem orientiert hat, berechnet man $\sum n_i x_i = 41.0$, $\sum x_i T_i = 1324.7$, $\sum n_i x_i^2 = 203.0$, und dann mit der „Methode der kleinsten Quadrate" $b = 4.70$ und $a = 9.03$.

Mit $\sum \frac{T_i^2}{n_i} = 8961.53$ und $\sum_{ij} y_{ij}^2 = 9193.17$ lässt sich die Varianztafel berechnen:

Ursache	FG	SQ	MQ	F_{Vers}
auf	1	1109.03	1109.03	33.52
Linearität	2	95.92	47.96	1.45
innerhalb	7	231.64	33.09	
total	10	1436.59		

$F_{\text{Vers}}(L) = 1.45 \leq 4.74 = F_{\text{Tab}}(L) \Rightarrow H_0$ (keine Abweichung von der Linearität),

$F_{\text{Vers}}(A) = 33.52 > 5.59 = F_{\text{Tab}}(A) \Rightarrow H_1 (\beta \neq 0)$.

Für den X-Wert $x_f = 6$ soll das 95 %-Konfidenzintervall für $\eta(6)$ bestimmt werden.
$\hat{y}(x_f) = 9.03 + 4.7 \cdot 6 = 37.23$.

Mit $\bar{x} = 3.73$ ist $(x_f - \bar{x})^2 = 5.15$, $t_{\text{Tab}}(7; 5\%) = 2.365$ und daher $A = 5.97$, also ist das Konfidenzintervall [31.26; 43.20].

§22 Ergänzungen zur Varianz- und Regressionsanalyse

Im Kap. IV wurden die paarweisen Vergleiche von Mittelwerten auf die gleichzeitige Analyse von Mittelwerten aus mehr als zwei unabhängigen Stichproben mit Hilfe der Varianzanalyse (Modell I) verallgemeinert, wobei die Einflussgrößen (Faktoren) in der Regel als nominal oder ordinal skaliert angenommen wurden. Lagen zwei oder mehr Faktoren vor, konnten zusätzlich Wechselwirkungen zwischen den Faktoren geschätzt werden. Zur näheren Analyse signifikanter Effekte der Faktoren auf die Zielvariable wurden anschließend geeignete Testverfahren eingeführt, mit denen – unter Berücksichtigung der jeweiligen Restriktionen – signifikante Mittelwertunterschiede entdeckt werden können.

Ist die Einflussgröße mindestens intervallskaliert, so kann mit Hilfe der Regressionsanalyse der Zusammenhang zwischen dem Faktor X (unabhängige Variable) und der Zielvariablen Y (abhängige Variable) näher charakterisiert werden. Lässt sich die Abhängigkeit der Messwerte y_i von den Faktorstufen x_i durch eine lineare Regression beschreiben, so kann der Nachweis der Signifikanz des Anstiegs der Geraden ($\beta \neq 0$) die in der *ANOVA* übliche multiplen Mittelwertvergleiche ersetzen. Die Regressionsanalyse gestattet zudem bei einem entsprechenden Versuchsaufbau die Überprüfung der Abweichung von der Linearität des Zusammenhangs zwischen Y und X.

Die Regressionsanalyse kann auf die Analyse der Abhängigkeit von zwei und mehr Faktoren erweitert werden. Wir gehen in diesem Fall von der simultanen Messung von mehr als zwei Variablen aus und nehmen dabei an, dass die Zielvariable Y (*Regressand*) von p Einflussvariablen X_i (*Regressoren*) funktional abhängig ist. Die beobachtete abhängige Variable Y soll dabei an den jeweiligen n Messpunkten $(x_{1j}, x_{2j}, \ldots, x_{pj}; j = 1, \ldots, n)$ normalverteilt sein und dieselbe Varianz besitzen.

Die Y-Werte müssen voneinander unabhängig und der Messfehler der jeweiligen X_i-Werte sollte klein im Vergleich zum Messfehler der Y-Werte sein. Sind diese Voraussetzungen erfüllt, bezeichnen wir eine darauf beruhende statistische Analyse der Daten als *multiple Regressionsanalyse*.

Bemerkung Nehmen wir an, dass keine funktionale Abhängigkeit zwischen den betrachteten Variablen besteht, so sprechen wir in Analogie zum bivariaten Fall von einer *multiplen Korrelationsrechnung*. Dabei setzen wir voraus, dass die Variablen gleichzeitig am selben Objekt erfasst wurden und ihre gemeinsame Verteilung einer *multivariaten Normalverteilung* folgt. Mit partiellen Korrelationskoeffizienten können hier die Zusammenhänge sinnvoll charakterisiert werden.

Eine Verknüpfung der *ANOVA* mit der Regressionsanalyse wird als *Kovarianzanalyse (ANCOVA)* bezeichnet. Hierbei wird zum Beispiel das Ziel verfolgt, die Effekte der einzelnen Prüffaktoren auf die Zielvariable von dem Einfluss einer (mindestens intervallskalierten) *Kovariablen*, oft als *Kovariate* oder auch als *Störfaktor* bezeichnet, zu bereinigen.

Im Folgenden stellen wir die beiden Erweiterungen der Varianz- und Regressionsanalyse näher vor: die *Kovarianzanalyse* (§22.1) und die *multiple lineare Regression* (§22.2). Da der Rechenaufwand für diese Analysen sehr hoch ist und nicht von Hand durchgeführt werden sollte, verzichten wir auf die Angabe von Rechenanleitungen und verweisen auf die Verwendung geeigneter statistischer Programmpakete.

22.1 Zur Kovarianzanalyse

Bevor wir die Vorgehensweise bei einer Kovarianzanalyse an einem Beispiel darstellen, möchten wir den Begriff der Kovarianz erklären und den Zusammenhang mit dem Korrelations- bzw. Regressionskoeffizienten aufzeigen.

22.1.1 Zusammenhang zwischen Korrelation und Kovarianz

Im §5 haben wir die bivariate Verteilung der Länge X_1 und Breite X_2 von $n = 33$ Samen (Tab. 5.1) in einem Koordinatensystem mit zwei Achsen dargestellt und anschließend den Zusammenhang der beiden Variablen mithilfe des Pearson'schen Maßkorrelationskoeffizienten r charakterisiert.

In Abb. 22.1 greifen wir dieses Beispiel auf und bezeichnen die Messwerte mit x_i und y_i, wie in §6 vereinbart.

Für alle Messwerttupel (x_i, y_i) rechts vom Mittelwert der Länge $\bar{x} = 4.98$ sind die Differenzen $(x_i - \bar{x})$ größer null und links vom Mittelwert kleiner null. Analog sind die Differenzen $(y_i - \bar{x})$ für die Messwerte der Breite oberhalb von $\bar{y} = 2.88$ positiv und unterhalb negativ. Die Produkte der Differenzen sind daher im ersten und dritten Quadranten positiv und im zweiten und vierten Quadranten negativ. Sie

Abb. 22.1 Punktwolke der Länge X und Breite Y von $n = 33$ Samen. Die Linien parallel zur Abszisse und Ordinate werden durch die jeweiligen Mittelwerte der bivariaten Verteilung festgelegt und teilen die Punktwolke in die vier Quadranten I bis IV

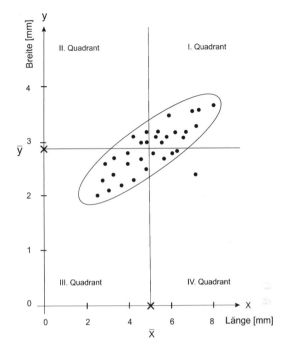

charakterisieren Richtung und Stärke des „miteinander variieren" (Ko-Variation) der beiden Variablen.

Mit Cov(x, y) bezeichnen wir den Schätzwert der Kovarianz der beiden Variablen X und Y. Dabei wird die Kovarianz durch die Summe der Produkte der Abweichungen der Messwerte vom jeweiligen Mittelwert $(x_i - \bar{x})(y_i - \bar{y})$ definiert und in Analogie zur Berechnung der Varianz durch $(n-1)$ dividiert (n Stichprobenumfang):

$$\text{Cov}(x, y) = \frac{1}{n-1} \sum_{i=1}^{n} (x_i - \bar{x})(y_i - \bar{y}).$$

In unserem Beispiel (Abb. 22.1) besteht ein linearer Zusammenhang zwischen Länge und Breite der Samen und die Punktwolke bildet eine Ellipse (§6.1). Da die Mehrzahl der Messwerttupel im ersten und dritten Quadranten liegt, ist die Veränderung der beiden Variablen gleichsinnig und die Summe der Produkte und damit die Kovarianz positiv (*positiver Zusammenhang*).

Überwiegen die Punkte der Ellipse im zweiten und vierten Quadranten, so ist die Variation der beiden Variablen gegenläufig und die Kovarianz negativ (*negativer Zusammenhang*). Verteilen sie sich gleichmässig auf alle vier Quadranten, so ist die Kovarianz nahe null und ein Zusammenhang zwischen den Variablen ist nicht erkennbar. Die Kovarianz quantifiziert somit Richtung und Stärke des (linearen) Zusammenhangs zweier Variablen.

Im nicht-linearen Fall (Abb. 6.2g, h) oder beim Auftreten von Ausreißern kommt es zu Verzerrungen und fehlerhaften Schätzwerten.

Verknüpfen wir nun die Formel zur Berechnung des Maßkorrelationskoeffizienten r (6.1) mit der Definition der Kovarianz, so erhalten wir:

$$r = \frac{\frac{1}{n-1} \sum (x - \bar{x})(y - \bar{y})}{\sqrt{\frac{1}{n-1} \sum (x_i - \bar{x})^2 \frac{1}{n-1} \sum (y_i - \bar{y})^2}} = \frac{\mathrm{Cov}(x, y)}{\sqrt{\mathrm{Var}(x)\,\mathrm{Var}(y)}} = \frac{\mathrm{Cov}(x, y)}{s_x s_y}.$$

Der Korrelationskoeffizient r entspricht somit der Kovarianz der Variablen X und Y dividiert durch das Produkt der beiden Standardabweichungen. Sein Wert liegt dadurch im Intervall $[-1, +1]$ und sein Vorzeichen wird durch die Kovarianz festgelegt.

Betrachten wir eine lineare Regression von Y auf X, so lautet die Formel für den Regressionskoeffizienten b der Geraden (vgl. (7.1)) unter Einbeziehung der Kovarianz:

$$b = \frac{\frac{1}{n-1} \sum (x - \bar{x})(y - \bar{y})}{\frac{1}{n-1} \sum (x_i - \bar{x})^2} = \frac{\mathrm{Cov}(x, y)}{\mathrm{Var}(x)}.$$

22.1.2 Kovarianzanalyse

Die Eigenschaft der Kovarianz, Richtung und Stärke des linearen Zusammenhangs zweier Variablen zu messen, nutzt man bei der Erweiterung der Varianzanalyse aus, um die Effekte der untersuchten Faktoren von dem Einfluss einer weiteren, intervallskalierten Größe (Kovariate) zu bereinigen. Dies wollen wir an zwei Beispielen erläutern.

Beispiel Um den Einfluss von vier Futtermitteln A, B, C und D auf die Zuwachsrate bei Ferkeln zu analysieren, wurde die Gewichtszunahme Y an je 5 Tieren pro Behandlung gemessen. Da ein Zusammenhang zwischen Zuwachsrate und Anfangsgewicht der Ferkel vermutet wurde, berücksichtigte man bei der Versuchsplanung das Anfangsgewicht X, indem fünf Gruppen mit vier etwa gleichschweren Tieren gebildet wurden. Aus jeder Gruppe wurde dann ein Tier zufällig der jeweiligen Behandlung zugeordnet. Die graphische Analyse der Zuwachsraten (Abb. 22.2) zeigt, dass sich die Variationsbereiche der Zuwachsraten y_{ij} in den vier Fütterungsgruppen stark überlappen.

Die zugehörige einfaktorielle Varianzanalyse ergibt keinen signifikanten Effekt zwischen den vier Behandlungen.

Ursache	FG	SQ	MQ	F_{Vers}	$F_{\mathrm{Tab}}(5\,\%)$	P
Behandlung	3	0.266	0.089	3.001	3.239	0.062
Innerhalb	16	0.472	0.030			
Total	19	0.738				

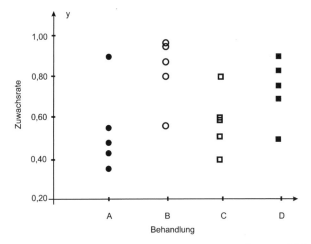

Abb. 22.2 Zuwachsrate der Ferkel der vier Fütterungsgruppen A, B, C und D (5 Wiederholungen)

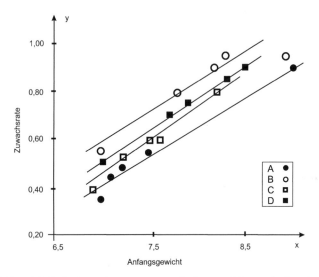

Abb. 22.3 Abhängigkeit der Zuwachsrate y_{ij} vom Anfangsgewicht x_{ij} in den vier Fütterungsgruppen A, B, C und D

Um den vermuteten Einfluss der Kovariate Anfangsgewicht auf die Messwerte zu beurteilen, stellen wir die Zuwachsraten y_{ij} in Abhängigkeit vom Anfangsgewicht x_{ij} graphisch dar (Abb. 22.3).

Durch die Berücksichtigung der unterschiedlichen Anfangsgewichte bei der Versuchsplanung wurde erreicht, dass die x-Werte (Kovariate) bei der Regressionsrechnung in jeder Behandlungsgruppe über den gesamten Bereich verteilt sind und damit eine genauere Schätzung der Steigung der Geraden innerhalb der jeweiligen Behandlung ermöglichen.

Aus der Abb. 22.3 wird deutlich, dass ein linearer Zusammenhang zwischen Zuwachsrate Y und Anfangsgewicht X in allen vier Behandlungen vorliegt und die Geraden weitgehend parallel verlaufen. Wir verfolgen nun den Ansatz, die Abhängigkeit der Zuwachsraten vom Anfangsgewicht der Ferkel in den jeweiligen Fütterungsgruppen auszunutzen und die y_{ij}-Werte rechnerisch mit Hilfe der linearen Regression von Y auf X in allen vier Gruppen auf das mittlere Anfangsgewicht $\bar{x}$ des Versuches zu korrigieren. Dafür erweitern wir das Modell der einfaktoriellen *ANOVA* um einen zusätzlichen Summanden, dem Regressionseffekt der Kovariablen X.

Für das einfaktorielle Modell gilt (§12.2):

$$y_{ij} = \mu + \alpha_i + e_{ij},$$

dabei wird die Bezeichnung der Zielvariablen x_{ij} in (12.2) durch y_{ij} ersetzt, um eine Verwechslung mit der Benennung der Kovariablen x_{ij} zu vermeiden. Das Modell ergänzen wir durch den Regressionseffekt des Anfangsgewichts und erhalten:

$$y_{ij} = \mu_i + \alpha_i + \beta(x_{ij} - \bar{x}) + e_{ij}.$$

α_i ist der (feste) Effekt der i-ten Fütterungsgruppe, β die *gemeinsame* Steigung der vier Geraden in Abb. 22.3, und $\beta(x_{ij} - \bar{x})$ der Einfluss des Anfangsgewichts der Ferkel auf die Zuwachsrate, falls das Gewicht vom Gesamtmittel $\bar{x}$ abweicht. e_{ij} entspricht dem jeweiligen Versuchsfehler. Dabei setzen wir die Parallelität der Geraden in Abb. 22.3 voraus, d. h. der Einfluss des Anfangsgewichts wirkt in allen Gruppen gleichermaßen.

Daraus folgt für die korrigierten Wachstumsraten y_{ij}(korr)

$$y_{ij}(\text{korr}) = y_{ij} - \beta(x_{ij} - \bar{x}) = \mu + \alpha_i + e_{ij}$$

Graphisch zeigt sich nach der Korrektur folgendes Bild (Abb. 22.4):

Die Bereinigung der Zuwachsraten durch die Kovariate führt zu einer geringeren Fehlervariation in den Gruppen und die Überlappung der Variationsbereiche hat deutlich abgenommen. Ob die Unterschiede zwischen den Behandlungen signifikant sind, kann beispielsweise anhand der korrigierten Werte y_{ij}(korr) mit einer einfaktoriellen *ANOVA* nachgewiesen werden.

Heute ist es mit Hilfe statistischer Programmpakete einfacher, unter Angabe der Kovariablen direkt eine Kovarianzanalyse zu berechnen. In unserem Beispiel sieht die zusammengefasste Varianztabelle folgendermaßen aus:

Ursache	FG	SQ	MQ	F_{Vers}	$F_{\text{Tab}}(5\%)$	P
Behandlungen (bereinigt)	3	0.066	0.022	14.786	3.287	< 0.001
Anfangsgewicht	1	0.450	0.450	302.539	4.543	< 0.001
Rest	15	0.022	0.001			
Total	19	0.738				

Der Erfolg der Korrektur der Ergebnisse vom Einfluss der Kovariablen wird im F-Test offensichtlich: Die Unterschiede zwischen den Behandlungsgruppen und der Effekt der Kovariablen sind signifikant.

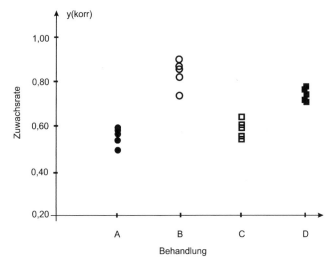

Abb. 22.4 Korrigierte Zuwachsraten y_{ij} (korr) in den vier Fütterungsgruppen A, B, C und D (5 Wiederholungen)

Bemerkung 1 Bei der Kovarianzanalyse gehen wir von dem Modell der einfachen Varianzanalyse aus und fügen eine Korrektur in Abhängigkeit von der Ausprägung der Kovariate ein. Die Kovarianzanalyse verknüpft somit die Varianz- mit der Regressionsanalyse. Zu beachten ist allerdings, dass die in der Varianzanalyse vorhandene eindeutige Zerlegung der SQ durch die Einbeziehung einer Kovariablen verloren gehen kann.

Bemerkung 2 In unserem Beispiel steht der Nachweis von Unterschieden in der Zuwachsrate durch die verschiedenen Futtermittel im Vordergrund. Dabei setzen wir die Parallelität der einzelnen Geraden voraus. Die Kovarianzanalyse kann aber auch zur Überprüfung der Parallelität und des Abstands von mehreren Geraden eingesetzt werden. Dies kann mit der multiplen linearen Regression mit Hilfe von *Dummy-Variablen* erfolgen (vgl. §22.2).

Im vorhergehenden Beispiel haben wir versucht, das hinter der Kovarianzanalyse stehende Rechenverfahren zu erläutern. In einem zweiten Beispiel möchten wir einen weiteren Einsatzbereich der Kovarianzanalyse vorstellen. In Feldversuchen können beispielsweise ungeplante oder unplanbare Einflussgrößen auftreten, die die Wirkung der Prüffaktoren überlagern. Solche Störvariablen werden erst nach Beginn des Versuches erkannt und sollten unbedingt erfasst werden. Die (intervallskalierten) Messwerte können dann zur Korrektur der Zielvariablen mit Hilfe der Kovarianzanalyse dienen. Eine solche Möglichkeit ist aber keineswegs ein Ersatz für eine sinnvolle Versuchsplanung.

Beispiel (nach Linder/Berchtold) Auf einem Versuchsfeld wurden 49 Weizensorten in drei vollständigen Wiederholungen (Blöcke) angebaut, um ihre Ertragsleistung Y zu prüfen. Während des Versuchs kam es aufgrund von außerordentlich gerin-

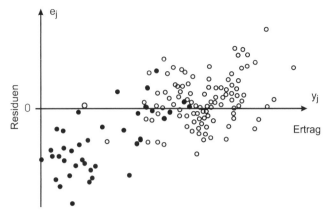

Abb. 22.5 Residuen $e_j = y_j - \hat{y}_j$ in Abhängigkeit von der Ertragshöhe y_j der 49 Sorten (Parzellen mit (●) bzw. ohne (○) Trockenschäden)

gen Niederschlägen auf einzelnen Parzellen zu Trockenschäden X, die durch eine Kiesader induziert wurden, deren Existenz vor der Anlage des Versuchs nicht bekannt war. Zwischen den Parzellen traten deutliche Bodenunterschiede auf, so dass die Voraussetzung der Homogenität der Blöcke nicht gegeben war (vgl. §24.2.4). Die Auswirkungen des Störfaktors „Trockenschäden" auf die einzelnen Erträge der geprüften Sorten werden in einer Residuenanalyse (Abb. 22.5) leicht erkennbar.

Die Vorzeichen der Residuen $e_j = y_j - \hat{y}_j$ wechseln offensichtlich nicht zufällig (vgl. Abb. 7.7), sondern sind abhängig von der Ertragshöhe y_j. Für niedrige Erträge, insbesondere für die Parzellen mit Trockenschäden (●), sind die Vorzeichen der Residuen e_j in der Regel negativ, positive Werte treten erst für höhere Erträge auf.

Die Auswertung anhand einer Varianzanalyse ergibt keine signifikanten Unterschiede zwischen den einzelnen Sorten.

Um den Versuch noch sinnvoll auswerten zu können und den Störfaktor „Trockenschäden" auszuschalten, wurde das Ausmaß der Schäden im Laufe des Experimentes gemessen. Diese Ergebnisse wurden als Kovariate verwendet und die korrigierten Erträge y_{ij}(korr) bestimmt. Schaut man sich nun die Residuen an (Abb. 22.6), so zeigt sich deutlich der Effekt der Bereinigung der Versuchsergebnisse von dem Einfluss der Kovariaten: die Vorzeichen der Residuen der korrigierten Erträge wechseln zwischen „+" und „−" unabhängig von der Ertragshöhe.

Die Varianzanalyse mit den korrigierten Ertragswerten y_j(korr) ergibt signifikante Unterschiede zwischen den 49 Sorten.

22.2 Zur multiplen linearen Regression

Mit den Methoden der linearen Regression aus §§20 und 21 kann die Geradengleichung ermittelt werden, die den Zusammenhang der abhängigen Variablen Y von einer einzigen unabhängigen Variablen X beschreibt. Zusätzlich lässt sich durch

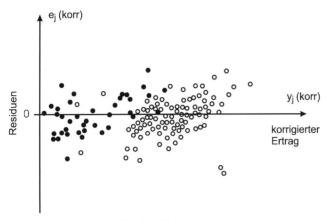

Abb. 22.6 Residuen e_j (korr) $= y_j$ (korr) $- \hat{y}_j$ in Abhängigkeit von der Ertragshöhe der 49 Sorten nach Bereinigung durch eine Kovarianzanalyse (Parzellen mit (•) bzw. ohne (○) Trockenschäden)

eine entsprechende Varianzzerlegung überprüfen, ob eine Abweichung von der Linearität vorliegt und ob die Steigung signifikant von null verschieden ist. Dieser lineare Ansatz lässt sich auf zwei und mehr Einflussvariablen X_i erweitern.

In den folgenden Abschnitten stellen wir die Erweiterung auf die multiple lineare Regression vor und erläutern an einem Beispiel die Vorgehensweise. Wegen des Umfangs und der Komplexität der Berechnungen geben wir keine ausführliche Rechenanleitung und verweisen auf die Benutzung geeigneter statistischer Programmpakete.

22.2.1 Einführung in die multiple lineare Regression

Wir gehen von n simultanen Messungen der Zielvariablen Y und der p unabhängigen Einflussvariablen $X_1, X_2, \ldots, X_p$ aus. Die beobachteten Messwerte y_j des abhängigen *Regressanden* Y müssen voneinander unabhängig und normalverteilt sein sowie dieselbe Varianz besitzen. Der Messfehler der zugehörigen x_i-Werte muss klein im Vergleich zum Messfehler der y-Werte sein. Sind diese Voraussetzungen (Tab. 22.2) erfüllt, kann eine *multiple Regressionsanalyse* durchgeführt werden. Das Regressionsmodell erhält folgende Form:

$$\eta = \alpha + \beta_1 x_1 + \beta_2 x_2 + \ldots + \beta_p x_p,$$

d. h. für den j-ten Messpunkt ($1 \leq j \leq n$) gilt

$$\eta_j = \alpha + \beta_1 x_{1j} + \beta_2 x_{2n} + \ldots + \beta_p x_{pj}.$$

Für die einzelnen Messwerte y_j erhalten wir dann

$$y_j = \eta_j + e_j = \alpha + \beta_1 x_{1j} + \beta_2 x_{2n} + \ldots + \beta_p x_{pj} + e_j$$

$$= \alpha + \sum_{i=1}^{p} \beta_i x_{ij} + e_j.$$

Tab. 22.1 Bezeichnungen einiger wichtiger Größen des multiplen linearen Regressionsmodells und ihre Bedeutung

$\hat{y}_j$	schätzt	η_j	Y-Wert der Regressionsfunktion
a	schätzt	α	Y-Achsenabschnitt mit $x_1 = x_2 = \ldots = x_p = 0$
b_i	schätzt	β_i	Regressionskoeffizienten der Regressoren X_i

$\hat{y}_j = a + \sum_{i=1}^{p} b_i x_{ij}$ schätzt $\eta_j = \alpha + \sum_{i=1}^{p} \beta_i x_{ij}$ Regressionsfunktion

$y_j = \eta_j + e_j = \alpha + \beta_1 x_{1j} + \beta_2 x_{2j} + \ldots + \beta_p x_{pj} + e_j$ Messwerte

$e_j = y_j - \hat{y}_j$ Residuen, Abweichungen der Messwerte vom Schätzwert

wobei

i	der Laufindex der Regressoren X_i von 1 bis p
j	der Laufindex der Messwerte von 1 bis n läuft

Tab. 22.2 Voraussetzungen des multiplen linearen Regressionsmodells

(1)	X_i sind p unabhängige, Y ist abhängige Variable
(2)	Die X_i sind fest vorgegeben
(3)	Y ist Zufallsvariable mit $y_j = y(x_{1j}, x_{2j}, \ldots, x_{pj}) = \eta(x_{1j}, x_{2j}, \ldots, x_{pj}) + e_j$
(4)	$\eta(x_1, x_2, \ldots, x_p)$ ist multiple lineare Funktion mit $\eta(x_1, x_2, \ldots, x_p) = \alpha + \beta_1 x_1 + \beta_2 x_2 + \ldots + \beta_p x_p = \alpha + \sum_{i=1}^{p} \beta_i x_i$
(5)	e_j sind unabhängig nach $N(0, \sigma^2)$ verteilt, d. h. für alle Kombinationen der x_{ij} sind die $e_j (1 \leq j \leq n)$ normal verteilt mit homogenen Varianzen, also σ^2 ist für alle Messpunkte $(x_{1j}, x_{2j}, \ldots, x_{pj})$ gleich.

Wir haben dabei die Bezeichnungen des linearen Regressionsmodells (Tab. 19.1) soweit wie möglich beibehalten (Tab. 22.1). Man beachte, dass bei der multiplen linearen Regression i der Laufindex der Regressoren ($1 \leq i \leq p$) und j der zugehörige Laufindex der j-ten Messung ist ($1 \leq j \leq n$).

Für die jeweiligen unbekannten Parameter der Grundgesamtheit (z. B. η_j, α, β_i) suchen wir mit Hilfe der Messwerte unserer Stichprobe geeignete Schätzwerte (z. B. $\hat{y}_j, a, b_i$).

In Tab. 22.1 stellen wir die bereits oben angeführten Voraussetzungen einer multiplen linearen Regression übersichtlich zusammenstellen.

Bemerkung Die Voraussetzungen fordern, dass die X_i fest vorgegeben und nicht zufällig verteilt sind. Da die x_i im Experiment oft nicht gezielt festgelegt werden können, sondern durch das verfügbare Material gegeben sind, müsste auch in der multiplen Regression eine Unterscheidung in Regressionsmodell I und II getroffen werden. Adäquate Auswertungsmethoden wurden dafür noch nicht entwickelt, so dass auch in diesem Fall mit Verfahren für das Modell I gerechnet wird. Bei der Interpretation von Ergebnissen einer multiplen Regressionsanalyse mit zufällig verteilten x_i-Werten ist daher Vorsicht geboten (vgl. §19.2.2).

Mit Hilfe der multiplen linearen Regression können verschiedene Problemstellungen gelöst werden. Im Vordergrund stehen dabei beispielsweise folgende Fragen:

(1) Welchen Einfluss haben die unabhängigen Variablen X_i auf die Zielvariable Y und sind diese Effekte signifikant?

(2) Gestatten die untersuchten Regressoren X_i eine Voraussage der Zielvariablen Y und wie kann ich die Güte der Voraussage quantifizieren?

(3) Können wir Y mit weniger als den ausgewählten Regressoren X_i schätzen und wie groß ist der dabei auftretende Fehler?

(4) Welche Regressoren sind für das Modell am besten geeignet?

(5) Lässt sich der Versuchsaufwand in weiteren Untersuchungen durch das Weglassen bestimmter Einflussgrößen X_i reduzieren, ohne wesentlich an Aussagekraft zu verlieren?

Die Berechnungen zur Anpassung multipler Regressionsmodelle zur Beantwortung obiger Fragen sind sehr aufwändig und ohne die Verwendung eines entsprechenden Computerprogramms wenig sinnvoll. Darüber hinaus ist die jeweilige Vorgehensweise abhängig von der zu lösenden Fragestellung.

Bemerkung Während die Zielvariable mindestens intervallskaliert sein muss, werden an die Skalierung der Einflussgrößen X_i keine Anforderungen gestellt. Auch nominalskalierte Variable können mithilfe einer entsprechenden Kodierung berücksichtigt werden. Beispielsweise können die Faktorstufen einer normalen *ANOVA* als binäre (0, 1)-Variable, sogenannte *Dummy-Variable*, vereinbart und in die Regressionsanalyse einbezogen werden. Mit ihnen ist es möglich, beispielsweise auch eine Kovarianzanalyse (§22.1.2) anhand eines multiplen Regressionsverfahrens zu berechnen.

Bei der linearen Regression von Y auf X kann man graphisch die Gerade ermitteln und ihre Übereinstimmung mit den experimentellen Ergebnissen beurteilen (§7). Liegen zwei Regressoren vor, kann vielleicht die Anpassung an eine Ebene noch mit dem Auge eingeschätzt werden, aber bei mehr als zwei Regressoren ist das unmöglich. Ebenso ist eine graphische Anpassung sinnlos.

Zur graphischen Beurteilung der Anpassung können wir auf die *Residuenanalyse* zurückgreifen. Dabei werden die Abweichungen (*Residuen*) $e_j = (y_j - \hat{y}_j)$ der prognostizierten und der beobachteten Werte in Abhängigkeit von y_j im Koordinatensystem dargestellt. Aufgrund ihrer Streuung entlang der Abszisse (Abb. 22.5 und 22.6) oder anhand der Folge der Vorzeichenwechsel der Residuen (vgl. §7.1.2) lässt sich am einfachsten beurteilen, ob eine „zufällige" oder „systematische" Abweichung vorliegt.

Zur numerischen Berechnung der Parameter des multiplen linearen Regressionsmodells verwenden wir die Methode der kleinsten Quadrate (§7.1.2). Um anschließend zu beurteilen, wie gut die Datenpunkte an die geschätzte Regressionsebene angepasst sind, beschreiben wir die Güte der Anpassung analog zur einfachen linearen Regression mit dem *Bestimmtheitsmaß $B_{y\hat{y}}$* bzw. mit dem *(multiplen) Korrelationskoeffizienten $r_{y\hat{y}}$*. Diese beiden charakteristischen Maßzahlen werden im Folgenden für die multiple Regression vorgestellt:

Betrachten wir die Werte y_j des Regressanden Y und die zugehörigen Schätzwerte $\hat{y}_j$ der Regressionsfunktion. Bei perfekter Anpassung ($y_j = \hat{y}_j$, für alle j) müssten alle Punkte im $(y, \hat{y})$-Koordinatensystem auf einer Geraden mit einer Steigung von $45°$ liegen. Dann lässt sich wie im linearen Fall (§7.1.3) die Güte der Anpassung der Tupel $(y_j, \hat{y}_j)$ an diese Gerade, d. h. die Übereinstimmung der beobachteten mit den prognostizierten Werten, durch das *Bestimmtheitsmaß* charakterisieren:

$$B_{y\hat{y}} = \frac{s_{\hat{y}}^2}{s_y^2} \quad \text{bzw. anhand der Varianzzerlegung} \quad B_{y\hat{y}} = \frac{SQA}{SQT}.$$

Das Bestimmtheitsmaß als Verhältnis der Varianz $s_{\hat{y}}^2$ (bzw. SQA) der geschätzten Werte zur Gesamtvarianz s_y^2 (bzw. SQT) charakterisiert den Anteil der Veränderung von Y, der sich aus der Abhängigkeit von den Regressoren X_i erklären lässt. $B_{y\hat{y}}$ entspricht dem Anteil der durch das multiple lineare Regressionsmodell erklärten Varianz.

Die Wurzel aus dem Bestimmtheitsmaß $r_{y\hat{y}} = +\sqrt{B_{y\hat{y}}}$ wird als *multipler Korrelationskoeffizient* bezeichnet. Er stimmt mit dem Maßkorrelationskoeffizienten $r_{y\hat{y}}$ der beobachteten Werte y_j mit den zugehörigen Schätzwerten $\hat{y}_j$ überein. Er liegt im Intervall $[0, 1]$.

Beide Maßzahlen, der multiple Korrelationskoeffizient sowie das Bestimmtheitsmaß, charakterisieren die Stärke des Zusammenhangs zwischen dem Regressanden Y und den Regressoren X_i der multiplen linearen Regressionsfunktion. Mit dem Bestimmtheitsmaß können wir die „Güte" eines Modells beurteilen. Je mehr sich $B_{y\hat{y}}$ dem Wert eins nähert, um so besser erklärt die zugehörige multiple Regressionsfunktion (das Modell) die Ergebnisse des analysierten Experimentes.

Bei der Anwendung des Bestimmtheitsmaßes als Kriterium zur Auswahl eines „optimalen" Modells entsteht aber das Problem, dass $B_{y\hat{y}}$ um so stärker zunimmt, je mehr Regressoren in die Funktion eingebaut werden. Wir benötigen somit eine Entscheidung darüber, ob die Zunahme des Bestimmtheitsmaßes und damit der zusätzliche Anteil der erklärten Varianz signifikant ist. Dies erfolgt mit Hilfe einer Varianzanalyse; diese Vorgehensweise wollen wir an einem Beispiel erläutern.

Bemerkung Wurden Modelle mit einer unterschiedlichen Anzahl an Regressoren berechnet, so sollten die $B_{y\hat{y}}$ nicht direkt verglichen werden. Für diese Vergleiche wurde ein *adjustiertes Bestimmtheitsmaß* B_{adj} vorgeschlagen, das die Anzahl k der eingebundenen Regressoren X_i bzw. die Größe der Fehlervarianz MQU berücksichtigt:

$$B_{\text{adj}} = 1 - \frac{n-1}{n-k-1}(1 - B_{y\hat{y}}) = 1 - \frac{MQU}{MQT}$$

22.2.2 Anpassung einer multiplen linearen Regressionsfunktion

Anhand eines fiktiven Datensatzes soll die Vorgehensweise bei der multiplen linearen Regression mit drei Regressoren X_i erläutert werden. Gesucht wird eine Regressionsfunktion

$$y = y(x_1, x_2, x_3) = \alpha + \beta_1 x_1 + \beta_2 x_2 + \beta_3 x_3,$$

Tab. 22.3 Datensatz zur Charakterisierung der Abhängigkeit der Zielvariablen Y von den drei Regressoren X_1, X_2 und X_3 sowie die zugehörigen Korrelationskoeffizienten r aller vier Variablen

(a) Messwerte

j	x_{1j}	x_{2j}	x_{3j}	y_j
1	3	2	2	20
2	2	2	3	22
3	5	2	3	29
4	4	3	0	31
5	6	4	4	46
6	7	4	1	22
7	8	5	9	51
8	9	6	2	47
9	2	3	7	46

(b) Korrelationskoeffizienten

	x_1	x_2	x_3	y
x_1	1	0.87	0.06	0.47
x_2		1	0.22	0.70
x_3			1	0.67

Tab. 22.4 Vorgehensweisen zur Anpassung einer multiplen linearen Regressionsfunktion mit den unabhängigen Variablen X_i

(a)	Regression mit allen Variablen (*volles Modell*)
(b)	Regression mit ausgewählten Variablen (*reduziertes Modell*)
(c)	Schrittweise Aufnahme einzelner ausgewählter Variablen (*von unten aufbauen*)
(d)	Schrittweises Weglassen einzelner ausgewählter Variablen vom vollen Modell (*von oben abbauen*)
(e)	Iteratives Auf- und Abbauen des Modells

die die Abhängigkeit der Zielvariablen Y von den drei unabhängigen Variablen X_1, X_2 und X_3 möglichst optimal beschreibt. In Tabelle 22.3 werden der Datensatz und die jeweiligen Korrelationskoeffizienten der Regressoren X_i untereinander und mit dem Regressanden Y angegeben, um den Zusammenhang der Variablen näher zu charakterisieren.

Wir verfolgen bei der Auswertung das Ziel, mit einer möglichst geringen Anzahl von Regressoren eine möglichst gute Anpassung der Funktion an den Datensatz zu erreichen. Das Ergebnis sollte zudem sinnvoll interpretiert werden können.

Schon an der Größe der Korrelationskoeffizienten (Tab. 22.3b) lässt sich ablesen, dass die Regressoren X_2 und X_3 am stärksten mit Y zusammenhängen. Andererseits sind die Regressoren X_1 und X_2 besonders hoch korreliert ($r_{x_1 x_2} = 0.87$), was eine Redundanz der Information dieser beiden Variablen (Kollinearität) vermuten lässt.

Bevor wir ein Regressionsmodell anpassen, müssen wir zuerst eine Vorgehensweise auswählen, mit der wir unsere Fragestellung lösen wollen. In der Tab. 22.4 sind einige Möglichkeiten aufgelistet.

Während bei den Vorgehensweisen (a) und (b) das gewählte Modell nach fachlicher Beurteilung festgelegt wird, muss in den übrigen Strategien mit Hilfe eines statistischen Kriteriums entschieden werden, ob eine Variable eingebaut bzw. verworfen wird. Bauen wir beispielsweise „von unten" auf, so wählen wir im ersten Schritt die Regressorvariable mit dem größten Bestimmtheitsmaß, d. h. mit dem höchsten

Anteil erklärter Varianz. Bei jedem weiteren Schritt werden die bereits verwendeten Variablen festgehalten und aus der Menge der verbliebenen Variablen diejenige ausgewählt, die beim zusätzlichen Einbau in die Regressionsfunktion den größten Zuwachs der erklärten Varianz bedingt. Dieser zusätzlich erklärte Varianzanteil muss im F-Test signifikant sein. Ist der Varianzanteil der ausgewählten Variablen nicht signifikant, brechen wir das Verfahren ab.

Gehen wir vom vollen Modell aus, so werden alle Variablen schrittweise verworfen (von oben abgebaut), deren zugehöriger erklärter Varianzanteil nicht signifikant ist. Dabei beginnt man mit der Variablen mit dem kleinsten Varianzanteil und stoppt das Verfahren, wenn der Beitrag der geprüften Variablen zur erklärten Varianz signifikant ist.

Bemerkung Hat man sich für ein Modell entschieden und die entsprechenden Parameter berechnet, so kann anschließend noch eine multiple Regression der zugehörigen Residuen $e_j = (y_j - \hat{y}_j)$ mit den nicht eingebauten Variablen durchgeführt werden, um gegebenenfalls noch einen weiteren Regressor in das Modell einzubeziehen.

In unserem Beispiel passen wir zuerst das volle Modell an. Wir erhalten die folgende Varianztafel (einschließlich des mittleren Quadrates der Gesamtstreuung MQT zur Berechnung des adjustierten Bestimmtheitsmaßes) und die entsprechende multiple Regressionsfunktion $\hat{y}$:

Ursache	FG	SQ	MQ	F_{Vers}	P
auf der Regression $(1, 2, 3)$	3	998.6	332.9	6.439	0.0361
um die Regression $(1, 2, 3)$	5	258.3	51.7		
total	8	1256.9	157.1		

Sowie die multiple lineare Regressionsfunktion

$$\hat{y} = 9.0 - 1.6x_1 + 7.8x_2 + 2.1x_3 \quad \text{mit}$$

$$B_{y\hat{y}} = \frac{998.6}{1256.9} = 79.4\,\% \quad \text{und} \quad B_{\text{adj}} = 1 - \frac{51.7}{157.1} = 1 - 0.329 = 67.1\,\%.$$

Die Regressionsfunktion mit allen drei Regressoren erklärt 79.4 % (adjustiert 67.1 %) der Gesamtvarianz und der Varianzanteil „auf der Regression" ist im F-Test signifikant ($P < 5\,\%$). Überprüft man die einzelnen Regressionskoeffizienten b_i jeweils mit den entsprechenden t-Tests, so zeigt sich aber, dass kein Koeffizient signifikant von null verschieden ist. Ein Grund dafür könnte darin liegen, dass wir zu viele Regressoren im Modell berücksichtigt haben (*overfitting*).

Bemerkung 1 Für die Interpretation des Zusammenhangs der Regressoren X_i mit der Zielvariablen Y können die Regressionskoeffizienten b_i herangezogen werden. Sie eignen sich jedoch nicht für eine direkte quantitative Beurteilung der Bedeutung der einzelnen Regressoren X_i, da sie von der gewählten Maßeinheit und den

Varianzen von X_i und Y abhängen. Für diesen Vergleich sollten die *Standardpartialregressionskoeffizienten beta_i* (*beta-Koeffizienten*) verwendet werden. Sie sind folgendermaßen definiert:

$$beta_i = b_i \frac{s_{x_i}}{s_y}.$$

Bemerkung 2 Wenn der Einfluss der einzelnen unabhängigen Variablen X_i auf die Zielvariable Y beispielsweise durch Vorzeichen und Höhe der Regressionskoeffizienten beschrieben werden soll, so können verwirrende Interpretationen auftreten, die im Widerspruch zur Kenntnis der zugrunde liegenden biologischen Vorgänge stehen. Ein solches Ergebnis wird häufig dadurch induziert, dass zwei Regressoren X_i eng miteinander korreliert sind, ihr Beitrag zur multiplen Regression sozusagen redundant ist. Man spricht dann von *Kollinearität*. In der Regressionsanalyse sollte auf eine der beiden unabhängigen Variablen verzichtet werden. Es empfiehlt sich daher, nicht nur den Zusammenhang der Regressoren mit dem Regressanden vor der Analyse zu charakterisieren, sondern auch die Korrelation der Regressoren untereinander anzuschauen, um Kollinearität von vornherein auszuschalten und so falsche Interpretationen möglichst zu vermeiden.

Wir wollen jetzt das Modell von unten aufbauen und wählen im ersten Schritt den Regressor X_2, der von allen Variablen das größte Bestimmtheitsmaß besitzt. Wir erhalten für die zugehörige Regressionsanalyse folgende Varianztafel:

Ursache	FG	SQ	MQ	F_{Vers}	P
auf der Regression (2)	1	621.9	621.9	6.857	0.034
um die Regression (2)	7	635.0	90.7		
total	8	1256.9	157.1		

Die durch die Regression erklärte Varianz ist signifikant ($P \leq 0.034$), das Bestimmtheitsmaß ist aber deutlich kleiner ($B_{y\hat{y}} = 49.5\,\%$, $B_{\text{adj}} = 42.3\,\%$) als im vollen Modell. Im nächsten Schritt wird X_2 festgehalten und der Regressor X_3, der von den verbliebenen Variablen den höchsten Varianzanteil erklärt, wird zusätzlich eingebaut:

Ursache	FG	SQ	MQ	F_{Vers}	P
auf der Regression (2, 3)	2	668.3	484.1	10.065	0.012
um die Regression (2, 3)	6	288.6	48.1		
total	8	1256.9	157.1		

Die Überschreitungswahrscheinlichkeit ist geringer ($P \leq 0.012$) und das Bestimmtheitsmaß ist deutlich erhöht ($B_{y\hat{y}} = 77.0\,\%$, $B_{\text{adj}} = 69.4\,\%$).

Der Anteil der erklärten Varianz, der dem Regressor X_3 zugeordnet werden kann, berechnet sich aus der Differenz der beiden SQA:

$$SQA(3) = SQA(2, 3) - SQA(2) = 998.6 - 621.9 = 346.4$$

und für X_3 ergibt sich ein Anteil von $\frac{SQA(3)}{SQT} = \frac{346.4}{1256.9} = 27.6\,\%$.

Daraus folgt die Tafel der Regressionsanalyse:

Ursache	FG	SQ	MQ	F_{Vers}	P
auf der Regression (2)	1	621.9	621.9	12.929	0.0204
auf der Regression (3)	1	346.4	346.4	7.202	0.0364
um die Regression (2, 3)	6	288.6	48.1		
total	8	1256.9	157.1		

Der Beitrag der dritten Variablen X_1 ist nicht mehr signifikant und sie wird daher nicht in das Modell aufgenommen. Wir brechen das Verfahren ab und erhalten als „beste" Regressionsfunktion

$$\hat{y} = 9.1 + 5.1x_2 + 2.3x_3 \quad \text{mit } beta_1 = 0.59 \text{ und } beta_2 = 0.54.$$

Die Regressionskoeffizienten b_2 und b_3 können mit Hilfe des t-Testes als signifikant verschieden von null nachgewiesen werden ($P = 0.020$ bzw. $P = 0.036$). Die $beta$-Gewichte sind annähernd gleich groß. Daraus kann auf eine gleichwertige Bedeutung der beiden Regressoren X_2 und X_3 geschlossen werden.

Wären wir vom vollen Modell ausgegangen (siehe oben) und hätten von oben abgebaut, dann würde zuerst die unabhängige Variable X_1 aufgrund des kleinsten, nicht signifikanten Varianzanteils eliminiert. Anschließend würde der zusätzliche Abbau der Variablen X_3 überprüft. In diesem Fall würden wir folgende Tafel der Varianzanalyse erhalten:

Ursache	FG	SQ	MQ	F_{Vers}	P
auf der Regression (2)	1	621.9	621.9	12.029	0.0179
auf der Regression (1, 3)	2	376.7	188.4	3.644	0.1056
um die Regression (1, 2, 3)	5	258.3	51.7		
total	8	1256.9	157.1		

Der Varianzanteil der beiden Regressoren X_1 und X_3 ist in dieser Varianzzerlegung nicht signifikant und somit entfallen beide Variablen. Nach unseren zu Beginn besprochenen Kriterien ist die einfache lineare Regression von Y auf X_2 das gesuchte „optimale" Regressionsmodell mit $B_{y\hat{y}} = 49.5\%$ und $B_{\text{adj}} = 57.7\%$.[10] Das adjustierte Bestimmtheitsmaß hat sich auf 57.7 % reduziert und verglichen mit dem vorherigen Modell ist die Anpassung schlecht (*underfitting*).

Die Ursache dieser Entscheidung lässt sich aus der vollständigen Varianzzerlegung ableiten:

Ursache	FG	SQ	MQ	F_{Vers}	P
auf der Regression (2)	1	621.9	621.9	12.029	0.0179
auf der Regression (3)	1	346.4	346.4	6.700	0.0489
auf der Regression (1)	1	30.3	30.3	0.586	n.s.
um die Regression (1, 2, 3)	5	258.3	51.7		
total	8	1256.9	157.1		

---

[10] Beachte $SQU = 376.7 + 258.3 = 635.0$, $MQU = SQU/7 = 90.7$.

Die einzelnen Varianzkomponenten der Variablen X_2 und X_3 sind jeweils signifikant. Die Summe der Quadrate von X_3 ist aber so niedrig, dass der gemeinsame Varianzanteil von X_3 und X_1 mit zusammen zwei Freiheitsgraden nicht mehr signifikant ist. Die Ursache dafür kann in einer Kollinearität der Variablen X_1 und X_2 vermutet werden, da sie eng miteinander zusammenhängen.

An diesem Beispiel zeigt sich, dass verschiedene Strategien (Tab. 22.4) zu unterschiedlichen Ergebnissen führen können. Es empfiehlt sich, mehrere Vorgehensweisen zu vergleichen und weitere Kriterien, beispielsweise die Residuenanalyse, bei der Entscheidung einzubeziehen. Die Notwendigkeit einer fachlich sinnvollen Interpretierbarkeit sollte nicht außer Acht gelassen werden.

Bemerkung 1 Das Rechenverfahren der multiplen linearen Regression kann auch zur Anpassung von polynomialen Funktionen eingesetzt werden. Soll beispielsweise ein Polynom dritten Grades

$$y = \alpha + \beta_1 x + \beta_2 x^2 + \beta_3 x^3$$

angepasst werden, so benutzt man die Definitionen

$$x_1 = x, \quad x_2 = x^2, \quad x_3 = x^3$$

und erhält damit eine lineare Regressionsfunktion mit drei Regressoren X_i, deren Koeffizienten anhand einer multiplen Regressionsanalyse berechnet werden können.

Bemerkung 2 Liegen zwei Variablen X und Z vor, so lassen sich auch „Wechselwirkungen" modellieren, indem als zusätzlicher Regressor das Produkt von X und Z aufgenommen wird. Beispielsweise können die Koeffizienten der Funktion

$$y = \alpha + \beta_1 x + \beta_2 xz + \beta_3 z$$

anhand der Umrechnung $x_1 = x, x_2 = xz, x_3 = z$ mit Hilfe der multiplen linearen Regression geschätzt werden.

Kapitel VII: Resampling-basierte Inferenzstatistik

Mit der rasanten Verbreitung leistungsstarker PCs haben sich auch für die Statistik neue Möglichkeiten eröffnet. So wurden die früher üblichen Tabellen (wie t oder χ^2) mittlerweile von den P-Werten (vgl. §8.5) nahezu vollständig aus der statistischen Praxis verdrängt. Statt mühsam den „Tab"-Wert zum gegebenen Signifikanzniveau zu suchen, befindet sich heute zum jeweiligen „Vers"-Wert das genaue P direkt im Computerausdruck.

Neben den Möglichkeiten, große Datenmengen effizient zu verwalten, schnell zu verrechnen und graphisch darzustellen, können die modernen PCs auch aufwendige stochastische Simulationen durchführen. Dadurch lassen sich heute in der statistischen Analyse *numerisch-experimentelle* Wege beschreiten, die einem rein *theoretischen* Zugang verschlossen sind. Diese computer-intensiven Verfahren haben sowohl das Denken als auch das Methoden-Spektrum der Statistik maßgeblich verändert (G. Casella, *25 Jahre Bootstrap*). Der Computer wird dabei nicht nur zur Unterstützung beim Rechnen, sondern auch als Instrument zur Zufallsauswahl eingesetzt. Diese Zufallsauswahl wird mit speziellen Software-Programmen, den sogenannten *Zufalls-Generatoren* (*pseudo-random number generators*), realisiert. Die daraus entstandenen neuen Methoden der schließenden Statistik werden als *Resampling-* oder *Randomisierungsverfahren* bezeichnet.

Mit diesen Verfahren können inferenzstatistische Probleme gelöst werden, für die es keine klassischen statistischen Methoden gibt. So lässt sich für viele Parameter (wie Median oder gestutztes arithmetisches Mittel) der Standardfehler nicht einfach per Formel berechnen; ohne Standardfehler sind aber keine Signifikanzaussagen möglich. Und wo es geeignete Formeln gibt, gelten oft stark einschränkende Voraussetzungen (wie Normalverteilung oder stochastische Unabhängigkeit). Resampling kann solche Mängel und Einschränkungen überwinden.

Das vorliegende Kapitel stellt die wichtigsten Resampling-Methoden vor und beschreibt Anwendungsbeispiele, für die klassische Lösungen fehlen.

W. Köhler, G. Schachtel, P. Voleske, *Biostatistik*, Springer-Lehrbuch,
DOI 10.1007/978-3-642-29271-2_7, © Springer-Verlag Berlin Heidelberg 2012

§23 Drei Randomisierungs-Verfahren

Wird ein Zufallsexperiment genügend häufig wiederholt, so spiegelt das Versuchsergebnis den zugrunde liegenden Zufallsmechanismus in Form der entsprechenden Häufigkeits-Verteilung wider. Wenn wir z. B. eine faire (nicht gezinkte) Münze $k = 10$ mal werfen, so wird die Anzahl *Wappen* irgendwo zwischen $X = 0$ und $X = 10$ liegen. Führen wir dieses „Experiment" (des 10-maligen Münzwurfes) genügend oft durch, dann ergibt sich, dem Binomial-Modell folgend, eine gewisse Häufigkeits-Verteilung für X, die „glockenförmig-symmetrisch" um den Wert 5 streut.

Man kann also über Zufallsexperimente (Monte-Carlo-Simulationen) die Verteilung einer Zufallsvariablen X näherungsweise ermitteln bzw. überprüfen. So warf beispielsweise der Astronom Rudolf Wolf im Jahre 1850 eine Stecknadel $n = 5000$ mal und erhielt auf diese Weise für die Buffon'sche Wahrscheinlichkeit den Wert 63.33 %, der beachtlich nahe an der theoretischen Größe von $2/\pi = 63.66$ % lag.

Wegen des enormen Aufwandes wurden solche Simulationen früher nur sehr selten praktisch durchgeführt. Beim Münz- bzw. Nadelwurf lässt sich das entsprechende Experiment noch mit relativ geringem Einsatz wiederholen. Bei komplexeren Experimenten wie z. B. bei landwirtschaftlichen Feldversuchen, ist eine tausendfache Replikation aber gänzlich ausgeschlossen.

Die bisher behandelten klassischen Test-Verfahren umgingen die Notwendigkeit einer vielfachen Wiederholung des gesamten Experiments, indem bestimmte theoretische Verteilungen unterstellt wurden (z. B. Poisson-, χ^2-, Gauß- oder t-Verteilung). Diese erlauben schon auf Grundlage einer einzigen Stichprobe Signifikanzaussagen zu den interessierenden Maßzahlen wie Mittelwert, Varianz oder Korrelationskoeffizient.

Die im Folgenden beschriebenen *Resampling-Verfahren* können sowohl die vielfache Wiederholung des gesamten Experiments als auch die Unterstellung bestimmter Verteilungsannahmen umgehen,[11] indem sie aus der einen vorhandenen, empirischen Stichprobe neue Stichproben generieren. Aus diesen lassen sich die Verteilungseigenschaften der interessierenden Maßzahlen gewinnen, die dann eine Signifikanzaussage erlauben. Im vorliegenden Kapitel sollen drei Resampling-Ansätze der schließenden Statistik näher betrachtet werden, nämlich die *Permutations-Tests*, das *Jackknife* und das *Bootstrapping*. Wir gehen bei unserer Beschreibung jeweils von einer vorhandenen „Original"-Stichprobe vom Umfang n aus und bezeichnen mit T_n den dazu gehörigen Stichproben-Wert einer interessierenden statistischen Maßzahl T.

23.1 Permutations-Tests

Permutationen sind Umordnungen in der Reihenfolge einer Liste von Objekten. Solche Umordnungen können dazu eingesetzt werden, Test-Entscheidungen über die

---

[11] Resampling-Verfahren sind an sich *nicht-parametrisch*, werden aber oft mit parametrischen Verfahren kombiniert.

Signifikanz experimenteller Resultate zu treffen. Das prinzipielle Vorgehen besteht darin, durch geeignetes Permutieren der Daten eine Häufigkeits-Verteilung der interessierenden Maßzahl T zu erhalten.

Die Permutationen (im Weiteren mit „π" indiziert) müssen dabei so konzipiert sein, dass sie die zu prüfende Nullhypothese simulieren. Man betrachtet dann die T_π-Werte all dieser theoretisch denkbaren Permutationen der Daten und ermittelt, wie viele der so entstandenen T_π *noch extremer* ausgefallen sind als der Wert T_n der ursprünglich gegebenen Stichprobe. – Falls T_n zu den extremsten $\alpha\%$ der durch die Umordnungen erzeugten T-Werte gehört, dann darf die postulierte Nullhypothese auf dem α-Niveau verworfen werden.

Beim Permutieren wollen wir drei Fälle unterscheiden. In §23.1.1 werden die *Original*-Daten permutiert und *alle* denkbaren Permutationen betrachtet. In §23.1.2 werden aus den Original-Daten Ränge gebildet und anschließend *alle* denkbaren Permutationen der *Ränge* betrachtet. In §23.1.3 schließlich wird nur eine *Zufallsauswahl* aus allen denkbaren Permutationen der *Original*-Daten betrachtet.

23.1.1 Permutations-Tests mit Original-Daten

Die Grundidee der Permutations-Tests soll am Zwei-Stichproben-Problem illustriert werden. Im vorliegenden Beispiel deuten die Daten darauf, dass keine Normalverteilung vorliegt und daher kein t-Test angewendet werden darf. Folgerichtig werden wir auf einen geeigneten Permutations-Test ausweichen.

Beispiel 1 (nach M. Schäfer/H. Krombholz) Die beim Kopfrechnen zum Lösen einer Multiplikationsaufgabe benötigte Rechenzeit wurde jeweils an $n = 5$ Schülern der Klassenstufen zwei (K2) und drei (K3) gemessen.

Die Werte für K2 waren $x_1 = 5.3$, $x_2 = 9.9$, $x_3 = 5.4$, $x_4 = 9.3$, $x_5 = 5.8$ mit einem Mittelwert von $\bar{x} = 7.14$ s. Für K3 ergaben sich $y_1 = 2.4$, $y_2 = 2.2$, $y_3 = 5.9$, $y_4 = 1.5$, $y_5 = 5.6$ mit Mittelwert $\bar{y} = 3.52$. Es soll auf dem 5 %-Niveau geprüft werden, ob die Leistungen in K3 signifikant besser als in K2 sind.

Ausgehend von der Nullhypothese, dass beide Stichproben aus derselben Grundgesamtheit stammen, hätte jede der zehn Beobachtungen ebenso in der einen (K2) wie der anderen (K3) Stichprobe „landen" können. Unter H_0 dürfen daher die 10 Rechenzeiten zusammengeworfen werden, um durch Austausch zwischen K2 und K3 (*Re-sampling*) alle 252 möglichen[12] Stichproben-Paare $(\boldsymbol{x}_\pi^{(j)}, \boldsymbol{y}_\pi^{(j)})$ mit je $n = 5$ Werten zu generieren. Jede dieser verschiedenen Kombinationen ($j = 1, 2, \ldots, 252$) hat unter H_0 die gleiche Wahrscheinlichkeit von $1/252 = 0.4\%$.

In Tab. 23.1 sind einige der durch Permutation erzeugten Stichproben-Paare (Zweier-Partitionen) aufgelistet und entsprechend ihrer Mittelwert-Differenzen $d_j = \bar{x}_\pi^{(j)} - \bar{y}_\pi^{(j)}$ der Größe nach fallend angeordnet. Die größtmögliche Differenz $d_1 = 3.94$ entsteht, wenn man die fünf *größten* Werte (5.6, 5.8, 5.9, 9.3, 9.9) in $\boldsymbol{x}_\pi^{(1)}$ und

---

[12] Es gibt $K_o(10, 5) = \binom{10}{5} = 252$ Möglichkeiten, 5 aus 10 ohne Wiederholung und ohne Berücksichtigung der Reihenfolge auszuwählen, vgl. §25.6.

Tab. 23.1 Permutations-generierte Partitionen der Original-Daten[a]

j	Stichprobe $\boldsymbol{x}_\pi$					$\bar{x}_\pi$	Stichprobe $\boldsymbol{y}_\pi$					$\bar{y}_\pi$	d_j	P	U_{Vers}	k
1	5.6	5.8	5.9	9.3	9.9	7.30	1.5	2.2	2.4	5.3	5.4	3.36	3.94	0.4	0	1
2	5.4	5.8	5.9	9.3	9.9	7.26	1.5	2.2	2.4	5.3	5.6	3.40	3.86	0.8	1	2
3	5.3	5.8	5.9	9.3	9.9	7.24	1.5	2.2	2.4	5.4	5.6	3.42	3.82	1.2	2	3
4	5.4	5.6	5.9	9.3	9.9	7.22	1.5	2.2	2.4	5.3	5.8	3.44	3.78	1.6	2	4
5	5.4	5.6	5.8	9.3	9.9	7.20	1.5	2.2	2.4	5.3	5.9	3.46	3.74		3	5
6	5.3	5.6	5.9	9.3	9.9	7.20	1.5	2.2	2.4	5.4	5.8	3.46	3.74	2.4	3	6
7	5.3	5.6	5.8	9.3	9.9	7.18	1.5	2.2	2.4	5.4	5.9	3.48	3.70	2.8	4	9
8	5.3	5.4	5.9	9.3	9.9	7.16	1.5	2.2	2.4	5.6	5.8	3.50	3.66	3.2	4	10
9	**5.3**	**5.4**	**5.8**	**9.3**	**9.9**	**7.14**	**1.5**	**2.2**	**2.4**	**5.6**	**5.9**	**3.52**	**3.62**	**3.6**	**5**	**13**
10	5.3	5.4	5.6	9.3	9.9	7.10	1.5	2.2	2.4	5.8	5.9	3.56	3.54	4.0	6	22
11	2.4	5.8	5.9	9.3	9.9	6.66	1.5	2.2	5.3	5.4	5.6	4.00	2.66	4.4	3	7
12	2.4	5.6	5.9	9.3	9.9	6.62	1.5	2.2	5.3	5.4	5.8	4.04	2.58		4	11
13	2.2	5.8	5.9	9.3	9.9	6.62	1.5	2.4	5.3	5.4	5.6	4.04	2.58	5.2	4	12

[a] Daten aus Beispiel 1. $P = \mathrm{Pr}(D \geq d_j)$ in %; k: Zeilen-Index in Tab. 23.2

die fünf *kleinsten* (1.5, 2.2, 2.4, 5.3, 5.4) in $\boldsymbol{y}_\pi^{(1)}$ packt. Diese extremste Mittelwert-Differenz hat eine Wahrscheinlichkeit von $1/252 = 0.4\,\%$. Die nächst kleinere Differenz ist $d_2 = 3.86$; die zugehörige Partition ($\boldsymbol{x}_\pi^{(2)}$, $\boldsymbol{y}_\pi^{(2)}$) ist in Zeile 2 von Tab. 23.1 zu finden, mit einer kumulativen Wahrscheinlichkeit $\mathrm{Pr}(D \geq 3.86) = 0.8\,\%$. D. h. die Wahrscheinlichkeit dafür, dass eine der beiden extremsten d_j vorliegt, ist $0.8\,\%$.

Die tatsächlich gefundenen Rechenzeiten der Studie entsprechen der Partition in der 9. Zeile von Tab. 23.1. Die zugehörige experimentelle Mittelwert-Differenz ist $D_n = 7.14 - 3.52 = 3.62$ (und fungiert hier als D_{Vers}), sie gehört zu den 9 extremsten d_j. Die zugehörige Überschreitungs-Wahrscheinlichkeit ist $P = \mathrm{Pr}(D \geq 3.62) = 9/252 = 3.6\,\%$, also auf dem 5 %-Niveau signifikant, jedoch *nur einseitig*.

Bei *zweiseitiger* Fragestellung darf $\mathrm{Pr}(D \geq d_j)$ aus Symmetrie-Gründen den Wert $\alpha/2 = 2.5\,\%$ nicht übersteigen, d. h. zweiseitige Signifikanz verlangt für die absolute Differenz, dass $|D_n| \geq 3.74$ gilt, was aber für das aktuelle $D_{\mathrm{Vers}} = D_n = 3.62$ *nicht* erfüllt ist.

Bemerkung Schauen wir uns die Daten von Beispiel 1 genauer an, so erkennen wir, dass es in beiden Klassenstufen „schnelle" und „langsame" Rechner gab, jeweils durch eine Lücke von etwa 3 Sekunden getrennt. Das deutet auf eine mögliche Zweigipfligkeit sowohl in K2 als auch in K3 hin und spricht gegen das Vorliegen einer Normalverteilung. Deswegen ist der Permutations-Test hier geeigneter als der t-Test, allerdings auch wesentlich aufwändiger, denn die kritischen Werte müssen *für jeden Datensatz neu* über eine datenspezifische Liste zugehöriger Zweier-Partitionen ermittelt werden.

Tab. 23.2 Permutations-generierte Partitionen der Ränge[a]

k	Ränge von x_π					R_1	Ränge von y_π					R_2	U_{Vers}	P
1	6	7	8	9	10	40	1	2	3	4	5	15	0	0.4 %
2	5	7	8	9	10	39	1	2	3	4	6	16	1	0.8 %
3	5	6	8	9	10	38	1	2	3	4	7	17	2	
4	4	7	8	9	10	38	1	2	3	5	6	17	2	1.6 %
5	5	6	7	9	10	37	1	2	3	4	8	18	3	
6	4	6	8	9	10	37	1	2	3	5	7	18	3	
7	3	7	8	9	10	37	1	2	4	5	6	18	3	2.8 %
8	5	6	7	8	10	36	1	2	3	4	9	19	4	
9	4	6	7	9	10	36	1	2	3	5	8	19	4	
10	4	5	8	9	10	36	1	2	3	6	7	19	4	
11	3	6	8	9	10	36	1	2	4	5	7	19	4	
12	2	7	8	9	10	36	1	3	4	5	6	19	4	4.8 %
13	**4**	**5**	**7**	**9**	**10**	**35**	**1**	**2**	**3**	**6**	**8**	**20**	**5**	5.2 %

[a] Daten aus Beispiel 1. $P = \Pr(U \leq U_{\text{Vers}})$

23.1.2 Permutations-Test mit Rang-Daten

Verwendet man statt der Original-Daten nur deren *Ränge*, dann erhält man (eine zu Tab. 23.1 analoge) Tabelle, die nur von den Stichproben-Umfängen n_1 und n_2 abhängt, also *von den konkreten Daten unabhängig* ist. In Abhängigkeit von n_1 und n_2 lassen sich so die kritischen Werte für die gängigen Signifikanzniveaus angeben.

Analog zu Tab. 23.1 wurden in Tab. 23.2 die *Ränge* permutiert und dann entsprechend der Rangsummen-Differenzen $R_1 - R_2$ der Größe nach fallend angeordnet. Die angegebenen Werte für R_1, R_2 und U_{Vers} entsprechen denen des U-Tests in §9.2.1. Die Überschreitungs-Wahrscheinlichkeiten $\Pr(U_{\text{Vers}} \geq U)$ in Tab. 23.2 zeigen, dass U_{Vers} bei zweiseitiger Fragestellung auf dem 1 %-Niveau den Wert 0 und auf dem 5 %-Niveau den Wert 2 nicht übersteigen darf. Dies sind genau die U_{Tab}-Werte für $n_1 = n_2 = 5$ in Tafel IV (Tabellen-Anhang). Diese Übereinstimmung ist keineswegs zufällig, ganz im Gegenteil, denn der U-Test ist eben nichts anderes als ein *Permutations-Test mit Rängen.*

Gegenüber den Original-Daten haben Ränge allerdings den Nachteil, dass sie im Allgemeinen mit einem spürbaren Informations-Verlust verbunden sind. In unserem Beispiel der Rechenzeiten ist $U_{\text{Vers}} = 5$, während der entsprechende *einseitige* $U_{\text{Tab}}(\alpha = 5\,\%) = 4$ ist. Auf dem einseitigen 5 %-Niveau zeigen die *Ränge* im Permutations-Test *keine* Signifikanz, während die *Original-Daten* im Permutations-Test *signifikant* sind.

Diese Diskrepanz im Testergebnis resultiert aus der Reduktion der Daten auf ihre jeweiligen Ränge. Vergleichen wir z. B. Zeilen 6 und 11 in Tab. 23.1 (Original-Daten), so unterscheiden sich die Mittelwert-Differenzen ($d_6 = 3.74$ und $d_{11} = 2.66$) und die P-Werte der beiden Zeilen ganz erheblich. Bei den Rängen dagegen zeigen die analogen Zeilen[13] 6 und 7 (vgl. Tab. 23.2) keinerlei Unterschiede bzgl. ihrer Rangsumme oder ihres P-Werts.

Bemerkung Oft werden die Zeilen in Tab. 23.1 nicht nach Mittelwert- sondern nach *Median*-Differenzen absteigend sortiert, dann lassen sich statt der Mittelwerte die Mediane vergleichen (*Median-Test*).

23.1.3 Permutations-Tests mit Zufallsauswahl

Der Rechenaufwand von Permutations-Tests nimmt schon mit relativ kleinem Stichprobenumfang explosionsartig zu. Hätten wir in Beispiel 1 nicht nur 5 sondern 25 Schüler pro Klassenstufe untersucht, dann wären statt 252 Partitionen mehr als 125 *Bio.* Partitionen zu prüfen gewesen, was wohl auch den schnellsten PC übermäßig gefordert hätte.

Um dennoch Permutations-Tests (insbesondere mit Original-Daten) bei vertretbarem Zeitaufwand durchführen zu können, greift man auf Monte-Carlo-Verfahren zurück. Aus der großen Menge aller möglichen Umordnungen wird dazu per Computer eine Zufallsauswahl von M Permutationen getroffen, wobei M meist eine feste Zahl zwischen 1000 und 5000 ist.

Der Mantel-Test

Ein typischer Vertreter der Permutations-Tests *mit Zufallsauswahl* ist der *Mantel-Test*. Er kann in der Praxis nur mit Hilfe von Monte-Carlo-Simulationen realisiert werden, da die Anzahl der möglichen Umordnungen sonst schnell zu groß wird. Wir wollen ihn daher als Beispiel für Permutations-Tests mit Zufallsauswahl heranziehen.

Ziel des Mantel-Tests ist es, zu prüfen, ob zwei Matrizen **A** und **B** signifikant korreliert sind. Für diese Fragestellung bietet die klassische statistische Theorie keinen geeigneten Test an, weil in den meisten Anwendungen die Werte *innerhalb* der beiden beteiligten Matrizen *nicht stochastisch unabhängig* sind. In einer Ähnlichkeitsmatrix z. B. herrscht üblicherweise folgende Abhängigkeit: Wenn „A ähnlich B" und „B ähnlich C" ist, dann muss auch „A ähnlich C" gelten.

Da die klassische Theorie keinen geeigneten Test zur Verfügung stellt, greift man auf den Permutations-Test von Mantel zurück. Wieder ist der Ausgangspunkt, dass unter der Nullhypothese die gegebenen Daten permutiert werden dürfen. Während die eine Matrix (z. B. **A**) dabei unverändert gelassen wird, genügt es, nur die Zeilen und Spalten der anderen Matrix **B** zu einer neuen Matrix **B'** umzuordnen und dann jeweils die Korrelation $r_\pi(\mathbf{A}, \mathbf{B}')$ zwischen den beiden Matrizen **A** und **B'** zu berechnen. Nach M solchen Permutationen erhält man eine Häufigkeitsverteilung

---

[13] Analoge Zeilen erhält man durch Transformation der Original-Daten in Ränge. Für Tab. 23.1 ergeben die Original-Daten von x_π in Zeile 6 die Ränge $(4, 6, 8, 9, 10)$ und in Zeile 11 die Ränge $(3, 7, 8, 9, 10)$. So wird aus Zeile 11 von Tab. 23.1 die Zeile 7 in Tab. 23.2, während Zeile 6 von Tab. 23.1 sich auch in Tab. 23.2 wieder in Zeile 6 befindet.

Tab. 23.3 Ähnlichkeitsmatrix **W** und Distanzmatrizen **S** und **S'**

	Matrix **W**								Matrix **S**								**S'** (**S** permutiert)						
	A	B	C	D	E	F	G		A	B	C	D	E	F	G		D	F	A	B	C	H	G
B	30							**B**	1							**F**	2						
C	14	50						**C**	2	1						**A**	1	3					
D	23	50	54					**D**	1	2	3					**B**	2	4	1				
E	30	40	50	61				**E**	2	3	4	1				**C**	3	5	2	1			
F	−4	4	11	3	15			**F**	3	4	5	2	1			**H**	2	4	1	2	3		
G	2	9	14	−16	11	14		**G**	2	3	4	3	4	5		**G**	3	5	2	3	4	1	
H	−9	−6	5	−16	3	−6	36	**H**	1	2	3	2	3	4	1	**E**	1	1	2	3	4	3	4

für R_π. Nun kann geprüft werden, ob die Korrelation $R_{\text{Vers}} = r(\mathbf{A}, \mathbf{B})$ der beiden ursprünglichen Matrizen extrem groß oder klein im Vergleich zu den simulierten R_π-Werten ausfällt.

Beispiel (nach B. Manly) Die Zusammensetzung von Wurmpopulationen in acht geographischen Regionen (A, B, C, D, E, F, G, H) wurde verglichen.

Die Matrix $\mathbf{W} = (w_{ij})$ in Tab. 23.3 gibt den Grad der Ähnlichkeit ($-100 \le w_{ij} \le +100$) zwischen den Wurmpopulationen wieder. Mit $w_{DE} = 61$ waren sich die Populationen von D und E am ähnlichsten, während $w_{GD} = w_{HD} = -16$ am wenigsten ähnlich ausfielen.

Die zweite Matrix $\mathbf{S} = (s_{ij})$ enthält die Abstände zwischen je zwei Regionen, ermittelt bzgl. einer speziellen Konnektivitäts-Skala. So zeigen in $\mathbf{S}$ die Regionen F und C bzw. F und G die größten paarweisen Distanzen.

Lassen die Daten auf einen Zusammenhang zwischen der Ähnlichkeit der Populationen und der räumlichen Distanz ihrer jeweiligen Lebensräume schließen? – Wir erwarten, dass sehr ähnliche Wurmpopulationen (d. h. *große* w_{ij}-Werte) mit sehr geringen Distanzen (d. h. *kleine* s_{ij}-Werte) assoziiert sind. Ein eventuell vorhandener Zusammenhang sollte daher sinnvollerweise *negativ* ausfallen.

Deshalb testen wir hier einseitig (*direktional*) und fragen nur nach einem *negativen* Zusammenhang zwischen den Matrizen **W** und **S**. Wir prüfen also das formale Hypothesenpaar $H_0(\rho(\mathbf{W}, \mathbf{S}) = 0)$ versus $H_1(\rho(\mathbf{W}, \mathbf{S}) < 0)$.

Mit dem Pearson'schen Korrelationskoeffizienten (vgl. §6.1) als Maß ergibt sich für die Stärke des Zusammenhangs unserer 28 experimentellen Werte-Paare (w_{ij}, s_{ij}) ein $r(\mathbf{W}, \mathbf{S}) = -0.217$. Ist dieser Wert signifikant?

Zur Beantwortung dieser Frage bietet sich der *Mantel-Test* an. Man wählt per Computer zufällig $M = 4999$ Permutationen (Umordnungen), wendet diese in der Abstands-Matrix **S** auf die Reihenfolge der Regionen an und erhält so 4999 simulierte $r_\pi(\mathbf{W}, \mathbf{S}')$-Werte.

Wird beispielsweise (A, B, C, D, E, F, G, H) zu (D, F, A, B, C, H, G, E) permutiert, so entsteht die Permutations-generierte (simulierte) Matrix **S'** (vgl. Tab. 23.3) mit einem Korrelations-Koeffizienten $r_\pi(\mathbf{W}, \mathbf{S}') = +0.007$. Die Distanzen zwischen je zwei Regionen bleiben bei der Umordnung der Zeilen und Spalten unverändert. Nehmen wir z. B. das Element $s_{53} = s_{FC}$ aus der „echten", experimentellen Matrix **S**. Es taucht zwar in der permutierten Matrix **S'** an anderer Position auf (als

$s'_{42} = s'_{FC}$), aber mit *unverändertem* Distanz-Wert 5, der nach wie vor den Abstand zwischen den Regionen C und F repräsentiert.

Während die Distanzen durch die Umordnung unverändert bleiben, ändern sich die Korrelationen teilweise erheblich. War z. B. die Korrelation zwischen den beiden Matrizen ursprünglich -0.217, so änderte sich dieser Wert nach der Umordnung zu $+0.007$.

Eine mit derart permutierten Regionen durchgeführte Monte-Carlo-Simulation ergab für die Matrizen $\mathbf{W}$ und $\mathbf{S}$ aus Tab. 23.3, dass von den $M = 4999$ simulierten r_π-Werten 913 kleiner oder gleich dem experimentellen Wert $R_{Vers} = r_\pi(\mathbf{W}, \mathbf{S}) = -0.217$ waren. D. h. die Überschreitungs-Wahrscheinlichkeit war mit $\Pr(R_\pi \leq -0.217) = 914/5000 = 18.3\%$ deutlich *oberhalb* von $\alpha = 5\%$. Eine signifikante Korrelation zwischen Populations-Komposition und geographischer Distanz war demnach *nicht* nachweisbar.

Bemerkung Oft werden für die Anzahl der Zufalls-Ziehungen Werte wie $M = 99, 499, 999$ oder, wie hier, $M = 4999$ gewählt. Das vereinfacht die weitere Rechnung. Im vorliegenden Fall besteht die Vereinfachung darin, dass zusätzlich zu den M simulierten Werten auch noch der ursprüngliche, experimentelle Stichproben-Wert in die Überschreitungs-Wahrscheinlichkeit eingeht. Es muss daher nicht durch M sondern durch $M + 1$ geteilt werden, also nicht durch 4999 sondern durch 5000.

Auch im Zähler muss der nicht-simulierte Originalwert mitgezählt werden; daher wird zur Berechnung des P-Wertes (Übergangs-Wahrscheinlichkeit) nicht 913, sondern 914 verwendet.

23.2 Die Jackknife-Methode

Ein weiteres Resampling-Verfahren ist das *Jackknife*[14] (JK), es diente zunächst nur zur Quantifizierung des *Bias* (vgl. §22.1) eines interessierenden Stichproben-Parameters T_{n-1}. Später wurde das Verfahren weiterentwickelt, so dass es auch zur Berechnung des *Standardfehlers* und zur Angabe eines *Konfidenzintervalls* verwendet werden kann.

Das Resampling erfolgt beim Jackknife in systematischer Form, indem nacheinander jeweils ein anderer Wert der ursprünglichen „Original"-Stichprobe weggelassen wird. Aus einer gegebenen empirischen Stichprobe vom Umfang n entstehen so genau n neue, so genannte *JK-Subsamples* (oder JK-Stichproben) mit je $(n - 1)$ Elementen.

Ist man nun an einer statistischen Maßzahl T interessiert, so wird zu jedem JK-Subsample i der zugehörige Wert $T_{n-1}^{(i)}$ berechnet. Aus Mittelwert und Streuung der T_{n-1}-Verteilung lässt sich auf die Genauigkeit des Wertes T_n der *Original-Stichprobe* schließen.

---

[14] Zwei Interpretationen zum Namen *Jackknife* (Klappmesser): (1) Im Sinne eines (groben) Allzweck-Werkzeugs, das in vielen Situationen einfach, aber effizient einsetzbar ist: *"useful and handy as a Swiss army knife"*. (2) Im Sinne eines Instruments, um sich neue Subsamples aus der gegebenen Stichprobe zurechtzuschnitzen.

Die Abweichung des Stichproben-Wertes T_n vom „wahren", aber unbekannten Wert θ, d. h. der *Bias* wird beim Jackknife durch das $(n-1)$-fache der Differenz $\bar{T}_{n-1} - T_n$ geschätzt. Dabei ist $\bar{T}_{n-1}$ der Mittelwert über alle Subsample-Parameterwerte.

Den Standardfehler von T_n erhält man als geeignet gewichtete Streuung der $T_{n-1}^{(i)}$-Werte um $\bar{T}_{n-1}$. Aus diesem mit Jackknife ermittelten Standardfehler kann dann mit Hilfe der t-Tabelle in üblicher Weise (vgl. §10.1) ein Konfidenzintervall konstruiert werden.

Die *Jackknife*-Schritte zur Ermittlung von *Bias* und *Standardfehler* einer interessierenden Maßzahl T zwecks anschließender Parameter-Korrektur und Konfidenzintervall-Bestimmung:

Gegeben: Die Werte $x_1, x_2, \ldots, x_n$ einer empirischen Stichprobe vom Umfang n; sowie eine Formel $T_n(x_1, x_2, \ldots, x_n)$ zur Berechnung der interessierenden Maßzahl.

(1) Berechne $T_n = T_n(x_1, x_2, \ldots, x_n)$ nach der Schätzformel.

(2) Bilde aus der Original-Stichprobe n JK-Subsamples durch sukzessives Weglassen von jeweils einem der x_i-Werte und berechne die zugehörigen Subsample-Parameter

$$T_{n-1}^{(1)}(\Delta, x_2, \ldots, x_n), \quad T_{n-1}^{(2)}(x_1, \Delta, x_3, \ldots, x_n), \quad \ldots,$$

$$T_{n-1}^{(i)}(x_1, x_2, \ldots, x_{i-1}, \Delta, x_{i+1}, \ldots, x_n), \quad \ldots, \quad T_{n-1}^{(n)}(x_1, x_2, \ldots, \Delta).$$

Das hochgestellte, geklammerte (i) ist der Index des weggelassenen x_i, Δ die entsprechende „Lücke".

(3) Aus den $T_{n-1}^{(i)}$-Werten erhält man deren Mittelwert

$$\bar{T}_{n-1} = \frac{1}{n} \cdot \sum_{i=1}^{n} T_{n-1}^{(i)}$$

wobei n der Umfang der Orginalstichprobe,

$\quad\quad\quad (n-1)$ der Umfang der einzelnen JK-Subsamples,

$\quad\quad\quad T_{n-1}^{(i)}$ der Parameter-Wert des i-ten JK-Subsamples.

(4) Die Jackknife-Größen für die Verzerrung $\text{BIAS}_{\text{JK}}(T_n)$ und den Standardfehler $\text{SE}_{\text{JK}}(T_n)$ berechnen sich als

$$\text{BIAS}_{\text{JK}} = (n-1) \cdot (\bar{T}_{n-1} - T_n) \quad \text{und}$$

$$\text{SE}_{\text{JK}} = \sqrt{\frac{(n-1)}{n} \cdot \sum_{i=1}^{n} (\bar{T}_{n-1} - T_{n-1}^{(i)})^2}.$$

(5)   Für den „wahren" Parameter-Wert θ ergibt sich der *JK-Schätzer*

$$T_n^{JK} = T_n - \text{BIAS}_{JK}(T_n)$$

und das $(1 - \alpha)$-JK-Konfidenzintervall CI_{JK} hat die Grenzen

$$T_n^{JK} \pm t_{\text{Tab}}(FG = n - 1; \alpha) \cdot \text{SE}_{JK}(T_n),$$

mit t_{Tab} aus der t-Tabelle (zweiseitig).

Um den Einfluss von Ausreißern zu reduzieren, wird im folgenden Datensatz das *beidseitig gestutzte* arithmetische Mittel $\bar{x}_\alpha$ (vgl. §4.3.2) als Lokationsmaß benutzt werden. Zur Angabe des zugehörigen Konfidenzintervalls brauchen wir noch zusätzlich den mittleren Fehler $\text{SE}(\bar{x}_\alpha)$ des gestutzten arithmetischen Mittels. In §4.2.2 hatten wir zur Berechnung des mittleren Fehlers $s_{\bar{x}}$ (4.7) eingeführt. Leider gilt diese nur für das *herkömmliche* arithmetische Mittel $\bar{x}$ und *nicht für das gestutzte* arithmetische Mittel $\bar{x}_\alpha$. Wir müssen also auf andere Berechnungs-Methoden zurückgreifen. Eine Möglichkeit zur Schätzung des gesuchten mittleren Fehlers $\text{SE}(\bar{x}_\alpha)$ bietet die Jackknife-Methode, die wir nun am Beispiel demonstrieren wollen.

Beispiel 2 Es soll das beidseitig 10 %-gestutzte arithmetische Mittel $\bar{x}_{10\%}$ (vgl. §4.3.2) als Lagemaß benutzt werden, um die in Tab. 23.4 gegebenen $n = 21$ experimentellen Messwerte zu beschreiben. (Zur Vereinfachung sind die x_i der Tabelle schon der Größe nach geordnet und indiziert.)

Nach dem Entfernen der *zwei* größten (das entspricht etwa 10 % von $n = 21$) und der *zwei* kleinsten Werte ergibt sich für die *Original-Stichprobe* als gestutztes arithmetisches Mittel der Wert $T_{21} = \bar{x}_\alpha = 72.5/17 = 4.265$, wobei $\alpha = 0.10$ bzw. $\alpha\% = 10\%$ ist.

Für $i = 1, 2, \ldots, 21$ berechnen sich die *gestutzten* Mittel $T_{20}^{(i)}$ der JK-Subsamples, indem jeweils der Wert x_i aus der Original-Stichprobe gestrichen wird und dann von den restlichen 20 Werten die 2 größten und 2 kleinsten entfernt werden, um aus den verbliebenen 16 Werten das herkömmliche arithmetische Mittel zu bilden.

Tab. 23.4 Original-Daten und gestutzte Mittel der JK-Subsamples

i	1	2	3	4	5	6	7	8	9	10	
x_i	1.2	1.9	2.0	2.4	2.6	2.7	3.3	3.5	3.9	3.9	
$T_{20}^{(i)}$	4.41	4.41	4.41	4.38	4.37	4.36	4.33	4.31	4.29	4.29	

i	11	12	13	14	15	16	17	18	19	20	21	
x_i	4.1	4.4	4.8	5.2	5.3	5.6	5.8	6.3	6.7	6.9	8.3	$T_{21} = \mathbf{4.265}$
$T_{20}^{(i)}$	4.28	4.26	4.23	4.21	4.20	4.18	4.17	4.14	4.11	4.11	4.11	$\bar{T}_{20} = \mathbf{4.264}$

Für $i = 13$ wird z. B. als erstes $x_{13} = 4.8$ gestrichen, dann werden die zwei größten Werte ($x_{20} = 6.9$, $x_{21} = 8.3$) und die zwei kleinsten ($x_1 = 1.2$, $x_2 = 1.9$) entfernt; die Summe der 16 verbliebenen Zahlen ergibt 67.7. Davon wird das arithmetische Mittel $67.7/16 = 4.23$ gebildet, somit ist $T_{20}^{(13)} = 4.23$.

Aus den $n = 21$ JK-Subsample-Parametern $T_{20}^{(1)}, T_{20}^{(2)}, \ldots, T_{20}^{(21)}$ erhält man den Mittelwert $\bar{T}_{20} = 89.540/21 = 4.264$.

Damit ist $\mathrm{BIAS}_{\mathrm{JK}}(T_{21}) = (n-1) \cdot (\bar{T}_{n-1} - T_n) = 20 \cdot (4.264 - 4.265) = -0.02$ und der mittlere Fehler $\mathrm{SE}_{\mathrm{JK}}(T_{21}) = \sqrt{(20/21) \cdot 0.212} = 0.449$.

Schließlich erhält man für den korrigierten Parameter einen JK-Schätzer $T_{21}^{\mathrm{JK}} = 4.265 - (-0.02) = 4.285$ mit zugehörigem 95 %-Konfidenzintervall

$$\mathrm{CI}_{\mathrm{JK}} = [4.285 - 2.086 \cdot 0.449; 4.285 + 2.086 \cdot 0.449] \approx [3.35; 5.22].$$

Neben der Korrektur des Parameters T_n um 0.02 (also um 0.5 %) nach oben, ist in diesem Beispiel der wesentliche Gewinn, dass wir mit der Jackknife-Methode eine verlässliche Schätzung des mittleren Fehlers $\mathrm{SE}(T_n)$ erhalten haben. Wie oben erwähnt, darf (4.7) (vgl. §4.2.2) nicht verwendet werden, denn sie ist für das *gestutzte* arithmetische Mittel *nicht* zulässig.

Bemerkung Das Jackknife ist ein verteilungsfreies (nicht-parametrisches) Verfahren, es verlangt keine nennenswerten Voraussetzungen bezüglich der Grundgesamtheit. Allerdings sollte die interessierende Maßzahl T relativ „stetig" sein, d. h. kleine Änderungen des Datensatzes dürfen auch nur kleine Änderungen des T-Wertes bewirken. Beispielsweise ist der Mittelwert meist eine „glatte" Statistik, der Median dagegen meist nicht.

23.3 Die Bootstrap-Methode

Das wichtigste Resampling-Verfahren ist das Bootstrapping. Um 1977 entstanden, wird es heute in einer Vielzahl experimenteller Situationen als leistungsfähiges statistisches Instrument zur Daten-Analyse eingesetzt. Das Anwendungsspektrum reicht vom einfachen Mittelwertvergleich über Regressionsprobleme und Zeitreihen bis hin zur Überprüfung bzw. Erstellung phylogenetischer Bäume. Überall dort, wo die klassische Statistik kein Verfahren zum Schätzen von Parametern, deren Standardfehler und Signifikanz anbieten kann, stellt diese Methode eine potentielle Alternative dar.

Das *Bootstrap*[15] (BS) ist dem Jackknife verwandt und zielt ebenso auf die Quantifizierung von *Bias* und *Standardfehler* eines interessierenden Stichproben-Parameters ab, um damit Vertrauensbereiche zu bilden oder statistische Tests durchzuführen. Während aber beim Jackknife die neuen Stichproben (JK-Subsamples) in *deterministischer* Weise aus der Original-Stichprobe erzeugt werden, erfolgt beim Bootstrap die Generierung neuer Stichproben *stochastisch*, durch Monte-Carlo-Simulationen.

---

[15] Der Name *Bootstrap* leitet sich aus der Legende des Barons von Münchhausen ab, der sich (in der englischen Version) an den eigenen „bootstraps" (Stiefelschlaufen) aus dem Sumpf gezogen hatte.

23.3.1 Virtuell erzeugte Bootstrap-Stichproben

Das Bootstrap-Konzept geht davon aus, dass die gegebene, empirische Stichprobe $\hat{X}$ die beste verfügbare Informationsquelle bezüglich der zugehörigen Grundgesamtheit X darstellt. Schon die gewählte Notation zeigt, dass hier die Stichprobe $\hat{X}$ als eine repräsentative Schätzung der Grundgesamtheit X betrachtet wird.

Aus der experimentellen Stichprobe $\hat{X}$ vom Umfang n zieht man mit dem Computer nacheinander viele neue, virtuelle Zufalls-Stichproben $x^*_{(b)}$ ($b = 1, \ldots, B$) von *gleichem* Umfang n und berechnet jeweils den zugehörigen Wert $T^*_{(b)}$ der interessierenden Maßzahl T. So entsteht eine virtuell erzeugte Verteilung von T^*-Werten. Dabei wird davon ausgegangen, dass diese virtuell erzeugte Verteilung sich ähnlich verhält wie eine reale Verteilung von T-Werten es tun würde, wenn sie nicht aus simulierten, sondern aus echten Stichproben der Grundgesamtheit ermittelt worden wäre.

Viele systematische Studien haben verifiziert, dass diese virtuell erzeugten Verteilungen in den meisten Fällen tatsächlich die Realität recht gut widerspiegeln, solange die empirische Ausgangs-Stichprobe nicht zu klein ist. Während bei Stichprobenumfängen unterhalb von $n = 10$ häufig fragwürdige Ergebnisse auftreten, sind ab $n = 20$ überwiegend verlässliche Bootstrap-Resultate zu erwarten.

Die neu generierten virtuellen Stichproben $x^*_{(b)}$ heißen *Bootstrap-Stichproben* und enthalten jeweils n Elemente, die per Zufalls-Generator aus der empirischen Stichprobe gezogen wurden. Dabei kann dasselbe Element durchaus mehrmals gezogen werden ("Ziehen *mit* Zurücklegen").

Bemerkung 1 Ist die interessierende Grundgesamtheit endlich, d. h. wenn $N \ll \infty$ gilt, wie etwa in einer Untersuchung zur sozialen Herkunft der Schüler *einer* (ganz bestimmten) Schule mit insgesamt N Schülern, dann sind je nach *Ausschöpfungsquote* beim Bootstrap zwei Fälle zu unterscheiden:

(1) Wenn der Umfang N der Grundgesamtheit mindestens 20-mal größer als der Umfang n der empirischen Stichprobe ist, wenn also $N/n = c > 20$ ist, dann kann die Zufallsauswahl *mit* Zurücklegen und *direkt* aus der Stichprobe erfolgen.

(2) Wenn aber $N/n = c < 20$ ist, dann sollte die Zufallsauswahl *ohne* Zurücklegen erfolgen, und zwar aus einer geeignet auf N *aufgeblähten* Stichprobe. Für ganzzahlige Werte von c erfolgt das Aufblähen, indem die Original-Stichprobe jeweils c-fach genommen wird.

Beispiel Einer Grundgesamtheit vom Umfang $N = 24$ sei eine empirische Stichprobe $x = (x_1 = \text{I}, x_2 = \text{J}, x_3 = \text{L}, x_4 = \text{M}, x_5 = \text{Q}, x_6 = \text{W})$ vom Umfang $n = 6$ entnommen worden, dann ist $c = 4$, also kleiner als 20. Zur Generierung der virtuellen BS-Stichproben wird die Zufallsauswahl daher *ohne* Zurücklegen aus der 4-fach "aufgeblähten" Erweiterung (I, J, L, M, Q, W, I, J, L, M, Q, W, I, J, L, M, Q, W, I, J, L, M, Q, W) durchgeführt.

Wie viele Bootstrap-Stichproben sollten gezogen werden, welche Mindestgröße von B ist empfehlenswert? Verschiedene Faustregeln versuchen, diese Frage zu klären. Manche fordern, dass B proportional zum Umfang n zu setzen ist, wobei $B = 40 \cdot n$ eine grobe Orientierung gibt.

Andere differenzieren nach der Zielsetzung des Bootstrapping: Zur Schätzung des Standardfehlers reicht oft schon ein $B = 100$. Zur Schätzung von Perzentilen (z. B. zwecks Konfidenzintervall-Bestimmung) wird allgemein $B \geq 1000$ oder sogar $B \geq 2000$ empfohlen.

Die Berechnung der Maßzahlen $T^*_{(b)}$ aus den jeweiligen BS-Stichproben $x^*_{(b)}$ erfolgt beim Bootstrap nach dem *plug-in-Prinzip*, d. h. nicht die Stichproben-Formeln, sondern die der Grundgesamtheit werden verwendet (*plug-in-Schätzer*). Für das arithmetische Mittel ändert sich dadurch nichts. Aber bei der Varianz z. B. unterscheiden sich bekanntlich die Formeln für Stichprobe und Population voneinander. Im Stichproben-Schätzer wird die Summe der quadrierten Abweichungen durch $(n - 1)$ geteilt (vgl. §4.2.1), bei der Grundgesamtheit – *und somit beim plug-in-Schätzer* – wird dagegen durch n geteilt.

23.3.2 Perzentile und Konfidenzintervalle

Wie schon erwähnt, wird beim Bootstrapping zu jeder der B virtuellen Stichproben $x^*_{(b)}$ die jeweils zugehörige Maßzahl $T^*_{(b)}$ berechnet. Aus diesen $T^*_{(b)}$-Werten, die man als *BS-Replikate* bezeichnet, werden dann unmittelbar drei weitere Größen ermittelt:

(1) Das arithmetische Mittel $\bar{T}^*$;
(2) die Standardabweichung, die als Schätzer des Standardfehlers von T_n dient und daher mit $\mathrm{SE_{BS}}(T_n)$ bezeichnet wird; und
(3) einige ausgewählte α-Quantile $Q_\alpha[T^*]$.

Um für unsere Zwecke das passende nicht-interpolierte α-Quantil (auch $\alpha\%$-Perzentil genannt) zu finden, müssen wir zunächst alle $T^*_{(b)}$-Werte in aufsteigender Größe anordnen. Dann gilt mit der neuen Indizierung $\langle b \rangle$, dass $T^*_{\langle 1 \rangle} \leq T^*_{\langle 2 \rangle} \leq \ldots \leq T^*_{\langle B \rangle}$.

Geeignet gerundet, liefert anschließend $\alpha \cdot (B + 1)$ den Index q des gesuchten Quantils, so dass $Q_\alpha[T^*] = T^*_{\langle q \rangle}$ ist. Beim Runden ist Folgendes zu beachten: Für $\alpha < 0.50$ wird *abgerundet*, was durch $\lfloor \alpha \cdot (B + 1) \rfloor$ symbolisiert wird (*floor function*). Andererseits wird bei $\alpha > 0.50$ *aufgerundet*, was durch $\lceil \alpha \cdot (B + 1) \rceil$ symbolisiert wird (*ceiling function*).

Beispiel In einer Datenanalyse mit $B = 112$ Bootstrap-Replikaten war der interessierende Parameter $T^*_{(b)}$ für die 51-te BS-Stichprobe mit $T^*_{(51)} = 17.3$ am kleinsten ausgefallen, daher wurde beim Ordnen $T^*_{(51)}$ zu $T^*_{\langle 1 \rangle} = 17.3$ umindiziert. Entsprechend ergaben sich $T^*_{\langle 2 \rangle} = 17.7$, $T^*_{\langle 3 \rangle} = 19.1, \ldots, T^*_{\langle 110 \rangle} = 32.9$, $T^*_{\langle 111 \rangle} = 34.8$, $T^*_{\langle 112 \rangle} = 36.1$. Für $\alpha_u = 0.025$ und $\alpha_o = 0.975$ berechneten sich $\alpha \cdot (B + 1)$ als $0.025 \cdot (112 + 1) = 2.825$ und $0.975 \cdot (112 + 1) = 110.175$.

Geeignetes Runden ergab $q_u = \lfloor 2.825 \rfloor = 2$ und $q_o = \lceil 110.175 \rceil = 111$. Die zugehörigen $T^*_{\langle q \rangle}$-Werte sind $T^*_{\langle q_u \rangle} = T^*_{\langle 2 \rangle} = 17.7$ und $T^*_{\langle q_o \rangle} = T^*_{\langle 111 \rangle} = 34.8$.

Damit gilt für das 2.5 %-Perzentil $Q_{0.025}[T^*] = T^*_{(2)} = 17.7$ und für das 97.5 %-Perzentil $Q_{0.975}[T^*] = T^*_{(111)} = 34.8$.

Die *Bootstrap*-Schritte zur Ermittlung von *Bias*, *Standardfehler* und *Konfidenzintervall* einer interessierenden Maßzahl T:

Gegeben: Die Werte $x_1, x_2, \ldots, x_n$ einer empirischen Stichprobe vom Umfang n; sowie eine *plug-in*-Formel $T_n(x_1, x_2, \ldots, x_n)$ zur Berechnung der interessierenden Maßzahl.

(1)   Berechne aus der empirischen Stichprobe den Wert T_n der interessierenden Maßzahl.

(2)   Ziehe (mit Zurücklegen) aus der empirischen Stichprobe B Zufallsstichproben $x^*_{(b)}$ vom Umfang n. (Beachte Bemerkung 1.)

(3)   Berechne aus jeder gezogenen BS-Stichprobe $x^*_{(b)}$ den zugehörigen *plug-in-Schätzwert* $T^*_{(b)}$.

(4)   Bilde das arithmetische Mittel $\bar{T}^* = \frac{1}{B} \cdot \sum_{b=1}^{B} T^*_{(b)}$.

(5)   Die Bootstrap-Größen für die Verzerrung $\text{BIAS}_{\text{BS}}(T_n)$ und den Standardfehler $\text{SE}_{\text{BS}}(T_n)$ berechnen sich als

$$\text{BIAS}_{\text{BS}}(T_n) = \bar{T}^* - T_n \quad \text{und}$$

$$\text{SE}_{\text{BS}}(T_n) = \sqrt{\frac{1}{(B-1)} \cdot \sum_{i=1}^{B} (T^*_{(b)} - \bar{T}^*)^2}.$$

(6)   Für den „wahren" Parameterwert θ ergibt sich der *BS-Schätzer*

$$T_n^{\text{BS}} = T_n - \text{BIAS}_{\text{BS}}(T_n).$$

(7)   Nun bestimme das zugehörige $(1 - \alpha)$-BS-Konfidenzintervall CI_{BS}:

(a)   Nach der *Standard-Normal*-Methode:
Mit $t_{\text{Tab}} = t_{\text{Tab}}(FG = n - 1; \alpha)$ (zweiseitig) ist

$$\text{CI}_{\text{BS}} = [T_n^{\text{BS}} - t_{\text{Tab}} \cdot \text{SE}_{\text{BS}}(T_n); T_n^{\text{BS}} + t_{\text{Tab}} \cdot \text{SE}_{\text{BS}}(T_n)].$$

(b)   Nach der *einfachen Perzentil*-Methode:
Bestimme $q_u = \lfloor (\alpha/2) \cdot (B+1) \rfloor$ und $q_o = \lceil (1-\alpha/2) \cdot (B+1) \rceil$, indiziere die $T^*_{(b)}$ in aufsteigender Ordnung, so dass

$$T^*_{(1)} \leq T^*_{(2)} \leq \ldots \leq T^*_{(B)}$$

gilt. Dann ist

$$\text{CI}_{\text{BS}} = [T^*_{(q_u)}; T^*_{(q_o)}].$$

Beispiel 3 Gegeben ist eine empirische Stichprobe x mit den Körpergewichten von $n = 58$ Mädchen (im Alter von 16 Jahren), erhoben in einem Kieler Schwimmverein. Der Stichproben-Median liegt bei $Z_n = 42.1\,$kg. Um die Genauigkeit dieses Wertes zu schätzen, wurden aus der Original-Stichprobe per Computer $B = 1500$ Bootstrap-Stichproben $x^*_{(b)}$ (Umfang ebenfalls $n = 58$) gezogen, um jeweils deren Median $Z^*_{(b)}$ zu ermitteln. Das arithmetische Mittel dieser 1500 BS-Mediane war $\bar{Z}^* = \frac{1}{1500} \cdot \sum_{b=1}^{1500} Z^*_{(b)} = 42.855$ und die Standardabweichung $\mathrm{SE_{BS}}(Z_n) = \sqrt{\frac{1}{1499} \cdot \sum_{b=1}^{1500} (Z^*_{(b)} - 42.855)^2} = 1.098$.

i)   Die *Verzerrung* ergab:

$$\mathrm{BIAS_{BS}}(Z_n) = \bar{Z}^* - Z_n = 42.855 - 42.1 = 0.755.$$

ii) Und damit ist der korrigierte *BS-Schätzer*

$$Z_n^{\mathrm{BS}} = Z_n - \mathrm{BIAS_{BS}}(Z_n) = 42.1 - 0.755 = 41.345.$$

iii) Die *Standard-Normal*-Methode mit $t_{\mathrm{Tab}}(FG = 57; \alpha = 0.10) = 1.672$ (Anhang, Tafel II) ergibt als 90 %-Konfidenzintervall

$$\mathrm{CI_{BS}} = [Z_n^{\mathrm{BS}} - t_{\mathrm{Tab}} \cdot \mathrm{SE_{BS}}(Z_n); Z_n^{\mathrm{BS}} + t_{\mathrm{Tab}} \cdot \mathrm{SE_{BS}}(Z_n)]$$
$$= [41.345 - 1.672 \cdot 1.098; 41.345 + 1.672 \cdot 1.098] = [39.51; 43.18].$$

iv) Die *einfache Perzentil*-Methode zum 90 %-Konfidenzinterval basiert auf dem 5-ten und 95-ten Perzentil der Z^*-Verteilung. Dazu ermitteln wir zunächst $q_u = \lfloor 0.05 \cdot 1501 \rfloor = \lfloor 75.05 \rfloor = 75$ und $q_o = \lceil 1425.95 \rceil = 1426$. Die benötigten Quantile findet man nach dem Ordnen und Umindizieren der $Z^*_{(b)}$-Werte, es sind $Z^*_{\langle q_u \rangle} = Z^*_{\langle 75 \rangle} = 40.60$ und $Z^*_{\langle q_o \rangle} = Z^*_{\langle 1426 \rangle} = 45.15$. Somit ist der gesuchte 90 %-Vertrauensbereich

$$\mathrm{CI_{BS}} = [40.60; 45.15].$$

Bemerkung Die beschriebene *einfache* Perzentil-Methode zur Bestimmung von Konfidenzintervallen verlangt implizit die Existenz einer geeigneten symmetrisierenden Transformation, die allerdings oft nicht vorhanden ist. Daher wurden verschiedene Korrektur-Verfahren entwickelt, z. B. die häufig verwendete *BCA-Perzentil-Methode* (*bias-corrected and accelerated CI estimation*). In die Berechnung der BCA-Intervallgrenzen gehen zwei Korrekturgrößen ein, die eine eventuell vorhandene Verzerrung (Bias) und Schiefe der Verteilung der BS-Replikate berücksichtigt.

23.3.3 Signifikanztests und P-Werte

Das Bootstrapping erlaubt auch die Durchführung statistischer Signifikanztests. Eine Möglichkeit besteht darin, Konfidenzintervalle zum Testen einzusetzen. Man prüft dazu, ob der unter der Nullhypothese postulierte Wert innerhalb oder außerhalb des Intervalls liegt. Fällt der Wert aus dem Vertrauensbereich heraus, darf die Nullhypothese verworfen werden.

Beispiel Für die Daten aus Beispiel 3 (Kieler Schwimmverein) soll auf dem 5 %-Niveau getestet werden, ob der Gewichts-Median von 16-jährigen Sport-Schwimmerinnen gleich 47.0 kg ist oder diesen Wert signifikant unterschreitet (einseitige Fragestellung). Das zugehörige formale Hypothesenpaar ist $H_0(Z = 47.0)$ vs. $H_1(Z < 47.0)$. Aus dem oben (vgl. Beispiel 3) berechneten 90 %-Perzentil-Konfidenzintervall [40.60; 45.15] der Kieler Studie ergibt sich, dass der postulierte Wert von 47.0 kg deutlich oberhalb des Intervalls liegt. Da nach Konstruktion des 90 %-CI_{BS} insgesamt nur noch 5 % der simulierten Z^*-Werte (BS-Replikate) in den Bereich oberhalb des Intervalls fallen, wird die Nullhypothese auf den 5 %-Niveau verworfen.

Mit der eben beschriebenen Methode haben wir geprüft, ob *unter der durch $\hat{X}$ gegebenen Verteilung* (also mit Median $Z_n = 42.1$) der postulierte Wert verworfen werden muss oder noch in das Konfidenzintervall fällt. Die klassische Test-Theorie verlangt allerdings eine etwas andere Prüfung: Es soll nämlich *unter der Verteilung der Nullhypothese* (also mit einem Median $Z = 47.0$) geklärt werden, ob der beobachtete empirische Wert Z_n noch in den Annahmebereich fällt. Um diesem Anspruch zu genügen, ist die gegebene empirische Stichprobe x zunächst so zu transformieren, dass die anschließende BS-Zufallsauswahl die Verteilung unter H_0 simuliert.

Für unser Schwimmerinnen-Beispiel wäre dies relativ einfach zu erreichen: Es müsste von jedem Körpergewicht x_i der Stichproben-Median $Z_n = 42.1$ subtrahiert und der unter H_0 postulierte Wert 47.0 addiert werden, d. h. man erhält $\tilde{x}_i = x_i - 42.1 + 47.0$ für $i = 1, 2, \ldots, 58$. Die BS-Stichproben wären dann aus der *transformierten* Stichprobe $\tilde{x}$ zu ziehen.

Wurden die benötigten Bootstrap-Replikate $T^*_{(1)}$, $T^*_{(2)}$, ..., $T^*_{(B)}$ aus einer solchen, durch Transformation geschaffenen „H_0-Verteilung" gewonnen, so kann z. B. mit Hilfe der Perzentile entschieden werden, ob eine interessierende experimentelle Maßzahl T_n innerhalb oder außerhalb des Annahmebereiches der Nullhypothese fällt. – Die Überschreitungs-Wahrscheinlichkeit, also der P-Wert, lässt sich dann ebenfalls angeben, für unsere einseitige Fragestellung gilt:

$$p = (\text{Anzahl}\{T^*_{(b)} < T_n\} + 1)/(B + 1).$$

Bemerkung Auch für komplexere Test-Situationen wurden Bootstrap-Verfahren entwickelt, so z. B. für den Vergleich von zwei bzw. mehr Mittelwerten, von gestutzten Mittelwerten, von Varianzen oder für die Entscheidung zwischen Uni-, Bi- und Multi-Modalität von Verteilungen.

Kapitel VIII: Zur Versuchsplanung

Schon das erste Kapitel dieses Buches beschäftigte sich mit Fragen der Versuchsplanung. Wir hatten dort die enge Beziehung zwischen Merkmalsauswahl und statistischer Auswertung betont. Nachdem nun eine Vielzahl von statistischen Verfahren vorgestellt sind, ist es möglich, mit diesem Wissen weitere Aspekte der Versuchsplanung zu beleuchten. Dabei kann dieser Themenbereich im Rahmen einer Einführung nicht erschöpfend behandelt werden. Es geht daher in erster Linie darum, deutlich zu machen, wie wichtig eine gewissenhafte Versuchsplanung ist. Es soll dazu zunächst auf die Reihenfolge der einzelnen Planungs-Schritte eingegangen werden (vgl. Schema IV, Anhang A). Nach einem kurzen Abschnitt zur „Genauigkeit" von Experimenten werden ausgewählte Grundsätze der Versuchsplanung dargestellt. Dann werden häufig auftretende Versuchsanordnungen beschrieben und schließlich wird noch ein Abschnitt der geeigneten Wahl des Stichprobenumfangs gewidmet.

§24 Am Anfang sollte die Versuchsplanung stehen

In der Regel ist es leider üblich, den Statistiker erst *nach* Durchführung eines Experimentes zu Rate zu ziehen, man sucht dann Hilfe bei der Auswertung schon vorliegender Versuchsergebnisse. Weil aber die Zulässigkeit von Schlussfolgerungen stark davon abhängt, in welcher Weise der Versuch ausgeführt und die Daten gewonnen wurden, verlangt der beratende Statistiker zunächst eine detaillierte Beschreibung des Versuches und seiner Ziele. Dabei kann sich bald herausstellen, dass nur eine magere Ausbeute an Aussagen aus den gewonnenen Daten zulässig und möglich ist. Oder es zeigt sich, dass die erlaubten Schlussfolgerungen keinerlei Antworten auf jene Fragen geben, auf die der Wissenschaftler ursprünglich Antworten erhoffte. Unter diesen bedauerlichen Umständen ist der Berater im schlimmsten Fall nur noch in der Lage aufzuzeigen, wie in zukünftigen Versuchen – durch bessere Planung – solche Fehlschläge vermieden werden können.

W. Köhler, G. Schachtel, P. Voleske, *Biostatistik*, Springer-Lehrbuch,
DOI 10.1007/978-3-642-29271-2_8, © Springer-Verlag Berlin Heidelberg 2012

Die Auseinandersetzung mit Fragestellung und Ablauf der Untersuchung sollte zum richtigen Zeitpunkt, also *vor* Versuchsausführung erfolgen. Die Erläuterung
der einzelnen Schritte des Experiments in Form eines Versuchsplanes kann in vielen
Fällen beim Fachwissenschaftler das Problembewusstsein über die konkrete Zielsetzung seiner Untersuchung vertiefen und einen Weg zur Überprüfung seiner Hypothesen aufzeigen.

Die Versuchsplanung besteht zum einen aus der *fachwissenschaftlichen* und zum
anderen aus der *statistischen* Vorbereitung. Die Vorgehensweise in den experimentellen Wissenschaften besteht darin, Aussagen und Vermutungen aufzustellen und
diese anhand von Beobachtungen zu verifizieren bzw. zu falsifizieren. Experimente
dienen dabei der Beschaffung von Beobachtungen, die zur Überprüfung der gemachten Aussagen und Vermutungen geeignet sind. Zwischen den interessierenden
Aussagen und den zur Überprüfung adäquaten Beobachtungen besteht daher ein äußerst enger Zusammenhang. Diesen Zusammenhang darf man bei der Konzeption
eines Versuches nicht aus den Augen verlieren. Deswegen sollte der Fachwissenschaftler:

- Zunächst seine *Fragestellung fachspezifisch aufarbeiten*
- Dann ein geeignetes *Modell mit entsprechenden Hypothesen* formulieren
- Schließlich eine *Untersuchungsmethode* zur Überprüfung seiner Hypothesen
  vorschlagen.

Dieser Planung unter fachlichen Gesichtspunkten sollte dann die statistische Planung folgen:

- Das vorher formulierte *Modell muss formalisiert werden* und dazu ein passendes
  mathematisches Modell mit den dazugehörigen Voraussetzungen und *Hypothesen* gewählt werden.
- Dann muss geklärt werden, *welche Parameter* mit *welchen statistischen Verfahren* ermittelt und auf *welchem Signifikanzniveau* getestet werden sollen. Man hat
  sich dabei zu fragen, ob die gewonnenen Daten die Voraussetzungen erfüllen, um
  mit den geplanten Schätz- und Testverfahren ausgewertet werden zu dürfen.
- Auch die *Wahl der Faktorstufen* (Schrittweite möglichst äquidistant) und die *Anzahl von Wiederholungen* (möglichst balanciert) sollte bewusst vorgenommen
  werden.
- Die tabellarische *Form der Aufzeichnung* der Messergebnisse sollte vorab festgelegt werden.

Am besten überprüft man in Vorversuchen die Planung auf ihre Realisierbarkeit und
auf eventuelle Mängel. Oft ist es hilfreich, mit hypothetischen Messergebnissen den
geplanten Versuch vorher durchzurechnen.

Bevor wir zu den mehr inhaltlichen Fragen der Versuchsplanung kommen, soll
nochmals hervorgehoben werden, dass es unbedingt ratsam ist, sich schon im Stadium der Versuchsplanung, also vor Versuchsausführung, über die spätere statistische
Auswertung Klarheit zu verschaffen und gegebenenfalls eine statistische Beratung
aufzusuchen.

24.1 Treffgenauigkeit und Präzision

Eine zentrale Aufgabe sinnvoller Versuchsplanung ist es, durch günstige Anordnung des Versuchs die Genauigkeit der ermittelten Daten möglichst zu erhöhen. Wir wollen daher an dieser Stelle kurz auf den Begriff „Genauigkeit" eingehen. Wenn wir mit Hilfe experimentell gewonnener Daten einen Schätzwert für eine bestimmte statistische Maßzahl erhalten haben, so interessiert uns auch, wie „genau" unser Schätzwert ist. Wir unterscheiden in diesem Zusammenhang zwischen Treffgenauigkeit und Präzision. An einem Beispiel sei dies erläutert.

Das Körpergewicht einer Person wird mit einer Badezimmer-Waage bestimmt. Ist die verwendete Waage alt und die Feder ausgeleiert, so wird wegen dieses systematischen Fehlers im Mittel ein zu hohes Körpergewicht angezeigt werden. Diese *systematische Abweichung (Bias, Verzerrung)* des gemessenen Mittelwertes vom wahren Körpergewicht wäre auf mangelnde *Treffgenauigkeit* zurückzuführen.

Neben dieser Ungenauigkeit wird bei wiederholter Wägung eine relativ starke Schwankung der Einzelwerte um den Mittelwert festzustellen sein. Diese *Streuung um den experimentellen Mittelwert* gibt Aufschluss über die *Präzision* unserer Messungen. Bei der Waage beispielsweise bewirkt die große Standfläche, dass je nach Position der Person auf der Standfläche die Gewichtsanzeige erheblich variieren kann.

24.2 Einige Grundsätze der Versuchsplanung

Im Folgenden werden *sieben* wichtige Grundsätze der Versuchsplanung erläutert. Zum Teil werden wir durch Beispiele versuchen, die Bedeutung dieser Prinzipien zu verdeutlichen.

24.2.1 Ceteris-paribus-Prinzip

Mit der Durchführung eines Experimentes will man im Allgemeinen den Einfluss ganz bestimmter bekannter Faktoren untersuchen. Das Interesse des Forschers gilt also einigen ausgewählten Faktoren (z. B. Düngung, Sorte), die man als Ursache für gewisse Wirkungen (Ertragsunterschiede) betrachtet. Die Faktoren werden im Versuch variiert (Düngung I, II und III; Sorte *A*, *B* und *C*), um dann die Wirkung der verschiedenen Faktorstufen und ihrer Kombinationen zu untersuchen. Es wird angestrebt, die Wirkung der interessierenden Faktoren getrennt von anderen, „störenden" Einflüssen (z. B. Klima, Bodenunterschiede) zu ermitteln, die interessierenden Faktoren sollen isoliert von den übrigen in ihrer Wirkung erforscht werden. Daher versucht man *alle unbekannten oder im Versuch unberücksichtigten Faktoren*, die Einfluss auf die Messergebnisse haben könnten, *möglichst konstant* zu halten. Dieser Grundsatz wird häufig *Ceteris-paribus*-Prinzip genannt.

24.2.2 Wiederholungen

Wie schon verschiedentlich in vorangegangenen Kapiteln deutlich wurde, ist es ratsam, an mehreren Versuchseinheiten die gleichen Messungen vorzunehmen. Einerseits läßt sich so erst ein Schätzwert für den Versuchsfehler bestimmen. Andererseits verringert sich der Versuchsfehler mit Erhöhung der Anzahl von Wiederholungen. Nimmt man etwa $s_{\bar{x}}$ als Maß für den Versuchsfehler, so sieht man, dass mit wachsendem n (Anzahl Wiederholungen) der mittlere Fehler $s_{\bar{x}} = \frac{s}{\sqrt{n}}$ kleiner wird, vgl. §4.2.2. Es sollten also stets Wiederholungen in den Versuch eingeplant sein, um die Präzision des Experiments zu erhöhen und ihre Größe schätzen zu können. Denn die Angabe eines Messergebnisses ohne Messfehler ist wertlos.

Beispiel In Versuchen, wo die Werte des unabhängigen Merkmals X vom Experimentator selbst festgelegt werden können (Regressionsmodell I), besteht manchmal die Tendenz, sich für eine große Zahl verschiedener X-Werte zu entscheiden, für die allerdings dann jeweils nur ein Y-Wert gemessen wird. Es ist unbedingt ratsam, lieber die Anzahl verschiedener X-Werte zu reduzieren und dafür möglichst zu jedem X-Wert zwei Y-Werte zu bestimmen. Bei gleichem Versuchsaufwand ist dann der Informationsgehalt des Versuches mit Wiederholungen größer.

24.2.3 Randomisieren

In einem Experiment werden meist die Versuchseinheiten gewissen Behandlungen unterworfen, um dann bestimmte Effekte zu messen. Ein grundlegendes Prinzip besteht nun darin, die verschiedenen Versuchseinheiten *zufällig* den jeweiligen Behandlungen zuzuordnen, man spricht dann von Randomisieren.

Beispiel 1 Drei Präparate sollen an $n = 12$ Mäusen getestet werden. Man wird also jedes der Präparate jeweils 4 „Versuchseinheiten" (Mäusen) verabreichen. Die Zuordnung von vier Mäusen auf ein Präparat erfolgt zufällig.

Beispiel 2 In einem Feldversuch mit 8 Parzellen sollen vier Sorten A, B, C und D untersucht werden, also jede Sorte auf zwei Parzellen. Die Zuteilung erfolgt zufällig.

Durch Randomisierung wird erreicht, dass evtl. vorhandene Unterschiede der Versuchseinheiten (im Mäuse-Beispiel etwa Gewicht, Alter, Geschlecht, …) zufällig verteilt werden, wodurch die Gefahr einer systematischen Verfälschung der Ergebnisse verringert wird. Die „störende" Wirkung von unbekannten und im Versuch nicht berücksichtigten Faktoren soll durch Zufallszuteilung minimiert werden. Ziel ist es, möglichst unverfälschte, von systematischen Fehlern freie, unverzerrte Schätzwerte zu erhalten, also die Treffgenauigkeit des Experiments durch die Ausschaltung von *unbekannten* „Störfaktoren" zu erhöhen.

Für viele Prüfverfahren, die bei normalverteilten Grundgesamtheiten durchgeführt werden, kann das Randomisieren zudem eine verbesserte Normalität der Daten bewirken. Eine weitere Konsequenz des Randomisierens ist, dass so die Unabhängigkeit erreicht wird, die wir in allen vorgestellten statistischen Verfahren vorausgesetzt haben.

Um eine Zufallszuteilung zu gewährleisten, genügt es nicht, die Zuordnung aufs „Geratewohl" vorzunehmen. Diese noch weit verbreitete „Methode" ist mit vielen, oft unterschätzten, unbewusst wirkenden systematischen Auswahlmechanismen behaftet. Wirklich zufällige Anordnung erreicht man mit Zufallszahlen, die man Zufalls-Tafeln entnimmt, vgl. Anhang, Tafel XIII. Durch Würfeln bzw. durch Ziehen nummerierter Karten lässt sich ebenfalls randomisieren.

Beispiel 1 (Fortsetzung) Man nummeriere zunächst die Mäuse von 1 bis 12, dann schreibe man die Zahlen von 1 bis 12 auf zwölf Karten. Nachdem die Karten gemischt wurden, ziehe man vier Karten und ordne die entsprechenden Mäuse dem ersten Präparat zu. In gleicher Weise ordnet man auch den übrigen Präparaten je vier Mäuse zu.

Beispiel 2 (Fortsetzung) Die Parzellen des Feldversuches nummeriert man von 1 bis 8. Aus der Tafel XIII im Anhang werden Zufallszahlen entnommen. Man beginne mit einer beliebigen Zahl der Tafel, von welcher aus nach einem vorher festgelegten System die weiteren Zahlen ermittelt werden; beispielsweise nimmt man die untereinander stehenden Ziffern einer Spalte, wobei immer eine Zeile übersprungen wird. Wir haben aus der Tafel die Zufallszahl 7 (in der 18. Zeile und 21. Spalte) als Anfangswert gewählt, das ergibt folgende Zahlenfolge: *9, 8, 4, 3, 8, 9, 3, 9, 4, 6, 5, 8, 3, 7*. Die folgende Tabelle zeigt die hieraus resultierende Aufteilung auf die Parzellen.

Sorte *A*	Sorte *B*	Sorte *C*	Sorte *D*
8. und *4.* Parzelle	*3.* und *6.* Parzelle	*5.* und *7.* Parzelle	restliche Parzellen

Manche belächeln diese komplizierten Auswahlverfahren als überflüssig und halten eine „zufällige" Zuteilung aufs Geratewohl für ausreichend; darum soll die Bedeutung der Randomisation hier anhand von praktischen Beispielen nochmals hervorgehoben werden:

Beispiel 3 Zur Bestimmung des Ernteertrages wurden aus dem Feld Stichproben kleineren Umfangs ausgewählt und abgeerntet. Wenn diese Auswahl „aufs Geratewohl" erfolgte, hatten einzelne Untersucher konstant die Tendenz, entweder Stellen mit über- oder unterdurchschnittlichem Ertrag auszusuchen. Der Vergleich des Ertrages der Stichprobe mit dem des Gesamtfeldes zeigte dieses deutlich.

Beispiel 4 Wie die unterschiedliche unbewusste Auswahl von Versuchstieren irreleiten kann, zeigt das Beispiel, das G.W. Corner beschreibt. Er und W.A. Allen arbeiteten eine Methode zur Extraktion von Progesteron aus Corpora Lutea von Schweinen aus. Der Extrakt wurde von Allen an weiblichen Kaninchen ausgetestet. Um zu zeigen, dass auch ein weniger geübter Chemiker als Allen den Vorschriften folgen kann, führte Corner die ganze Prozedur selber durch – und versagte wiederholt. Beunruhigt über das Ergebnis, wurde viel Zeit und Arbeit investiert, um den Fehler in der Extraktion zu finden. Es wurde sogar das Labor von Corner schwarz angestrichen, da vermutet wurde, dass das helle Sonnenlicht die Extrakte verdarb. Schließlich stellten sie gemeinsam einen Extrakt her, teilten ihn in zwei Teile und jeder testete einen Teil. Allens Teil war wirksam, der von Corner nicht. Die Erklärung war einfach: Kaninchen reagieren auf Progesteron erst im Alter von 8 Wochen mit einem Gewicht von 800 g, was anfangs nicht bekannt war. Das Gewicht der

Kaninchen im Tierstall reichte von 600 bis 1200 g. Allen wählte unbewusst regel-
mäßig große Tiere zur Testung. Corner kleine, die nicht empfindlich waren. (aus:
D. Winne, Arzneimittel-Forschung (Drug. Res.) *18*, 250)

24.2.4 Blockbildung

Je homogener das Material ist, an dem man seine Untersuchung durchführt, umso kleiner wird die Versuchsstreuung ausfallen, wodurch sich die Präzision des
Versuches vergrößert. Diesen Umstand macht man sich bei der Blockbildung zu-
nutze. In vielen Experimenten gibt es *bekannte* „Störfaktoren", die zwar Einfluss
auf die Messergebnisse haben, die aber eigentlich im vorgesehenen Versuch nicht
interessieren. Um die Einflüsse dieser *Stör*-Faktoren zu reduzieren, kann man die
Versuchseinheiten geeignet in Gruppen (Blöcke) einteilen, wobei die Störfaktoren
innerhalb dieser Blöcke jeweils möglichst wenig variieren sollen, man erhält also in den Blöcken relativ ähnliches (homogenes) Material. Bei Tierversuchen beispielsweise werden häufig Tiere aus einem Wurf zu einem Block zusammengefasst.
Blockbildung reduziert innerhalb der Blöcke die Variabilität, dadurch wird der Versuch empfindlicher, d. h. präziser gegenüber den Unterschieden der interessierenden
Faktoren. Die Blockbildung bewirkt also eine Verkleinerung der Zufallsstreuung
durch „Ausschaltung" bekannter Faktoren, die bezüglich der gegebenen Fragestellung nicht interessieren.

Beispiel Die Sorten A, B, C und D sollen in einem Versuch mit je drei Wiederholungen auf Ertragsunterschiede untersucht werden. Eine denkbare Anordnung des
Versuchsfeldes wäre:

Sorte	Sorte	Sorte	Sorte	Sorte	Sorte	Sorte	Sorte	Sorte	Sorte	Sorte	Sorte
A	A	A	B	B	B	C	C	C	D	D	D
1. Wdh	2. Wdh	3. Wdh	1. Wdh	2. Wdh	3. Wdh	1. Wdh	2. Wdh	3. Wdh	1. Wdh	2. Wdh	3. Wdh

Westen ←   → Osten

Weist das Feld allerdings in West-Ost-Richtung große Bodenunterschiede auf, so
wäre diese Anordnung ungünstig, da der interessierende Sorteneffekt vom störenden
Bodeneffekt überlagert wird.

Eine Möglichkeit zum Ausschalten von *unbekannten* Störfaktoren haben wir im
vorhergehenden Abschnitt kennengelernt, das Randomisieren der Versuchseinheiten. Wenden wir dieses Prinzip auf unser Beispiel an, so müssen wir unbedingt die
vier Sorten einschließlich ihrer drei Wiederholungen zufällig auf die 12 Parzellen
verteilen:

Sorte	Sorte	Sorte	Sorte	Sorte	Sorte	Sorte	Sorte	Sorte	Sorte	Sorte	Sorte
D	D	B	A	C	B	C	B	A	D	A	C
1. Wdh	2. Wdh	1. Wdh	1. Wdh	1. Wdh	2. Wdh	2. Wdh	3. Wdh	2. Wdh	3. Wdh	3. Wdh	3. Wdh

Westen ←   → Osten

Mit dieser Versuchsanlage (*vollständig randomisiertes Design, CRD*) wird zwar eine Uberlagerung der Sorteneffekte durch störende Bodeneffekte ausgeschaltet, die Reststreuung MQI in der einfaktoriellen Varianzanalyse (der Versuchsfehler) kann sich dadurch aber vergrößern.

Der Einfluss des Störfaktors Bodenunterschiede lässt sich jedoch reduzieren und gleichzeitig die Versuchsgenauigkeit verbessern, wenn man das Versuchsfeld zunächst in drei homogenere Blöcke einteilt, wobei dann in jedem Block alle Sorten auftreten:

Block I				Block II				Block III			
Sorte	Sorte	Sorte	Sorte	Sorte	Sorte	Sorte	Sorte	Sorte	Sorte	Sorte	Sorte
A	B	C	D	A	B	C	D	A	B	C	D
1. Wdh	1. Wdh	1. Wdh	1. Wdh	2. Wdh	2. Wdh	2. Wdh	2. Wdh	3. Wdh	3. Wdh	3. Wdh	3. Wdh

Westen ← → Osten

Durch Randomisieren *innerhalb* der Blöcke kann der Einfluss der Bodenunterschiede im Block ausgeschaltet werden, worauf in §24.3.1 näher eingegangen wird (*Blockanlage, RCB*).

Bemerkung 1 Bei Auswertung von Blockanlagen mit einer Varianzanalyse geht neben den interessierenden Faktoren wie Behandlung, Gruppen, Sorten auch der Faktor „Blöcke" in die Rechnung ein. Im Beispiel des Feldversuches kann man den Faktor „Blöcke" leicht als „Bodenunterschiede in Ost-West-Richtung" interpretieren.

Bei der Entscheidung Blöcke zu bilden, muss auch berücksichtigt werden, dass die Verminderung der Reststreuung MQI (bzw. MQR) mit einer Verringerung der Anzahl Freiheitsgrade einhergeht. *Sind also die Unterschiede zwischen den Blöcken gering*, so ist unter Umständen durch die Blockbildung *keine Erhöhung der Empfindlichkeit* zu erreichen.

Bemerkung 2 Die Allgemeingültigkeit einer Untersuchung wird dadurch eingeengt, dass man nur das relativ homogene Material innerhalb der Blöcke miteinander vergleicht. Indem man aber für den Versuch mehrere *verschiedene* Blöcke heranzieht, erhöht sich wieder die induktive Basis, d. h. der Aussagebereich wird erweitert. Dabei muss man beachten, dass Wechselwirkungen zwischen Faktoren und Blöcken (Störfaktor) nicht auftreten dürfen.

Beispiel Die Wirkung zweier Medikamente soll geprüft werden. Die Versuchspersonen wurden nach Alter, Gewicht und Geschlecht in Blöcke eingeteilt. Sind dabei die Unterschiede *zwischen* den Blöcken gering (z. B. wenn die Versuchspersonen alle ein Geschlecht, etwa ein Alter und nur geringe Gewichtsunterschiede aufweisen), so ist die Verallgemeinerungsfähigke it der Versuchsergebnisse klein. Dagegen wird die induktive Basis umso breiter, je verschiedener die Blöcke gewählt werden.

Bemerkung 3 Die Prinzipien „Randomisieren" und „Blockbildung" sind in gewissem Sinn *gegensätzlich*: Blockbildung verlangt ein bewusstes, *systematisches* Zuordnen, während Randomisierung eine *zufällige* Zuteilung bedeutet. Diesen Widerspruch löst man, indem man zwar systematisch Blöcke bildet, dann aber in den Blöcken zufällig zuordnet, vgl. §24.3.1.

24.2.5 Faktorielle Experimente

Im Rahmen der Versuchsplanung ist es sinnvoll, sich den Unterschied zwischen einfaktoriellen und mehrfaktoriellen (multifaktoriellen) Versuchsanlagen zu vergegenwärtigen. Ist das Ziel eines Versuches, die Wirkung eines einzigen Faktors (mit seinen Stufen) zu untersuchen, so spricht man von einem *einfaktoriellen Versuch*.

Beispiel Die beiden im letzten Abschnitt bzgl. der Blockbildung angeführten Versuche waren einfaktoriell.

Beim Feldversuch war die Sorte der einzige untersuchte Faktor, während der erwähnte Störfaktor Bodenunterschiede nicht untersucht, sondern ausgeschaltet werden sollte.

Beim Medikamentenversuch war die Behandlung der einzig interessierende Faktor, während Alter, Gewicht und Geschlecht nicht interessierende Störfaktoren waren.

Im Gegensatz zu einfaktoriellen Versuchen ist es Ziel mehrfaktorieller oder kurz faktorieller Versuche, in einem Experiment gleichzeitig die Wirkung von mehreren Faktoren zu untersuchen. Lange Zeit war es üblich – auch wenn man an der Wirkung mehrerer Faktoren interessiert war – fast ausschließlich einfaktorielle Versuche zu machen. Man zog es vor, die einzelnen Faktoren *nacheinander* in einfaktoriellen Experimenten zu untersuchen, wobei man jeweils einen Faktor in verschiedenen Stufen variierte und alle übrigen Faktoren konstant hielt. Dagegen unterstrich besonders R.A Fisher die *Vorteile mehrfaktorieller Versuche*, d. h. der *gleichzeitigen Untersuchung aller* interesssierenden Faktoren. Einige der Vorteile dieser Vorgehensweise sind:

*   Bei einfaktoriellen Versuchen hält man die nicht untersuchten Faktoren konstant, die Wahl dieses konstanten Faktor-Stufenniveaus ist oft willkürlich. Faktorielle Versuche variieren dagegen alle interessierenden Faktoren.
*   Im Vergleich zu einfaktoriellen Experimenten wird im mehrfaktoriellen Versuchen bei gleichem Versuchsaufwand eine erheblich größere Präzision erreicht.
*   Erst faktorielle Versuche ermöglichen die Bestimmung von Wechselwirkungseffekten.

Der wichtigste der angeführten Vorteile ist, dass man *Wechselwirkungen* untersuchen kann.

Beispiel Beim Test der Heilwirkung eines neuen Medikaments erkannte man erst im faktoriellen Versuch, dass bei gleichzeitigem Alkoholgenuss das neue Präparat erhebliche Nebenwirkungen zeigte.

24.2.6 Symmetrischer Aufbau

Wie schon mehrfach erwähnt, ist symmetrischer Versuchsaufbau in vielerlei Hinsicht vorteilhaft. So hatten wir bei der mehrfachen Varianzanalyse gleiche Anzahl an Wiederholungen (Balanciertheit) gefordert. Aber auch in einer *einfachen*

ANOVA kommt es bei Daten, die von der Normalitäts- oder Homoskedastizitäts-Voraussetzung abweichen, *eher zu fehlerhaften Entscheidungen* im F- und t-Test, *falls keine Balanciertheit* vorliegt.

Bei der Regressionsanalyse war die Wahl gleicher Schrittweite (Äquidistanz) für die X-Werte empfohlen worden. Solche „Symmetrie" im Aufbau des Experiments bringt, daran sei hier erinnert, sowohl Vereinfachungen für die Auswertung als auch einen Informationsgewinn.

24.2.7 Wirtschaftlichkeit

Jedes Experiment hat das Ziel, aus einer relativ kleinen Stichprobe Schlüsse auf die Eigenschaften einer weit größeren Grundgesamtheit zu ermöglichen. Dass nicht die Grundgesamtheit, sondern nur eine Stichprobe untersucht wird, hat viele Gründe, nicht zuletzt ist dabei auch die Kostenfrage mitentscheidend.

Allgemein gilt, dass der Aufwand eines Versuches immer auch unter dem Gesichtspunkt der Wirtschaftlichkeit kritisch in die Überlegungen des Planers einbezogen werden sollte. So muss z. B. schon bei der Planung die Frage nach einem geeigneten Stichprobenumfang geklärt werden, vgl. dazu §24.4, weiter unten.

Neben den von uns aufgezählten sieben Prinzipien der Versuchsplanung gibt es sicherlich noch weitere wichtige Regeln („Mitführen einer *Kontrollgruppe*", „*Verschlüsselung* der Daten" etc.). Wir wollen aber hiermit unsere Liste abschließen und im Folgenden an Beispielen von Versuchsanlagen die Umsetzung einiger der erwähnten Prinzipien verdeutlichen.

24.3 Verschiedene Versuchsanordnungen

In diesem Abschnitt wollen wir drei häufig anzutreffende Versuchspläne vorstellen, wobei wir das Vorgehen anhand von Beispielen kurz skizzieren, ohne die Auswertung konkret für Messwerte durchzurechnen.

24.3.1 Blöcke mit zufälliger Anordnung

Die Blockbildung und das Randomisieren stellen zwei konkurrierende Grundsätze der Versuchsplanung dar (vgl. §24.2.4, Bemerkung 3). Daher soll nun gezeigt werden, wie man beiden Prinzipien gleichzeitig genügen kann, indem man *Blöcke bildet und* dann *innerhalb der Blöcke randomisiert*.

Beispiel Auf einem Versuchsfeld mit starken Bodenunterschieden in *einer* Richtung soll ein Weizensortenversuch durchgeführt werden. Jede der fünf Sorten, A, B, C, D und E soll auf vier Parzellen ($n = 4$ Wiederholungen) angebaut werden. Das Versuchsfeld wird in 4 Blöcke von jeweils 5 benachbarten Parzellen aufgeteilt. Da benachbarte Parzellen geringere Bodenunterschiede aufweisen, erwartet man durch diese Blockbildung eine spürbare Reduzierung des Versuchsfehlers. Die Zufälligkeit der Zuordnung der Versuchseinheiten soll durch Randomisierung innerhalb jedes Blocks erreicht werden. Man wählt folgende Anordnung des Versuchsfeldes:

C	D	B	E	A	E	A	D	C	B	E	C	A	B	D	A	D	E	B	C
Block I					**Block II**					**Block III**					**Block IV**				

Die statistische Auswertung erfolgt durch eine zweifache Varianzanalyse mit folgender Streuungszerlegung:

Zwischen den Sorten (SQA)   mit $FG = 4$.

Zwischen den Blöcken (SQB)   mit $FG = 3$.

Reststreuung (SQR)   mit $FG = 12$.

Gegebenenfalls (d. h. bei signifikanten Sorteneffekten) schließen sich der *ANOVA* noch multiple Vergleiche an.

24.3.2 Lateinische Quadrate

Im gerade beschriebenen Weizensortenversuch ging es um die „Ausschaltung" *eines* bekannten Störfaktors (Bodenunterschiede in einer Richtung). Sollen *zwei* Störfaktoren ausgeschaltet werden, so kann man so genannte „Lateinische Quadrate" (*LQ*) zu Hilfe nehmen. Ein solches *LQ* würde man für den Weizensortenversuch vorziehen, wenn erhebliche Bodenunterschiede nicht nur in einer, sondern in zwei Richtungen vorhanden wären. Um aufzuzeigen, dass die vorgestellten Versuchsanordnungen weit über das Feldversuchswesen hinaus ihre Anwendung finden, wollen wir das Lateinische Quadrat an einem Sägeversuch der Anstalt für forstliches Versuchswesen (Zürich) beschreiben.

Beispiel (nach A. Linder) Zu prüfen sei die Leistung von drei Sägen A, B, und C, die verschiedene Zahnformen haben. Je zwei Sägen jeder Art sollen überprüft werden, also A_1, A_2, B_1, B_2 und C_1, C_2. Man bildet 6 Gruppen mit je zwei Arbeitern. An 6 verschiedenen Holzarten soll die Schnittzeit jeweils gemessen werden. Die Versuchsanordnung lässt sich wie in Schema 24.1 (links) darstellen. Ersetzt man A_2, B_2 und C_2 durch D, E und F, so tritt im neu bezeichneten Quadrat, vgl. Schema 24.1 (rechts) die besondere Eigenschaft des Lateinischen Quadrates deutlicher hervor: *jede Zeile und jede Spalte enthält alle sechs Buchstaben genau einmal.*

Die Auswertung erfolgt durch eine dreifache *ANOVA* mit folgender Streuungszerlegung:

Zwischen den Sägen (SQA)   mit $FG = 5$.

Zwischen den Arbeitergruppen (SQB)   mit $FG = 5$.

Zwischen den Holzarten (SQC)   mit $FG = 5$.

Reststreuung (SQR)   mit $FG = 20$.

Danach führt man gegebenenfalls geeignete multiple Vergleiche durch.

	Arbeitergruppen					
	1	2	3	4	5	6
Holzarten 1	C_1	B_2	A_2	B_1	A_1	C_2
2	B_1	C_2	B_2	A_1	A_2	C_1
3	B_2	A_1	B_1	C_2	C_1	A_2
4	C_2	A_2	A_1	C_1	B_2	B_1
5	A_2	B_1	C_1	B_2	C_2	A_1
6	A_1	C_1	C_2	A_2	B_1	B_2

	Arbeitergruppen					
	1	2	3	4	5	6
Holzarten 1	C	E	D	B	A	F
2	B	F	E	A	D	C
3	E	A	B	F	C	D
4	F	D	A	C	E	B
5	D	B	C	E	F	A
6	A	C	F	D	B	E

Schema 24.1 Der Versuchsfehler soll durch ein Lateinisches Quadrat um zwei Störfaktoren reduziert werden, nämlich um den Störfaktor „Arbeitsgruppenunterschiede" und den Störfaktor „Holzunterschiede". Der einzig interessierende Faktor ist „Unterschiede der Sägen". Das *rechte* Quadrat entsteht aus dem *linken* durch Umbenennungen

Zu jedem $n > 1$ gibt es jeweils mehrere $n \times n$-Quadrate, die die Eigenschaft von Lateinischen Quadraten erfüllen, die also in jeder Zeile und Spalte alle n Buchstaben genau einmal enthalten. Man sollte sich daher per Zufallsauswahl für die im Versuch benötigten Lateinischen Quadrate entscheiden. Liegen keine Tabellen mit verschiedenen Lateinischen Quadraten vor, so kann man ein beliebiges *LQ* aufschreiben und sich durch zufälliges Vertauschen der Zeilen und der Spalten neue *LQs* konstruieren.

Beispiel Aus einem 5×5-*LQ* konstruieren wir durch zufälliges Zeilen- und Spaltenvertauschen ein neues *LQ*. Beim Zeilenvertauschen ist z. B. die 1. Zeile nach unten, die 3. Zeile nach oben gekommen. Beim Spaltenvertauschen ist die 4. Spalte (des mittleren Quadrates) ganz nach links (im randomisierten Quadrat) gerückt.

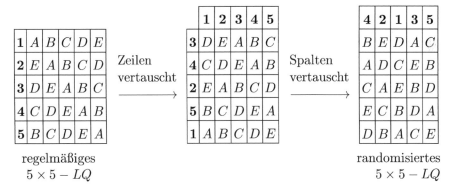

Die zufällige Zeilen- und Spaltenvertauschung erfolgt mit Hilfe von Zufallszahlen, vgl. Beispiel 2, §24.2.3.

24.3.3 Mehrfaktorielle Versuche

Als fünften Grundsatz der Versuchsplanung hatten wir empfohlen, im Falle mehrerer interessierender Einflussfaktoren einem mehrfaktoriellen Versuch den Vorzug vor entsprechend vielen einfaktoriellen Versuchen zu geben. Im folgenden Beispiel wird eine solche faktorielle Versuchsanlage beschrieben.

Beispiel 1 In einem Düngungsversuch mit Gerste sollen die drei Faktoren K ($=$ Kaliumsulfat), N ($=$ Ammoniumsulfat), P ($=$ Superphosphat) in je zwei Stufen (Beigabe, keine Beigabe) untersucht werden. Wir bezeichnen keine Beigabe mit 0, Beigabe von K und N mit KN, nur Beigabe von K mit K, Beigabe von K, N und P mit KNP.

Bei entsprechender Bezeichnung der übrigen möglichen Beigaben erhalten wir folgende acht Kombinationen: 0, K, N, P, KN, KP, NP, KNP. Um diese 8 Beigaben in einem Feldversuch mit einem Lateinischen Quadrat (Ausschaltung von zwei Störfaktoren) zu untersuchen, wären 64 Parzellen (8×8) notwendig. Wir wählen hier stattdessen eine weniger aufwändige Blockanlage (Ausschaltung von einem Störfaktor) und brauchen nur 32 Parzellen. Es werden vier Blöcke (Wiederholung) wie folgt angelegt, und innerhalb der Blöcke wird randomisiert:

Block I								Block II							
N	KN	NP	0	KNP	K	KP	P	0	KNP	KP	K	NP	N	P	KN
KN	0	N	KNP	P	NP	KP	K	0	K	NP	KNP	KN	P	KP	N
Block III								Block IV							

Die statistische Auswertung erfolgt durch eine vierfache Varianzanalyse mit folgender Streuungszerlegung:

Zwischen den K-Beigaben (SQA)   mit $FG = 1$.
Zwischen den N-Beigaben (SQB)   mit $FG = 1$.
Zwischen den P-Beigaben (SQC)   mit $FG = 1$.
Zwischen den Blöcken (SQD)   mit $FG = 3$.

Wechselwirkungen:

K-und N-Beigaben   mit $FG = 1$.
K-und P-Beigaben   mit $FG = 1$.
N-und P-Beigaben   mit $FG = 1$.
K-, N- und P-Beigaben   mit $FG = 1$.
Reststreuung (SQR)   mit $FG = 21$.

Will man die mittleren Erhöhungen (bzw. Verminderungen) der verschiedenen Beigabe-Kombinationen zahlenmäßig angeben, lässt sich das über Lineare Kontraste berechnen. So gibt der Kontrast

$$L_N = (N + KN + NP + KNP) - (0 + K + P + KP)$$

die mittlere Erhöhung durch N-Beigabe an, entsprechend lassen sich L_K, L_P, L_{KP}, L_{NP}, L_{KN} und L_{KNP} konstruieren.

Bei mehr als zwei Stufen pro Faktor (d. h. $n > 2$) können nach der Varianzanalyse noch multiple Vergleiche durchgeführt werden, z. B. unter Verwendung der aufgeführten Linearen Kontraste.

Bemerkung Im Düngungsbeispiel waren $m = 3$ Faktoren mit je $n = 2$ Faktorstufen zu untersuchen. Die Anzahl möglicher Kombinationen blieb noch überschaubar. Allgemein hat ein Versuch mit m Faktoren und n Stufen genau n^m mögliche Kombinationen. Ist diese Zahl groß und ist man nicht an allen möglichen Wechselwirkungen, sondern nur an den Haupteffekten und einigen Wechselwirkungen interessiert, so lässt sich durch geeignetes Weglassen von Kombinationen der Versuchsaufwand reduzieren, wobei trotzdem die gewünschten Fragen untersucht werden können („Vermengung").

Beispiel 2 In einem Düngungsversuch mit Klärschlamm soll der Einfluss der Klärschlammbeigabe in zwei Stufen auf den Ertrag und die Schwermetallinhalte des Ernteguts an vier verschiedenen Maissorten in vier Wiederholungen geprüft werden. Bezeichnen wir die vier Sorten mit A, B, C, D und die Klärschlammdüngung mit 0 (keine Beigabe) und 1 (Beigabe), so erhalten wir $2 \times 4 = 8$ Kombinationen: $A0, A1, B0, B1, C0, C1, D0, D1$. Wir können genau die gleiche Anlage wie im vorigen Beispiel wählen, wobei jetzt innerhalb der Blöcke (Wiederholungen) die genannten 8 Faktorstufenkombinationen zufällig auf die Parzellen verteilt werden.

Die statistische Auswertung erfolgt dann durch eine dreifache Varianzanalyse mit folgender Streuungszerlegung:

Zwischen den Blöcken (SQC)   mit $FG = 3$
Zwischen den Klärschlammbeigaben (SQA)   mit $FG = 1$
Zwischen den Sorten (SQB)   mit $FG = 3$

Wechselwirkung:

Klärschlamm und Sorte (SQW)   mit $FG = 3$
Reststreuung (SQR)   mit $FG = 21$

Versuchstechnisch entstehen hierbei enorme Schwierigkeiten, weil relativ große Mengen von Klärschlamm auf den kleinen Parzellen maschinell nicht homogen verteilt werden können. Der Versuchsfehler erhöht sich somit aufgrund der Schwierigkeiten bei der Versuchsdurchführung.

Ein anderes Versuchsdesign, die *Spaltanlage*, ermöglicht einen Ausweg. Wir gehen dabei folgendermaßen vor: Jeder Block wird in zwei Großteilstücke (GT) mit jeweils 4 Kleinteilstücken (KT) aufgeteilt. Auf den GT variieren wir den Faktor Klärschlamm mit den Stufen 0 und 1, um die versuchstechnischen Schwierigkeiten zu vermeiden, und den KT, den Parzellen innerhalb der GT, ordnen wir die vier Stu-

fen A, B, C und D des Faktors Sorte zu. Randomisiert wird in zwei Schritten: zuerst
die Klärschlammgabe auf den GT, dann die Sorten auf den KT innerhalb der GT:

Block I								Block II							
0				1				1				0			
$B0$	$A0$	$C0$	$D0$	$C1$	$D1$	$B1$	$A1$	$A1$	$D1$	$C1$	$B1$	$D0$	$C0$	$A0$	$B0$
$C1$	$B1$	$A1$	$D1$	$D0$	$A0$	$C0$	$B0$	$B0$	$C0$	$A0$	$D0$	$A1$	$C1$	$B1$	$D1$
1				0				0				1			
Block III								Block IV							

Die statistische Auswertung erfolgt entsprechend der Randomisierungs– struktur
in zwei hintereinander geschalteten Varianzanalysen – Klärschlamm auf den GT und
Sorte auf den KT. Die Blockstreuung wird gesondert herausgerechnet:

Zwischen den Blöcken (SQC)   mit $FG = 3$

Zwischen den Klärschlammbeigaben (SQA)   mit $FG = 1$

Fehler GT (SQR-GT)   mit $FG = 3$

Zwischen den Sorten (SQB)   mit $FG = 3$

Wechselwirkung:

Klärschlamm und Sorte (SQW)   mit $FG = 3$

Fehler KT (SQR-KT)   mit $FG = 18$

Aufgrund der geschachtelten Struktur der Versuchseinheiten in der Spaltanlage
ist offensichtlich, dass der Faktor auf den KT eine kleinere Fehlerstreuung besitzt
als der Faktor auf den GT. Zudem hat er eine höhere Anzahl an Freiheitsgraden, da
die KT öfter wiederholt werden. Effekte des KT-Faktors und die Wechselwirkungen
können somit am besten überprüft werden. Falls durch die Anforderungen der Ver-
suchstechnik die Zuordnung der Faktoren nicht von vornherein festgelegt ist, sollte
daher der für die Fragestellung wichtigere Faktor auf den Kleinteilstücken geprüft
werden.

Bemerkung 1 Für mehrfaktorielle Versuche ist die Spaltanlage ein sehr gut geeignetes und flexibles Design. Ein dreifaktorieller Versuch kann z. B. durch die Prüfung
der Stufenkombinationen von zwei Faktoren auf den KT oder durch die weitere Auf-
splittung der KT in Klein-KT für den dritten Faktor realisiert werden.

Bemerkung 2 Bei paarweisen Vergleichen zwischen den Mittelwerten muss beachtet werden, welcher der beiden Versuchsfehler genommen werden kann. Es ist
teilweise notwendig, gewichtete Mittelwerte der Fehler- und der Tabellenwerte zu
berechnen.

24.4 Zur Wahl des Stichprobenumfangs

Eine letzte wichtige Frage, die in der Phase der Versuchsplanung zu entscheiden ist, wollen wir abschließend kurz behandeln. Es geht um die Frage, wie groß man die Anzahl n der Wiederholungen wählen soll. Der Wunsch nach möglichst genauen und abgesicherten Ergebnissen lässt sich umso eher verwirklichen, je größer man den Stichprobenumfang wählt. Demgegenüber verlangt der Zwang zur Wirtschaftlichkeit eine möglichst sparsame Planung und steht somit der Wahl eines großen Stichprobenumfangs entgegen. Sind nun gewisse Vorinformationen gegeben, so kann die Statistik bei der Wahl eines sinnvollen Stichprobenumfangs recht brauchbare Hilfestellung leisten.

Die Entscheidung, welches n am besten zu nehmen ist, hängt natürlich von der vorliegenden Testsituation ab, d. h. man muss z. B. klären:

- Ob zwei experimentelle Mittelwerte vorliegen, die verglichen werden sollen
- Ob nur ein experimenteller Mittelwert vorliegt, der mit einem theoretischen Wert zu vergleichen ist
- Ob bei Vorliegen zweier Grundgesamtheiten von homogenen Varianzen ausgegangen werden kann.

Wir wollen zunächst die zugrunde liegende Idee zur Bestimmung des optimalen Stichprobenumfangs genauer darstellen, und zwar für den Vergleich zweier normalverteilter Gesamtheiten mit homogenen Varianzen. Dann werden für einige weitere Testsituationen geeignete Formeln angegeben. Schließlich soll noch auf das Ablesen des gesuchten Stichprobenumfangs aus Nomogrammen eingegangen werden.

24.4.1 Grundgedanken zur Bestimmung des Stichprobenumfangs

Die Testsituation sei wie folgt: Man plant, aus zwei normalverteilten Grundgesamtheiten X und Y je eine Stichprobe vom Umfang n zu entnehmen. Als *Vorinformation* aus eigenen Vorversuchen oder aus der Literatur ist für die (homogenen) Varianzen von X und Y ein Schätzwert für s bekannt. Das auszuführende Experiment soll klären, ob die Mittelwerte μ_x und μ_y als verschieden angesehen werden müssen oder nicht. Bis hier entspricht das Gesagte ganz der Situation, wie wir sie schon früher für den t-Test beschrieben haben, vgl. §9.1.2. Um nun einen geeigneten Stichprobenumfang ermitteln zu können, wollen wir zusätzlich vereinbaren, dass uns Unterschiede δ zwischen μ_x und μ_y nicht interessieren, wenn sie kleiner als eine festzulegende Zahl Δ sind. Das heißt, *falls die Mittelwerte μ_x und μ_y so nah beieinander liegen, dass $\mu_x - \mu_y < \Delta$ ist, dann wird dieser kleine Mittelwertunterschied für die Fragestellung des Experiments als nicht mehr relevant erachtet.*

Beispiel Liegen in einem Versuch die mittleren Erträge $\mu_x = 86.3\,\text{kg}$ und $\mu_y = 85.7\,\text{kg}$ vor, so wird die vergleichsweise kleine Mittelwertdifferenz $\delta = 0.6\,\text{kg}$ kaum von Interesse sein.

Bemerkung Die Festlegung solch einer Zahl Δ wird also oft auch von der Größenordnung von μ_x und μ_y abhängen. Man kann daher diese *kleinste interessierende Differenz* Δ auch in % bzgl. des einen der Mittelwerte angeben. Gibt man Δ in % an, so sollte s ebenfalls in %, also in Form des Variationskoeffizienten (vgl. §4.2.3) angegeben sein, weil dann die folgenden Formeln (siehe weiter unten) direkt verwendbar sind.

Beispiel Im letzten Beispiel hatten wir bei $\mu_x = 86.3$ eine Differenz $\delta = 0.6\,$kg als unwichtig gewertet, da sie in Bezug zu μ_x weniger als 1 % beträgt. Die gleiche Größe $\delta = 0.6\,$kg kann aber in anderen Fällen durchaus als bedeutende Abweichung angesehen werden: Kauft man im Lebensmittelladen 2.5 kg Kartoffeln und stellt fest, dass tatsächlich nur 1.9 kg in der Packung sind, so wird man über diese Differenz von $\delta = 0.6\,$kg nicht einfach hinwegsehen wollen. Gibt man Δ in % an, also etwa $\Delta = 2\,\%$, so bedeutet das für $\mu_x = 86.3\,$kg, dass man Mittelwertunterschiede kleiner als $\Delta = 1.73\,$kg vernachlässigt. Im Kartoffelbeispiel ist man dagegen nur bereit, über Gewichtsunterschiede von $\Delta = 50\,$g pro 2.5-kg-Packung hinwegzusehen.

Nachdem die Bedingungen und Voraussetzungen unseres Versuches benannt sind, wollen wir jetzt unsere Wünsche und *Forderungen* an das gesuchte n formulieren:

Wir fordern vom gesuchten Stichprobenumfang n, dass

(1)   das Fehlerrisiko 1. Art wie gewohnt α betrage,

(2)   gleichzeitig das Fehlerrisiko 2. Art für alle wahren Mittelwertunterschiede δ, die größer als Δ sind, nicht größer als β wird.

Das heißt, wir wünschen z. B. für $\alpha = \beta = 5\,\%$ den Stichprobenumfang gerade so groß, dass der t-Test einerseits

- Bei Gleichheit der Mittelwerte *nur in 5 % der Fälle zur ungerechtfertigten Verwerfung von* H_0 führt und andererseits
- Bei Unterschieden zwischen den Mittelwerten, die größer als das festgelegte Δ sind, *nur in höchstens 5 % der Fälle zu einer ungerechtfertigten Beibehaltung von* H_0 führt.

Um Forderung (1) zu erfüllen, betrachten wir die Formel für den kritischen Wert K, wie wir sie dem t-Test für zwei unabhängige Mittelwerte $\bar{x}, \bar{y}$ entnehmen können. K entspricht hier dem Wert GD, wobei $\sqrt{MQI} = s$ gesetzt ist (zur Herleitung vgl. §15.1.2).

Der kritische Wert K ist die größte Differenz $|\bar{x} - \bar{y}|$, bei der die Nullhypothese noch beibehalten wird. Graphisch lässt sich das Bisherige wie in Abb. 24.1 veranschaulichen. Für den kritischen Wert K gilt:

$$K = \frac{\sqrt{2}\cdot s}{\sqrt{n}}\cdot t_{\text{Tab}}(FG;\alpha) \tag{24.1}$$

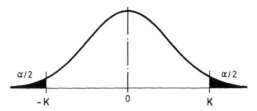

Abb. 24.1 Verteilung der Mittelwertdifferenzen der Stichproben von X und Y unter der Annahme der Gleichheit von μ_x und μ_y, d. h. $\delta = \mu_x - \mu_y = 0$. Die *schwarzen Flächen* repräsentieren die Wahrscheinlichkeit, experimentell einen Unterschied zu erhalten, der größer als K bzw. kleiner als $-K$ ist

wobei $\quad n = n_x = n_y \quad$ der gesuchte Stichprobenumfang pro Gruppe,

$\qquad s = s_x = s_y \quad$ die Standardabweichung,

$\qquad FG = 2n - 2 \quad$ der Freiheitsgrad,

$\qquad t_{\text{Tab}}(FG; \alpha) \quad$ aus der t-*Tabelle* (*zweiseitig*).

Mit (24.1) haben wir Forderung (1) erfüllt, jetzt wollen wir uns Forderung (2) zuwenden. Dazu gehen wir davon aus, dass die wahre Differenz $\delta = \mu_x - \mu_y$ gleich der von uns festgelegten Zahl Δ ist. Für diesen Fall $\delta = \Delta$ verteilen sich die experimentellen Mittelwertdifferenzen nicht um 0 (wie in Abb. 24.1), sondern um Δ (wie in Abb. 24.2). Der kritische Wert K schneidet nun von der rechten Verteilung *nur auf einer Seite* eine Fläche ab, diese stellt den β-Fehler dar.

Ist nun β vorgegeben, so ergibt sich für $\Delta > 0$ folgende Gleichung

$$\Delta - K = \frac{\sqrt{2} \cdot s}{\sqrt{n}} \cdot t_{\text{Tab}}^*(FG; \beta).$$

Wir formen um in

$$K = \Delta - \frac{\sqrt{2} \cdot s}{\sqrt{n}} \cdot t_{\text{Tab}}^*(FG; \beta), \qquad (24.2)$$

wobei diesmal $t_{\text{Tab}}^*(FG; \beta)$ in der t-Tabelle für *einseitige* Fragestellung abzulesen ist, was hier durch „*" gekennzeichnet ist.

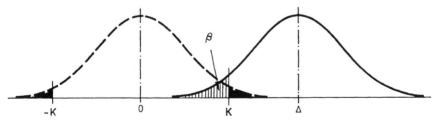

Abb. 24.2 Die *durchgezogene Glockenkurve* stellt die Verteilung der Mittelwertdifferenzen $\bar{x} - \bar{y}$ dar, falls für die wahre Differenz $\delta = \mu_x - \mu_y$ gilt, dass $\delta = \Delta$ ist. Der zur Erfüllung von Forderung (1) ermittelte Wert K (bzw. $-K$, falls $\Delta < 0$) schneidet einseitig die Fläche β ab. Die *gestrichelte Kurve* ist die in Abb. 24.1 beschriebene Verteilung

Fassen wir (24.1) und (24.2) zusammen, so ergibt sich

$$\frac{\sqrt{2} \cdot s}{\sqrt{n}} \cdot t_{\text{Tab}}(FG;\alpha) = \Delta - \frac{\sqrt{2} \cdot s}{\sqrt{n}} \cdot t^*_{\text{Tab}}(FG;\beta) \,.$$

Und daraus erhält man mit $FG = 2n - 2$ für den gesuchten Stichprobenumfang n die folgende Bedingung:

$$n = 2 \cdot \left(\frac{s}{\Delta}\right)^2 \cdot [t_{\text{Tab}}(2n - 2;\alpha) + t^*_{\text{Tab}}(2n - 2;\beta)]^2. \qquad (24.3)$$

Da alle größeren n unsere Forderungen (1) und (2) ebenfalls erfüllen, dürfen wir in (24.3) das „=" durch „$\geq$" ersetzen.

Bemerkung Da in (24.3) das gesuchte n auf beiden Seiten vorkommt, und sich auch nicht auf eine Seite der Gleichung bringen lässt, muss das n durch schrittweises Vorgehen (Iteration) bestimmt werden:

Zunächst setzt man irgendein n als Startwert für die Berechnung der rechten Seite ein und erhält für die linke Seite der Ungleichung einen Wert für n. Dieses neue n setzt man in die rechte Seite ein, um mit den entsprechenden t_{Tab}-Werten wiederum ein n zu berechnen. Man tut das so lange, bis sich die Werte von n kaum mehr ändern.

Beispiel Das Körpergewicht von Männern und Frauen wird untersucht. Als Vorinformation übernimmt man $s = 5\,\text{kg}$. Gewichtsunterschiede unter $4\,\text{kg}$ seien nicht mehr von Interesse. Es sei $\alpha = 5\,\%$ und man möchte mit der Wahrscheinlichkeit $(1 - \beta) = 95\,\%$ Mittelwertdifferenzen von $\Delta = 4\,\text{kg}$ noch aufdecken.

$$n = 20: \quad \text{rechte Seite} = 2 \cdot \left(\frac{5}{4}\right)^2 \cdot [t_{\text{Tab}}(38; 5\,\%) + t^*_{\text{Tab}}(38; 5\,\%)]^2$$

$$= 3.125 \cdot [2.02 + 1.69]^2 = 42.8, \quad \text{also } n = 43.$$

$$n = 43: \quad \text{rechte Seite} = 2 \cdot \left(\frac{5}{4}\right)^2 \cdot [t_{\text{Tab}}(84; 5\,\%) + t^*_{\text{Tab}}(84; 5\,\%)]^2$$

$$= 3.125 \cdot [1.99 + 1.66]^2 = 41.7, \text{also } n = 42.$$

Man wählt für den Versuch einen Stichprobenumfang $n_x = n_y = 42$.

24.4.2 Formeln zum Stichprobenumfang

Die folgenden Formeln sind nützliche Anhaltspunkte bei der Wahl des Stichprobenumfangs beim t-Test. Die untersuchten Grundgesamtheiten werden dabei als normalverteilt vorausgesetzt.

(A) *Stichprobenumfang* zum Vergleich des Mittelwertes $\bar{x}$ einer Stichprobe mit einem theoretischen Wert μ_T.

$$n \geq \left(\frac{s}{\Delta}\right)^2 \cdot [t(n-1;\alpha) + t^*(n-1;\beta)]^2$$

(B) *Stichprobenumfang* zum Vergleich zweier Mittelwerte $\bar{x}, \bar{y}$ aus zwei Stichproben mit gleicher Standardabweichung

$$n \geq 2 \cdot \left(\frac{s}{\Delta}\right)^2 \cdot [r(2n-2;\alpha) + t^*(2n-2;\beta)]^2$$

(C) *Stichprobenumfang* zum Vergleich zweier Mittelwerte $\bar{x}, \bar{y}$ aus zwei Stichproben mit verschiedenen Standardabweichungen $s_x \neq s_y$.

$$n_y \geq \frac{s_x \cdot s_y + s_y^2}{\Delta^2} \cdot [t(2n_y - 2;\alpha) + t^*(2n_y - 2;\beta)]^2,$$

$$n_x \geq \frac{s_x}{s_y} \cdot n_y,$$

wobei n, n_x, n_y die gesuchten Stichprobenumfänge,

s, s_x, s_y aus Vorinformationen bekannte Varianzschätzwerte,

Δ die kleinste interessierende Differenz, die noch mit Wahrscheinlichkeit $(1 - \beta)$ aufgedeckt werden soll,

α (bzw. β) das Risiko 1. Art (bzw. 2. Art)

$t(FG;\alpha)$ soll aus einer t-Tabelle für *zweiseitige* Fragestellung entnommen werden, $t^*(FG;\beta)$ soll aus einer t-Tabelle für *einseitige* Fragestellung entnommen werden.

Bei Varianzanalyse wähle $s = \sqrt{MQI}$ mit zugehörigem FG.

In der Literatur findet man statt obiger Formeln häufig die schon berechneten Werte in Tafeln zusammengestellt oder graphisch in *Nomogrammen*. Aus Nomogrammen kann man den geeigneten Stichprobenumfang n bequem ablesen (Abb. 24.3).

Beispiel Sei wieder $\alpha = 5\,\%$, $\beta = 5\,\%$, $\Delta = 4\,\text{kg}$, $s = 5\,\text{kg}$, dann ist $\frac{s}{\Delta} = \frac{5}{4} = 1.25$. Geht man beim Abszissenwert von 1.25 hoch bis zur Kurve $\beta = 0.05 = 5\,\%$, so kann man am Schnittpunkt den Wert für n ablesen ($n = 42$).

Bemerkung Für die Wahl des Stichprobenumfangs bei der geplanten Anwendung des U-Tests können die Formeln zur Bestimmung des Stichprobenumfangs beim

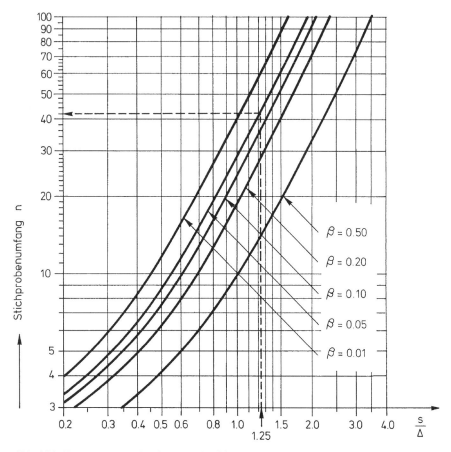

Abb. 24.3 Nomogramm zur Bestimmung des Stichprobenumfangs n zweier Stichproben, die mit dem t-Test auf Mittelwertunterschiede geprüft werden sollen, unter der Bedingung gleicher Varianzen und einem $\alpha = 5\,\%$ ($n_x = n_y = n$)

t-Test zur Abschätzung verwendet werden. Da der U-Test unter der Annahme der Normalverteilung eine Effizienz von 95 % im Vergleich zum t-Test besitzt (§9.2.1), wird der Stichprobenumfang, der für den t-Test ermittelt wurde, durch 0.95 geteilt. Der Wert ergibt einen Anhaltspunkt für die Wahl des Stichprobenumfangs n beim U-Test.

24.4.3 Stichprobenumfang zur Schätzung von Parametern

Häufig stellt sich die Frage, wie groß eine Stichprobe sein soll, um den Parameter einer Grundgesamtheit mit einer gewünschten Genauigkeit zu schätzen. Um diese Frage beantworten zu können, benötigen wir eine Annahme über die Verteilung der Grundgesamtheit und über die Größe der zugehörigen Parameter sowie eine Vorgabe der gewünschten Genauigkeit d.

Unterstellen wir z. B. eine Normalverteilung, so sind Mittelwert μ und Standardabweichung σ vor dem Versuch in der Regel nicht bekannt. Für die Versuchsplanung müssen wir daher mit Hilfe von Vorversuchen sowie aufgrund von Literaturstudien oder aus eigener Erfahrung plausible Annahmen nicht nur über die zugrunde liegende Verteilung, sondern auch über die Größe der zugehörigen Parameter der Grundgesamtheit machen. Die Genauigkeit d ist nur von der Zielvorstellung des Versuchsanstellers abhängig und entspricht der halben Breite des gewünschten Prognoseintervalls.

Bemerkung Wir sprechen hier von einem *Prognoseintervall*, da wir in der Versuchsplanung von der Kenntnis der Parameter der Grundgesamtheit ausgehen und einen Bereich prognostizieren, in dem mit einer Sicherheitswahrscheinlichkeit von $(1 - \alpha)$ der Stichprobenwert liegt.

Möchten wir beispielsweise den Mittelwert $\bar{x}$ einer normalverteilten Grundgesamtheit $N(\mu, \sigma)$ mit einem Risiko von α und einer Genauigkeit d bestimmen, so lässt sich der dafür notwendige Stichprobenumfang n des Versuches berechnen. Das zugehörige $(1 - \alpha)$-*Prognoseintervall* von $\bar{x}$ lautet dann:

$$\mu - d \le \bar{x} \le \mu + d \quad \text{mit } P(\mu - d \le \bar{x} \le \mu + d) = 1 - \alpha.$$

Führen wir das das Experiment mit n Wiederholungen durch, so liegt mit einer Sicherheitswahrscheinlichkeit von $(1 - \alpha)$ der Stichprobenmittelwert $\bar{x}$ in diesem Intervall.

Bei der Planung des Stichprobenumfangs n zur Bestimmung der Häufigkeit $\hat{p}$ des Auftretens eines dichotomen Merkmals gehen wir in gleicher Weise vor. Wir unterstellen eine Binomialverteilung $\text{Bin}(k = 1, p)$ des Merkmals mit zwei Klassen (0 „Merkmal tritt nicht auf" und 1 „Merkmal tritt auf", §26.1) und nehmen aufgrund von Vorinformationen einen vermutlichen Wert der Wahrscheinlichkeit p für das Auftretens des Merkmals an. Mit der Vorgabe des α-Risikos und der gewünschten Genauigkeit d erhalten wir dann den dafür notwendigen Stichprobenumfang n. Das zugehörige $(1 - \alpha)$-Prognoseintervall von $\hat{p}$ lautet:

$$p - d \le \hat{p} \le p + d \quad \text{mit } P(p - d \le \hat{p} \le p + d) = 1 - \alpha.$$

Bei einem Stichprobenumfang von n liegt mit einer Sicherheitswahrscheinlichkeit von $(1 - \alpha)$ der Schätzwert $\hat{p}$ für die Wahrscheinlichkeit des Auftretens des untersuchten Merkmals in diesem Intervall.

Folgende Formeln zur Bestimmung des Stichprobenumfangs n für die Bestimmung des Mittelwert μ einer normalverteilten Grundgesamtheit mit der Varianz σ^2 bzw. zur Bestimmung der Wahrscheinlichkeit p für das Auftreten eines dichotomen Merkmals aus einer binomialverteilten Grundgesamtheit geben dafür nützliche Anhaltspunkte:

(A)   Berechnung des *Stichprobenumfangs* n, um den *Mittelwert* $\bar{x}$ einer normalverteilten Grundgesamtheit $N(\mu, \sigma)$ mit vorgegebener Genauigkeit d zu bestimmen:

$$n = z(\alpha)^2 \cdot \frac{s^2}{d^2}. \tag{24.4}$$

(B)   Berechnung des *Stichprobenumfangs* n, um die *relative Häufigkeit* $\hat{p}$ binomialverteilten Grundgesamtheit $\text{Bin}(1, p)$ mit vorgegebener Genauigkeit d zu bestimmen:

$$n = z(\alpha)^2 \cdot \frac{p \cdot (1 - p)}{d^2}, \tag{24.5}$$

wobei n der gesuchte Stichprobenumfang,

s die *vermutete* Größe der Standardabweichung,

p die *vermutete* Höhe der relativen Häufigkeit,

d die gewünschte Genauigkeit,

α das Risiko 1. Art und

$z(\alpha)$ der z-Wert (zweiseitig) aus der z-Tabelle ist.

Aufgrund personeller oder technischer Randbedingungen kann oft nur eine bestimmte Anzahl von Wiederholungen durchgeführt werden. In diesen Fällen interessiert bei der Versuchsplanung die damit *erzielbare Genauigkeit d*. Für diese Fragestellung werden (24.5) und (24.5) nach d aufgelöst und wir erhalten:

(A)   Berechnung der *Genauigkeit* d des *Mittelwertes* $\bar{x}$ einer normalverteilten Grundgesamtheit $N(\mu, \sigma)$ bei vorgegebenem Stichprobenumfang n:

$$d = z(\alpha) \cdot \sqrt{\frac{s^2}{n}} = z(\alpha) \frac{s}{\sqrt{n}}$$

(B)   Berechnung der *Genauigkeit* d einer *relativen Häufigkeit* $\hat{p}$ einer binomialverteilten Grundgesamtheit $\text{Bin}(1, p)$ bei vorgegebenem Stichprobenumfang n:

$$d = z(\alpha) \cdot \sqrt{\frac{p \cdot (1 - p)}{n}}$$

Bemerkung Wir haben in den Formeln der Einfachheit halber den Tabellenwert $z(\alpha)$ angegeben. Er ist vom Stichprobenumfang n nicht abhängig. Für kleine Stichproben empfiehlt es sich daher, statt $z(\alpha)$ den (größeren) Tabellenwert $t_{\text{Tab}}(n-1;\alpha)$ zu wählen. In diesem Fall kommt das gesuchte n auf beiden Seiten der Gleichung vor und muss iterativ (§24.4.1) bestimmt werden.

Beispiel 1 Eine Weizenlinie hat unter den gegebenen Anbaubedingungen vermutlich einen Ertrag von etwa 80 dt/ha. Der Versuchsstationsleiter erwartet auf Grund seiner Erfahrung eine Standardabweichung s von ca. 3 dt/ha und wünscht sich, dass in dem geplanten Versuch der mittlere Ertrag $\bar{x}$ der Linie mit einer Sicherheitswahrscheinlichkeit von $(1-\alpha) = 0.95 = 95\,\%$ (Risiko $\alpha = 5\,\%$) und einer Genauigkeit von $d = 1$ dt/ha bestimmt wird. Daraus folgt für die Wahl des Stichprobenumfangs mit

$$s = 3\,\text{dt/ha}, \quad d = 1\,\text{dt/ha} \quad \text{und} \quad z(5\,\%) = 1.96:$$

$$n = 1.96^2 \cdot \frac{3^2}{1^2} = 34.57 \quad \text{und somit } n \approx 35 \text{ Wiederholungen.}$$

Als Ergebnis dieses Experiments wird ein 95 %-Prognoseintervall für den Ertrag $\bar{x}$ in dt/ha von [79; 81] erwartet.

Diese Stichprobengröße ($n = 35$) ist zu groß und lässt sich im geplanten Feldversuch nicht umsetzen. Der Versuchsstationsleiter kann nur 6 Wiederholungen realisieren. Daraus folgt für die erzielbare Genauigkeit

$$d = 1.96 \cdot \frac{3}{\sqrt{6}} = 2.40.$$

Als Ergebnis dieses Experiment mit nur 6 Wiederholungen wird ein 95 %-Prognoseintervall für den Ertrag in dt/ha von [77.6; 82.4] erwartet.

Beispiel 2 Vor der Wahl zum Bundestag möchte eine Partei ihren voraussichtlichen Stimmanteil durch eine Umfrage ermitteln. Sie geht davon aus, dass sie von 30 % der Wähler gewählt wird. Das Ergebnis der Umfrage soll mit einer Genauigkeit von $d = 2\,\% = 0.02$ bei einer Sicherheitswahrscheinlichkeit von 95 % ermittelt werden. Es gilt: $p = 0.30$, $(1-p) = 0.70$, $d = 0.02$ und $z(5\,\%) = 1.96$. Daraus folgt

$$n = 1.96^2 \cdot \frac{0.30 \cdot 0.70}{0.02^2} = 2016.8.$$

Bei einer Befragung von etwa 2000 Personen erwarten wir ein 95 %-Prognoseintervall [28 %; 32 %].

Aus Kostengründen wird von der Partei eine Blitzumfrage von 100 Personen vorgezogen. In diesem Fall erhalten wir für die Genauigkeit

$$d = 1.96 \cdot \sqrt{\frac{0.30 \cdot 0.70}{100}} = 0.09 \quad \text{und}$$

für das 95 %-Prognoseintervall den Bereich [21 %; 39 %].

Kapitel IX: Einige Grundlagen der Wahrscheinlichkeitsrechnung

§25 Bezeichnungen, Axiome, Rechenregeln

25.1 Zufallsereignisse

Versuchsergebnisse sind fast immer vom Zufall beeinflusst. Beim Messen oder Zählen kommt es aufgrund von Messfehlern, Ungenauigkeiten von Messgeräten, Einfluss biologischer Variabilität oder auch durch die Stichprobenauswahl zu nicht genau vorhersagbaren Ergebnissen. Diese werden daher als *Zufallsereignisse* oder kurz als *Ereignisse* bezeichnet. Das Gesamtergebnis eines Versuches ist in diesem Sinne ebenfalls ein Zufallsereignis. Es setzt sich aus vielen einzelnen Ereignissen (z. B. Messwerten) zusammen, die nicht weiter zerlegt werden können. Man nennt solche nicht zerlegbaren Ereignisse *Elementarereignisse*.

Beispiel Im Zufallsexperiment „einen Würfel einmal werfen" ist das Auftreten einer geraden Zahl ein Ereignis, das sich in die Elementarereignisse 2, 4 und 6 zerlegen lässt.

Beispiel Misst man den diastolischen Blutdruck von Patienten nach einer Behandlung und bezeichnet Patienten mit einem Wert über 90 mm Hg als „krank", andernfalls als „gesund", so sind dies die Zufallsereignisse „krank" und „gesund". Die beiden Ereignisse können in Elementarereignisse zerlegt werden, indem man als Messergebnis nicht nur „krank" oder „gesund" protokolliert, sondern den jeweils gemessenen Blutdruckwert als kennzeichnend für den Gesundheitszustand angibt.

Ereignisse werden in der Wahrscheinlichkeitsrechnung mit Hilfe von Mengen beschrieben und häufig anhand von Venn-Diagrammen anschaulich dargestellt. Das Ereignis „Würfeln einer geraden Zahl" kann mit der Menge $\{2, 4, 6\}$ bezeichnet werden. Die Menge $\Omega = \{1, 2, 3, 4, 5, 6\}$, die alle möglichen Elementarereignisse des Würfelbeispieles enthält, wird der zugehörige *Ereignisraum* Ω genannt. Elementare und zusammengesetzte Ereignisse sind dann Teilmengen des Ereignisraumes Ω bzw. Elemente der Potenzmenge des Ereignisraumes.

W. Köhler, G. Schachtel, P. Voleske, *Biostatistik*, Springer-Lehrbuch,
DOI 10.1007/978-3-642-29271-2_9, © Springer-Verlag Berlin Heidelberg 2012

Der Einsatz der Mengenlehre erlaubt die Darstellung der Kombination von verschiedenen Ereignissen und die Entwicklung von Gesetzmäßigkeiten. Betrachten wir beispielsweise das Ereignis $A = \{1, 3, 5\}$ = „ungerade Zahl würfeln" und das Ereignis $B = \{1, 2, 3\}$ = „Zahl kleiner 4 würfeln", so kann das Ereignis, dass A *oder* B auftritt, d. h. eine „ungerade Zahl *oder* eine Zahl kleiner 4 würfeln", mit $A \cup B = \{1, 3, 5\} \cup \{1, 2, 3\} = \{1, 2, 3, 5\}$, der *Vereinigung* der beiden Mengen A und B, beschrieben werden. Das Ereignis A *und* B, eine „ungerade Zahl würfeln, die *zusätzlich* kleiner 4 ist", wird mit $A \cap B = \{1, 3, 5\} \cap \{1, 2, 3\} = \{1, 3\}$, dem *Durchschnitt* der Mengen A und B, beschrieben.

Das Ereignis „eine gerade oder eine ungerade Zahl würfeln" entspricht der Vereinigungsmenge $A \cup B = \{1, 3, 5\} \cup \{2, 4, 6\} = \{1, 2, 3, 4, 5, 6\}$, ist also identisch mit dem gesamten Ereignisraum Ω, tritt demnach immer ein und wird als *sicheres Ereignis* bezeichnet. Das Ereignis „gleichzeitig gerade *und* ungerade zu würfeln", kann nie eintreten und heißt das *unmögliche Ereignis*. Es wird mit dem Symbol $\emptyset$ (leere Menge) bezeichnet. In Mengenschreibweise ausgedrückt erhält man $A \cap B = \{1, 3, 5\} \cap \{2, 4, 6\} = \emptyset$. Die Ereignisse A = „ungerade Zahl würfeln" und B = „gerade Zahl würfeln" schließen sich aus. Die entsprechenden Mengen haben kein Element gemeinsam, man sagt, A und B sind *disjunkt*. Das Ereignis „A trifft nicht ein" heißt das *zu A komplementäre Ereignis* oder das *Gegenereignis zu A* und wird bezeichnet mit $\bar{A}$, dem Komplement der Menge A (bezüglich Ω). Für $A = \{1, 3, 5\}$ = „eine ungerade Zahl würfeln" beispielsweise, ist das Gegenereignis $\bar{A} = \{2, 4, 6\}$ = „keine ungerade Zahl würfeln" also gleich dem Ereignis „eine gerade Zahl würfeln". Die Ereignisse A und $\bar{A}$ werden *Alternativereignisse* genannt und es gilt: $\bar{A} \cup A = \Omega$ und $\bar{A} \cap A = \emptyset$.

25.2 Der Wahrscheinlichkeitsbegriff

Der klassische Wahrscheinlichkeitsbegriff (von Laplace) hat sich aus dem Glücksspiel entwickelt, z. B. aus der Frage nach der Wahrscheinlichkeit (WS), mit einem Würfel eine Sechs zu werfen. Setzt man voraus, dass alle möglichen Ausgänge gleich wahrscheinlich sind, so lässt sich die *Wahrscheinlichkeit $P(E)$* des Ereignisses $E = \{6\}$ wie folgt angeben:

$$P(\{6\}) = \frac{\text{Anzahl Fälle, bei denen eine Sechs auftritt}}{\text{Anzahl aller möglichen Fälle}} = \frac{1}{6}$$

Wenn man das Eintreffen eines Ereignisses E mit *günstig* bezeichnet, erhält man allgemein (klassischer WS-Begriff):

$$P(E) = \frac{\text{Anzahl der günstigen Fälle}}{\text{Anzahl aller möglichen Fälle}}$$

Es ist leicht einzusehen, dass $P(E)$ so *nicht* ermittelt werden kann, wenn Zähler und/oder Nenner unendlich sind. Bei der klassischen WS-Definition muss also neben der *Gleichwahrscheinlichkeit* der Elementarereignisse zudem noch die Forderung eines *endlichen Ereignisraumes* (endliche Anzahl möglicher Fälle) vorausgesetzt werden, was aber nicht immer gegeben ist: Betrachten wir das Geschlecht von Nachkommen zunächst bei *einer* Geburt, so bildet $\Omega = \{\text{Mädchen, Junge}\} = \{m, j\}$ den Ereignisraum. Sei $M = \{m\}$ das Ereignis, dass ein Mädchen geboren wird (entsprechend $J = \{j\}$), dann ist nach der klassischen WS-Definition $P(M) = P(J) = 1/2 = 0.5$. Nun bestehen aber begründete Zweifel, dass Mädchen- und Jungengeburten gleichwahrscheinlich sind.

Der folgende Ansatz führt uns zum *statistischen* Wahrscheinlichkeitsbegriff: Sei n die Gesamtzahl der erfassten Geburten (Stichprobengröße) und $f(M)$ die Anzahl der Mädchengeburten in der Stichprobe, dann nennen wir $f(M)$ die *absolute Häufigkeit* des Ereignisses M, diese Häufigkeit kann einen Wert zwischen 0 und n annehmen, also $0 \leq f(M) \leq n$. Die *relative Häufigkeit* wird nun durch $h(M) = \frac{f(M)}{n}$ definiert; sie nimmt einen Wert zwischen 0 und 1 an (oder in Prozent ausgedrückt, zwischen 0 % und 100 %).

Beispiel Betrachten wir die relative Häufigkeit $h(M)$ von Mädchengeburten in 5 Stichproben mit Stichprobenumfängen $n_1 = 10$, $n_2 = 100$, $n_3 = 5000$, $n_4 = 50\,000$ und $n_5 = 300\,000$ erfassten Geburten.

n	10	100	5000	50 000	300 000
$f(M)$	4	63	2350	23 900	144 600
$h(M)$	0.400	0.630	0.470	0.478	0.482

Die relativen Häufigkeiten der Tabelle deuten darauf hin, dass sich $h(M)$ bei wachsendem Stichprobenumfang auf einen stabilen Wert nahe 0.48 einpendelt. Diese Zahl nehmen wir als *Wahrscheinlichkeit p* des betrachteten Ereignisses. Laut Tabelle wäre demnach $p = P(M) \approx 0.48$ (und nicht $P(M) = 0.5$, wie die klassische WS-Definition postulieren würde). Die beobachtete relative Häufigkeit dient also zur Schätzung der unbekannten Wahrscheinlichkeit.

Sei mit $p = P(E)$ die Wahrscheinlichkeit des Eintreffens des Ereignisses E bezeichnet, dann wird mit der zugehörigen *relativen Häufigkeit* $h(E)$ einer Stichprobe vom Umfang n die Wahrscheinlichkeit $P(E)$ geschätzt (statistischer WS-Begriff):

$$\hat{p} = \hat{P}(E) = h(E) = \frac{f(E)}{n}.$$

Das Zeichen ^ („Dach") unterscheidet den Schätzwert $\hat{p}$ vom unbekannten („wahren") Wert p.

25.3 Die axiomatische Definition der Wahrscheinlichkeit

Folgende drei Axiome bilden die Grundlage der Wahrscheinlichkeitsrechnung:

Seien A und B Ereignisse des Ereignisraumes Ω und $P(A)$ bzw. $P(B)$ ihre Wahrscheinlichkeiten. Dann gelte:

Axiom I   Jedem Ereignis A aus Ω wird eine Wahrscheinlichkeit $P(A)$ zugeordnet, wobei $0 \leq P(A) \leq 1$ gilt.

Axiom II   Für $\emptyset$ (unmögliches Ereignis) und Ω (sicheres Ereignis) gilt: $P(\emptyset) = 0$ und $P(\Omega) = 1$.

Axiom III   Für zwei sich *ausschließende* Ereignisse A und B (d.h. $A \cap B = \emptyset$) gilt: $P(A \cup B) = P(A) + P(B)$.

Aus den drei Axiomen lassen sich u. a. folgende Rechenregeln ableiten:

1. **Generelle Additionsregel.** Für *beliebige* Ereignisse A und B gilt:

$$P(A \cup B) = P(A) + P(B) - P(A \cap B).$$

2. **Spezielle Additionsregel.** Für sich *ausschließende* (*disjunkte*) Ereignisse A und B gilt (nach Axiom III) die einfachere, spezielle Additionsregel:

$$P(A \cup B) = P(A) + P(B).$$

3. **Komplementregel.** Für die Alternativereignisse A und $\bar{A}$ gilt:

$$P(A) = 1 - P(\bar{A}) \quad \text{oder auch} \quad P(A) + P(\bar{A}) = 1.$$

25.4 Bedingte Wahrscheinlichkeit und Unabhängigkeit

Wir interessieren uns für die Güte einer ärztlichen Diagnose anhand eines medizinischen Tests und möchten feststellen, mit welcher Wahrscheinlichkeit ein Patient, der tatsächlich krank ist (K), vom Test T auch als krank diagnostiziert wird (T^+, positives Testergebnis). Die Wahrscheinlichkeit $P(K \cap T^+)$ des Ereignisses „krank *und* ein positives Testergebnis" muss dann auf $P(K)$, die Wahrscheinlichkeit „krank zu sein", bezogen werden. Bezeichnen wir nun das Ereignis „positives Testergebnis *unter* der Bedingung krank zu sein" mit $T^+|K$ (lies: „T^+ gegeben K"), so suchen wir die Wahrscheinlichkeit $P(T^+|K)$, die als *bedingte Wahrscheinlichkeit* bezeichnet wird. Ihr Wert berechnet sich nach der Formel: $P(T^+|K) = P(T^+ \cap K)/P(K)$.

Beispiel Sei $P(T^+ \cap K) = 0.28$ und $P(K) = 0.30$, so ist die Wahrscheinlichkeit eines positiven Testergebnisses für einen tatsächlich erkrankten Patienten: $P(T^+|K) = 0.28/0.30 = 0.93$.

Allgemein ausgedrückt gilt:

Seien A und B zwei Ereignisse (und gelte $P(B) > 0$), dann definiert man die *bedingte Wahrscheinlichkeit* von „A unter der Bedingung B" durch

$$P(A|B) = \frac{P(A \cap B)}{P(B)}.$$

Multipliziert man die obige Gleichung mit $P(B)$, so erhält man die WS des gemeinsamen Auftretens von A und B:

$$P(A \cap B) = P(A|B) \cdot P(B) \quad \text{(Generelle Multiplikationsregel)}.$$

Falls die Wahrscheinlichkeit von A nicht vom Eintreffen von B beeinflusst wird, A und B also unabhängig sind, so ist die bedingte Wahrscheinlichkeit $P(A|B)$ gleich der (unbedingten) Wahrscheinlichkeit $P(A)$. Dies führt zur Definition der *stochastischen Unabhängigkeit*.

Zwei Ereignisse A und B werden *unabhängig* genannt, wenn gilt:

$$P(A|B) = P(A).$$

(Ebenso kann $P(B|A) = P(B)$ als Definition verwandt werden).

Sind die Ereignisse A und B unabhängig, so vereinfacht sich die generelle Multiplikationsregel wie folgt:

Falls A und B *unabhängig* sind, so gilt:

$$P(A \cap B) = P(A) \cdot P(B) \quad \text{(Spezielle Multiplikationsregel)}.$$

Unabhängigkeit kann zum Beispiel bei wiederholtem Münzwurf angenommen werden. Desweiteren wird Unabhängigkeit meistens bei der wiederholten Ausführung von Experimenten unterstellt und bei vielen statistischen Testverfahren vorausgesetzt.

Gehen wir noch einmal auf das obige Beispiel ein und fragen uns jetzt, wie groß die Wahrscheinlichkeit dafür ist, dass ein Patient tatsächlich krank ist (K), falls der medizinische Test dies diagnostiziert (T^+). Um diese Wahrscheinlichkeit $P(K|T^+)$ zu berechnen, verwenden wir die zusätzliche Information, mit welcher Wahrscheinlichkeit der Test ein positives Ergebnis liefert, falls der Patient gesund (nicht krank) ist. Sie betrage zum Beispiel $P(T^+|\bar{K}) = 0.10$. Mit Hilfe der so genannten *Bayes'schen Formel* ergibt sich dann:

$$P(K|T^+) = \frac{P(T^+|K) \cdot P(K)}{P(T^+|K) \cdot P(K) + P(T^+|\bar{K}) \cdot P(\bar{K})}$$
$$= \frac{0.93 \cdot 0.30}{0.93 \cdot 0.30 + 0.10 \cdot 0.70} = 0.80$$

Die *Bayes-Formel* lautet in ihrer allgemeinen Form für ein beliebiges Ereignis B:

$$P(A_i|B) = \frac{P(B|A_i) \cdot P(A_i)}{\sum_j P(B|A_j) \cdot P(A_j)},$$

wobei die A_j ($j = 1, \ldots, k$) paarweise *disjunkt* sind und $\bigcup_{j=1}^{k} A_j = \Omega$ gilt.

25.5 Zufallsvariable

Ordnet man jedem Element eines Ereignisraumes aufgrund einer Vorschrift eine Zahl zu, so definiert man eine Funktion auf dem ursprünglichen Ereignisraum Ω. Diese Funktion wird *Zufallsvariable* genannt und induziert einen neuen Ereignisraum.

Um dies zu veranschaulichen, betrachten wir ein Würfelspiel, in dem mit 2 Würfeln geworfen wird und anschließend nach der Summe der Augenzahlen beider Würfel gefragt wird. Ein Ergebnis unseres Wurfes ist beispielsweise eine 2 mit dem ersten Würfel und eine 6 mit dem zweiten Würfel und soll folgendermaßen dargestellt werden: $\{(2/6)\}$. In unserem Spiel interessiert jedoch nur die Augensumme $2 + 6 = 8$ als Ereignis, das auch als Ergebnis anderer Konstellationen zweier Würfe zustande kommen kann, beispielsweise durch $\{(3/5)\}$ oder $\{(4/4)\}$. Die Zufallsvariable „Augensumme" bildet somit den ursprünglichen Ereignisraum $\Omega = \{(1/1), (1/2), \ldots, (6/6)\}$ aufgrund der möglichen Augensummen auf den neuen, induzierten Ereignisraum $\{2, 3, \ldots, 12\}$ ab. Die elf Elementarereignisse $x_1 = 2, \ldots, x_{11} = 12$ werden *Realisationen* der Zufallsvariablen X genannt. Die Menge aller Wahrscheinlichkeiten $p_i = P(X = x_i)$ wird die *Wahrscheinlichkeitsverteilung* von X genannt, und die Summe aller p_i beträgt 1.

Für unser Beispiel lassen sich die p_i mit Hilfe der klassischen WS-Definition berechnen: Im *ursprünglichen* Ereignisraum Ω gibt es 36 verschiedene Elementarereignisse, die alle die gleiche WS von $\frac{1}{36}$ haben. Fragen wir nun z. B. nach der WS des Auftretens der Augensumme $x_7 = 8$, dann gibt es dafür 5 „günstige" unter den 36 möglichen Würfelkombinationen, nämlich $(2/6), (3/5), (4/4), (5/3), (6/2)$ und somit ist $p_7 = P(X = 8) = 5 \cdot \frac{1}{36} = 0.139$. Insgesamt erhalten wir die Wahrscheinlichkeiten $p_1 = P(X = 2) = \frac{1}{36}$, $p_2 = P(X = 3) = \frac{2}{36}$, $p_3 = \frac{3}{36}$, $p_4 = \frac{4}{36}$, $p_5 = \frac{5}{36}$, $p_6 = \frac{6}{36}$, $p_7 = \frac{5}{36}$, ..., $p_{11} = \frac{1}{36}$ und für die Summe der p_i ergibt sich

$$\sum_{i=1}^{11} p_i = p_1 + p_2 + \ldots + p_{11} = 1.$$

Die Verteilung einer Zufallsvariablen X kann durch ihre Lage und Streuung charakterisiert werden, man verwendet dafür deren *Erwartungswert* $E(X)$ und *Varianz* Var(X):

$$E(X) = \mu = \sum_i p_i \cdot x_i$$

$$\text{Var}(X) = \sigma^2 = \sum_i p_i \cdot (x_i - \mu)^2$$

Die Wurzel aus Var(X) heißt *Standardabweichung* σ, sie eignet sich in vielen Fällen besser zur Beschreibung der Verteilung als die Varianz.

Für unser Beispiel ergibt sich $E(X) = \mu = \sum p_i \cdot x_i = \frac{1}{36} \cdot 2 + \frac{2}{36} \cdot 3 + \ldots + \frac{1}{36} \cdot 12 = 7$, Var($X$) $= \sigma^2 = \sum p_i (x_i - \mu)^2 = \frac{1}{36} \cdot (2-7)^2 + \frac{2}{36} \cdot (3-7)^2 + \frac{1}{36} \cdot (12-7)^2 = 5.833$ und $\sigma = \sqrt{5.833} = 2.42$.

Die Verteilung der Augensumme besitzt also einen Mittelwert $\mu = 7$ und eine Standardabweichung $\sigma = 2.42$.

Nimmt eine Zufallsvariable nur diskrete Ausprägungen, z. B. ganze Zahlen an, so spricht man von einer zugehörigen diskreten Wahrscheinlichkeitsverteilung. Wichtige diskrete Wahrscheinlichkeitsverteilungen sind die *Binomialverteilung* und die *Poissonverteilung* (siehe §§26.1 und 26.2).

In unseren bisherigen Beispielen wurden nur Zufallsvariablen mit diskreten Ausprägungen untersucht. Betrachtet man dagegen Zufallsvariablen wie Körpergröße oder -gewicht eines Menschen, so werden kontinuierlich verteilte Werte vermutet. Dies erscheint plausibel, da beide Merkmale (Variable) im Rahmen der gewählten Messgenauigkeit beliebige reelle Zahlen im Untersuchungsbereich annehmen können. Für die Wahrscheinlichkeit, mit der die verschiedenen Realisationen der Zufallsvariablen X, in unserem Falle die Messwerte, auftreten, ergibt sich dann ebenfalls eine stetige Verteilung. Sie wird die *Wahrscheinlichkeitsdichtefunktion* $f(x)$ oder einfach *Dichtefunktion* $f(x)$ der zugehörigen Zufallsvariablen X genannt.

Während bei diskreten Zufallsvariablen X eine bestimmte Wahrscheinlichkeit $p_i = P(X = x_i)$ angegeben werden kann, ist dies bei kontinuierlichen Variablen

nicht mehr so einfach. Man definiert die Wahrscheinlichkeit in diesem Fall als Fläche unter der Dichtefunktion $f(x)$ und erhält dafür allgemein

$$P(a \leq X \leq b) = \int_a^b f(x)dx, \quad a, b \text{ beliebige reelle Zahlen.}$$

Dieses Integral gibt die Wahrscheinlichkeit an, einen Messwert im Intervall zwischen a und b zu erhalten. Eine Konsequenz daraus ist, dass die Wahrscheinlichkeit
für das Auftreten eines einzelnen Messwertes $x_i = a$ gleich null wird:

$$P(X = a) = \int_a^a f(x)dx = 0.$$

Für eine Dichtefunktion $f(x)$ gilt zudem $\int_{-\infty}^{+\infty} f(x)dx = 1$.

Beim Beispiel des Körpergewichtes mit der Dichtefunktion $f(x)$ wird die Wahrscheinlichkeit für das Auftreten von Personen mit einem Gewicht zwischen 60 und
70 kg folgendermaßen berechnet:

$$P(60 \leq X \leq 70) = \int_{60}^{70} f(x)dx.$$

Häufig ist man auch an der Wahrscheinlichkeit interessiert, wie viele Werte kleiner
oder gleich einer vorgegebenen oberen Grenze auftreten. So gilt beispielsweise für
die Wahrscheinlichkeit, Personen mit einem Körpergewicht bis zu 70 kg zu erhalten:

$$P(X \leq 70) = P(-\infty < X \leq 70) = \int_{-\infty}^{70} f(x)dx.$$

Lassen wir die obere Grenze variabel, so erhält man

$$F(x) = P(X \leq x) = \int_{-\infty}^x f(x)dx.$$

$F(x)$ wird *Verteilungsfunktion* der Zufallsvariablen X genannt. Sie ist eine Stamm-
funktion der zugehörigen Dichtefunktion $f(x)$.

Auch im stetigen Fall kann die Verteilung einer Zufallsvariablen X durch ihre
Lage und Streuung charakterisiert werden.

Bei *stetigen Verteilungen* berechnet man *Erwartungswert* $E(X)$ und *Varianz* $\text{Var}(X)$ wie folgt:

$$E(X) = \mu = \int_{-\infty}^{\infty} f(x) \cdot x \, dx$$

$$\text{Var}(X) = \sigma^2 = \int_{-\infty}^{\infty} f(x) \cdot (x - \mu)^2 \, dx$$

25.6 Kombinatorik oder die Kunst des Abzählens

In der Wahrscheinlichkeitsrechnung, Statistik und Versuchsplanung müssen oft Objekte (Versuchstiere, Medikamente, Zahlen, ...) angeordnet werden. Wir könnten z. B. fragen, wie viele verschiedene Sitzordnungen es für 3 Personen an einem Tisch gibt. Für die erste Person gibt es 3 Möglichkeiten, die zweite hat nur noch 2 und die letzte genau eine Möglichkeit. Insgesamt existieren also $3 \cdot 2 \cdot 1 = 3!$ verschiedene Anordnungen (Permutationen). Allgemein können n verschiedene Objekte auf $n!$ (lies: „n Fakultät") Möglichkeiten angeordnet werden.

In vielen Problemen sind die Objekte aber nicht unterscheidbar, oder die Gruppengröße k ist verschieden von der Anzahl n der Objekte. Die verschiedenen Resultate können anhand einer Stichprobenziehung aus einer Grundgesamtheit veranschaulicht werden (Urnenmodell). Hierzu stelle man sich eine Urne mit n unterscheidbaren (nummerierten) Kugeln vor, aus der eine Stichprobe von k Kugeln zufällig gezogen wird. Folgende vier Vorgehensweisen sind denkbar:

Eine Kugel wird der Urne entnommen, ihre Nummer notiert und danach wieder *zurückgelegt*. Dadurch kann sie bei weiteren Zügen *wiederholt* entnommen werden und mehrfach in der Gruppe vorkommen (mit Wiederholung). Dagegen kann die Kugel nicht wiederholt gezogen werden, wenn sie nicht zurückgelegt wird. Weiterhin muss entschieden werden, ob die *Reihenfolge*, in der die Kugeln entnommen werden, zu berücksichtigen ist *oder nicht*. Damit lassen sich vier *kombinatorische Möglichkeiten* unterscheiden:

Reihenfolge (Anordnung)	Zurücklegen (Wiederholung)	Formel
berücksichtigt (Variationen)	mit	$V_{\mathrm{m}}(n, k) = n^k$
	ohne	$V_{\mathrm{o}}(n, k) = \frac{n!}{(n-k)!}$
nicht berücksichtigt (Kombinationen)	mit	$K_{\mathrm{m}}(n, K) = \binom{n+k-1}{k}$
	ohne	$K_{\mathrm{o}}(n, k) = \binom{n}{k}$

Für alle Variationen $V(n,k)$ ist die Reihenfolge bedeutsam, in der die Kugeln gezogen werden, bei den Kombinationen $K(n,k)$ bleibt sie dagegen unberücksichtigt. Ist die Gruppengröße k gleich der Anzahl n, so stimmen *Variationen* ohne Zurücklegen $V_o(n,n) = n!$ mit der Anzahl der Permutationen von n Objekten überein.

Beispiel Im Folgenden geben wir für die vier aufgelisteten kombinatorischen Möglichkeiten je eine Anwendung:

(a) **Variationen mit.** Wie viele Aminosäuren könnten mit Hilfe der 4 Basen T, C, A und G festgelegt werden? Eine Aminosäure wird durch ein Tripel von $k = 3$ Basen kodiert. Es ist ein Urnenmodell mit $n = 4$ Basen zugrundezulegen. Die gleichen Basen können wiederholt in einem Tripel auftreten, deshalb ist das Modell mit Zurücklegen zu verwenden, und die Reihenfolge ist zu berücksichtigen. Damit ergeben sich *Variationen* mit Wiederholung: $V_m(4,3) = 4^3 = 64$.

(b) **Variationen ohne.** Für die nächsten Olympischen Spiele sollen die $k = 4$ besten Länder aus $n = 65$ teilnehmenden Nationen vorhergesagt werden. Unter den ersten vier kann jedes Land höchstens einmal erscheinen (ohne Zurücklegen/ohne Wiederholung) und die Anordnung (Platzierung) ist wichtig. Es sind somit *Variationen* ohne Wiederholung, also

$$V_o(65,4) = \frac{65!}{(65-4)!} = 16\,248\,960.$$

(c) **Kombinationen mit.** Eine Kiste soll mit $k = 6$ Weinflaschen gepackt werden, neun verschiedene Sorten stehen zur Verfügung, von denen mehrere Flaschen gleicher Sorte gewählt werden dürfen (d. h. mit Wiederholung). Da die Reihenfolge des Packens bedeutungslos ist, liegt der Fall *Kombinationen* mit Wiederholung (Zurücklegen) vor, dies ergibt

$$K_m(9,6) = \binom{9+6-1}{6} = 3003 \text{ Möglichkeiten.}$$

(d) **Kombinationen ohne.** Wie viele verschiedene Möglichkeiten gibt es im Lotto 6 Zahlen zu ziehen? Dabei ist zu beachten, dass gezogene Kugeln nicht wieder zurückgelegt werden und dass die Reihenfolge der Ziehungen unberücksichtigt bleibt (*Kombinationen* ohne Wiederholung). Man erhält

$$K_o(49,6) = \binom{49}{6} = \frac{49!}{43! \cdot 6!} = 13\,983\,816.$$

§26 Wahrscheinlichkeitsverteilungen

Bei der statistischen Analyse experimenteller Daten erlebt man oft, dass sich hinter völlig verschiedenen Versuchen (mit ganz unterschiedlichen konkreten Ereignisräumen) im Prinzip die gleichen Zufallsprozesse verbergen. Mit dem Konzept der reellwertigen Zufallsvariablen (ZV) haben wir uns ein Instrument geschaffen, das gerade diese notwendige Abstraktion vom konkreten Ereignisraum Ω auf eine allgemeinere Ebene leistet, auf der dann der ablaufende Zufallsprozess deutlich hervortritt. Von der ursprünglichen Versuchssituation wird in der ZV nur noch die interessierende Wahrscheinlichkeitsstruktur beibehalten. So lassen sich viele Datensätze, die äußerlich nichts gemeinsam haben, dennoch auf dieselbe Familie von ZV zurückführen.

Beispiel Der Heilungserfolg eines Medikaments hat zunächst wenig mit dem Würfeln gemein. Hat aber das Medikament eine Misserfolgsrate von 17 % (etwa 1/6), so wird die Wahrscheinlichkeit, *dass alle 20 Patienten* einer Stichprobe *geheilt* werden, ebenso groß sein wie die Wahrscheinlichkeit, *in 20 Würfeln* eines Würfels *keine einzige 6* zu erzielen. Beide Vorgänge lassen sich durch die gleiche ZV modellieren.

Da schon wenige, wichtige Wahrscheinlichkeitsverteilungen einen verblüffend breiten Bereich aller in der Praxis auftretenden Situationen abdecken, erscheint es sinnvoll, sich einen Überblick über die wichtigsten dieser oft hilfreichen ZV zu verschaffen. Im Folgenden wollen wir sechs solcher häufig auftretenden ZV mit den dazugehörigen Verteilungen vorstellen. Wir unterscheiden dabei zwei Gruppen von Verteilungen: Zur *ersten Gruppe* gehören die so genannten *Wahrscheinlichkeitsverteilungen* (WS-Verteilungen), die sich dadurch auszeichnen, dass sie unmittelbar als Modelle für empirisch gewonnene Daten dienen. Drei Vertreter dieser Gruppe sollen besprochen werden, nämlich die Binomialverteilung, die Poissonverteilung und die Normalverteilung. Die *zweite Gruppe* umfasst die so genannten *Prüfverteilungen*, deren Hauptfunktion es ist, kritische Werte (vgl. §8.5) für die statistische Hypothesenprüfung zu liefern. Wir werden auf die t-, die χ^2- und die F-Verteilung eingehen.

Drei Modellsituationen, die in vielen Experimenten gute Näherungen liefern, sollen im Folgenden beschrieben werden: das Binomial- und das Poisson-Modell führen zu zwei der wichtigsten diskreten WS-Verteilungen, während die Normalverteilung unter den stetigen Zufallsvariablen eine zentrale Bedeutung besitzt.

26.1 Zur Binomialverteilung

Betrachten wir eine Folge von *Einzelversuchen (EV)* mit jeweils *dichotomen* Ausgang, d. h. in jedem EV sollen *nur zwei* sich gegenseitig ausschließende Ereignisse eintreten können. Diese Alternativereignisse werden allgemein mit „*Erfolg*" ($S =$ *success*) und „*Misserfolg*" ($F =$ *failure*) bezeichnet.

Beispiel Ein Versicherungsagent besucht 5 Kunden und versucht, ihnen jeweils eine Lebensversicherung zu verkaufen. Jeder dieser „Einzelversuche" kann zu einem Abschluss (S) oder zu keinem Abschluss (F) führen.

Weiterhin setzen wir voraus, dass die Einzelversuche voneinander unabhängig sind und dass in jedem EV die Wahrscheinlichkeiten p und q beide unverändert bleiben, wobei $p = P(S)$ die WS für einen Erfolg und $q = P(F) = (1 - p)$ die WS für einen Fehlschlag sei.

Beispiel Aus einer Urne mit 5 Kugeln (2 weißen und 3 roten) wird eine Kugel gezogen. Sei *weiß* als „Erfolg" gewertet, dann ist beim ersten Ziehen $p = P(S) = P(weiß) = 2/5 = 0.40$.

Legen wir die Kugel vor dem nächsten Ziehen zurück („mit Zurücklegen"), so bleibt die Wahrscheinlichkeit p in jedem Einzelversuch unverändert. Außerdem können wir davon ausgehen, dass die EV unabhängig voneinander sind. Legen wir dagegen die Kugel *nicht* zurück („ohne Zurücklegen"), so ist beim zweiten Ziehen entweder $p = P(S) = 1/4 = 0.25$ oder $p = 0.50$, je nachdem, wie die erste Ziehung ausfiel. Die Ziehungen sind weder unabhängig, noch bleiben die WS unverändert.

Mit der eingeführten Terminologie können wir nun die Binomialverteilung wie folgt charakterisieren.

Binomialverteilung:

Das Experiment bestehe aus einer Folge von *Einzelversuchen* (EV), dabei gelte:

(1) Die EV sind dichotom mit Ausgängen S und F.
(2) Die EV sind voneinander unabhängig mit konstanten Wahrscheinlichkeiten $p = P(S)$ und $q = 1 - p = P(F)$.
(3) Die Anzahl X der eingetroffenen Erfolge S ist von Interesse.
(4) Die Anzahl k der EV ist vorher fixiert, d. h. X kann nicht größer als k werden.

Können diese Bedingungen als erfüllt angesehen werden, dann ist $X \sim \text{Bin}(k, p)$, d. h. die ZV ist binomialverteilt mit Parametern k und p, und es gilt:

(a) $P(X = x) = \binom{k}{x} \cdot p^x \cdot q^{(k-x)}$ für $x = 0, 1, 2, \ldots, k$.
(b) $E(X) = k \cdot p$.
(c) $\text{Var}(X) = k \cdot p \cdot q$.
(d) $0 < \text{Var}(X)/E(X) < 1$ (Unterdispersion).

Aus experimentellen Daten schätze p durch $\hat{p} = \bar{x}/k$.

Beispiel In einem Wald seien 70 % aller Bäume gesund (S) und 30 % geschädigt (F). Es sollen $k = 4$ Bäume zufällig ausgewählt werden. Wie groß ist die WS, dass unter den 4 Bäumen genau 3 gesund sind? Bei jedem EV (Auswählen eines Baumes) ist die Chance (d. h. die Wahrscheinlichkeit), einen gesunden Baum zu wählen $p = P(S) = 0.70$, entsprechend ist $q = 0.30$. Wir wollen nun die Gültigkeit der Binomial-Bedingungen überprüfen: (1) die EV sind dichotom, und (2)

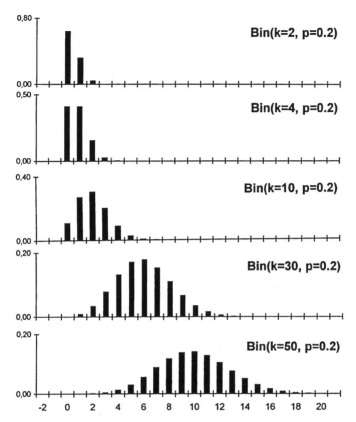

Abb. 26.1 Aus den Formeln $E(X) = k \cdot p$ für den Erwartungswert und $\text{Var}(X) = k \cdot p \cdot q$ für die Varianz lässt sich leicht erkennen, dass (bei konstant gehaltenem p, hier $p = 0.2$) mit wachsendem k das Zentrum $E(X)$ der Binomialverteilung immer weiter nach rechts rückt, dass außerdem die Verteilung immer „breiter streut" (die Varianz wächst) und zunehmend symmetrischer wird. Im Spezialfall $p = q = 0.50$ ist Symmetrie auch schon für kleine Werte von k gegeben

sie können als unabhängig mit konstantem p und konstantem q angesehen werden, (3) interessiert uns die Anzahl X der Erfolge und (4) die Anzahl EV wurde a priori auf $k = 4$ Bäume fixiert. Die Bedingungen sind erfüllt, also kann ein Binomialexperiment unterstellt werden, und die gesuchte Wahrscheinlichkeit $P(3\ gesunde\ Bäume) = P(X = 3)$ kann nach der angegebenen Formel berechnet werden, $P(X = 3) = 41.6\,\%$. Weiterhin ist $E(X) = k \cdot p = 4 \cdot 0.7 = 2.8$. Über viele Wiederholungen dieses Binomialexperimentes sind daher unter je vier gewählten Bäumen durchschnittlich 2.8 gesunde zu erwarten.

In der Praxis ist der Wert von p meist unbekannt und muss aus den experimentellen Daten gewonnen werden (Parameterschätzung). Um den Parameter p des vorigen Beispiels zu schätzen, könnten wir z. B. 100 Förster bitten, jeweils 4 Bäume zufällig auszuwählen und uns die beobachtete Anzahl gesunder Bäume in ihrer Stichprobe mitzuteilen. Wir würden dann über die 100 eintreffenden Zahlenwerte x_i mitteln und $\bar{x}$, die durchschnittliche Anzahl beobachteter gesunder Bäume (unter vier gewählten Bäumen), erhalten. Sei z. B. $\bar{x} = 2.6$, dann würden wir $\hat{p} = 2.6/4 = 0.65$ als Schätzwert für p nehmen, was recht nahe am wahren Wert von $p = 0.70$ liegt.

> Allgemein schätzt man den *Parameter* p der Binomialverteilung aus dem beschriebenen Datensatz nach der Formel $\hat{p} = \frac{\bar{x}}{k}$.

Bemerkung Sei nun $G = \sum x_i$ die Anzahl aller gesunden Bäume, die von den Förstern unter den insgesamt 400 untersuchten Bäumen beobachtet wurden, dann kann man auch $\hat{p} = G/400$ rechnen und erhält denselben Wert wie mit der Formel $\hat{p} = \bar{x}/k$.

26.2 Zur Poissonverteilung

Betrachten wir zunächst ein Experiment, bei dem das Eintreten eines bestimmten Ereignisses A im Mittelpunkt steht. Und zwar interessiert uns, wie oft A in einer festgelegten „Zähleinheit" (ZE) vorkommt. Außerdem soll es keine Obergrenze für die höchstmögliche Anzahl auftretender As pro Zähleinheit geben.

Beispiel Untersucht wird die Virenkonzentration in einer infizierten Zelle. Die infizierte Zelle ist hier die Zähleinheit ZE und jedes gefundene Virus gilt als Eintreten des Ereignisses A.

In vielen Anwendungen bilden festgewählte *Zeitintervalle* die Zähleinheit ZE, so z. B. wenn die Anzahl Verkehrsunfälle *pro Woche* in Efmünden registriert wird.

Treten die Ereignisse A *unabhängig* voneinander auf und können sie jede Zähleinheit mit gleicher WS treffen, dann sagen wir, die Ereignisse A seien *zufällig* über die Zähleinheiten ZE verteilt. Schließlich wollen wir die durchschnittliche Anzahl As pro ZE mit λ bezeichnen. Mitteln wir die Anzahl As über viele ZE, so soll λ gleich bleiben, unabhängig von der Auswahl der ZE.

Beispiel Die Fußgängerzone in Efmünden ist mit großen Quadratplatten gepflastert. X sei die Anzahl Kaugummiflecken auf einer solchen Platte. Die „Produktion" jedes neuen Flecks wird nicht von der Anzahl der schon vorhandenen Flecken beeinflusst, und alle Platten können als „gleich beliebt" bei den Fleckenproduzenten angesehen werden. Die Verteilung der Flecken ist also zufällig. In Efmünden wurde ein $\lambda = 1.2$ Flecken pro Platte ermittelt.

Mit der eingeführten Terminologie lässt sich jetzt die Poissonverteilung wie folgt charakterisieren:

Poissonverteilung:

Im Experiment sei eine *Zähleinheit* ZE definiert, in der man jedes Auftreten des Ereignisses A registriert, dabei gelte:

(1) Die *As* sind zufällig über die ZE verteilt.
(2) Die durchschnittliche Anzahl der *As* pro ZE sei $\lambda > 0$.
(3) Von Interesse ist X, die Anzahl *As* pro ZE.
(4) Es gibt nach oben keine Beschränkung für die Anzahl *As* pro ZE, d. h. X kann beliebig groß werden.

Können diese Bedingungen als erfüllt angesehen werden, dann ist $X \sim$ Poisson(λ), d. h. die Zufallsvariable X ist verteilt nach Poisson mit Parameter λ, und es gilt:

(a) $P(X = x) = \frac{\lambda^x}{x!} \cdot e^{-\lambda}$ für $x = 0, 1, 2, \ldots$
(b) $E(X) = \lambda$.
(c) $\mathrm{Var}(X) = \lambda$.
(d) $\mathrm{Var}(X)/E(X) = 1$ (Normdispersion).

Aus experimentellen Daten schätze λ durch $\hat{\lambda} = \bar{x}$.

Beispiel Ein großer Automobilhersteller hat ermittelt, dass sich während der Produktion durchschnittlich 2.7 Mängel pro Auto einschleichen, die eine spätere Korrektur durch die Vertragswerkstatt erfordern. Wie groß ist die WS, dass ein fabrikneues Auto *mindestens einen* solchen Defekt aufweist? Versuchen wir das Poisson-Modell anzuwenden. Als ZE nehmen wir „ein verkauftes Auto", das Ereignis A bestehe aus dem „Auftreten eines Defekts". Überprüfen wir nun die Poisson-Bedingungen: (1) die Mängel treten zufällig auf, z. B. tritt beim selben Auto ein Mangel am Verteiler unabhängig von einem Lackierungsfehler auf, und (abgesehen von „Montags-Autos") kann es jedes Auto gleichermaßen treffen, (2) es kann von einer konstanten Mängelintensität $\lambda = 2.7$ ausgegangen werden, (3) es interessiert die Anzahl X der Mängel pro Auto, (4) es kann angenommen werden, dass keine Beschränkung für die Höchstzahl möglicher Defekte pro Auto existiert. Die Bedingungen einer Poisson-Situation dürfen als erfüllt angesehen werden und die gesuchte Wahrscheinlichkeit ist $P(X \geq 1) = 1 - P(X = 0) = 1 - e^{-\lambda} = 1 - e^{-2.7} = 93.3\%$.

Die Poisson-Wahrscheinlichkeiten sind ursprünglich als Grenzwerte von Binomial-Wahrscheinlichkeiten entwickelt worden. Man zeigte, dass $\lim_{k \to \infty} \binom{k}{x} \cdot p^x \cdot q^{(k-x)} = \frac{\lambda^x}{x!} \cdot e^{-\lambda}$ gilt, wenn das Produkt $k \cdot p$ konstant gehalten wird, so dass $\lambda = k \cdot p$ gilt. Wegen dieser Verwandtschaft der beiden Modelle kann in vielen Fällen, in denen eigentlich das Binomial-Modell besser passt, die Poisson-Wahrscheinlichkeit benutzt werden. Denn für „kleines" p und „nicht zu kleines" k lässt sich die Binomialverteilung gut durch die schneller zu berechnende Poissonverteilung approximieren (annähern). Die sukzessive Berechnung der Poisson-

Wahrscheinlichkeiten für $x = 0, 1, 2, \ldots$ wird zusätzlich erleichtert durch die folgende *Rekursionsformel*:

$$P(X = x + 1) = \frac{\lambda}{(x + 1)} \cdot P(X = x).$$

Beispiel Approximation der Binomialverteilung Bin($k = 10, p = 0.05$) durch Poisson($\lambda = k \cdot p = 0.5$). Für den relativ kleinen Wert von $p = 1/20 = 0.05$ und für $k = 10$ sind die beiden WS-Verteilungen schon recht nahe beieinander: Für $X = 0, 1, 2,$ und 3 z. B. erhalten wir die Binomial-Wahrscheinlichkeiten $P(X = 0) = 0.5987$, $P(X = 1) = 0.3151$, $P(X = 2) = 0.0746$ und $P(X = 3) = 0.0105$. Zum Vergleich berechnen wir mit der Rekursionsformel die entsprechenden Poisson-Wahrscheinlichkeiten: $P(X = 0) = e^{-0.5} = 0.6065$, $P(X = 1) = \frac{0.5}{1} \cdot 0.6065 = 0.3033$, $P(X = 2) = \frac{0.5}{2} \cdot 0.3033 = 0.0758$ und $P(X = 3) = 0.0126$.

Bemerkung Die Poissonverteilung beschreibt einerseits als eigenständiges Modell viele reale Zufallsprozesse. Sie liefert andererseits bei kleinem p („seltene Ereignisse") und nicht zu kleinem k auch gute Näherungen für Binomial-Wahrscheinlichkeiten.

26.3 Zur Normalverteilung

Die bisher behandelten WS-Verteilungen waren diskret. Mit der Normalverteilung stellen wir die erste stetige Verteilung vor, im Abschnitt „Prüfverteilungen" werden noch drei weitere stetige Verteilungen hinzukommen. Während *diskrete* Zufallsvariablen beim *Zählen* hilfreiche Modelle bereitstellen, sind *stetige* Zufallsvariablen nützlich beim Modellieren von Experimenten mit Größen (intervallskalierte Merkmale, vgl. §1.2) wie Gewicht, Zeitdauer, Entfernung, Temperatur oder Geschwindigkeit. Betrachten wir also ein Experiment, bei dem die Ausprägung eines Merkmals *gemessen* (und nicht nur „gezählt") wird. Außerdem soll das Merkmal die Resultierende aus sehr *vielen Einzeleffekten* sein, die *unabhängig* voneinander und in *additiver* Weise zum gemessenen Wert beitragen. Und weil viele additive Komponenten beteiligt sind, werden die meisten nur relativ wenig zum resultierenden Wert beitragen.

Beispiel Der Ertrag einer Parzelle kann leicht als Ergebnis von unendlich vielen äußeren und inneren Einflussfaktoren gedacht werden: Einerseits lässt sich der Gesamtertrag als Summe der individuellen Erträge aller beteiligten Pflanzen auffassen; andererseits ist er auch als Größe interpretierbar, die sich in additiver Weise aus dem Zusammenwirken verschiedener Einflüsse wie Boden, Düngung, Temperatur, Bestandesdichte etc. ableitet. Häufig können einzelne Faktoren gedanklich weiter zerlegt werden, Temperatur z. B. in Tages- oder Stundentemperatur.

Mathematisch geht jeder Einflussfaktor i über eine eigenständige Zufallsvariable X_i in die Rechnung ein, und das gemessene Merkmal ist dann die Summe

$X = X_1 + X_2 + \ldots$ all dieser Zufallsvariablen. Unter Verwendung des Zentralen Grenzwertsatzes kann dann mit überraschend geringen Voraussetzungen an die einzelnen Zufallsvariablen X_i gezeigt werden, dass deren Summe X asymptotisch normalverteilt ist. In der Praxis sind diese geringen Voraussetzungen an die X_i oft erfüllt, und die gemessene Größe darf als annähernd normalverteilt angesehen werden. Wenn genügend Messungen von X vorliegen, wird das zugehörige Häufigkeitshistogramm (§3.1.5) bei normalverteilten Daten auf Symmetrie und Glockenform hindeuten.

Normal- oder Gauß-Verteilung:

Im Experiment werde ein stetiges, intervallskaliertes Merkmal X gemessen, dabei gelte:

(1) Der gemessene Wert ist resultierende Summe aus sehr vielen verschiedenen Einflussfaktoren.

(2) Die einzelnen Einflussfaktoren wirken additiv und unabhängig voneinander.

(3) Das Häufigkeitshistogramm wiederholter X-Messung deutet auf einen stetigen Ausgleich hin, der glockenförmig ist.

Können diese Bedingungen als erfüllt betrachtet werden, so ist $X \sim N(\mu, \sigma)$, d.h. die Zufallsvariable X ist *normalverteilt* mit den Parametern μ und σ, und es gilt:

(a) $P(a \leq X \leq b) = \frac{1}{\sigma \cdot \sqrt{2\pi}} \cdot \int_a^b e^{-\frac{1}{2}(\frac{x-\mu}{\sigma})^2} dx$ mit $b \geq a, \sigma > 0$.

(b) $E(X) = \mu$.

(c) $\text{Var}(X) = \sigma^2$.

Die in (a) integrierte Funktion $f(x) = \frac{1}{\sigma \cdot \sqrt{2\pi}} \cdot e^{-\frac{1}{2}(\frac{x-\mu}{\sigma})^2}$ heißt *Dichtefunktion* von $N(\mu, \sigma)$. Aus experimentellen Daten schätze μ durch $\hat{\mu} = \bar{x}$ und σ durch $\hat{\sigma} = s$.

Beispiel Die morgendliche Fahrtzeit X von der Wohnung zum Büro sei normalverteilt mit Parametern $\mu = 17$ und $\sigma = 3$ min, also $X \sim N(\mu = 17, \sigma = 3)$. Dann ist die Wahrscheinlichkeit, dass man für den Weg zum Büro zwischen 15 und 20 min benötigt, gleich $P(15 \leq X \leq 20) = 58.99\%$; zur Berechnung vgl. das Beispiel in §26.4. Der Erwartungswert ist $E(X) = 17$ und die Varianz ist $\text{Var}(X) = 9$.

Unser Beispiel zeigt, dass bei Anwendung einer Normalverteilung von der Realität „abstrahiert" wird, denn im Modell sind z.B. auch negative Werte für X („negative Fahrtzeiten") zugelassen. Diese unsinnigen Werte weisen jedoch so minimale Wahrscheinlichkeiten auf (hier z.B. nur 0.0001 %), dass wir sie ignorieren können.

Die X-Werte einer Normalverteilung erstrecken sich von $-\infty$ bis $+\infty$. Die zugehörigen Wahrscheinlichkeiten nehmen aber mit zunehmender „Entfernung von μ" schnell ab, denn die Glockenkurve verläuft dort schon fast auf der X-Achse.

Entfernte Bereiche dürfen deswegen in der Praxis vernachlässigt werden. Die „Entfernung" von μ wird dabei in Standardabweichungen (σ-*Einheiten*) gemessen, weil es von der Größe von σ abhängt, wo die Kurve beginnt, sich an die X-Achse anzuschmiegen.

Beispiel Alle X-Werte außerhalb der 5-σ-Distanz haben zusammengenommen nur eine Wahrscheinlichkeit von weniger als einem Millionstel. Alle negativen Fahrtzeiten im vorigen Beispiel lagen in diesem Randbereich.

In §4.3 wird für einen hypothetischen Datensatz die Normalverteilung als stetige Ausgleichskurve verwendet, wobei deren Erwartungswert μ mit dem Stichprobenmittelwert $\bar{x}$ und deren Standardabweichung σ mit der Stichprobenstreuung s gleichgesetzt werden, um dann die Gauß-Wahrscheinlichkeiten im Ein-, Zwei- und Drei-σ-Bereich zu bestimmen (vgl. Abb. 4.5):

Ein-Sigma-Bereich: $\quad P(\mu - \sigma \leq X \leq \mu + \sigma) = 68.3\,\%$

Zwei-Sigma-Bereich: $\quad P(\mu - 2\sigma \leq X \leq \mu + 2\sigma) = 95.4\,\%$

Drei-Sigma-Bereich: $\quad P(\mu - 3\sigma \leq X \leq \mu + 3\sigma) = 99.7\,\%$

Bemerkung Die Normalverteilung beschreibt einerseits als *eigenständiges Modell* viele reale Zufallsprozesse. Sie liefert andererseits *gute Näherungen für die* Bin(k, p)-*Wahrscheinlichkeiten*, wenn $k \cdot p$ und $k \cdot q$ genügend groß sind. Als Faustregel kann hier gelten, dass beide Werte größer als 5 sein sollen. Die Normalverteilung kann auch zur *Approximation der Poisson-Wahrscheinlichkeiten* eingesetzt werden, wenn λ groß ist.

26.4 Standardnormalverteilung und z-Transformation

Oft spricht man etwas salopp von „der" Normalverteilung, in Wahrheit gibt es *unendlich viele* Normalverteilungen, zu jeder (μ, σ)-Kombination eine andere. Den Einfluss des Streuungsparameters auf die Form der Verteilung hatten wir schon angesprochen: Je *größer* σ, desto *flacher* verläuft die Glockenkurve und desto weiter gestreut sind die X-Werte. Für μ, den anderen Parameter der Normalverteilung, gilt: Je *größer* μ, desto *weiter rechts* liegt das Zentrum der Glockenkurve (vgl. Abb. 26.2).

Aus Gründen, die später verständlich werden, hat man sich unter allen Normalverteilungen auf eine spezielle geeinigt, die besonders hervorgehoben und sogar mit einem eigenen Namen versehen wird, die *Standardnormalverteilung*.

Standardnormalverteilung:

Die spezielle Normalverteilung, deren Mittelwert $\mu = 0$ und deren Standardabweichung $\sigma = 1$ ist, heißt *Standardnormalverteilung* (oder Z-Verteilung). Die zugehörige Zufallsvariable wird mit Z bezeichnet, es gilt:

(a) $Z \sim N(0, 1)$.

(b) $P(a \leq Z \leq b) = \frac{1}{\sqrt{2\pi}} \cdot \int_a^b e^{-\frac{1}{2}x^2} dx$ mit $b \geq a$.

(c) $E(Z) = 0$.

(d) $\text{Var}(Z) = 1$.

Die in (b) integrierte Funktion $f(x) = \frac{1}{\sqrt{2\pi}} \cdot e^{-\frac{1}{2}x^2}$ heißt *Dichtefunktion* von $N(0, 1)$.

Für die Z-Wahrscheinlichkeiten liegen Tabellen vor.

Während der Buchstabe X zur Bezeichnung von beliebigen Gauß-verteilten (und anderen) Zufallsvariablen verwendet wird, setzt man bei Verwendung von Z stillschweigend voraus, dass $Z \sim N(0, 1)$ ist. Auch wenn, wie gesagt, viele verschiedene Normalverteilungen existieren, so kann doch jede von ihnen leicht durch eine z-Transformation in die Standardnormalverteilung umgerechnet werden, d. h.:

Aus $X \sim N(\mu, \sigma)$, erhält man durch z-*Transformation*

$$Z = \frac{X - \mu}{\sigma}$$

eine standardnormale Zufallsvariable, also $Z \sim N(0, 1)$.

Über diesen Umweg kann zu jeder Normalverteilung eine gesuchte Wahrscheinlichkeit aus den z-Wahrscheinlichkeiten berechnet werden. Eine einzige Tabelle, die z-*Tabelle*, liefert also die Werte für alle anderen Gauß-Verteilungen.

Beispiel Für die morgendliche Fahrtzeit X gelte $X \sim N(\mu = 17, \sigma = 3)$. Nach einer z-Transformation $Z = \frac{X-17}{3}$ wird $X \sim N(17, 3)$ zu $Z \sim N(0, 1)$. Um $P(X \leq 20)$ zu bestimmen, subtrahieren wir zunächst in der Ungleichung „$X \leq 20$" links und rechts 17 und teilen beide Seiten durch 3, wir erhalten $\frac{X-17}{3} \leq \frac{20-17}{3}$ oder wegen $Z = \frac{X-17}{3}$ auch $Z \leq 1.0$. Ersetzen wir nun „$X \leq 20$" durch $Z \leq 1.0$, so gilt $P(X \leq 20) = P(Z \leq 1.0) = 0.8413$; letzteres ist einer z-Tabelle entnommen. Entsprechend ermittelt man $P(X < 15) = P(Z < -0.67) = 0.2514$. Wegen der Speziellen Additionsregel (vgl. §25.3) ist $P(X \leq 20) = P(X < 15) + P(15 \leq X \leq 20)$ und nach Umstellung ist $P(15 \leq X \leq 20) = P(X \leq 20) - P(X < 15) = 0.8413 - 0.2514 = 0.5899 = 58.99\%$.

Bemerkung 1 Zur Überprüfung der Anwendbarkeit des Modelles einer Gauß-Verteilung hatten wir ein Häufigkeitshistogramm mit „Glockenform" erwähnt. Es muss aber darauf hingewiesen werden, dass es neben der Normalverteilung weitere Verteilungen gibt, deren Dichtefunktionen glockenförmig sind. Zusätzliche Prüfung der Normalität ist deswegen ratsam, vgl. dazu §14.

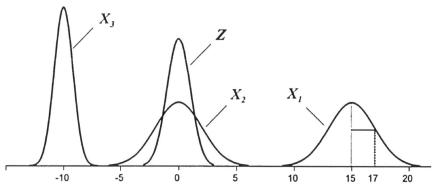

Abb. 26.2 Sei $X_1 \sim N(\mu_1 = 15, \sigma = 2)$, durch Subtraktion von $\mu_1 = 15$, also durch $X_2 = X_1 - \mu_1 = X_1 - 15$, wird die ursprügliche Glockenkurve um 15 Einheiten nach links verschoben, und es gilt $X_2 \sim N(\mu_2 = 0, \sigma = 2)$. Eine anschließende Division durch $\sigma = 2$ bewirkt eine „Stauchung" der verschobenen Glockenkurve, so dass ihre Streuung zu 1 wird, also $Z = X_2/\sigma = \frac{X_1 - \mu_1}{\sigma} = \frac{X_1 - 15}{2}$. Aus X_1 ist durch Transformation eine standardnormalverteilte Zufallsvariable $Z \sim N(0, 1)$ geworden. Die Glockenkurve *ganz links* zeigt die Normalverteilung $X_3 \sim N(-10, 0.8)$ mit negativem Mittelwert $\mu_3 = -10$ und einer Standardabweichung, die mit $\sigma_3 = 0.8$ kleiner als 1 ist

Bemerkung 2 Die Normalverteilung wurde im Vorangegangenen als WS-Verteilung eingeführt, also als Modell zur Beschreibung der Verteilungsgesetze gemessener Merkmale. Motiviert wurde dies durch die gedankliche Aufspaltung einer gemessenen Größe in viele additive und unabhängig wirkende Einzeleffekte. Die Lindeberg'sche Version des Zentralen Grenzwertsatzes besagt dann, dass die aus diesen Einzeleffekten resultierende Größe als normalverteilt betrachtet werden kann. Obwohl diese Anwendung der Gauß-Verteilung in der Praxis oft hilfreich ist, liegt die herausragende Bedeutung der Gauß-Verteilung weit stärker in ihrer Rolle im Rahmen der Intervallschätzung und Hypothesenprüfung, wo sie oft direkt oder indirekt in die Berechnungen einfließt. Die Normalverteilung ist somit *sowohl* eine WS-Verteilung *als auch* eine Prüfverteilung.

§27 Prüfverteilungen

Wir wollen uns jetzt den so genannten Prüfverteilungen zuwenden. Die bisher behandelten WS-Verteilungen dienen der Bereitstellung mathematischer Modelle, die experimentelle Abläufe als Zufallsprozesse beschreiben und quantifizieren können. Beobachteten oder gemessenen Daten werden auf diesem Wege Wahrscheinlichkeiten zugeordnet. Prüfverteilungen spielen dagegen in Verfahren der schließenden Statistik eine zentrale Rolle, wo nicht die erhobenen Daten selbst im Mittelpunkt stehen, sondern gewisse, *aus den Daten abgeleitete* Maßzahlen (Statistiken) wie Mittelwert $\bar{x}$, Varianz s, Korrelationskoeffizient r oder das Chiquadrat-Abweichungsmaß $\sum \frac{(B-E)^2}{E}$.

Unter einer Statistik versteht man eine Größe, die nach einer festgelegten Formel aus den Daten einer Stichprobe berechnet wird. Betrachtet man die experimentellen Daten der Stichprobe als *Realisationen* von Zufallsvariablen, so lassen sich Statistiken als *Funktionen dieser Zufallsvariablen* auffassen, als so genannte *Stichprobenfunktionen*. Stichprobenfunktionen sind selbst wiederum Zufallsvariablen, und ihre Verteilungen heißen *Prüfverteilungen*.

Beispiel Bei zwei 14-jährigen Mädchen wurde das Körpergewicht gemessen. Man erhielt $x_1 = 52$ kg und $x_2 = 49$ kg, also $\bar{x} = 50.5$ kg. Die $n = 2$ Messwerte x_1 und x_2 sind also *Realisationen* der Zufallsvariablen X_1 und X_2. Beide Messwerte stammen aus *derselben* Population der 14-jährigen Mädchen, deren Gewichte normalverteilt seien, mit $\mu = 50.0$, $\sigma = 4.0$. Für beide Zufallsvariablen gilt dann, dass $X_1 \sim N(50.0, 4.0)$ und $X_2 \sim N(50.0, 4.0)$. Der Stichprobenmittelwert $\bar{x} = 50.5$ kg wiederum ist eine Realisation der Stichprobenfunktion $\bar{X} = (X_1 + X_2)/2$.

Kennen wir das Verteilungsgesetz der beteiligten Zufallsvariablen, z. B. von $X_1, X_2, \ldots, X_n$, dann können wir Aussagen zur Verteilung der interessierenden Stichprobenfunktion machen, z. B. $\bar{X} = (X_1 + X_2 + \ldots + X_n)/n$. Bei der Hypothesenprüfung werden geeignete Stichprobenfunktionen definiert und als Prüfstatistiken verwendet, für die man die Prüfverteilungen theoretisch herleiten kann. Weiß man aus der Prüfverteilung von $\bar{X}$, wie groß deren Streuung ist, so lassen sich damit bzgl. der experimentellen Mittelwerte Konfidenzintervalle berechnen und Signifikanztests durchführen (vgl. §§8 und 10).

27.1 Die Normalverteilung als Prüfverteilung

Wie erwähnt, ist die Gauß-Verteilung nicht nur eine WS-Verteilung, sondern auch eine Prüfverteilung. Dies soll am Beispiel der Maßzahl $\bar{x}$ demonstriert werden.

Aus dem Zentralen Grenzwertsatz folgt, dass die Stichprobenfunktion $\bar{X} = (X_1 + X_2 + \ldots + X_n)/n$ für großes n annähernd normalverteilt ist:

Hat eine Grundgesamtheit eine beliebige Verteilung mit endlichem Mittelwert μ und positiver, endlicher Standardabweichung $\sigma < \infty$, so gilt *für großes n*, dass $\bar{X}$ annähernd einer $N(\mu, \sigma/\sqrt{n})$-Verteilung folgt.

Entnimmt man derselben Grundgesamtheit r Zufallsstichproben vom Umfang n und berechnet die r Stichprobenmittelwerte $\bar{x}_1, \bar{x}_2, \ldots, \bar{x}_r$, so sind diese annähernd normalverteilt mit einer Standardabweichung $\sigma/\sqrt{n}$ und einem Mittelwert μ. Je größer n, umso kleiner ist $\sigma/\sqrt{n}$, d. h. umso enger streuen die $\bar{x}_i$ um μ (vgl. §§4 und 10).

Beispiel Wir haben in unserer Vorlesung 80 Studenten nach der Anzahl Geldmünzen befragt, die sie gerade bei sich trugen. Dies taten wir auf drei verschiedene Arten.

(a) *Zweier-Stichproben*: Es wurden $n = 2$ Teilnehmer zufällig ausgewählt und befragt. Die Antworten waren 8 und 9, also $\bar{x}_1 = (8 + 9)/2 = 8.5$. Insgesamt wurden $r = 5$ solcher Zweier-Stichproben erhoben, die anderen vier Mittelwerte waren $\bar{x}_2 = (17 + 6)/2 = 11.5$, $\bar{x}_3 = 14.5$, $\bar{x}_4 = 19.0$ und $\bar{x}_5 = 9.0$. Der Gesamtmittelwert betrug $\bar{\bar{x}} = (8.5 + 11.5 + \ldots + 9.0)/5 = 12.5$ und die Varianz $s^2(\bar{x})$ der $\bar{x}_i$ um $\bar{\bar{x}}$ war $[(8.5 - 12.5)^2 + (11.5 - 12.5)^2 + \ldots + (9.0 - 12.5)^2]/[5 - 1] = 18.875$. Die fünf Mittelwerte (nicht die Einzelwerte) streuten also mit $s(\bar{x}) = \sqrt{18.875} = 4.35$.

(b) *Neuner-Stichproben*: Diesmal wurden $n = 9$ Teilnehmer zufällig ausgewählt und befragt. Die Antworten waren: 15, 8, 7, 23, 16, 8, 22, 6, und 12, also $\bar{x}_1 = 14.1$. Die Tabelle zeigt die Mittelwerte aller fünf erhobenen Neuner-Stichproben. Beachte: die $\bar{x}_i$ streuen hier nur noch mit $s(\bar{x}) = 1.98$.

	$\bar{x}_1$	$\bar{x}_2$	$\bar{x}_3$	$\bar{x}_4$	$\bar{x}_5$	$\bar{\bar{x}}$	$s(\bar{x})$
Zweier-Stichprobe	8.5	11.5	14.5	19.0	9.0	12.50	4.35
Neuner-Stichprobe	14.1	12.0	11.8	15.9	15.8	13.92	1.98

(c) *Grundgesamtheit*: Schließlich wurden *alle* 80 Teilnehmer befragt. Als wahre Werte ergaben sich $\mu = 12.45$ Münzen pro Teilnehmer und $\sigma = 6.6$. Wie zu erwarten, fiel die Streuung der *Einzel*werte in (c) mit 6.6 deutlich größer aus, als die Streuung der *Mittel*werte in (a) bzw. in (b).

Nach dem *Zentralen Grenzwertsatz* müssen für großes n die $\bar{x}_i$ näherungsweise mit $\sigma/\sqrt{n}$ streuen. Obwohl $n = 2$ und $n = 9$ keineswegs als ausreichend groß angesehen werden können, stimmten die beobachteten Streuungen sowohl in (a) wie in (b) schon relativ gut mit $\sigma/\sqrt{n}$ überein: In den *Zweier*-Stichproben ($n = 2$) war $s(\bar{x}) = 4.35$ (statt $\sigma/\sqrt{n} = 6.6/\sqrt{2} = 4.67$), und in den *Neuner*-Stichproben ($n = 9$) war $s(\bar{x}) = 1.98$ (statt $6.6/\sqrt{9} = 2.2$).

27.2 Zur *t*-Verteilung von Student

Der Zentrale Grenzwertsatz (ZGS) stellt kaum Anforderungen an die Verteilung der Grundgesamtheit, aus der die Stichprobe entnommen wird. Der ZGS ist daher recht vielseitig anwendbar, aber es gilt stets die Restriktion, dass der Stichprobenumfang n genügend groß sein muss. Eine Faustregel besagt, dass ein Stichprobenumfang von $n \geq 30$ ausreichend groß sei. In der Praxis liegen jedoch oft kleinere Stichproben vor, so dass der ZGS nicht mehr anwendbar ist. Für einige häufig auftretende experimentelle Situationen mit kleinem n schafft die von W.S. Gosset (bekannt unter seinem Pseudonym Student) entwickelte „*t*-Verteilung" Abhilfe. Wir wollen seinen

Ansatz am Vergleich eines Stichprobenmittelwerts $\bar{x}$ mit einem theoretisch vermuteten Mittelwert μ_{Th} veranschaulichen: Ziel ist die Prüfung, ob die zu $\bar{x}$ gehörige Stichprobe aus einer Grundgesamtheit mit Mittelwert μ_{Th} entstammt (vgl. §9.1.1). Wenn dem so ist, dann hat die Prüfverteilung von $(\bar{X} - \mu_{Th})$ den Mittelwert *null*. Unter der zusätzlichen *Einschränkung* einer *normalverteilten Grundgesamtheit* mit Standardabweichung σ gilt dann, *auch für kleines n*, dass $(\bar{X} - \mu_{Th}) \sim N(\mu, \sigma/\sqrt{n})$ und daher $Z = \frac{\bar{X} - \mu_{Th}}{\sigma/\sqrt{n}} = \frac{(\bar{X} - \mu_{Th}) \cdot \sqrt{n}}{\sigma}$ standardnormalverteilt ist.

Bei großen Stichproben ist wegen des ZGS die obige Einschränkung auf normalverteilte Grundgesamtheiten nicht notwendig. Außerdem darf bei großem n das unbekannte σ ohne weiteres durch die Stichprobenstreuung s ersetzt werden. Bei kleinen Stichproben dagegen ist s als Schätzer für σ zu „ungenau" und daher darf $\frac{(\bar{X} - \mu_{Th}) \cdot \sqrt{n}}{\sigma}$ nicht mehr einfach als $N(0, 1)$-verteilt angesehen werden. Wie aber Gosset zeigte, ist bei der Berechnung der t-Verteilung diese Ungenauigkeit von s berücksichtigt, wodurch $t(FG)$ zur geeigneten Prüfverteilung in dieser Situation wird. Der jeweilige Stichprobenumfang n geht dabei indirekt über den *Freiheitsgrad FG* in die Verteilung ein. Wie zu vermuten, nähert sich die t-Verteilung bei wachsendem Freiheitsgrad der Standardnormalverteilung an. Für $FG = 500$ z. B. gibt es kaum noch Unterschiede, so beträgt die Differenz zwischen $t(FG = 500, \alpha = 1\%) = 2.586$ und $z(\alpha = 1\%) = 2.576$ nur noch 0.01. Der Graph von Students t-Verteilung ist glockenförmig und für kleine FG flacher als die Gauß-Kurve. Die wichtigsten t-Werte finden sich in Tafel II im Tabellen-Anhang, zu Anwendungen der t-Verteilung vgl. §§9, 10, 15 und 24.

27.3 Zur χ^2-Verteilung

Eine weitere wichtige Prüfverteilung ist die so genannte χ^2-Verteilung, die u. a. beim Vergleich von Häufigkeiten hilfreich ist. Nehmen wir z. B. an, dass bei einer Umfrage die beobachteten Häufigkeiten B_i so um die erwarteten Häufigkeiten E_i streuen, dass die Zufallsvariablen $Z_i = (B_i - E_i)/\sqrt{E_i}$ standardnormalverteilt sind, also $Z_i \sim N(0, 1)$ gilt. Dann wäre die Stichprobenfunktion $\sum \frac{(B_i - E_i)^2}{E_i}$ eine Summe der quadrierten Z_i, also die Summe der Quadrate von standardnormalverteilten Zufallsvariablen. Wie F.R. Helmert zeigte, folgt diese Zufallssumme einer Verteilung, die man mit χ^2 bezeichnet. Wie die t-Verteilung, hängt auch χ^2 vom jeweiligen Freiheitsgrad FG ab, der hier die Anzahl unabhängiger summierter Z_i berücksichtigt. Die wichtigsten χ^2-Werte finden sich in Tafel VII im Tabellen-Anhang, zu Anwendungen der χ^2-Verteilung vgl. die §§9 und 17.

27.4 Zur F-Verteilung

Last but not least wollen wir noch kurz die von R.A. Fisher eingeführte F-Verteilung behandeln. Besonders in der Varianzanalyse (vgl. §12) treffen wir auf

Prüfstatistiken der Form MQA/MQB, also auf Stichprobenfunktionen, die aus einem Bruch bestehen, der (unter gewissen Voraussetzungen) in Zähler und Nenner jeweils eine Quadratsumme standardnormalverteilter Zufallsvariablen enthält. Anders betrachtet haben wir demnach in Zähler und Nenner je eine χ^2-verteilte Zufallsvariable (vgl. §27.3). Zu solchen Quotienten gehört eine Prüfverteilung, die F-Verteilung heißt. In die F-Verteilung gehen die Freiheitsgrade ν_1 und ν_2 der beiden χ^2-Verteilungen von Zähler und Nenner ein. Die wichtigsten $F_{\nu_2}^{\nu_1}$ $(\alpha = 5\%)$-Werte finden sich in Tafel III des Tabellen-Anhangs, Teil (a) für zweiseitige und Teil (b) für einseitige Tests. Zu Anwendungen der F-Verteilung vgl. die §§9, 12, 13, 15, 16, 20 und 21.

Anhang A: Schemata zur Versuchsplanung und Auswertung

Testauswahl für Mittelwertvergleiche

Das *Schema I* bietet die Möglichkeit einer Auswahl von Testverfahren zu der Fragestellung, ob eine Stichprobe von der angenommenen theoretischen Verteilung abweicht bzw. ob zwei oder mehr Stichproben aus derselben Grundgesamtheit stammen. Dabei beschränken wir uns im Wesentlichen auf die im Buch vorgestellten Verfahren. Ausgehend vom Ein-, Zwei- oder Mehrstichprobenfall werden anhand der Art der Datenstruktur (unabhängig oder verbunden), des Skalierungsniveaus (ordinal- oder metrisch[1] skaliert) sowie der notwendigen Verteilungsannahmen (normalverteilt, nicht normalverteilt bzw. gleiche Verteilungsform) die Testmethoden klassifiziert und ein adäquater Test vorgeschlagen. Zusätzlich wird die Möglichkeit einer Datentransformation berücksichtigt, mit deren Hilfe die Voraussetzungen des Tests erzielt werden können. Die letzte Spalte verweist auf die entsprechenden Paragraphen des Buches.

Ergänzend wurden der z-Test für große Stichprobenumfänge, der Welch-Test im Falle von inhomogenen Varianzen beim Zwei-Stichproben-t-Test (Fisher-Behrens-Problem), der Vorzeichentest und die Varianzanalyse für Messwiederholungen (*repeated measurements*) in das Auswahlschema aufgenommen. Statt des Vorzeichentests für verbundene Stichproben mit ordinalskalierten Daten wird zwar häufig der Wilcoxon-Test für Paardifferenzen benutzt, er verlangt aber mindestens intervallskalierte Merkmale.

Bemerkung 1 Zur Überprüfung der Normalverteilungsannahme haben wir im Buch mehrere Verfahren vorgeschlagen, ohne sie näher auszuführen (§14). In der Regel werden für eine sinnvolle Anwendung dieser Methoden hohe Stichprobenumfänge benötigt, die aber in vielen Experimenten nicht vorliegen. Dies gilt insbesondere bei mehrfaktoriellen Versuchen, die varianzanalytisch ausgewertet werden. Man kann dann in solchen Fällen auf die Überprüfung der Daten verzichten. Als Begründung dafür hilft die Eigenschaft der Varianzanalyse, dass sie robust (unempfindlich) hinsichtlich einer Abweichung von der Normalverteilung ist.

---

[1] mindestens intervallskaliert.

W. Köhler, G. Schachtel, P. Voleske, *Biostatistik*, Springer-Lehrbuch,
DOI 10.1007/978-3-642-29271-2, © Springer-Verlag Berlin Heidelberg 2012

Schema I Testverfahren zum Vergleich von Mittelwerten

Mittelwertvergleiche	Daten	Skala	Verteilung	Testverfahren		§§
1 Stichprobe $H_0(\mu = \mu_T)$ $H_1(\mu \neq \mu_T)$		metrisch	normalverteilt	n groß	z-Test	§27.1
		metrisch	normalverteilt		Ein-Stichproben-t-Test	§9.1.1
		metrisch	nicht normalverteilt	transformiere¹	Ein-Stichproben-t-Test	§7.3, §9.1.1
		ordinal	gleiche Verteilungsform		Kolmogorov-Smirnov	-
2 Stichproben $H_0(\mu_x = \mu_y)$ $H_1(\mu_x \neq \mu_y)$	unabhängig	metrisch	normalverteilt	homogene Varianzen	t-Test	§9.1.2
		metrisch	normalverteilt	inhomogene Varianzen	Welch-Test	-
		metrisch	nicht normalverteilt	transformiere¹	t-Test	§7.3, §9.1.2
		ordinal	gleiche Verteilungsform		Mann-Whitney U-Test	§9.2.1
	verbunden	metrisch	Differenzen normalvert.		Paariger t-Test	§9.1.3
		metrisch	nicht normalverteilt	transformiere¹	Paariger t-Test	§7.3, §9.1.3
		ordinal	gleiche Verteilungsform		Wilcoxon-Test für Paardifferenzen	§9.2.2
		ordinal	gleiche Verteilungsform		Vorzeichentest	vgl. §9.2.2
mehr als 2 Stichproben $H_0(\mu_1 = \mu_2 = \cdots = \mu_k)$ H_1(nicht alle μ_i gleich)	unabhängig	metrisch	normalverteilt, homogene Varianzen		Einfaktorielle Varianzanalyse (*ANOVA*)	Kapitel IV
		metrisch	nicht normalverteilt, inhomogene Varianzen	transformiere¹	Varianzanalyse (*ANOVA*)	§7.3, Kap. IV
		ordinal	gleiche Verteilungsform		H-Test (Kruskal-Wallis Rangvarianzanalyse)	§17.1
	verbunden	metrisch	normalverteilt, homogene Varianzen		*ANOVA* mit Messwiederholungen (*repeated measurements*), geschachtelte Varianzanalyse	-
		metrisch	nicht normalverteilt, inhomogene Varianzen	transformiere¹	*ANOVA* mit Messwiederholungen geschachtelte Varianzanalyse	-
		ordinal	gleiche Verteilungsform		Friedman-Test (Rangvarianzanalyse)	§18.1

¹ nach Transformation müssen die Daten die geforderten Voraussetzungen, z. B. normalverteilt, homogene Varianzen, erfüllen

Zum wichtigen Test auf Varianzhomogenität stehen der Levene-Test (§14.1.2) sowie der (konservative) *Fmax*-Test für balancierte Daten (§14.1.1) zur Verfügung.

Bemerkung 2 Resampling-Verfahren können die Unterstellung bestimmter Verteilungsannahmen umgehen, indem sie aus einer vorhandenen, empirischen Stichprobe neue Stichproben generieren. Aus diesen Stichproben lassen sich Verteilungseigenschaften der interessierenden Maßzahlen gewinnen, die dann eine Signifikanzaussage erlauben. Im Kap. VII werden Permutationstests, die Jackknife-Methode sowie das Bootstrap-Verfahren vorgestellt.

Bemerkung 3 Die notwendigen Anschlusstests nach signifikanten Ergebnissen in der Varianzanalyse dienen zur Überprüfung, welche der jeweiligen Mittelwerte sich signifikant voneinander unterscheiden. Sie führen zur Problematik des multiplen Mittelwertvergleichs. Wir haben aus diesem Grunde zwischen geplanten A-priori-Testverfahren und ungeplanten A-posteriori-Testverfahren unterschieden (§15). Eine Auswahl dieser Testmethoden wird im Kap. IV, §15 und im Kap. V im Anschluss an die jeweiligen Varianzanalysen vorgestellt.

Testauswahl zum Vergleich von Häufigkeiten

Wenn empirisch ermittelte Häufigkeiten von nominalskalierten Daten vorliegen, so wird in der Regel für die verschiedenen Fragestellungen ein χ^2-Test vorgeschlagen (vgl. aber Bemerkung 3). Dabei werden die beobachteten (absoluten) Häufigkeiten B_{ij} mit den zugehörigen erwarteten Häufigkeiten E_{ij} verglichen, und die entsprechende Teststatistik wird berechnet.

Im *Schema II* wird anhand der Anzahl der Stichproben bzw. Merkmale unter Berücksichtigung der Datenstruktur und der zu überprüfenden Hypothesen jeweils ein geeigneter Test vorgeschlagen. Dabei wird auf die notwendige Zellbesetzung hingewiesen und, soweit möglich, der entsprechende Paragraph des Buches angegeben.

Bemerkung 1 Als minimale Zellbesetzung geben wir hier die „üblichen" Faustformeln an. Häufig wird gefordert, dass die Erwartungswerte $E_{ij} \geq 10$ sind. Die Voraussetzungen können gegebenenfalls durch Zusammenlegung von Kategorien bzw. von benachbarten Klassen erfüllt werden. Dies führt zu einem Verlust von Freiheitsgraden. Für kleine Stichprobenumfänge wird generell empfohlen, exakte Tests oder Randomisierungsverfahren (Kap. VII) zu verwenden.

Bemerkung 2 Die betrachteten Merkmale in der Regel nominal- oder ordinalskaliert und die absoluten Häufigkeiten ihres Auftretens werden erfasst. Bei der Anwendung eines χ^2-Tests auf höher klassifizierte Merkmale muss vor der Berechnung eine adäquate Klasseneinteilung durchgeführt werden.

Bemerkung 3 Alternativ zu den „populären" χ^2-Tests wird oft ein G-Test empfohlen. G-Tests gehören zur Gruppe der *likelihood-ratio*-Tests und besitzen einige vorteilhafte mathematische Eigenschaften, die beispielsweise für Anpassungstests bei komplexen statistischen Modellen vorteilhaft sind.

G-Tests sind wie χ^2-Tests für kleine Stichprobenumfänge nicht geeignet.

Schema II Auswahl von Testverfahren zum Vergleich von Häufigkeiten

Vergleich von Häufigkeitsverteilungen

Versuchsstruktur	Datenstruktur	Hypothesen	Zellbesetzung	Test	§§
1 Stichprobe, 1 Merkmal	monovariate Häufigkeitsverteilung	H_0(Übereinstimmung mit vermuteter Verteilung) H_1(Abweichung von vermuteter Verteilung)	Erwartungswerte $E_i > 1$	χ^2-Anpassungstest	§ 9.3.1
2 oder mehr Stichproben, 1 Merkmal	2 oder mehr monovariate Häufigkeitsverteilungen, r x c - Kontingenztafel	H_0(homogene Stichproben) H_1(inhomogene Stichproben)	Erwartungswerte $E_{ij} > 1$ höchstens 20% mit $E_{ij} < 5$	χ^2-Homogenitätstest	§ 9.3.2
1 Stichprobe, 2 Merkmale	bivariate Häufigkeitsverteilung, r x c - Kontingenztafel	H_0(Merkmale unabhängig) H_1(Merkmale korreliert)	Erwartungswerte $E_{ij} > 1$ höchstens 20% mit $E_{ij} < 5$	χ^2-Unabhängigkeitstest	§ 9.3.2
1 Stichprobe, 3 oder mehr Merkmale	multivariate Häufigkeitsverteilung, mehrdimensionale Kontingenztafel	H_0(Merkmale unabhängig) H_1(Merkmale korreliert)		Loglineare Modelle	-
Sonderfall	2 x 2 - Kontingenztafel, Vierfeldertafel	H_0(Merkmale unabhängig) H_1(Merkmale korreliert)	$n < 20$ $20 \leq n \leq 60$ $n > 60$	Fishers exakter Test χ^2-Test mit Korrektur χ^2-Test	-

Charakterisierung von Zusammenhängen

In der Analyse von Zusammenhängen unterscheidet man zwischen Korrelation bzw. Assoziation und Regression. Bei der Korrelation (Assoziation) ist die kausale Abhängigkeit zwischen den Merkmalen X_1 und X_2 wechselseitig oder unbekannt. Liegt aber ein unabhängiges Merkmal X und ein davon abhängiges Merkmal Y vor, so spricht man von Regression.

Bei der Korrelation wird die Stärke des Zusammenhanges der Merkmale (Variablen) mit charakteristischen Maßzahlen, Korrelations- oder Kontingenzkoeffizienten, angegeben, bei der Regression wird die Art des Zusammenhangs durch die Anpassung geeigneter Funktionen f beschrieben. Zur Quantifizierung der Güte der Anpassung der gewählten Funktion an die experimentellen Daten dient dabei u. a. das Bestimmtheitsmaß B.

Im *Schema III* wird unter Berücksichtigung der Datenstruktur und des Skalenniveaus ein statistisches Verfahren zur Charakterisierung des vermuteten Zusammenhangs vorgeschlagen. In der letzten Spalte wird auf die jeweiligen Paragraphen verwiesen, in denen die Verfahren erläutert werden.

Versuchsplanung und Auswertung

Die Auseinandersetzung mit Fragestellung und Ablauf eines Experimentes sollte unbedingt vor der Versuchsdurchführung erfolgen. Auf der Grundlage eines intensiven Literaturstudiums werden die fachspezifischen und statistischen Voraussetzungen zur Lösung der gewählten Aufgabe diskutiert und analysiert und der Versuchsablauf soweit wie möglich geplant. Dazu gehören auch die technischen und personellen Randbedingungen der vorgesehenen Untersuchung.

Im Schema IV werden anhand des zeitlichen Ablaufs der Versuchsdurchführung von der Aufgabenstellung bis zum Schlussbericht einige Punkte aufgeführt, die berücksichtigt werden sollten. Ausführlicher werden verschiedene Aspekte der Versuchsplanung im Kap. VIII vorgestellt.

Hinweise zur Verwendung statistischer Programmpakete

Die in einer Untersuchung erfassten Daten werden in der Regel in Form einer Tabelle abgelegt und in einer Datei gespeichert. Häufig werden dazu Tabellenkalkulationsprogramme verwandt, beispielsweise Excel von Microsoft Office. Diese Programme gestatten es, die Ergebnisse mithilfe von Sortier-, Gruppier- und Filterfunktionen zu bearbeiten, einfache graphische Darstellungen anzufertigen und statistische Berechnungen im Sinne einer deskriptiven Statistik durchzuführen. Sie sind gut geeignet, kleine Experimente „per Mausklick" auszuwerten.

Schema III   Statistische Charakterisierung von Zusammenhängen zwischen Variablen

Datenstruktur	Skala	Zusammenhang	Statistisches Verfahren		§§
Korrelation					
(X_1, X_2) verbunden	metrisch[1]	linear	Korrelationskoeffizient r, Bestimmtheitsmaß B, r^2		§ 6.1, § 6.2
	metrisch[1]	nicht linear	Achsentransformation[2]	Korrelation r, B, r^2	§7.2, § 6.1, § 6.2
	ordinal	monoton	Rangkorrelationskoeffizient R		§ 6.4
	nominal		Cramérscher Index CI, Kontingenzkoeffizient C_{korr}		§ 6.5
$(X_1, X_2, ..., X_n)$ verbunden	metrisch[1]	linear	Partieller Korrelationskoeffizient $r_{X_i X_j}$		-
Regression					
(X, Y) verbunden, X fest vorgegeben, Y normalverteilt mit $Y = f(X)$	metrisch[1]	linear	einfache lineare Regression		§ 7.1.1, § 7.1.2
		nicht linear	Achsentransformation[2]	einfache lineare Regression	§7.2, § 7.1.2
		nicht linear	Anpassung nicht-linearer Funktionen		§ 22.2.2
$(X_1, X_2, ..., X_n)$ verbunden, X_i fest vorgegeben, Y normalverteilt $Y = f(X_1, X_2, ..., X_n)$	metrisch[1]	linear	Multiple lineare Regression, Multiples Bestimmtheitsmaß $B_{Y\hat{Y}}$, Adjustiertes Bestimmtheitsmaß		§ 22.2.1, § 22.2.2

Zusammenhang zwischen Variablen

[1] mindestens intervallskaliert
[2] die gewählte Achsentransformation muss einen linearen Zusammenhang erzeugen

Schema IV Zur Versuchsplanung

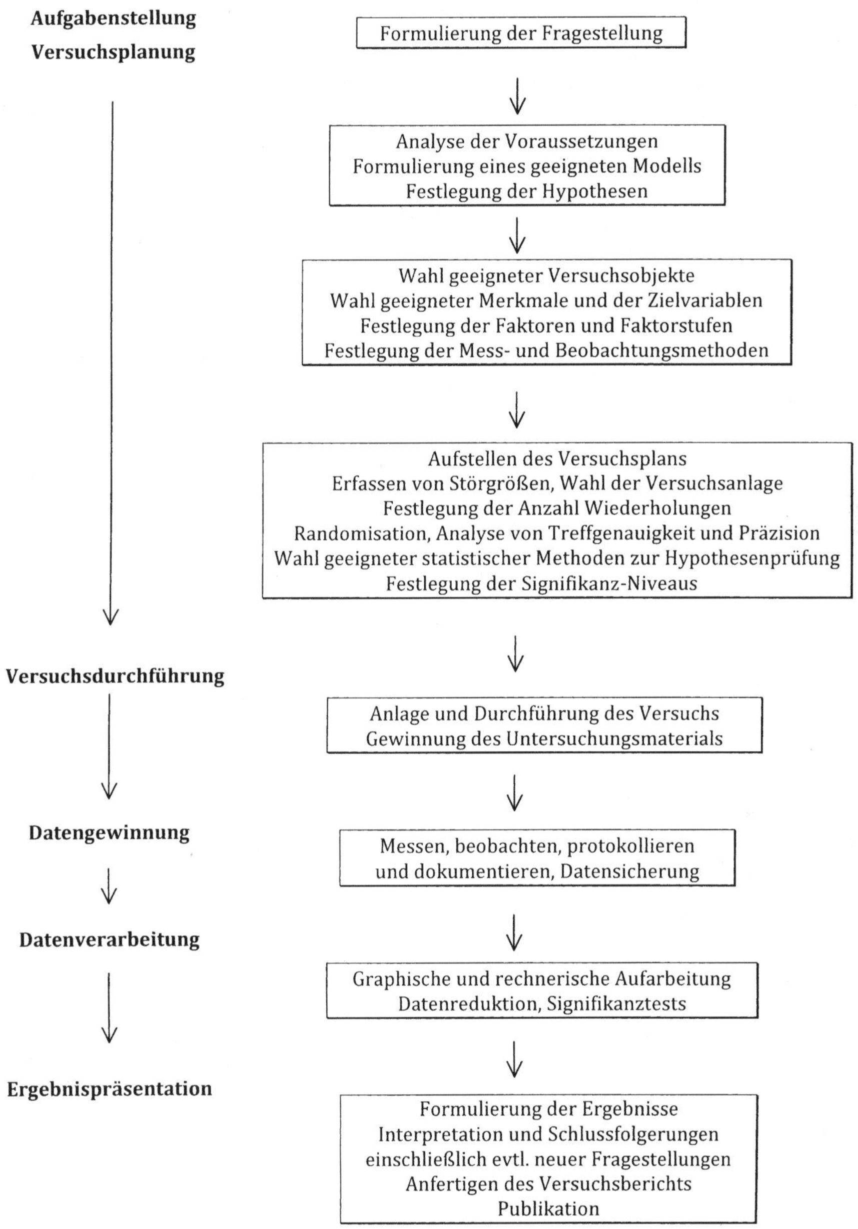

Aufgabenstellung
Versuchsplanung

> Formulierung der Fragestellung

↓

> Analyse der Voraussetzungen
> Formulierung eines geeigneten Modells
> Festlegung der Hypothesen

↓

> Wahl geeigneter Versuchsobjekte
> Wahl geeigneter Merkmale und der Zielvariablen
> Festlegung der Faktoren und Faktorstufen
> Festlegung der Mess- und Beobachtungsmethoden

↓

> Aufstellen des Versuchsplans
> Erfassen von Störgrößen, Wahl der Versuchsanlage
> Festlegung der Anzahl Wiederholungen
> Randomisation, Analyse von Treffgenauigkeit und Präzision
> Wahl geeigneter statistischer Methoden zur Hypothesenprüfung
> Festlegung der Signifikanz-Niveaus

Versuchsdurchführung

↓

> Anlage und Durchführung des Versuchs
> Gewinnung des Untersuchungsmaterials

Datengewinnung

↓

> Messen, beobachten, protokollieren
> und dokumentieren, Datensicherung

Datenverarbeitung

↓

> Graphische und rechnerische Aufarbeitung
> Datenreduktion, Signifikanztests

Ergebnispräsentation

↓

> Formulierung der Ergebnisse
> Interpretation und Schlussfolgerungen
> einschließlich evtl. neuer Fragestellungen
> Anfertigen des Versuchsberichts
> Publikation

Größere Untersuchungen mit umfangreichen Datenmengen und komplizierten Auswertungsmethoden erfordern dagegen statistische Programmpakete zur Analyse und der graphischen Darstellung von Daten. Sie stellen geeignete Werkzeuge zur statistischen Bearbeitung umfangreicher Datenmengen dar und beinhalten eine Fülle von Prozeduren, die mit Hilfe von Anweisungen in einer programmspezifischen Sprache ausgeführt werden. Einige Programmpakete bieten neben den Grundprogrammen auch spezielle Module zur statistischen Versuchsplanung an, die den Anwender bei der Planung und Auswertung unterstützten (z. B. bei der Fallzahlschätzung, der Randomisierung oder der Anlage von Versuchen).

Die Fülle der verfügbaren Programme ist sehr groß, und ausführliche Listen existieren im Internet. Zu den bedeutendsten Statistik-Paketen gehören SAS, SPSS, S-Plus (alle kostenpflichtig) und das kostenlose Programm „R packages". In der Regel laufen diese Programme auf einer Windows-Plattform und sind in englischer und/oder deutscher Sprache abgefasst.

Bemerkung Statistikprogramme rechnen „fast alles". So können die Daten einer zweifaktoriellen Spaltanlage als vollständig randomisierte Versuchsanlage oder als Blockanlage verrechnet werden, wenn dem Programm nicht die zugrunde liegende Versuchsstruktur angegeben wird. Vor der Verrechnung müssen daher die statistischen Voraussetzungen der Verfahren geprüft und dem Programm das adäquate Modell vorgegeben werden.

Anhang B: Tabellen

Die meisten Tabellen wurden mit geringfügigen Änderungen aus Sachs, L.: Angewandte Statistik, Springer-Verlag, übernommen. Sie enthalten daher z. T. Dezimal-Kommas statt der sonst im Buch verwendeten Dezimalpunkte.

$z(\alpha)$

Tafel I: z-Tabelle (siehe auch *Tafel V*)

	0	0,01	0,02	0,03	0,04	0,05	0,06	0,07	0,08	0,09
0	0,5000	0,5040	0,5080	0,5120	0,5160	0,5199	0,5239	0,5279	0,5319	0,5359
0,1	0,5398	0,5438	0,5478	0,5517	0,5557	0,5596	0,5636	0,5675	0,5714	0,5753
0,2	0,5793	0,5832	0,5871	0,5910	0,5948	0,5987	0,6026	0,6064	0,6103	0,6141
0,3	0,6179	0,6217	0,6255	0,6293	0,6331	0,6368	0,6443	0,6443	0,6480	0,6517
0,4	0,6554	0,6591	0,6628	0,6664	0,6700	0,6736	0,6772	0,6808	0,6844	0,6879
0,5	0,6915	0,6950	0,6985	0,7019	0,7054	0,7088	0,7123	0,7157	0,7190	0,7224
0,6	0,7257	0,7291	0,7324	0,7357	0,7389	0,7422	0,7454	0,7486	0,7517	0,7549
0,7	0,7580	0,7611	0,7642	0,7673	0,7704	0,7734	0,7764	0,7794	0,7823	0,7852
0,8	0,7881	0,7910	0,7939	0,7967	0,7995	0,8023	0,8051	0,8078	0,8106	0,8133
0,9	0,8159	0,8186	0,8212	0,8238	0,8264	0,8289	0,8315	0,8340	0,8365	0,8389
1	0,8413	0,8438	0,8461	0,8485	0,8508	0,8531	0,8554	0,8577	0,8599	0,8621
1,1	0,8643	0,8665	0,8686	0,8708	0,8729	0,8749	0,8770	0,8790	0,8810	0,8830
1,2	0,8849	0,8869	0,8888	0,8907	0,8925	0,8944	0,8962	0,8980	0,8997	0,9015
1,3	0,9032	0,9049	0,9066	0,9082	0,9099	0,9115	0,9131	0,9147	0,9162	0,9177
1,4	0,9192	0,9207	0,9222	0,9236	0,9251	0,9265	0,9279	0,9292	0,9306	0,9319
1,5	0,9332	0,9345	0,9357	0,9370	0,9382	0,9394	0,9406	0,9418	0,9429	0,9441
1,6	0,9452	0,9463	0,9474	0,9484	0,9495	0,9505	0,9515	0,9525	0,9535	0,9545
1,7	0,9554	0,9564	0,9573	0,9582	0,9591	0,9599	0,9608	0,9616	0,9625	0,9633
1,8	0,9641	0,9649	0,9656	0,9664	0,9671	0,9678	0,9686	0,9693	0,9699	0,9706
1,9	0,9713	0,9719	0,9726	0,9732	0,9738	0,9744	0,9750	0,9756	0,9761	0,9767
2	0,9772	0,9778	0,9783	0,9788	0,9793	0,9798	0,9803	0,9808	0,9812	0,9817
2,1	0,9821	0,9826	0,9830	0,9834	0,9838	0,9842	0,9846	0,9850	0,9854	0,9857
2,2	0,9861	0,9864	0,9868	0,9871	0,9875	0,9878	0,9881	0,9884	0,9887	0,9890
2,3	0,9893	0,9896	0,9898	0,9901	0,9904	0,9906	0,9909	0,9911	0,9913	0,9916
2,4	0,9918	0,9920	0,9922	0,9925	0,9927	0,9929	0,9931	0,9932	0,9934	0,9936
2,5	0,9938	0,9940	0,9941	0,9943	0,9945	0,9946	0,9948	0,9949	0,9951	0,9952
2,6	0,9953	0,9955	0,9956	0,9957	0,9959	0,9960	0,9961	0,9962	0,9963	0,9964
2,7	0,9965	0,9966	0,9967	0,9968	0,9969	0,9970	0,9971	0,9972	0,9973	0,9974
2,8	0,9974	0,9975	0,9976	0,9977	0,9977	0,9978	0,9979	0,9979	0,9980	0,9981
2,9	0,9981	0,9982	0,9982	0,9983	0,9984	0,9984	0,9985	0,9985	0,9986	0,9986
3	0,9987	0,9987	0,9987	0,9988	0,9988	0,9989	0,9989	0,9989	0,9990	0,9990

Tafel II: **t-Tabelle**

t (FG; α)

	Irrtumswahrscheinlichkeit α für den zweiseitigen Test								
FG \ α	0,50	0,20	0,10	0,05	0,02	0,01	0,002	0,001	0,0001
1	1,000	3,078	6,314	12,706	31,821	63,657	318,309	636,619	6366,198
2	0,816	1,886	2,920	4,303	6,965	9,925	22,327	31,598	99,992
3	0,765	1,638	2,353	3,182	4,541	5,841	10,214	12,924	28,000
4	0,741	1,533	2,132	2,776	3,747	4,604	7,173	8,610	15,544
5	0,727	1,476	2,015	2,571	3,365	4,032	5,893	6,869	11,178
6	0,718	1,440	1,943	2,447	3,143	3,707	5,208	5,959	9,082
7	0,711	1,415	1,895	2,365	2,998	3,499	4,785	5,408	7,885
8	0,706	1,397	1,860	2,306	2,896	3,355	4,501	5,041	7,120
9	0,703	1,383	1,833	2,262	2,821	3,250	4,297	4,781	6,594
10	0,700	1,372	1,812	2,228	2,764	3,169	4,144	4,587	6,211
11	0,697	1,363	1,796	2,201	2,718	3,106	4,025	4,437	5,921
12	0,695	1,356	1,782	2,179	2,681	3,055	3,930	4,318	5,694
13	0,694	1,350	1,771	2,160	2,650	3,012	3,852	4,221	5,513
14	0,692	1,345	1,761	2,145	2,624	2,977	3,787	4,140	5,363
15	0,691	1,341	1,753	2,131	2,602	2,947	3,733	4,073	5,239
16	0,690	1,337	1,746	2,120	2,583	2,921	3,686	4,015	5,134
17	0,689	1,333	1,740	2,110	2,567	2,898	3,646	3,965	5,044
18	0,688	1,330	1,734	2,101	2,552	2,878	3,610	3,922	4,966
19	0,688	1,328	1,729	2,093	2,539	2,861	3,579	3,883	4,897
20	0,687	1,325	1,725	2,086	2,528	2,845	3,552	3,850	4,837
21	0,686	1,323	1,721	2,080	2,518	2,831	3,527	3,819	4,784
22	0,686	1,321	1,717	2,074	2,508	2,819	3,505	3,792	4,736
23	0,685	1,319	1,714	2,069	2,500	2,807	3,485	3,767	4,693
24	0,685	1,318	1,711	2,064	2,492	2,797	3,467	3,745	4,654
25	0,684	1,316	1,708	2,060	2,485	2,787	3,450	3,725	4,619
26	0,684	1,315	1,706	2,056	2,479	2,779	3,435	3,707	4,587
27	0,684	1,314	1,703	2,052	2,473	2,771	3,421	3,690	4,558
28	0,683	1,313	1,701	2,048	2,467	2,763	3,408	3,674	4,530
29	0,683	1,311	1,699	2,045	2,462	2,756	3,396	3,659	4,506
30	0,683	1,310	1,697	2,042	2,457	2,750	3,385	3,646	4,482
32	0,682	1,309	1,694	2,037	2,449	2,738	3,365	3,622	4,441
34	0,682	1,307	1,691	2,032	2,441	2,728	3,348	3,601	4,405
35	0,682	1,306	1,690	2,030	2,438	2,724	3,340	3,591	4,389
36	0,681	1,306	1,688	2,028	2,434	2,719	3,333	3,582	4,374
38	0,681	1,304	1,686	2,024	2,429	2,712	3,319	3,566	4,346
40	0,681	1,303	1,684	2,021	2,423	2,704	3,307	3,551	4,321
42	0,680	1,302	1,682	2,018	2,418	2,698	3,296	3,538	4,298
45	0,680	1,301	1,679	2,014	2,412	2,690	3,281	3,520	4,269
47	0,680	1,300	1,678	2,012	2,408	2,685	3,273	3,510	4,251
50	0,679	1,299	1,676	2,009	2,403	2,678	3,261	3,496	4,228
55	0,679	1,297	1,673	2,004	2,396	2,668	3,245	3,476	4,196
60	0,679	1,296	1,671	2,000	2,390	2,660	3,232	3,460	4,169
70	0,678	1,294	1,667	1,994	2,381	2,648	3,211	3,435	4,127
80	0,678	1,292	1,664	1,990	2,374	2,639	3,195	3,416	4,096
90	0,677	1,291	1,662	1,987	2,368	2,632	3,183	3,402	4,072
100	0,677	1,290	1,660	1,984	2,364	2,626	3,174	3,390	4,053
120	0,677	1,289	1,658	1,980	2,358	2,617	3,160	3,373	4,025
200	0,676	1,286	1,653	1,972	2,345	2,601	3,131	3,340	3,970
500	0,675	1,283	1,648	1,965	2,334	2,586	3,107	3,310	3,922
1000	0,675	1,282	1,646	1,962	2,330	2,581	3,098	3,300	3,906
∞	0,675	1,282	1,645	1,960	2,326	2,576	3,090	3,290	3,891
FG \ α	0,25	0,10	0,05	0,025	0,01	0,005	0,001	0,0005	0,00005
	Irrtumswahrscheinlichkeit α für den einseitigen Test								

$$F^{\nu_1}_{\nu_2}(\alpha)$$

Tafel III (a): F-Tabelle (zweiseitig), α = 5% (einseitig), α = 2,5%

$\nu_2 \backslash \nu_1$	1	2	3	4	5	6	7	8	9	10	15	20	30	60	∞
1	647,8	799,5	864,2	899,6	921,8	937,1	948,2	956,7	963,3	968,6	984,9	993,1	1001	1010	1018
2	38,51	39,00	39,17	39,25	39,30	39,33	39,36	39,37	39,39	39,40	39,43	39,45	39,46	39,48	39,50
3	17,44	16,04	15,44	15,10	14,88	14,73	14,62	14,54	14,47	14,42	14,25	14,17	14,08	13,99	13,90
4	12,22	10,65	9,98	9,60	9,36	9,20	9,07	8,98	8,90	8,84	8,66	8,56	8,46	8,36	8,26
5	10,01	8,43	7,76	7,39	7,15	6,98	6,85	6,76	6,68	6,62	6,43	6,33	6,23	6,12	6,02
6	8,81	7,26	6,60	6,23	5,99	5,82	5,70	5,60	5,52	5,46	5,27	5,17	5,07	4,96	4,85
7	8,07	6,54	5,89	5,52	5,29	5,12	4,99	4,90	4,82	4,76	4,57	4,47	4,36	4,25	4,14
8	7,57	6,06	5,42	5,05	4,82	4,65	4,53	4,43	4,36	4,30	4,10	4,00	3,89	3,78	3,67
9	7,21	5,71	5,08	4,72	4,48	4,32	4,20	4,10	4,03	3,96	3,77	3,67	3,56	3,45	3,33
10	6,94	5,46	4,83	4,47	4,24	4,07	3,95	3,85	3,78	3,72	3,52	3,42	3,31	3,20	3,08
11	6,72	5,26	4,63	4,28	4,04	3,88	3,76	3,66	3,59	3,53	3,33	3,23	3,12	3,00	2,88
12	6,55	5,10	4,47	4,12	3,89	3,73	3,61	3,51	3,44	3,37	3,18	3,07	2,96	2,85	2,72
13	6,41	4,97	4,35	4,00	3,77	3,60	3,48	3,39	3,31	3,25	3,05	2,95	2,84	2,72	2,60
14	6,30	4,86	4,24	3,89	3,66	3,50	3,38	3,29	3,21	3,15	2,95	2,84	2,73	2,61	2,49
15	6,20	4,77	4,15	3,80	3,58	3,41	3,29	3,20	3,12	3,06	2,86	2,76	2,64	2,52	2,40
16	6,12	4,69	4,08	3,73	3,50	3,34	3,22	3,12	3,05	2,99	2,79	2,68	2,57	2,45	2,32
17	6,04	4,62	4,01	3,66	3,44	3,28	3,16	3,06	2,98	2,92	2,72	2,62	2,50	2,38	2,25
18	5,98	4,56	3,95	3,61	3,38	3,22	3,10	3,01	2,93	2,87	2,67	2,56	2,44	2,32	2,19
19	5,92	4,51	3,90	3,56	3,33	3,17	3,05	2,96	2,88	2,82	2,62	2,51	2,39	2,27	2,13
20	5,87	4,46	3,86	3,51	3,29	3,13	3,01	2,91	2,84	2,77	2,57	2,46	2,35	2,22	2,09
21	5,83	4,42	3,82	3,48	3,25	3,09	2,97	2,87	2,80	2,73	2,53	2,42	2,31	2,18	2,04
22	5,79	4,38	3,78	3,44	3,22	3,05	2,93	2,84	2,76	2,70	2,50	2,39	2,27	2,14	2,00
23	5,75	4,35	3,75	3,41	3,18	3,02	2,90	2,81	2,73	2,67	2,47	2,36	2,24	2,11	1,97
24	5,72	4,32	3,72	3,38	3,15	2,99	2,87	2,78	2,70	2,64	2,44	2,33	2,21	2,08	1,94
25	5,69	4,29	3,69	3,35	3,13	2,97	2,85	2,75	2,68	2,61	2,41	2,30	2,18	2,05	1,91
26	5,66	4,27	3,67	3,33	3,10	2,94	2,82	2,73	2,65	2,59	2,39	2,28	2,16	2,03	1,88
27	5,63	4,24	3,65	3,31	3,08	2,92	2,80	2,71	2,63	2,57	2,36	2,25	2,13	2,00	1,85
28	5,61	4,22	3,63	3,29	3,06	2,90	2,78	2,69	2,61	2,55	2,34	2,23	2,11	1,98	1,83
29	5,59	4,20	3,61	3,27	3,04	2,88	2,76	2,67	2,59	2,53	2,32	2,21	2,09	1,96	1,81
30	5,57	4,18	3,59	3,25	3,03	2,87	2,75	2,65	2,57	2,51	2,31	2,20	2,07	1,94	1,79
40	5,42	4,05	3,46	3,13	2,90	2,74	2,62	2,53	2,45	2,39	2,18	2,07	1,94	1,80	1,64
60	5,29	3,93	3,34	3,01	2,79	2,63	2,51	2,41	2,33	2,27	2,06	1,94	1,82	1,67	1,48
120	5,15	3,80	3,23	2,89	2,67	2,52	2,39	2,30	2,22	2,16	1,94	1,82	1,69	1,53	1,31
∞	5,02	3,69	3,12	2,79	2,57	2,41	2,29	2,19	2,11	2,05	1,83	1,71	1,57	1,39	1,00

Tafel III (b): **F-Tabelle (zweiseitig), α = 10%** (einseitig), α = 5%

$F^{\nu_1}_{\nu_2}(\alpha)$

ν_2 \ ν_1	1	2	3	4	5	6	7	8	9	10	12	15	20	30	60	∞
1	161,4	199,5	215,7	224,6	230,2	234,0	236,8	238,9	240,5	241,9	243,9	245,9	248,0	250,1	252,2	254,3
2	18,51	19,00	19,16	19,25	19,30	19,33	19,35	19,37	19,38	19,40	19,41	19,43	19,45	19,46	19,48	19,50
3	10,13	9,55	9,28	9,12	9,01	8,94	8,89	8,85	8,81	8,79	8,74	8,70	8,66	8,62	8,57	8,53
4	7,71	6,94	6,59	6,39	6,26	6,16	6,09	6,04	6,00	5,96	5,91	5,86	5,80	5,75	5,69	5,63
5	6,61	5,79	5,41	5,19	5,05	4,95	4,88	4,82	4,77	4,74	4,68	4,62	4,56	4,50	4,43	4,36
6	5,99	5,14	4,76	4,53	4,39	4,28	4,21	4,15	4,10	4,06	4,00	3,94	3,87	3,81	3,74	3,67
7	5,59	4,74	4,35	4,12	3,97	3,87	3,79	3,73	3,68	3,64	3,57	3,51	3,44	3,38	3,30	3,23
8	5,32	4,46	4,07	3,84	3,69	3,58	3,50	3,44	3,39	3,35	3,28	3,22	3,15	3,08	3,01	2,93
9	5,12	4,26	3,86	3,63	3,48	3,37	3,29	3,23	3,18	3,14	3,07	3,01	2,94	2,86	2,79	2,71
10	4,96	4,10	3,71	3,48	3,33	3,22	3,14	3,07	3,02	2,98	2,91	2,85	2,77	2,70	2,62	2,54
11	4,84	3,98	3,59	3,36	3,20	3,09	3,01	2,95	2,90	2,85	2,79	2,72	2,65	2,57	2,49	2,40
12	4,75	3,89	3,49	3,26	3,11	3,00	2,91	2,85	2,80	2,75	2,69	2,62	2,54	2,47	2,38	2,30
13	4,67	3,81	3,41	3,18	3,03	2,92	2,83	2,77	2,71	2,67	2,60	2,53	2,46	2,38	2,30	2,21
14	4,60	3,74	3,34	3,11	2,96	2,85	2,76	2,70	2,65	2,60	2,53	2,46	2,39	2,31	2,22	2,13
15	4,54	3,68	3,29	3,06	2,90	2,79	2,71	2,64	2,59	2,54	2,48	2,40	2,33	2,25	2,16	2,07
16	4,49	3,63	3,24	3,01	2,85	2,74	2,66	2,59	2,54	2,49	2,42	2,35	2,28	2,19	2,11	2,01
17	4,45	3,59	3,20	2,96	2,81	2,70	2,61	2,55	2,49	2,45	2,38	2,31	2,23	2,15	2,06	1,96
18	4,41	3,55	3,16	2,93	2,77	2,66	2,58	2,51	2,46	2,41	2,34	2,27	2,19	2,11	2,02	1,92
19	4,38	3,52	3,13	2,90	2,74	2,63	2,54	2,48	2,42	2,38	2,31	2,23	2,16	2,07	1,98	1,88
20	4,35	3,49	3,10	2,87	2,71	2,60	2,51	2,45	2,39	2,35	2,28	2,20	2,12	2,04	1,95	1,84
21	4,32	3,47	3,07	2,84	2,68	2,57	2,49	2,42	2,37	2,32	2,25	2,18	2,10	2,01	1,92	1,81
22	4,30	3,44	3,05	2,82	2,66	2,55	2,46	2,40	2,34	2,30	2,23	2,15	2,07	1,98	1,89	1,78
23	4,28	3,42	3,03	2,80	2,64	2,53	2,44	2,37	2,32	2,27	2,20	2,13	2,05	1,96	1,86	1,76
24	4,26	3,40	3,01	2,78	2,62	2,51	2,42	2,36	2,30	2,25	2,18	2,11	2,03	1,94	1,84	1,73
25	4,24	3,39	2,99	2,76	2,60	2,49	2,40	2,34	2,28	2,24	2,16	2,09	2,01	1,92	1,82	1,71
26	4,23	3,37	2,98	2,74	2,59	2,47	2,39	2,32	2,27	2,22	2,15	2,07	1,99	1,90	1,80	1,69
27	4,21	3,35	2,96	2,73	2,57	2,46	2,37	2,31	2,25	2,20	2,13	2,06	1,97	1,88	1,79	1,67
28	4,20	3,34	2,95	2,71	2,56	2,45	2,36	2,29	2,24	2,19	2,12	2,04	1,96	1,87	1,77	1,65
29	4,18	3,33	2,93	2,70	2,55	2,43	2,35	2,28	2,22	2,18	2,10	2,03	1,94	1,85	1,75	1,64
30	4,17	3,32	2,92	2,69	2,53	2,42	2,33	2,27	2,21	2,16	2,09	2,01	1,93	1,84	1,74	1,62
40	4,08	3,23	2,84	2,61	2,45	2,34	2,25	2,18	2,12	2,08	2,00	1,92	1,84	1,74	1,64	1,51
60	4,00	3,15	2,76	2,53	2,37	2,25	2,17	2,10	2,04	1,99	1,92	1,84	1,75	1,65	1,53	1,39
120	3,92	3,07	2,68	2,45	2,29	2,17	2,09	2,02	1,96	1,91	1,83	1,75	1,66	1,55	1,43	1,25
∞	3,84	3,00	2,60	2,37	2,21	2,10	2,01	1,94	1,88	1,83	1,75	1,67	1,57	1,46	1,32	1,00

Tafel IV: **U-Tabelle**, zweiseitig

$$U(n_1, n_2; \alpha)$$

$\alpha = 5\%$

n_2	$n_1{=}1$	2	3	4	5	6	7	8	9	10	11	12	13	14	15	16	17	18	19	20
1	—	—	—	—	—	—	—	—	—	—	—	—	—	—	—	—	—	—	—	—
2	—	—	—	—	—	—	—	0	0	0	0	1	1	1	1	1	2	2	2	2
3	—	—	—	—	0	1	1	2	2	3	3	4	4	5	5	6	6	7	7	8
4	—	—	—	0	1	2	3	4	4	5	6	7	8	9	10	11	11	12	13	13
5	—	—	0	1	2	3	5	6	7	8	9	11	12	13	14	15	17	18	19	20
6	—	—	1	2	3	5	6	8	10	11	13	14	16	17	19	21	22	24	25	27
7	—	—	1	3	5	6	8	10	12	14	16	18	20	22	24	26	28	30	32	34
8	—	0	2	4	6	8	10	13	15	17	19	22	24	26	29	31	34	36	38	41
9	—	0	2	4	7	10	12	15	17	20	23	26	28	31	34	37	39	42	45	48
10	—	0	3	5	8	11	14	17	20	23	26	29	33	36	39	42	45	48	52	55
11	—	0	3	6	9	13	16	19	23	26	30	33	37	40	44	47	51	55	58	62
12	—	1	4	7	11	14	18	22	26	29	33	37	41	45	49	53	57	61	65	69
13	—	1	4	8	12	16	20	24	28	33	37	41	45	50	54	59	63	67	72	76
14	—	1	5	9	13	17	22	26	31	36	40	45	50	55	59	64	69	74	78	83
15	—	1	5	10	14	19	24	29	34	39	44	49	54	59	64	70	75	80	85	90
16	—	1	6	11	15	21	26	31	37	42	47	53	59	64	70	75	81	86	92	98
17	—	2	6	11	17	22	28	34	39	45	51	57	63	69	75	81	87	93	99	105
18	—	2	7	12	18	24	30	36	42	48	55	61	67	74	80	86	93	99	106	112
19	—	2	7	13	19	25	32	38	45	52	58	65	72	78	85	92	99	106	113	119
20	—	2	8	13	20	27	34	41	48	55	62	69	76	83	90	98	105	112	119	127
21	—	2	9	14	22	28	36	43	50	58	65	73	80	88	96	103	111	119	126	134
22	—	2	9	15	23	30	38	45	53	61	69	77	85	93	101	109	117	125	133	141
23	—	3	10	16	24	32	40	48	56	64	72	81	89	98	106	115	123	132	140	149
24	—	3	10	17	25	33	42	50	59	67	76	85	94	102	111	120	129	138	147	156
25	—	3	11	18	27	35	44	52	62	71	80	89	98	107	117	126	135	145	154	163
26	—	3	11	19	28	37	46	55	64	74	83	93	102	112	122	132	141	151	161	171
27	—	3	12	20	29	38	48	57	67	77	87	97	107	117	127	137	147	158	168	178
28	—	4	13	21	30	40	50	60	70	80	90	101	111	122	132	143	154	164	175	186
29	—	4	13	22	32	42	52	62	73	83	94	105	116	127	138	149	160	171	182	193
30	—	4	14	23	33	43	54	65	76	87	98	109	120	131	143	154	166	177	189	200
31	—	4	14	24	34	45	56	67	78	90	101	113	125	136	148	160	172	184	196	208
32	—	4	15	25	35	46	58	69	81	93	105	117	129	141	153	166	178	190	203	215
33	—	5	15	26	37	48	60	72	84	96	108	121	133	146	159	171	184	197	210	222
34	—	5	16	27	38	50	62	74	87	99	112	125	138	151	164	177	190	203	217	230
35	—	5	17	28	39	51	64	77	89	103	116	129	142	156	169	183	196	209	224	237
36	—	5	17	28	40	53	66	79	92	106	119	133	147	160	175	188	203	216	231	245
37	—	5	18	29	42	55	68	81	95	109	123	137	151	165	180	194	209	223	238	252
38	—	6	18	30	43	56	70	84	98	112	127	141	156	170	185	200	215	229	245	259
39	—	6	19	31	44	58	72	86	101	115	130	145	160	175	190	206	221	236	252	267
40	—	6	20	32	45	59	74	89	103	119	134	149	165	180	196	211	227	243	258	274

$\alpha = 1\%$

n_2	$n_1{=}1$	2	3	4	5	6	7	8	9	10	11	12	13	14	15	16	17	18	19	20
1	—	—	—	—	—	—	—	—	—	—	—	—	—	—	—	—	—	—	—	—
2	—	—	—	—	—	—	—	—	—	—	—	—	—	—	—	—	—	—	—	—
3	—	—	—	—	—	—	—	—	0	0	0	1	1	1	2	2	2	2	3	3
4	—	—	—	—	—	—	0	0	1	2	2	3	3	4	5	5	6	6	7	8
5	—	—	—	—	0	1	1	2	3	4	5	6	7	7	8	9	10	11	12	13
6	—	—	—	—	1	2	3	4	5	6	7	9	10	11	12	13	15	16	17	18
7	—	—	—	0	1	3	4	6	7	9	10	12	13	15	16	18	19	21	22	24
8	—	—	—	0	2	4	6	7	9	11	13	15	17	18	20	22	24	26	28	30
9	—	—	0	1	3	5	7	9	11	13	16	18	20	22	24	27	29	31	33	36
10	—	—	0	2	4	6	9	11	13	16	18	21	24	26	29	31	34	37	39	42
11	—	—	0	2	5	7	10	13	16	18	21	24	27	30	33	36	39	42	45	48
12	—	—	1	3	6	9	12	15	18	21	24	27	31	34	37	41	44	47	51	54
13	—	—	1	3	7	10	13	17	20	24	27	31	34	38	42	45	49	53	56	60
14	—	—	1	4	7	11	15	18	22	26	30	34	38	42	46	50	54	58	63	67
15	—	—	2	5	8	12	16	20	24	29	33	37	42	46	51	55	60	64	69	73
16	—	—	2	5	9	13	18	22	27	31	36	41	45	50	55	60	65	70	74	79
17	—	—	2	6	10	15	19	24	29	34	39	44	49	54	60	65	70	75	81	86
18	—	—	2	6	11	16	21	26	31	37	42	47	53	58	64	70	75	81	87	92
19	—	0	3	7	12	17	22	28	33	39	45	51	56	63	69	74	81	87	93	99
20	—	0	3	8	13	18	24	30	36	42	48	54	60	67	73	79	86	92	99	105
21	—	0	3	8	14	19	25	32	38	44	51	58	64	71	78	84	91	98	105	112
22	—	0	4	9	14	20	27	34	40	47	54	61	68	75	82	89	96	104	111	118
23	—	0	4	9	15	21	28	36	43	50	57	64	72	79	87	94	102	109	117	125
24	—	1	4	10	16	22	30	38	45	52	60	68	75	83	91	99	107	115	123	131
25	—	1	5	11	17	24	31	40	47	55	63	71	79	87	96	104	112	121	129	138
26	—	1	5	11	18	25	33	41	49	57	66	74	83	92	100	109	118	127	135	144
27	—	1	5	12	19	26	34	43	52	60	69	78	87	96	105	114	123	132	142	151
28	—	1	6	12	20	27	36	45	54	63	72	81	91	100	109	119	128	138	148	157
29	—	2	6	13	20	28	37	47	56	65	75	85	94	104	114	124	134	144	154	164
30	—	2	6	14	21	30	39	49	58	68	78	88	98	108	119	129	139	150	160	170
31	—	2	7	14	22	31	40	51	61	70	81	92	102	113	123	134	145	155	166	177
32	—	2	7	15	23	32	42	53	63	73	84	95	106	117	128	139	150	161	172	184
33	—	2	7	16	23	33	43	55	65	75	87	98	110	121	132	144	155	167	179	190
34	—	2	8	16	24	35	45	57	67	78	90	102	113	125	137	149	161	173	185	197
35	—	3	8	17	25	36	46	59	70	81	93	105	117	129	142	154	166	179	191	203
36	—	3	8	17	26	37	48	61	72	83	96	109	121	134	146	160	172	184	197	210
37	—	3	9	18	27	38	49	63	74	86	99	112	125	138	151	165	177	190	203	216
38	—	3	9	19	28	40	51	65	76	88	102	116	129	142	155	169	182	196	210	223
39	—	3	9	19	28	41	52	67	79	91	105	119	133	146	160	174	188	202	216	230
40	—	3	10	20	29	42	54	69	81	93	108	122	136	150	165	179	193	208	222	237

Tafel V: **z-Tabelle**   z (α)

α	z zweiseitig	z einseitig
0,000001	4,891638	4,753424
0,00001	4,417173	4,264891
0,0001	3,890592	3,719016
0,001	3,290527	3,090232
0,005	2,807034	2,575829
0,01	**2,575829**	**2,326348**
0,02	2,326348	2,053749
0,025	2,241400	1,959964
0,03	2,170090	1,880794
0,04	2,053749	1,750686
0,05	**1,959964**	**1,644854**
0,06	1,880794	1,554774
0,07	1,811911	1,475791
0,08	1,750686	1,405072
0,09	1,695398	1,340755
0,1	1,644854	1,281552
0,2	1,281552	0,841621
0,3	1,036433	0,524401
0,4	0,841621	0,253347
0,5	0,674490	0,000000

Tafel VI: **W-Tabelle**   W (n; α)

Test n	zweiseitig 5%	zweiseitig 1%	zweiseitig 0,1%	einseitig 5%	einseitig 1%
6	0			2	
7	2			3	0
8	3	0		5	1
9	5	1		8	3
10	8	3	0	10	5
11	10	5	1	13	7
12	13	7	2	17	9
13	17	9	4	21	12
14	21	12	6	25	15
15	25	15		30	19
16	29	19	8	35	23
17	34	23	11	41	27
18	40	27	14	47	32
19	46	32	18	53	37
20	52	37	21	60	43
21	58	42	25	67	49
22	65	48	30	75	55
23	73	54	35	83	62
24	81	61	40	91	69
25	89	68	45	100	76
26	98	75	51	110	84
27	107	83	57	119	92
28	116	91	64	130	101
29	126	100	71	140	110
30	137	109	78	151	120
31	147	118	86	163	130
32	159	128	94	175	140
33	170	138	102	187	151
34	182	148	111	200	162
35	195	159	120	213	173
36	208	171	130	227	185
37	221	182	140	241	198
38	235	194	150	256	211
39	249	207	161	271	224
40	264	220	172	286	238
41	279	233	183	302	252
42	294	247	195	319	266
43	310	261	207	336	281
44	327	276	220	353	296
45	343	291	233	371	312
46	361	307	246	389	328
47	378	322	260	407	345
48	396	339	274	426	362
49	415	355	289	446	379
50	434	373	304	466	397
51	453	390	319	486	416
52	473	408	335	507	434
53	494	427	351	529	454
54	514	445	368	550	473
55	536	465	385	573	493
56	557	484	402	595	514
57	579	504	420	618	535
58	602	525	438	642	556
59	625	546	457	666	578
60	648	567	476	690	600
61	672	589	495	715	623
62	697	611	515	741	646
63	721	634	535	767	669
64	747	657	556	793	693
65	772	681	577	820	718

Tafel VII: χ²-**Tabelle**   χ² (FG; α)

FG	5 %	1 %	0,1 %	FG	5 %	1 %	0,1 %	FG	5 %	1 %	0,1 %
1	3,84	6,63	10,83	51	68,67	77,39	87,97	101	125,46	136,97	150,67
2	5,99	9,21	13,82	52	69,83	78,61	89,27	102	126,57	138,13	151,88
3	7,81	11,34	16,27	53	70,99	79,84	90,57	103	127,69	139,30	153,10
4	9,49	13,28	18,47	54	72,15	81,07	91,87	104	128,80	140,46	154,31
5	11,07	15,09	20,52	55	73,31	82,29	93,17	105	129,92	141,62	155,53
6	12,59	16,81	22,46	56	74,47	83,51	94,46	106	131,03	142,78	156,74
7	14,07	18,48	24,32	57	75,62	84,73	95,75	107	132,15	143,94	157,95
8	15,51	20,09	26,13	58	76,78	85,95	97,04	108	133,26	145,10	159,16
9	16,92	21,67	27,88	59	77,93	87,16	98,32	109	134,37	146,26	160,37
10	18,31	23,21	29,59	60	79,08	88,38	99,61	110	135,48	147,41	161,58
11	19,68	24,73	31,26	61	80,23	89,59	100,89	111	136,59	148,57	162,79
12	21,03	26,22	32,91	62	81,38	90,80	102,17	112	137,70	149,73	163,99
13	22,36	27,69	34,53	63	82,53	92,01	103,44	113	138,81	150,88	165,20
14	23,68	29,14	36,12	64	83,68	93,22	104,72	114	139,92	152,04	166,41
15	25,00	30,58	37,70	65	84,82	94,42	105,99	115	141,03	153,19	167,61
16	26,30	32,00	39,25	66	85,97	95,62	107,26	116	142,14	154,34	168,81
17	27,59	33,41	40,79	67	87,11	96,83	108,52	117	143,25	155,50	170,01
18	28,87	34,81	42,31	68	88,25	98,03	109,79	118	144,35	156,65	171,22
19	30,14	36,19	43,82	69	89,39	99,23	111,05	119	145,46	157,80	172,42
20	31,41	37,57	45,31	70	90,53	100,42	112,32	120	146,57	158,95	173,62
21	32,67	38,93	46,80	71	91,67	101,62	113,58	121	147,67	160,10	174,82
22	33,92	40,29	48,27	72	92,81	102,82	114,83	122	148,78	161,25	176,01
23	35,17	41,64	49,73	73	93,95	104,01	116,09	123	149,89	162,40	177,21
24	36,42	42,98	51,18	74	95,08	105,20	117,35	124	150,99	163,55	178,41
25	37,65	44,31	52,62	75	96,22	106,39	118,60	125	152,09	164,69	179,60
26	38,89	45,64	54,05	76	97,35	107,58	119,85	126	153,20	165,84	180,80
27	40,11	46,96	55,48	77	98,49	108,77	121,10	127	154,30	166,99	181,99
28	41,34	48,28	56,89	78	99,62	109,96	122,35	128	155,41	168,13	183,19
29	42,56	49,59	58,30	79	100,75	111,14	123,59	129	156,51	169,28	184,38
30	43,77	50,89	59,70	80	101,88	112,33	124,84	130	157,61	170,42	185,57
31	44,99	52,19	61,10	81	103,01	113,51	126,08	131	158,71	171,57	186,76
32	46,19	53,48	62,49	82	104,14	114,69	127,32	132	159,81	172,71	187,95
33	47,40	54,77	63,87	83	105,27	115,88	128,56	133	160,92	173,85	189,14
34	48,60	56,06	65,25	84	106,40	117,06	129,80	134	162,02	175,00	190,33
35	49,80	57,34	66,62	85	107,52	118,23	131,04	135	163,12	176,14	191,52
36	51,00	58,62	67,98	86	108,65	119,41	132,28	136	164,22	177,28	192,71
37	52,19	59,89	69,34	87	109,77	120,59	133,51	137	165,32	178,42	193,89
38	53,38	61,16	70,70	88	110,90	121,77	134,74	138	166,42	179,56	195,08
39	54,57	62,43	72,05	89	112,02	122,94	135,98	139	167,52	180,70	196,27
40	55,76	63,69	73,40	90	113,15	124,12	137,21	140	168,61	181,84	197,45
41	56,94	64,95	74,74	91	114,27	125,29	138,44	141	169,71	182,98	198,63
42	58,12	66,21	76,08	92	115,39	126,46	139,67	142	170,81	184,12	199,82
43	59,30	67,46	77,42	93	116,51	127,63	140,89	143	171,91	185,25	201,00
44	60,48	68,71	78,75	94	117,63	128,80	142,12	144	173,00	186,39	202,18
45	61,66	69,96	80,08	95	118,75	129,97	143,34	145	174,10	187,53	203,36
46	62,83	71,20	81,40	96	119,87	131,14	144,57	146	175,20	188,67	204,55
47	64,00	72,44	82,72	97	120,99	132,31	145,79	147	176,29	189,80	205,73
48	65,17	73,68	84,04	98	122,11	133,47	147,01	148	177,39	190,94	206,91
49	66,34	74,92	85,35	99	123,23	134,64	148,23	149	178,49	192,07	208,09
50	67,50	76,15	86,66	100	124,34	135,81	149,45	150	179,58	193,21	209,26

Tafel VIII: **Fmax-Tabelle**

$Fmax_\nu^k(\alpha)$

$\alpha = 5\%$

k \ ν	2	3	4	5	6	7	8	9	10	11	12
2	39,0	87,5	142	202	266	333	403	475	550	626	704
3	15,4	27,8	39,2	50,7	62,0	72,9	83,5	93,9	104	114	124
4	9,60	15,5	20,6	25,2	29,5	33,6	37,5	41,1	44,6	48,0	51,4
5	7,15	10,8	13,7	16,3	18,7	20,8	22,9	24,7	26,5	28,2	29,9
6	5,82	8,38	10,4	12,1	13,7	15,0	16,3	17,5	18,6	19,7	20,7
7	4,99	6,94	8,44	9,70	10,8	11,8	12,7	13,5	14,3	15,1	15,8
8	4,43	6,00	7,18	8,12	9,03	9,78	10,5	11,1	11,7	12,2	12,7
9	4,03	5,34	6,31	7,11	7,80	8,41	8,95	9,45	9,91	10,3	10,7
10	3,72	4,85	5,67	6,34	6,92	7,42	7,87	8,28	8,66	9,01	9,34
12	3,28	4,16	4,79	5,30	5,72	6,09	6,42	6,72	7,00	7,25	7,48
15	2,86	3,54	4,01	4,37	4,68	4,95	5,19	5,40	5,59	5,77	5,93
20	2,46	2,95	3,29	3,54	3,76	3,94	4,10	4,24	4,37	4,49	4,59
30	2,07	2,40	2,61	2,78	2,91	3,02	3,12	3,21	3,29	3,36	3,39
60	1,67	1,85	1,96	2,04	2,11	2,17	2,22	2,26	2,30	2,33	2,36
∞	1,00	1,00	1,00	1,00	1,00	1,00	1,00	1,00	1,00	1,00	1,00

$\alpha = 1\%$

k \ ν	2	3	4	5	6	7	8	9	10	11	12
2	199	448	729	1036	1362	1705	2063	2432	2813	3204	3605
3	47,5	85	120	151	184	21(6)	24(9)	28(1)	31(0)	33(7)	36(1)
4	23,2	37	49	59	69	79	89	97	106	113	120
5	14,9	22	28	33	38	42	46	50	54	57	60
6	11,1	15,5	19,1	22	25	27	30	32	34	36	37
7	8,89	12,1	14,5	16,5	18,4	20	22	23	24	26	27
8	7,50	9,9	11,7	13,2	14,5	15,8	16,9	17,9	18,9	19,8	21
9	6,54	8,5	9,9	11,1	12,1	13,1	13,9	14,7	15,3	16,0	16,6
10	5,85	7,4	8,6	9,6	10,4	11,1	11,8	12,4	12,9	13,4	13,9
12	4,91	6,1	6,9	7,6	8,2	8,7	9,1	9,5	9,9	10,2	10,6
15	4,07	4,9	5,5	6,0	6,4	6,7	7,1	7,3	7,5	7,8	8,0
20	3,32	3,8	4,3	4,6	4,9	5,1	5,3	5,5	5,6	5,8	5,9
30	2,63	3,0	3,3	3,4	3,6	3,7	3,8	3,9	4,0	4,1	4,2
60	1,96	2,2	2,3	2,4	2,5	2,5	2,5	2,6	2,6	2,7	2,7
∞	1,00	1,0	1,0	1,0	1,0	1,0	1,0	1,0	1,0	1,0	1,0

$q_\alpha(p; FG)$

Tafel IX: „Studentisierte Variationsbreiten", $\alpha = 5\%$

FG ＼ p	2	3	4	5	6	7	8	9	10	11	12	13	14	15	16	17	18	19	20
1	17,969	26,98	32,82	37,08	40,41	43,12	45,40	47,36	49,07	50,59	51,96	53,20	54,33	55,36	56,32	57,22	58,04	58,83	59,56
2	6,085	8,33	9,80	10,88	11,74	12,44	13,03	13,54	13,99	14,39	14,75	15,08	15,38	15,65	15,91	16,14	16,37	16,57	16,77
3	4,501	5,91	6,82	7,50	8,04	8,48	8,85	9,18	9,46	9,72	9,95	10,15	10,35	10,52	10,69	10,84	10,98	11,11	11,24
4	3,926	5,04	5,76	6,29	6,71	7,05	7,35	7,60	7,83	8,03	8,21	8,37	8,52	8,66	8,79	8,91	9,03	9,13	9,23
5	3,635	4,60	5,22	5,67	6,03	6,33	6,58	6,80	6,99	7,17	7,32	7,47	7,60	7,72	7,83	7,93	8,03	8,12	8,21
6	3,460	4,34	4,90	5,30	5,63	5,90	6,12	6,32	6,49	6,65	6,79	6,92	7,03	7,14	7,24	7,34	7,43	7,51	7,59
7	3,344	4,16	4,68	5,06	5,36	5,61	5,82	6,00	6,16	6,30	6,43	6,55	6,66	6,76	6,85	6,94	7,02	7,10	7,17
8	3,261	4,04	4,53	4,89	5,17	5,40	5,60	5,77	5,92	6,05	6,18	6,29	6,39	6,48	6,57	6,65	6,73	6,80	6,87
9	3,199	3,95	4,41	4,76	5,02	5,24	5,43	5,59	5,74	5,87	5,98	6,09	6,19	6,28	6,36	6,44	6,51	6,58	6,64
10	3,151	3,88	4,33	4,65	4,91	5,12	5,30	5,46	5,60	5,72	5,83	5,93	6,03	6,11	6,19	6,27	6,34	6,40	6,47
11	3,113	3,82	4,26	4,57	4,82	5,03	5,20	5,35	5,49	5,61	5,71	5,81	5,90	5,98	6,06	6,13	6,20	6,27	6,33
12	3,081	3,77	4,20	4,51	4,75	4,95	5,12	5,27	5,39	5,51	5,61	5,71	5,80	5,88	5,95	6,02	6,09	6,15	6,21
13	3,055	3,73	4,15	4,45	4,69	4,88	5,05	5,19	5,32	5,43	5,53	5,63	5,71	5,79	5,86	5,93	5,99	6,05	6,11
14	3,033	3,70	4,11	4,41	4,64	4,83	4,99	5,13	5,25	5,36	5,46	5,55	5,64	5,71	5,79	5,85	5,91	5,97	6,03
15	3,014	3,67	4,08	4,37	4,59	4,78	4,94	5,08	5,20	5,31	5,40	5,49	5,57	5,65	5,72	5,78	5,85	5,90	5,96
16	2,998	3,65	4,05	4,33	4,56	4,74	4,90	5,03	5,15	5,26	5,35	5,44	5,52	5,59	5,66	5,73	5,79	5,84	5,90
17	2,984	3,63	4,02	4,30	4,52	4,70	4,86	4,99	5,11	5,21	5,31	5,39	5,47	5,54	5,61	5,67	5,73	5,79	5,84
18	2,971	3,61	4,00	4,28	4,49	4,67	4,83	4,96	5,07	5,17	5,27	5,35	5,43	5,50	5,57	5,63	5,69	5,74	5,79
19	2,960	3,59	3,98	4,25	4,47	4,65	4,79	4,92	5,04	5,14	5,23	5,31	5,39	5,46	5,53	5,59	5,65	5,70	5,75
20	2,950	3,58	3,96	4,23	4,45	4,62	4,77	4,90	5,01	5,11	5,20	5,28	5,36	5,43	5,49	5,55	5,61	5,66	5,71
21	2,941	3,56	3,93	4,21	4,42	4,60	4,74	4,87	4,98	5,08	5,17	5,25	5,33	5,40	5,46	5,52	5,58	5,62	5,67
22	2,933	3,55	3,93	4,20	4,41	4,58	4,72	4,85	4,96	5,05	5,15	5,23	5,30	5,37	5,43	5,49	5,55	5,59	5,64
23	2,926	3,55	3,91	4,18	4,39	4,56	4,70	4,83	4,94	5,03	5,12	5,20	5,27	5,34	5,40	5,46	5,52	5,57	5,62
24	2,919	3,53	3,90	4,17	4,37	4,54	4,68	4,81	4,92	5,01	5,10	5,18	5,25	5,32	5,38	5,44	5,49	5,55	5,59
25	2,913	3,52	3,89	4,16	4,36	4,53	4,67	4,79	4,90	4,99	5,08	5,16	5,23	5,30	5,36	5,42	5,47	5,52	5,57
26	2,907	3,51	3,88	4,14	4,34	4,51	4,65	4,77	4,88	4,97	5,06	5,14	5,21	5,28	5,34	5,40	5,45	5,50	5,55
27	2,902	3,51	3,87	4,13	4,33	4,50	4,64	4,76	4,86	4,96	5,04	5,12	5,19	5,26	5,32	5,38	5,43	5,48	5,53
28	2,897	3,50	3,86	4,12	4,32	4,48	4,62	4,74	4,85	4,94	5,03	5,11	5,18	5,24	5,30	5,36	5,41	5,46	5,51
29	2,892	3,49	3,85	4,11	4,31	4,47	4,61	4,73	4,84	4,93	5,01	5,09	5,16	5,23	5,29	5,34	5,40	5,44	5,49
30	2,888	3,49	3,85	4,10	4,30	4,46	4,60	4,72	4,82	4,92	5,00	5,08	5,15	5,21	5,27	5,33	5,38	5,43	5,47
31	2,884	3,48	3,83	4,09	4,29	4,45	4,59	4,71	4,81	4,91	4,99	5,06	5,13	5,20	5,26	5,31	5,37	5,41	5,46
32	2,881	3,48	3,83	4,09	4,28	4,44	4,58	4,70	4,80	4,89	4,98	5,05	5,12	5,19	5,24	5,30	5,35	5,40	5,44
33	2,877	3,47	3,82	4,08	4,27	4,44	4,57	4,69	4,79	4,88	4,97	5,04	5,11	5,17	5,23	5,29	5,34	5,40	5,44
34	2,874	3,47	3,82	4,07	4,27	4,43	4,56	4,68	4,78	4,87	4,96	5,03	5,10	5,16	5,22	5,28	5,33	5,39	5,42
35	2,871	3,46	3,81	4,07	4,26	4,42	4,55	4,67	4,77	4,86	4,95	5,02	5,09	5,15	5,21	5,27	5,32	5,35	5,41
36	2,868	3,46	3,81	4,06	4,25	4,41	4,55	4,66	4,76	4,86	4,93	5,01	5,08	5,14	5,20	5,26	5,31	5,35	5,40
37	2,865	3,45	3,80	4,05	4,25	4,41	4,54	4,65	4,76	4,85	4,93	5,00	5,07	5,13	5,19	5,24	5,30	5,34	5,39
38	2,863	3,45	3,80	4,05	4,24	4,40	4,53	4,65	4,75	4,84	4,92	4,99	5,06	5,12	5,18	5,23	5,29	5,33	5,38
39	2,861	3,44	3,79	4,04	4,24	4,40	4,53	4,64	4,74	4,83	4,92	4,99	5,05	5,11	5,17	5,23	5,28	5,32	5,37
40	2,858	3,44	3,79	4,04	4,23	4,39	4,52	4,63	4,73	4,82	4,90	4,98	5,04	5,11	5,16	5,22	5,27	5,31	5,36
50	2,841	3,41	3,76	4,00	4,19	4,34	4,47	4,58	4,69	4,76	4,85	4,92	4,98	5,05	5,10	5,15	5,20	5,24	5,29
60	2,829	3,40	3,74	3,98	4,16	4,31	4,44	4,55	4,65	4,73	4,81	4,88	4,94	5,00	5,06	5,11	5,15	5,20	5,24
120	2,800	3,36	3,68	3,92	4,10	4,24	4,36	4,47	4,56	4,64	4,71	4,78	4,84	4,90	4,95	5,00	5,04	5,09	5,13
∞	2,772	3,31	3,63	3,86	4,03	4,17	4,29	4,39	4,47	4,55	4,62	4,68	4,74	4,80	4,85	4,89	4,93	4,97	5,01

Tafel X: „**Schranken für Nemenyi**", zweiseitig   **ND (k, n; α)**
α = 5%

n	k = 3	k = 4	k = 5	k = 6	k = 7	k = 8	k = 9	k = 10
1	3,3	4,7	6,1	7,5	9,0	10,5	12,0	13,5
2	8,8	12,6	16,5	20,5	24,7	28,9	33,1	37,4
3	15,7	22,7	29,9	37,3	44,8	52,5	60,3	68,2
4	23,9	34,6	45,6	57,0	68,6	80,4	92,4	104,6
5	33,1	48,1	63,5	79,3	95,5	112,0	128,8	145,8
6	43,3	62,9	83,2	104,0	125,3	147,0	169,1	191,4
7	54,4	79,1	104,6	130,8	157,6	184,9	212,8	240,9
8	66,3	96,4	127,6	159,6	192,4	225,7	259,7	294,1
9	78,9	114,8	152,0	190,2	229,3	269,1	309,6	350,6
10	92,3	134,3	177,8	222,6	268,4	315,0	362,4	410,5
11	106,3	154,8	205,0	256,6	309,4	363,2	417,9	473,3
12	120,9	176,2	233,4	292,2	352,4	413,6	476,0	539,1
13	136,2	198,5	263,0	329,3	397,1	466,2	536,5	607,7
14	152,1	221,7	293,8	367,8	443,6	520,8	599,4	679,0
15	168,6	245,7	325,7	407,8	491,9	577,4	664,6	752,8
16	185,6	270,6	358,6	449,1	541,7	635,9	732,0	829,2
17	203,1	296,2	392,6	491,7	593,1	696,3	801,5	907,9
18	221,2	322,6	427,6	535,5	646,1	758,5	873,1	989,0
19	239,8	349,7	463,6	580,6	700,5	822,4	946,7	1072,4
20	258,8	377,6	500,5	626,9	756,4	888,1	1022,3	1158,1
21	278,4	406,1	538,4	674,4	813,7	955,4	1099,8	1245,9
22	298,4	435,3	577,2	723,0	872,3	1024,3	1179,1	1335,7
23	318,9	465,2	616,9	772,7	932,4	1094,8	1260,3	1427,7
24	339,8	495,8	657,4	823,5	993,7	1166,8	1343,2	1521,7
25	361,1	527,0	698,8	875,4	1056,3	1240,4	1427,9	1617,6

Tafel XI: „**Schwellenwerte für Friedman**",   **χ²(k, n; α)**
α = 5%

n \ k	3	4	5	6	7	8	9	10	11	12	13	14	15
3	6,000	7,4	8,53	9,86	11,24	12,57	13,88	15,19	16,48	17,76	19,02	20,27	21,53
4	6,500	7,8	8,8	10,24	11,63	12,99	14,34	15,67	16,98	18,3	19,6	20,9	22,1
5	6,400	7,8	8,99	10,43	11,84	13,23	14,59	15,93	17,27	18,6	19,9	21,2	22,4
6	7,000	7,6	9,08	10,54	11,97	13,38	14,76	16,12	17,4	18,8	20,1	21,4	22,7
7	7,143	7,8	9,11	10,62	12,07	13,48	14,87	16,23	17,6	18,9	20,2	21,5	22,8
8	6,250	7,65	9,19	10,68	12,14	13,56	14,95	16,32	17,7	19,0	20,3	21,6	22,9
9	6,222	7,66	9,22	10,73	12,19	13,61	15,02	16,40	17,7	19,1	20,4	21,7	23,0
10	6,200	7,67	9,25	10,76	12,23	13,66	15,07	16,44	17,8	19,2	20,5	21,8	23,1
11	6,545	7,68	9,27	10,79	12,27	13,70	15,11	16,48	17,9	19,2	20,5	21,8	23,1
12	6,167	7,70	9,29	10,81	12,29	13,73	15,15	16,53	17,9	19,3	20,6	21,9	23,2
13	6,000	7,70	9,30	10,83	12,32	13,76	15,17	16,56	17,9	19,3	20,6	21,9	23,2
14	6,143	7,71	9,32	10,85	12,34	13,78	15,19	16,58	17,9	19,3	20,6	21,9	23,2
15	6,400	7,72	9,33	10,87	12,35	13,80	15,20	16,6	18,0	19,3	20,6	21,9	23,2
16	5,99	7,73	9,34	10,88	12,37	13,81	15,23	16,6	18,0	19,3	20,7	22,0	23,2
17	5,99	7,73	9,34	10,89	12,38	13,83	15,2	16,6	18,0	19,3	20,7	22,0	23,3
18	5,99	7,73	9,36	10,90	12,39	13,83	15,2	16,6	18,0	19,4	20,7	22,0	23,3
19	5,99	7,74	9,36	10,91	12,40	13,8	15,3	16,7	18,0	19,4	20,7	22,0	23,3
20	5,99	7,74	9,37	10,92	12,41	13,8	15,3	16,7	18,0	19,4	20,7	22,0	23,3
∞	5,99	7,82	9,49	11,07	12,59	14,07	15,51	16,92	18,31	19,68	21,03	22,36	23,69

Tafel XII: „**Schranken für Wilcoxon-Wilcox**", zweiseitig

$\alpha = 5\%$ **WD (k, n; α)**

n	k = 3	k = 4	k = 5	k = 6	k = 7	k = 8	k = 9	k = 10
1	3,3	4,7	6,1	7,5	9,0	10,5	12,0	13,5
2	4,7	6,6	8,6	10,7	12,7	14,8	17,0	19,2
3	5,7	8,1	10,6	13,1	15,6	18,2	20,8	23,5
4	6,6	9,4	12,2	15,1	18,0	21,0	24,0	27,1
5	7,4	10,5	13,6	16,9	20,1	23,5	26,9	30,3
6	8,1	11,5	14,9	18,5	22,1	25,7	29,4	33,2
7	8,8	12,4	16,1	19,9	23,9	27,8	31,8	35,8
8	9,4	13,3	17,3	21,3	25,5	29,7	34,0	38,3
9	9,9	14,1	18,3	22,6	27,0	31,5	36,0	40,6
10	10,5	14,8	19,3	23,8	28,5	33,2	38,0	42,8
11	11,0	15,6	20,2	25,0	29,9	34,8	39,8	44,9
12	11,5	16,2	21,1	26,1	31,2	36,4	41,6	46,9
13	11,9	16,9	22,0	27,2	32,5	37,9	43,3	48,8
14	12,4	17,5	22,8	28,2	33,7	39,3	45,0	50,7
15	12,8	18,2	23,6	29,2	34,9	40,7	46,5	52,5
16	13,3	18,8	24,4	30,2	36,0	42,0	48,1	54,2
17	13,7	19,3	25,2	31,1	37,1	43,3	49,5	55,9
18	14,1	19,9	25,9	32,0	38,2	44,5	51,0	57,5
19	14,4	20,4	26,6	32,9	39,3	45,8	52,4	59,0
20	14,8	21,0	27,3	33,7	40,3	47,0	53,7	60,6
21	15,2	21,5	28,0	34,6	41,3	48,1	55,1	62,1
22	15,5	22,0	28,6	35,4	42,3	49,2	56,4	63,5
23	15,9	22,5	29,3	36,2	43,2	50,3	57,6	65,0
24	16,2	23,0	29,9	36,9	44,1	51,4	58,9	66,4
25	16,6	23,5	30,5	37,7	45,0	52,5	60,1	67,7

$\alpha = 1\%$

n	k = 3	k = 4	k = 5	k = 6	k = 7	k = 8	k = 9	k = 10
1	4,1	5,7	7,3	8,9	10,5	12,2	13,9	15,6
2	5,8	8,0	10,3	12,6	14,9	17,3	19,7	22,1
3	7,1	9,8	12,6	15,4	18,3	21,2	24,1	27,0
4	8,2	11,4	14,6	17,8	21,1	24,4	27,8	31,2
5	9,2	12,7	16,3	19,9	23,6	27,3	31,1	34,9
6	10,1	13,9	17,8	21,8	25,8	29,9	34,1	38,2
7	10,9	15,0	19,3	23,5	27,9	32,3	36,8	41,3
8	11,7	16,1	20,6	25,2	29,8	34,6	39,3	44,2
9	12,4	17,1	21,8	26,7	31,6	36,6	41,7	46,8
10	13,0	18,0	23,0	28,1	33,4	38,6	44,0	49,4
11	13,7	18,9	24,1	29,5	35,0	40,5	46,1	51,8
12	14,3	19,7	25,2	30,8	36,5	42,3	48,2	54,1
13	14,9	20,5	26,2	32,1	38,0	44,0	50,1	56,3
14	15,4	21,3	27,2	33,3	39,5	45,7	52,0	58,4
15	16,0	22,0	28,2	34,5	40,8	47,3	53,9	60,5
16	16,5	22,7	29,1	35,6	42,2	48,9	55,6	62,5
17	17,0	23,4	30,0	36,7	43,5	50,4	57,3	64,4
18	17,5	24,1	30,9	37,8	44,7	51,8	59,0	66,2
19	18,0	24,8	31,7	38,8	46,0	53,2	60,6	68,1
20	18,4	25,4	32,5	39,8	47,2	54,6	62,2	69,8
21	18,9	26,0	33,4	40,9	48,3	56,0	63,7	71,6
22	19,3	26,7	34,1	41,7	49,5	57,3	65,2	73,2
23	19,8	27,3	34,9	42,7	50,6	58,6	66,7	74,9
24	20,2	27,8	35,7	43,6	51,7	59,8	68,1	76,5
25	20,6	28,4	36,4	44,5	52,7	61,1	69,5	78,1

Tafel XIII: **Zufallszahlen**

44983	33834	54280	67850	96025	96117	00768	14821	69029	25453	48798	15486
89494	34431	44890	59892	79682	20308	82510	53609	13258	89631	80497	49167
54430	52632	94126	95597	48338	67645	44676	14730	22642	21919	21050	87791
96999	42104	34377	63309	82181	00278	28209	95629	75818	09043	48564	87355
87947	09427	32380	43636	58578	07761	28456	46570	11623	50417	37763	30136
30238	46126	85306	37114	22718	50584	92291	56575	24075	43889	40909	18741
22938	13073	32066	43098	75738	94910	15403	89151	73322	18370	90586	46115
89182	27750	63314	87302	49472	24885	79506	60638	07132	00908	92035	75518
16187	03303	40287	52435	23926	92544	54099	31497	06853	22864	72620	74169
21526	07401	30925	46148	20138	33874	56715	38424	38273	11361	15203	64912
42907	95158	27146	37012	43361	03173	97911	71313	44256	66609	42504	76799
21479	48265	01674	47274	56350	37512	14883	99673	62298	33948	32456	28675
90076	70233	76730	25043	16686	54737	57431	01786	20803	69465	37970	05673
93202	25355	93941	84434	22384	13240	93617	51549	28532	57150	77261	62643
46059	72208	90475	10341	39703	83224	37858	61657	04184	15597	29448	01922
38220	13972	86115	17196	24569	26820	66299	39960	02489	53079	72789	22562
82618	85756	51156	74037	12501	94162	42006	16135	82797	31296	93268	10104
07896	74085	59886	03051	78702	13402	74318	10870	72107	11550	61175	33345
95241	84360	13960	95736	43637	60399	19080	60261	11207	73065	48286	57057
53849	26578	39954	86726	91039	13884	25376	36880	02564	96978	62332	77321
72967	53031	47906	99501	27753	69946	66875	25601	30038	78786	65197	65283
87910	89260	66444	15979	83469	76952	50065	72802	70630	87336	16385	32784
10482	34277	40177	01081	57788	08612	39886	42234	04905	83274	22459	75032
68034	98561	46747	30655	41878	93610	51745	41771	61398	98154	61644	12405
80277	92450	60888	18689	45966	25837	70906	60733	11765	09293	70076	40751
59896	78185	60268	03650	36814	88460	34049	09111	64205	77930	32391	69076
78369	04163	77673	73342	78915	20537	06126	27222	17378	59359	00055	66780
23015	54261	95020	77705	81682	96907	37411	93548	87546	07687	47338	12240
55171	85448	12545	75992	08790	88992	69756	18960	85182	02245	11566	52527
58095	62204	69319	00672	96037	78680	98734	83719	40702	79038	68639	63329
19700	98193	37600	70617	58959	45486	58338	84563	62071	17799	96994	41635
12666	87597	23190	26243	36690	75829	71060	32257	15699	02654	83110	44278
66685	05344	71633	68536	18786	28575	08455	79261	49705	31491	25318	52586
72590	47283	45445	35611	98354	53680	45747	62026	13032	14048	16304	11959
30286	06434	50229	09070	44848	09996	77753	05018	92605	10316	07351	78020
87494	95585	25547	53500	45047	08406	66984	63390	48093	02366	05407	08325
32301	25923	76556	13274	39776	97027	56919	17792	09214	53781	90102	25774
70711	37921	54989	17828	60976	57662	61757	93272	09887	34196	98251	52453
36086	05468	41631	95632	78154	38634	47463	37514	24437	01316	04770	06534
37403	42231	17073	49097	54147	03656	14735	06370	18703	90858	55130	40869
41022	76893	29200	82747	97297	74420	18783	93471	89055	56413	77817	10655
70978	57385	70532	46978	87390	53319	90155	03154	20301	47831	86786	11284
19207	41684	20288	19783	82215	35810	39852	43795	21530	96315	55657	76473
50172	23114	28745	12249	35844	63265	26451	06986	08707	99251	06260	74779
43112	94833	72864	58785	53473	06308	56778	30474	57277	23425	27092	47759
64031	41740	69680	69373	73674	97914	77989	47280	71804	74587	70563	77813
92357	38870	73784	95662	83923	90790	49474	11901	30322	80254	99608	17019
79945	42580	86605	97758	08206	54199	41327	01170	21745	71318	07978	35440
48030	05125	70866	72154	86385	39490	57482	32921	33795	43155	30432	48384
80016	81500	48061	25583	74101	87573	01556	89184	64830	16779	35724	82103
34265	65728	89776	04006	06089	84076	12445	47416	83620	49151	97420	23689
82534	76335	21108	42302	79496	21054	80132	67719	72662	58360	57384	65406
72055	61146	82780	89411	53131	57879	39099	42715	24830	60045	23250	39847
26999	96294	20431	30114	23035	30380	76272	60343	57573	42492	47962	21439
01628	47335	17893	53176	07436	14799	78197	48601	97557	83918	20530	61565
66322	27390	73834	73494	21527	93579	20949	85666	25102	64733	93872	72698
96239	18521	67354	41883	58939	36222	43935	36272	47817	90287	91434	86453
10497	83617	39176	45062	63903	33862	14903	38996	60027	41702	78189	28598
69712	33438	85908	58620	50646	47857	96024	58568	67614	44370	40276	85964
51375	42451	76889	68096	80657	91046	95340	70209	23825	46031	45306	64476

Tafel XIV: „**Schranken für Dunnett**", einseitig $q_a^*(k; FG)$

$a = 5\%$

FG	2	3	4	5	6	7	8	9	10
5	2.02	2.44	2.68	2.85	2.98	3.08	3.16	3.24	3.30
6	1.94	2.34	2.56	2.71	2.83	2.92	3.00	3.07	3.12
7	1.89	2.27	2.48	2.62	2.73	2.82	2.89	2.95	3.01
8	1.86	2.22	2.42	2.55	2.66	2.74	2.81	2.87	2.92
9	1.83	2.18	2.37	2.50	2.60	2.68	2.75	2.81	2.86
10	1.81	2.15	2.34	2.47	2.56	2.64	2.70	2.76	2.81
11	1.80	2.13	2.31	2.44	2.53	2.60	2.67	2.72	2.77
12	1.78	2.11	2.29	2.41	2.50	2.58	2.64	2.69	2.74
13	1.77	2.09	2.27	2.39	2.48	2.55	2.61	2.66	2.71
14	1.76	2.08	2.25	2.37	2.46	2.53	2.59	2.64	2.69
15	1.75	2.07	2.24	2.36	2.44	2.51	2.57	2.62	2.67
16	1.75	2.06	2.23	2.34	2.43	2.50	2.56	2.61	2.65
17	1.74	2.05	2.22	2.33	2.42	2.49	2.54	2.59	2.64
18	1.73	2.04	2.21	2.32	2.41	2.48	2.53	2.58	2.62
19	1.73	2.03	2.20	2.31	2.40	2.47	2.52	2.57	2.61
20	1.72	2.03	2.19	2.30	2.39	2.46	2.51	2.56	2.60
24	1.71	2.01	2.17	2.28	2.36	2.43	2.48	2.53	2.57
30	1.70	1.99	2.15	2.25	2.33	2.40	2.45	2.50	2.54
40	1.68	1.97	2.13	2.23	2.31	2.37	2.42	2.47	2.51
60	1.67	1.95	2.10	2.21	2.28	2.35	2.39	2.44	2.48
120	1.66	1.93	2.08	2.18	2.26	2.32	2.37	2.41	2.45
∞	1.64	1.92	2.06	2.16	2.23	2.29	2.34	2.38	2.42

$a = 10\%$

FG \ k	2	3	4	5	6	7	8	9	10
5	3.37	3.90	4.21	4.43	4.60	4.73	4.85	4.94	5.03
6	3.14	3.61	3.88	4.07	4.21	4.33	4.43	4.51	4.59
7	3.00	3.42	3.66	3.83	3.96	4.07	4.15	4.23	4.30
8	2.90	3.29	3.51	3.67	3.79	3.88	3.96	4.03	4.09
9	2.82	3.19	3.40	3.55	3.66	3.75	3.82	3.89	3.94
10	2.76	3.11	3.31	3.45	3.56	3.64	3.71	3.78	3.83
11	2.72	3.06	3.25	3.38	3.48	3.56	3.63	3.69	3.74
12	2.68	3.01	3.19	3.32	3.42	3.50	3.56	3.62	3.67
13	2.65	2.97	3.15	3.27	3.37	3.44	3.51	3.56	3.61
14	2.62	2.94	3.11	3.23	3.32	3.40	3.46	3.51	3.56
15	2.60	2.91	3.08	3.20	3.29	3.36	3.42	3.47	3.52
16	2.58	2.88	3.05	3.17	3.26	3.33	3.39	3.44	3.48
17	2.57	2.86	3.03	3.14	3.23	3.30	3.36	3.41	3.45
18	2.55	2.84	3.01	3.12	3.21	3.37	3.33	3.38	3.42
19	2.54	2.83	2.99	3.10	3.18	3.25	3.31	3.36	3.40
20	2.53	2.81	2.97	3.08	3.17	3.23	3.29	3.34	3.38
24	2.49	2.77	2.92	3.03	3.11	3.17	3.22	3.27	3.31
30	2.46	2.72	2.87	2.97	3.05	3.11	3.16	3.21	3.24
40	2.42	2.68	2.82	2.92	2.99	3.05	3.10	3.14	3.18
60	2.39	2.64	2.78	2.87	2.94	3.00	3.04	3.08	3.12
120	2.36	2.60	2.73	2.82	2.89	2.94	2.99	3.03	3.06
∞	2.33	2.56	2.68	2.77	2.84	2.89	2.93	2.97	3.00

TAFEL XV: **t-Tabelle für Bonferroni-Holm**

$$t^t_{Tab}(FG;\ \alpha_l(k))$$

α = 5% (einseitig)

k	1	2	3	4	5	6	7	8	9	10	11	12	13	14	15	16	17	18	19	20
α	.0500	.0250	.0167	.0125	.0100	.0083	.0071	.0063	.0056	.0050	.0045	.0042	.0038	.0036	.0033	.0031	.0029	.0028	.0026	.0025
FG 1	6.31	12.71	19.08	25.45	31.82	38.19	44.56	50.92	57.29	63.66	70.02	76.39	82.76	89.12	95.49	101.86	108.22	114.59	120.96	127.32
2	2.92	4.30	5.34	6.21	6.96	7.65	8.28	8.86	9.41	9.92	10.42	10.89	11.34	11.77	12.19	12.59	12.98	13.36	13.73	14.09
3	2.35	3.18	3.74	4.18	4.54	4.86	5.14	5.39	5.63	5.84	6.04	6.23	6.41	6.58	6.74	6.90	7.04	7.18	7.32	7.45
4	2.13	2.78	3.19	3.50	3.75	3.96	4.15	4.31	4.47	4.60	4.73	4.85	4.96	5.07	5.17	5.26	5.35	5.44	5.52	5.60
5	2.02	2.57	2.91	3.16	3.36	3.53	3.68	3.81	3.93	4.03	4.13	4.22	4.30	4.38	4.46	4.53	4.59	4.66	4.72	4.77
6	1.94	2.45	2.75	2.97	3.14	3.29	3.41	3.52	3.62	3.71	3.79	3.86	3.93	4.00	4.06	4.12	4.17	4.22	4.27	4.32
7	1.89	2.36	2.64	2.84	3.00	3.13	3.24	3.34	3.42	3.50	3.57	3.64	3.70	3.75	3.81	3.86	3.90	3.95	3.99	4.03
8	1.86	2.31	2.57	2.75	2.90	3.02	3.12	3.21	3.28	3.36	3.42	3.48	3.53	3.58	3.63	3.68	3.72	3.76	3.80	3.83
9	1.83	2.26	2.51	2.69	2.82	2.93	3.03	3.11	3.18	3.25	3.31	3.36	3.41	3.46	3.51	3.55	3.59	3.62	3.66	3.69
10	1.81	2.23	2.47	2.63	2.76	2.87	2.96	3.04	3.11	3.17	3.23	3.28	3.32	3.37	3.41	3.45	3.48	3.52	3.55	3.58
11	1.80	2.20	2.43	2.59	2.72	2.82	2.91	2.98	3.05	3.11	3.16	3.21	3.25	3.29	3.33	3.37	3.40	3.44	3.47	3.50
12	1.78	2.18	2.40	2.56	2.68	2.78	2.86	2.93	3.00	3.05	3.11	3.15	3.20	3.24	3.27	3.31	3.34	3.37	3.40	3.43
13	1.77	2.16	2.38	2.53	2.65	2.75	2.83	2.90	2.96	3.01	3.06	3.11	3.15	3.19	3.22	3.26	3.29	3.32	3.35	3.37
14	1.76	2.14	2.36	2.51	2.62	2.72	2.80	2.86	2.92	2.98	3.02	3.07	3.11	3.15	3.18	3.21	3.24	3.27	3.30	3.33
15	1.75	2.13	2.34	2.49	2.60	2.69	2.77	2.84	2.89	2.95	2.99	3.04	3.08	3.11	3.15	3.18	3.21	3.23	3.26	3.29
16	1.75	2.12	2.33	2.47	2.58	2.67	2.75	2.81	2.87	2.92	2.97	3.01	3.05	3.08	3.12	3.15	3.17	3.20	3.23	3.25
17	1.74	2.11	2.32	2.46	2.57	2.65	2.73	2.79	2.85	2.90	2.94	2.98	3.02	3.06	3.09	3.12	3.15	3.17	3.20	3.22
18	1.73	2.10	2.30	2.45	2.55	2.64	2.71	2.77	2.83	2.88	2.92	2.96	3.00	3.03	3.07	3.09	3.12	3.15	3.17	3.20
19	1.73	2.09	2.29	2.43	2.54	2.63	2.70	2.76	2.81	2.86	2.90	2.94	2.98	3.01	3.04	3.07	3.10	3.13	3.15	3.17
20	1.72	2.09	2.29	2.42	2.53	2.61	2.68	2.74	2.80	2.85	2.89	2.93	2.96	3.00	3.03	3.06	3.08	3.11	3.13	3.15
22	1.72	2.07	2.27	2.41	2.51	2.59	2.66	2.72	2.77	2.82	2.86	2.90	2.93	2.97	3.00	3.02	3.05	3.07	3.10	3.12
24	1.71	2.06	2.26	2.39	2.49	2.57	2.64	2.70	2.75	2.80	2.84	2.88	2.91	2.94	2.97	3.00	3.02	3.05	3.07	3.09
26	1.71	2.06	2.25	2.38	2.48	2.56	2.63	2.68	2.73	2.78	2.82	2.86	2.89	2.92	2.95	2.98	3.00	3.02	3.05	3.07
28	1.70	2.05	2.24	2.37	2.47	2.55	2.61	2.67	2.72	2.76	2.80	2.84	2.87	2.90	2.93	2.96	2.98	3.00	3.03	3.05
30	1.70	2.04	2.23	2.36	2.46	2.54	2.60	2.66	2.71	2.75	2.79	2.82	2.86	2.89	2.92	2.94	2.97	2.99	3.01	3.03
40	1.68	2.02	2.20	2.33	2.42	2.50	2.56	2.62	2.66	2.70	2.74	2.78	2.81	2.84	2.86	2.89	2.91	2.93	2.95	2.97
60	1.67	2.00	2.18	2.30	2.39	2.46	2.52	2.58	2.62	2.66	2.70	2.73	2.76	2.79	2.81	2.83	2.86	2.88	2.90	2.91
80	1.66	1.99	2.17	2.28	2.37	2.45	2.50	2.56	2.60	2.64	2.67	2.71	2.73	2.76	2.79	2.81	2.83	2.85	2.87	2.89
100	1.66	1.98	2.16	2.28	2.36	2.43	2.49	2.54	2.59	2.63	2.66	2.69	2.72	2.75	2.77	2.79	2.81	2.83	2.85	2.87
120	1.66	1.98	2.15	2.27	2.36	2.43	2.49	2.54	2.58	2.62	2.65	2.68	2.71	2.74	2.76	2.78	2.80	2.82	2.84	2.86
α	.0500	.0250	.0167	.0125	.0100	.0083	.0071	.0063	.0056	.0100				.0071		.0063		.0056		.0050
k	1	2	3	4	5	6	7	8	9	5				7		8		9		10

α = 5% (zweiseitig)

Wähle für den *l*-ten Vergleich anhand der Freiheitsgrade FG und der Anzahl der Mittelwerte *m* das zugehörige $t^t_{Tab}(FG;\ \alpha_l(k))$ mit $k = m + 1 - l$

Auswahl englischer Fachausdrücke

alternative hypothesis	Alternativhypothese H_1
analysis of variance (ANOVA)	Varianzanalyse, Streuungszerlegung
analysis of covariance (ANCOVA)	Kovarianzanalyse
assigning scores	bonitieren
arithmetic mean	arithmetischer Mittelwert
at random	zufällig
average	Mittelwert (auch Medianwert), Durchschnitt
bar diagram, -chart	Stabdiagramm
bell-shaped curve	Glockenkurve
beta error	Fehler 2. Art (β-Fehler)
between groups	zwischen den Gruppen
biased	mit einem systematischen Fehler behaftet
bias	Bias, systematischer Fehler, Verzerrung
by chance	zufällig
cancel	kürzen (mathematisch)
cases	Fälle
cell frequency	Klassenhäufigkeit
chi-square	Chi-Quadrat
character(istic)	Merkmal
class frequency	Klassenhäufigkeit
class mark, mid-point	Klassenmitte
cluster	Klumpen, Gruppe, Cluster
coefficient of	
– association	Assoziationskoeffizient
– correlation	Korrelationskoeffizient
– determination	Bestimmtheitsmaß
– regression	Regressionskoeffizient
– variation	Variationskoeffizient
columns	Spalten

confidence belt, -limits	Konfidenzintervall, Konfidenzgürtel, Vertrauensbereich
confidence interval	Konfidenzintervall, Vertrauensintervall
confidence region	Konfidenzbereich
confounding	Vermengung
contingency table	Kontingenztabelle
continuous	stetig, kontinuierlich
control group	Kontrollgruppe, Kontrolle
count, counts	Anzahl, absolute Häufigkeit
critical region	kritischer Bereich, Verwerfungsbereich
critical value	kritischer Wert
cross tabulation	Kreuztabelle
cumulative frequency	Summenhäufigkeit
data	Daten
– paired	– paarig
– matched/unmatched	– verbunden/unabhängig
– ratio/interval	– Messwerte/intervallskalierte Daten
– ordinal	– ordinal, Rangzahlen
– nominal	– Kategorien, nominalskalierte Daten
degrees of freedom (df)	Freiheitsgrade (FG)
denumerator	Nenner
dependent	abhängig
descriptive statistic	beschreibende Statistik
design	Versuchsanlage
– completely randomized (CRD)	vollständig randomisierte Anlage
– Latin Square (LS)	Lateinisches Quadrat
– lattice	Gitter-Anlage
– randomized complete block (RCB)	randomisierte vollständige Blockanlage
– split-plot	Spaltanlage
– strip-plot, split-block	Streifenanlage
discrete	diskret
distribution free	verteilungsfrei
distribution function	Verteilungsfunktion
dose-response curve	Dosis-Wirkungskurve
equation	Gleichung
error of first (second) kind	Fehler 1. (2.) Art, α (β)-Fehler
error of observation	Messfehler, Beobachtungsfehler
error	Fehler
estimate	Schätzung, Schätzwert, auch Schätzfunktion
eveness	Eveness, relative Diversität
excess	Exzess, Steilheit, Wölbung
expectation	Erwartungswert, Mittelwert
explained	erklärt
experimental design	Planung eines Experiments, Versuchsplan

experimentwise error rate	versuchsbezogenes Risiko
factorial	Fakultät, faktoriell
false negative	falsch negativ
false positiv	falsch positiv
familywise error rate	versuchsbezogenes Risiko
finite population	endliche Grundgesamtheit
fixed effects model	Modell mit festen Effekten
frequency polygon	Häufigkeitspolygon
frequency (ratio)	relative Häufigkeit
F-distribution	F-Verteilung
goodness of fit	Güte der Anpassung
grouping	klassifizieren, gruppieren
Gauss distribution	Gauß-Verteilung, Normalverteilung
homogeneity	Homogenität, Gleichheit
independent	unabhängig
inferential statistic	schließende Statistik
infinite	unendlich, ∞
interactions	Wechselwirkungen
intercept	Schnittpunkt mit der Y-Achse
kurtosis	Exzess, Steilheit, Wölbung
latin square (LS)	Lateinisches Quadrat (LQ)
least significant difference (LSD)	Grenzdifferenz (GD)
least squares method	Methode der kleinsten Quadrate
level	Niveau
line of best fit	Ausgleichsgerade
MANOVA	Multivariate VA
marginal distribution	Randverteilung
mean	Mittelwert
mean error	mittlerer Fehler
median	Median, Zentralwert
measurements	Messwerte
mock treatment	Scheinbehandlung, Placebo
mode	Dichtemittel, Modalwert
multiple comparisons	multiple Vergleiche
mutually exclusive events	sich gegenseitig ausschließende Ereignisse
n choose k, $\binom{n}{k}$	n über k, $\binom{n}{k}$, Binomialkoeffizient
n-factorial, $n!$	n Fakultät, $n!$
n over k	n durch k (Quotient n/k)
nonparametric methods	nicht-parametrische Methoden, verteilungsunabhängige Methoden
nonsense correlation	Scheinkorrelation
normal equations	Normalgleichungen
null hypothesis	Nullhypothese H_0
numerator	Zähler
nuisance variable	Störfaktor

observation	Beobachtung
observational survey	Beobachtungsstudie
one-tailed test	einseitiger Test
order statistics	Rangzahlen
outlier	Ausreißer
overfitting	Overfitting, Überanpassung
paired t-test	paariger t-Test
parameter	Kennziffer
percent	Prozent
per-comparison error rate	vergleichsbezogenes Risiko
pie chart	Kreisdiagramm
pooling of classes	Zusammenfassung von Klassen
population	Grundgesamtheit
power of a test	Teststärke, $1 - \beta$
probability	Wahrscheinlichkeit
protected t-test	multipler t-Test nach Varianzanalyse
pseudo-random number generator	Zufallsgenerator
quartile	Quartil
random effects model	Modell mit zufälligen Effekten, Modell II
random error	Zufallsfehler, statistischer Fehler
random event	Zufallsereignis
random sample	Zufallsstichprobe
range	Spannweite, Variationsbreite
rank correlation	Rangkorrelation
ratio	Verhältnis, Quotient, Bruch
regression plot	Regressionskurve, -graph
reject	verwerfen
relative frequency	relative Häufigkeit
repeated measurement	Messwiederholung
replicate	Wiederholung
residual	Fehlstreuung, Residuen
rows	Zeilen
sample	Stichprobe
sample mean	Mittelwert der Stichprobe
sample size	Stichprobenumfang
scatter-plot, -diagram	Punktwolke, Streudiagramm
significance level	Signifikanzniveau
sign	Vorzeichen
skewed distribution	asymmetrische Verteilung
skewness	Schiefe
slope	Steigung
space	Raum
standard deviation	Standardabweichung
standard error	mittlerer Fehler
statistic	Maßzahl, Parameterschätzwert

subset	Untermenge, Teilmenge
sum of squares (SS)	Summe der Abweichungsquadrate (SQ)
Student's distribution	t-Verteilung von Student
systematic sample	systematische Stichprobe
tail	Schwanz einer Verteilung
tally chart	Strichliste
tie	Bindung
trait	Merkmal
transformation	mathematische Datenmanipulation
trimmed mean	gestutztes arithmetisches Mittel
treatment	Behandlung
trial	Zufallsexperiment
two-tailed test	zweiseitiger Test
two-way table	Kreuztabelle
type I error, -risk	Fehler 1. Art, α-Fehler
type II error	Fehler 2. Art, β-Fehler
unbiased	frei von systematischen Fehlern, erwartungstreu
underfitting	Underfitting, schlechte Modellanpassung
unit of observation, experiment	Versuchseinheit
value	Wert
variable	
– dummy	Scheinvariable (Dummy-Variable)
– latent	latente (versteckte) Variable
– lurking	versteckte Variable
– nuisance	Störvariable
variance ratio distribution	F-Verteilung
weighted average	gewogenes Mittel
within groups	innerhalb der Gruppen
z-test	z-Test, Test auf Mittelwertunterschiede
z-distribution	z-Verteilung, Standardnormalverteilung $N(0, 1)$

Literaturverzeichnis

Bücher zu den mathematischen Grundlagen

Batschelet E (1999) Introduction to mathematics for life scientists. Springer, Berlin Heidelberg New York

Gottwald S, Kästner H, Rudolph H (1995) Meyers kleine Enzyklopädie Mathematik. Bibliographisches Institut, Mannheim

Weiterführende Bücher zur Statistik und Versuchsplanung

Backhaus K, Erichson B, Plinke W, Weiberer R (2006) Multivariate Analysemethoden. Eine anwendungsorientierte Einführung. Springer, Berlin Heidelberg New York

Bortz J (2005) Statistik für Human- und Sozialwissenschaftler. Springer, Berlin Heidelberg New York

Bortz J, Lienert GA, Boehnke K (2008) Verteilungsfreie Methoden in der Biostatistik. Springer, Berlin Heidelberg New York

Efron B, Tibshirani RJ (1998) An introduction to Bootstrap. Chapman & Hall, London

Feller W (1968) An introduction to probability theory and its applications. Wiley & Sons, New York

Fisz M (1978) Wahrscheinlichkeitsrechnung und mathematische Statistik. VEB Deutscher Verlag der Wissenschaften, Berlin

Gomez KA, Gomez AA (1984) Statistical procedures for agricultural research. Wiley & Sons, New York

Hartung J, Elpelt B, Klösener K-H (2005) Statistik. Lehr- und Handbuch der Angewandten Statistik. Oldenbourg, München

Leyer I, Wesche K (2007) Multivariate Statistik in der Ökologie. Springer, Berlin

Lunneborg CE (2000) Data Analysis by Resampling. Duxbury, Pacific Grove/CA

Milliken GA, Johnson DE (1993) Analysis of messy data I. Chapman & Hall/CRC, Boca Raton

Sachs L, Hedderich J (2006) Angewandte Statistik. Methodensammlung mit R. Springer, Berlin Heidelberg New York

Snedecor G, Cochran W (1989) Statistical methods. Iowa State Univ Press, Ames/IA

Sokal R, Rohlf J (1995) Biometry. Freeman, San Francisco/CA

Thomas E (2006) Feldversuchswesen. Ulmer, Stuttgart

Zar JH (2009) Biostatistical Analysis. Pearson Prentice Hall, Upper Saddle River

Sachverzeichnis

Printed in the United States
By Bookmasters